国家林业和草原局普通高等教育"十三五"规划教材

经济林栽培学各论

刘杜玲　主编

U0237557

中国林业出版社
CF PH China Forestry Publishing House

内 容 简 介

本书介绍了我国优势特色明显、经济效益高、对地方经济发展起重要推动作用的经济林树种、优新品种、生物学和生态学特性，以及国内外科学、先进的栽培技术。树种涵盖木本油料及干果类树种、木本水果类树种、木本药材及饮料类树种、木本粮食类树种、工业原料类树种、木本调料及菜用类 6 大类、26 个树种。本书集成和凝练国内外最新技术成果、成功的生产实践经验及典型栽培范例，并以二维码形式引入了大量典型的教学案例、图片、视频和教学课件等素材，为纸电融合立体化教材，内容直观、具体，便于读者理解和掌握。

本书可作为我国高等农林院校经济林专业、林学专业及其相关专业本科生的教材，也可作为广大农林科技工作者的参考书。

图书在版编目（CIP）数据

经济林栽培学各论 / 刘杜玲主编. —北京 ：中国林业出版社，2022.10
国家林业和草原局普通高等教育"十三五"规划教材
ISBN 978-7-5219-1919-6

Ⅰ.①经… Ⅱ.①刘… Ⅲ.①经济林-栽培学-高等学校-教材 Ⅳ.①S727.3

中国版本图书馆 CIP 数据核字（2022）第 190265 号

策划编辑：范立鹏
责任编辑：范立鹏
责任校对：苏 梅
封面设计：周周设计局

出版发行：中国林业出版社
　　　　　（100009，北京市西城区刘海胡同 7 号，电话 010-83143626）
电子邮箱：cfphzbs@163.com
网址：www.forestry.gov.cn/lycb.html
印刷：北京中科印刷有限公司
版次：2022 年 10 月第 1 版
印次：2022 年 10 月第 1 次
开本：787mm×1092mm　1/16
印张：19.125
字数：453 千字　　数字资源 89 个，270 千字
定价：58.00 元

教学课件

《经济林栽培学各论》
编写人员

主　　编：刘杜玲

副 主 编：张朝红　彭少兵　王　林　刘朝斌　王振磊

编写人员：(按姓氏拼音排序)

蔡宇良(西北农林科技大学)

樊金栓(西北农林科技大学)

关长飞(西北农林科技大学)

何佳林(西北农林科技大学)

李新岗(西北农林科技大学)

林敏娟(塔里木大学)

刘朝斌(西北农林科技大学)

刘杜玲(西北农林科技大学)

刘玉林(西北农林科技大学)

罗建让(西北农林科技大学)

彭少兵(西北农林科技大学)

邵建柱(河北农业大学)

宋丽华(宁夏大学)

王　林(山西农业大学)

王振磊(塔里木大学)

许建锋(河北农业大学)

杨途熙(西北农林科技大学)

姚春潮(西北农林科技大学)

张朝红(西北农林科技大学)

张文辉(西北农林科技大学)

张雪梅(河北农业大学)

赵彩平(西北农林科技大学)

前　言

经济林是我国林业最旺盛的经济增长点和优势特色产业，在我国林农产业结构调整、区域经济发展和乡村振兴中发挥着重要作用。

1997年，西北林学院（现西北农林科技大学）张康健教授和张亮成教授针对我国北方干旱、半干旱及寒冷的气候环境下经济林生长发育特性及其栽培管理技术特点主编了《经济林栽培学（北方本）》，该书出版发行20余年来，有力地推动了我国经济林专业、经济林学科的建设和发展。近年来，随着科学研究的不断深入和经济林产业的快速发展，经济林的栽培理念和栽培模式也发生了较大变化，新模式、新技术、新品种、新成果不断涌现，对产品的要求从注重产量向注重质量转变。为满足新时期高等农林高校创新型经济林人才的培养要求，我们重新组织人员对《经济林栽培学（北方本）》进行了修订。

本次修订是在原教材内容体系基础上完成的。本书的编写注重理论与生产实际的紧密结合，重识内容的系统性和全面性，突出技术的前瞻性和实用性。本书总结阐述了经济林栽培领域国内外最新科技成果、成功生产经验和典型栽培范例，并以二维码形式引入了大量典型的教学案例、图片、视频和教学课件等教学资源，为纸电融合立体化教材，便于读者理解和掌握。另外，教材在每章后设置了本章小结和思考题，概括总结了本章内容重点，以便学生系统掌握知识、回顾知识和学习。

本书内容体系编排在原各论22个树种的基础上调整了"无花果、杏、李、银杏、山楂"，补充了"樱桃、文冠果、油用牡丹、元宝枫、仁用杏、扁桃、栓皮栎、香椿"7个优势特色经济林树种。将原教材以单一树种为一章归并整合为木本油料及干果类树种、木本水果类树种、木本药材及饮料类树种、木本粮食类树种、工业原料类树种、木本调料及菜用类树种6大类进行组织编写，以便学生能系统掌握各类经济林木的共同特性和栽培管理技术特点。各树种主要增加了最新研究进展及成果、优良新品种及最新栽培管理技术。

本书由我国22位长期从事经济林教学和科研工作的专家学者联合编写，历时2年完成。本书由刘杜玲担任主编，张朝红、彭少兵、王林、刘朝斌和王振磊担任副主编，各章编写分工如下：第1章第1节由刘杜玲编写，第2节由林敏娟编写，第3节由罗建让编写，第4节由樊金栓编写，第5节由彭少兵编写，第6节和第7节由王振磊编写，第8节由刘玉林编写；第2章第1节由邵建柱编写，第2节由许建锋编写，第3节由赵彩平编写，第4节由蔡宇良编写，第5节和第8节由张朝红编写，第6节由姚春潮编写，第7节由张雪梅编写；第3章第1节由彭少兵编写，第2节由宋丽华编写，第3节由王林编写；

第4章第1节由何佳林编写,第2节由关长飞编写,第3节由李新岗编写;第5章第1节由刘朝斌编写,第2节由张文辉编写;第6章第1节由刘玉林编写,第2节由杨途熙编写。全书最后由刘杜玲统稿定稿。

本书编写得到西北农林科技大学、河北农业大学、宁夏大学、山西农业大学、塔里木大学5所高等农林院校和中国林业出版社的鼎力支持,张康健教授、高绍棠教授、苏印泉教授等学者对本次修订提出了宝贵意见和建议,编写人员付出了大量辛苦劳动,在此一并深表感谢!另外,在本书编写过程中,参阅了许多学者的教材、科技著作和研究论文,在此向他们深表谢意!

由于编者水平有限,错误、漏洞或不妥之处在所难免,恳请广大师生和读者提出宝贵意见,以便再版时加以完善。

编　者

2022 年 3 月

目　录

前　言

第1章　木本油料及干果类树种栽培 ················· (1)

　1.1　核桃栽培 ················· (1)

　1.2　文冠果栽培 ················· (19)

　1.3　油用牡丹栽培 ················· (26)

　1.4　元宝枫栽培 ················· (34)

　1.5　榛子栽培 ················· (42)

　1.6　阿月浑子栽培 ················· (54)

　1.7　扁桃栽培 ················· (67)

　1.8　仁用杏栽培 ················· (78)

第2章　木本水果类树种栽培 ················· (88)

　2.1　苹果栽培 ················· (88)

　2.2　梨栽培 ················· (103)

　2.3　桃栽培 ················· (113)

　2.4　樱桃栽培 ················· (129)

　2.5　葡萄栽培 ················· (146)

　2.6　猕猴桃栽培 ················· (161)

　2.7　树莓栽培 ················· (175)

　2.8　石榴栽培 ················· (183)

第3章　木本药材及饮料类树种栽培 ················· (191)

　3.1　杜仲栽培 ················· (191)

　3.2　枸杞栽培 ················· (204)

　3.3　沙棘栽培 ················· (211)

第4章　木本粮食类树种栽培 ················· (218)

　4.1　板栗栽培 ················· (218)

　4.2　柿栽培 ················· (231)

　4.3　枣栽培 ················· (244)

第 5 章　工业原料类树种栽培···（255）

　　5.1　漆树栽培 ···（255）

　　5.2　栓皮栎栽培 ···（262）

第 6 章　木本调料、菜用类树种栽培·························（269）

　　6.1　花椒栽培 ···（269）

　　6.2　香椿栽培 ···（278）

参考文献···（290）

第1章

木本油料及干果类树种栽培

1.1 核桃栽培

1.1.1 概述

核桃是我国栽培历史悠久、分布广泛的经济林树种，也是我国重要的木本食用油料树种之一，与榛子、扁桃、腰果并称为世界著名四大干果。

(1)经济价值

核桃仁营养丰富，具有很高的经济价值。据测定，每100 g干核桃仁中含蛋白质18.4 g，脂肪59.9 g(最高63.9 g)，不饱和脂肪酸占总脂肪酸的90.3%，且富含人体必需的钙、磷、铁、锌、钾等矿质元素及多种维生素。近代医学研究表明：核桃具有补气养血、滋肺润肠、润喉化痰、延年益寿、皮肤保健、防病治病等保健作用。核桃的树皮、叶和果实青皮含有大量的单宁，可提取栲胶。果壳可烧制成优质的活性炭，是制造防毒面具的优质材料。核桃木材是举世公认的优质木材，其强度、硬度适度，光泽好，纹理美观。核桃根系发达，适应性强，枝干挺秀，是山川绿化、美化环境的优良树种。

(2)栽培历史和现状

我国是核桃的原产地之一，原产我国新疆天山北坡，核桃栽培品种均来源于新疆天山的野核桃。核桃适应性强，分布很广，主要分布在亚洲、欧洲、美洲暖温带和北亚热带地区。世界核桃主产国有中国、美国、伊朗、土耳其、墨西哥、乌克兰、智利等，年产量在$10×10^4$ t以上。联合国粮食及农业组织(FAO)统计数据显示，2019年世界核桃产量约449.84×10^4 t，中国和美国核桃产量分别为252×10^4 t和59×10^4 t，分别占世界核桃总产量的56%和13%。

核桃在我国栽培的地域范围很广，黑龙江、上海、广东、海南等28个省(自治区、直辖市)均有栽培。目前已形成3个核桃栽培中心：一是西北地区，包括新疆、青海、西藏、甘肃、陕西；二是华北地区，包括山西、河南、河北及华东地区的山东；三是云南、贵州铁核桃栽培中心。截至2019年年底，我国核桃栽培面积和产量均居世界之首。但我国核桃亩产量低，栽培品种混杂，良种化程度低，管理粗放，集约化经营水平较低，质量较差。管理粗放的核桃园盛果期亩*产 40~50 kg，高标准精管理的核桃园亩产 100~150 kg；我国核桃出口量（带壳）仅占总产量的 2.9%，而美国约占 26.6%，可见高质量核桃的效益所在。因此，提高核桃单产和品质是核桃产业发展亟须解决的关键问题。

1.1.2　主要种类和优良品种

核桃科（Juglandaceae）共 7 属，约 60 种。与栽培有关的有 2 个属：核桃属（*Juglans*）和山核桃属（*Carya*）。

（1）主要种类

核桃属约有 20 多种，其中主要栽培有 2 种：普通核桃和铁核桃。其他种果用价值低，但却是珍贵的用材树种，或可作核桃砧木。核桃属主要种类如下。

①核桃（*Juglans regia* L.）。是我国栽培最广泛的一个种。落叶乔木，树冠开张。奇数羽状复叶，有小叶 5~9 枚，雌雄同株异花，雄花柔荑花序，雌花 2~3 朵簇生于枝顶，柱头 2 裂。坚果内有种子 1 枚。本种也是核桃嫁接应用最普遍的砧木。

②铁核桃（*J. sigillata* Dode）。正名泡核桃，又名漾濞核桃，主要分布于我国西南地区的云南、贵州及西藏。与核桃主要区别是小叶 7~13 片，椭圆披针形。果实扁圆形，核壳沟纹明显。本种宜在亚热带气候条件下生长，不耐干旱，抗寒力弱，适于年平均气温在 11.4~18.0 ℃，最低平均气温为 -5.8 ℃以上的地区生长。

③核桃楸（*J. mandshurica* Maxim.）。又名山核桃，东北核桃，广泛分布于东北、华北地区。落叶乔木，羽状复叶，小叶 7~17 片。果实表面卵形或圆形，成熟时不开裂。坚果先端锐尖，壳面有明显 8 条棱脊。本种抗寒性强，常为核桃的优良砧木。

④野核桃（*J. cathayensis* Dode）。本种广泛分布于我国西北、华北及西南地区，野生于海拔 800~2000 m 的山地杂林中。落叶乔木或小乔木，奇数羽状复叶可长达 1 m，具小叶 9~17 片，卵圆形或倒卵形。雌花序穗状，5~11 朵串生，果实倒卵形，成熟时不开裂。果壳厚、坚硬，具 6~8 条棱。可作为核桃的砧木。

⑤麻核桃（*J. hopeiensis* Hu）。又名河北核桃，主要分布于华北一带，是普通核桃和核桃楸的种间杂种。落叶乔木，奇数羽状复叶，小叶 7~15 片，椭圆至长卵圆形。雌花序 2~5 朵簇生，雄花序长 20~25 cm，果实圆或长圆形，坚果壳厚，内隔膜骨质发达。树性耐寒，是核桃的抗寒砧木。

⑥黑核桃（*J. nigra* L.）。该种原产北美洲，1984 年从美国引入我国，目前主要在北京、山西、河南、江苏、山东、吉林进行区域性试验，在江苏、辽宁等地也有栽植。落叶乔木，树高可达 30 m 以上。奇数羽状复叶，小叶 15~23 片，小叶卵状披针形。雄花序长 5~12 cm，雌花序 2~5 朵簇生。果实圆球形，浅绿色，被柔毛。坚果壳面有纵深刻沟，壳坚厚。根据用途主要可分为用材型和果材兼用型 2 种类型。

（2）优良品种

根据进入结实期的早晚，将核桃划分为早实核桃和晚实核桃 2 大类群。凡播种后 2~3 年、嫁接后 1~2 年能开花结实的品种或优株属于早实核桃类群；其树体矮小，常有二次

＊　注：1 亩 = 666.7m²。

生长和二次开花结果现象，发枝力强，侧生混合花芽和结果枝率高。凡播种后 6~10 年、嫁接后 4~6 年能开花结实的品种或优株属于晚实核桃类群；其树体高大，无二次开花现象，发枝力弱，侧生结果枝少。

①早实核桃。目前生产上栽培推广的主要是由我国选育、国家首批鉴定的和各省级林木良种审定委员会认定的优良品种，主要品种如下：

'香玲'：1978 年由山东省果树研究所杂交选育而成。树势中庸，树姿直立。雄先型。坚果中等大小，壳面光滑美观。取仁极易，仁色浅、味佳，出仁率 65%。抗寒、抗病和耐旱性强，丰产优质。适宜在土层较深厚的立地条件下栽培。

'鲁光'：1978 年由山东省果树研究所杂交育成。植体生长健壮，树姿较开张，雄先型、中熟品种。嫁接苗可当年结果，侧花芽率 80% 以上。坚果卵圆形，单果重 12.0 g，最大 15.3 g，壳厚 1.07 mm，可取整仁，出仁率 56.9%，仁色浅、风味香，品质中上等。该品种树势易衰弱，注意加强肥水栽培管理。

'辽核 4 号'：由辽宁省经济林研究所杂交培育。树势较旺，直立，树冠圆头形。侧芽结果率 79%，单果仁重 6.63 g。雄先型、晚熟品种。丰产性强。坚果极优，出仁率 57%。仁色浅，风味佳。丰产稳产，品质优良。该品种适应性较强，抗寒、抗旱、抗病虫。适宜在我国北方核桃栽培区发展。

'中林 5 号'：由中国林业科学研究院人工杂交培育而成。树势旺盛，树冠圆头形。雄先型、短枝型、早熟品种。坚果中等大小，壳面光滑美观，出仁率约为 60%。仁色浅，风味佳。抗病性强。适宜在华北、西南年平均气温约为 10 ℃ 的气候区栽培。条件较好的地方，宜密植栽培。

'西林 2 号'：1978 年由西北林学院高绍棠等学者从新疆核桃实生树中选出。树势较旺，树冠开张，呈自然开心形。分枝力高，侧芽结果率 88%，单果仁重 8.65 g。雌先型、早熟品种。坚果大果型，出仁率 61%。仁色浅至中色，风味好。该品种适应性强，果形大，早期丰产，但土肥水条件差时种仁不饱满。适宜在西北、华北立地条件好的地区发展。

'陕核 1 号'：由陕西省果树研究所自陕西省扶风县隔年核桃实生群体中选育而成。树势较弱，树冠开张，为短枝矮化型。侧花芽比例 47%，单果仁重 7.9 g。雄先型、中熟品种。丰产性强。坚果中等大，出仁率 62%。核仁浅色，风味好。抗病、抗寒及耐旱均较强。易早期丰产，适宜黄土丘陵地区发展。

'温 185'：由新疆林业科学院从 '卡卡孜' 实生后代中选育而成。树势较旺。雌先型、早熟品种。坚果中等大小，出仁率 54%，果面较光滑，核仁色浅至中色，风味佳。该品种适应性强，特丰产，品质优良，适宜密植栽培。

'扎 343'：由新疆林业科学院从阿克苏早实核桃实生后代中选育而成。树势较旺，树冠圆头形。雄先型、中熟品种。坚果中等大小，椭圆形，壳面光滑美观。出仁率 54.0%，仁味佳。该品种适应性强，丰产优质。花粉量大，花期长，是雌先型品种理想的授粉品种。

'绿岭'：由河北农业大学和河北绿岭果业有限公司从 '香玲' 核桃中选出的芽变品种。生长旺盛，发枝力强。为雄先型品种，以中短枝结果为主，侧芽结果率为 83.2%。单果重

12.8 g。出仁率 67%以上。与'香玲'相比，果壳薄、个大、出仁率高，果形美观，蛋白质、脂肪含量均高。抗逆性、抗病性、抗寒性均强，耐旱，对细菌性褐斑病和炭疽病有较强抗性。适宜华北、西北肥水条件较好的地区矮化密植栽培。

'云林 7 号'：由云南省林业科学院（现云南省林业和草原科学院）和鲁甸县林业局实生选育而成。生长势较旺，树冠紧凑，成枝力较强。壳厚 1.03 mm，单果重 14.66 g，仁重 8.51 g，出仁率 58.0%，含油率 69.4%，蛋白质 18.9%，取仁易，仁黄白，饱满。是较好的避晚霜品种，适合在云南东北部、贵州、四川、湖北、重庆等地区栽培。

此外，还有'中林 1 号''丰辉''西扶 1 号''新早丰''绿波''北京 861''薄丰''薄壳香''双早''川早 1 号''川早 2 号''川早 3 号''云新云林''寒丰''晋核 1 号''鲁核 1 号''新新 2 号''辽核'系列品种等。国外引进品种有'哈特利'（Hartley）、'强特勒'（Chandler）、'维纳'（Vina UC49-49）等。

②晚实核桃。主要品种如下：

'晋龙 1 号'：山西省林业科学研究院于 1990 年从汾阳晚实核桃实生群体中选成。树势较强，树姿开张。雄先型，中熟品种。坚果较大，平均单果重约 14.85 g，果形端正，壳面光滑。壳厚约 1.09 mm，易取整仁，出仁率 61.34%。仁色浅，风味香，品质上等。抗寒、抗旱、抗病性强。适宜在西北、华北地区发展。

'西洛 1 号'：西北林学院和洛南县核桃研究所于 1972 年从商洛晚实核桃实生群体中选育而成。树势强旺，雄先型，中熟品种。侧芽结果率 53%，高产稳产。坚果中等大小。壳厚约 1 mm，出仁率 50.8%。种仁饱满易取，仁色淡黄，味油香。抗寒、耐瘠薄、耐旱力强，对肥水要求不严。适宜在秦巴山区、黄土高原及华北平原地区栽培。

'西洛 3 号'：西北林学院与洛南县核桃研究所于 1974 年从商洛晚实核桃实生后代中选育而成。树势健壮，雄先型，中熟品种。高产稳产，坚果中等大小，出仁率 56.6%，品质极优。种仁饱满，可取整仁或半仁，色仁淡黄，味香。该品种适应性强，抗晚霜，丰产优质，适宜在核桃栽培区大力发展。

'礼品 1 号'：辽宁省经济林研究所于 1978 年从引进的新疆纸皮核桃实生后代中选育而成。树势中庸，树姿半开张。以长果枝结果为主。连续丰产性较强。雄先型，晚熟品种。果形阔长圆形，壳极薄（约 0.6 mm），平均单果重约 10.5 g。可取整仁，出仁率 67.3%~73.5%。坚果品质极优。该品种适应性强，抗病耐寒，适宜在我国北方核桃栽培区发展。

'礼品 2 号'：辽宁省经济林研究所 1977 年从引进的新疆纸皮核桃实生后代中选育而成。树势中庸，树姿开张。连续丰产性强，雌先型，晚熟品种。单果重约 13.5 g。壳极薄（约 0.54 mm），可取整仁，仁色黄白，出仁率 70.3%。该品种耐旱、耐寒、抗病，丰产优质，适宜在北方核桃栽培区发展。

'晋龙 1 号'：山西省林业科学研究院从汾阳晚实核桃实生群体中选育，1991 年定名。幼树树势较旺，结果后逐渐开张。嫁接后第 3 年开始开花，4 年始有雄花，在晚实核桃类群中表现早果。雄先型，中熟品种。单果平均重约 14.85 g。壳厚约 1.1 mm，易取整仁；出仁率约 61%，核仁色浅，味香甜，品质上。脂肪含量为 64.9%，蛋白质含量为 14.32%。该品种抗寒、耐旱、抗病性强。适宜在华北、西北地区栽培。

'清香'：原产日本，由日本学者清水直江从晚实核桃的实生群体中选出。河北农业大学于 20 世纪 80 年代引进。该品种为雄先型，坚果均匀，单果平均重约 16.5 g，近圆锥形，壳皮光滑淡褐色，外形美观，壳厚 1.0 mm，取仁容易，种仁饱满，仁色浅黄，风味香甜，出仁率 55%。适应性强，抗病性强，抗寒、耐旱。适宜在华北、西北地区及东北地区南部和西南部分地区栽培。

此外，还有'晋龙 2 号''西洛 2 号''西洛 4 号'等品种。

1.1.3　生物学和生态学特性

1.1.3.1　生物学特性

(1) 根系

核桃是深根性树种，具有主根发达、侧根粗壮、须根密集等特点。核桃成熟期主根最深可达 6 m，侧根水平延伸可达 12 m。核桃根系的生长与品种类群、树龄及立地条件关系非常密切，1~2 年生实生苗的主根生长很快，地上部分生长缓慢，第 3 年进入水平根生长期，地上部分生长加快，随着树龄增长，侧根逐渐超过主根。在相同立地栽培条件下，2 年生苗木的主根深度和根幅，早实核桃大于晚实核桃。成年核桃树根系水平分布主要在以树干为圆心，半径为 4 m 的圆内，大致与树干边缘相一致。垂直分布主要集中在 20~60 cm 的土层中，约占总根量的 80% 以上。

根系生长受温度、水分、土壤等因素的影响。据在河南等地观察，核桃幼树根系在一年中有 3 次高峰：第 1 次生长高峰在 4 月下旬至 5 月下旬，第 2 次生长高峰在 6 月中旬至 7 月初，第 3 次生长高峰在 9 月初，持续到被迫休眠。成年树根系有 2 次生长高峰，第 1 次在春季发芽至新梢快速生长前，随着土温升高，根的延长生长和加粗生长加快，是全年的主要生根高峰期；第 2 次在秋季新梢生长停止时，根的生长又开始加速，但持续时间较短，直至落叶降至最低水平。

(2) 芽

核桃的芽可分为混合芽、叶芽、雄花芽和隐芽 4 种。混合芽着生在枝条顶端及其下 1~3 节叶腋处，圆形，萌发后发生枝叶和雌花，发育成结果枝。叶芽着生在枝条顶端、上部及中下部，似阔三角形，萌发成枝叶。雄花芽为纯花芽，着生在枝条中上部和中下部叶腋；圆柱形裸芽，膨大伸长后形成雄花序。隐芽很小，着生在 1 年生枝的基部与 2 年生枝的交接处；当枝条上部受伤害后，隐芽可萌发成结果枝和营养枝，可用于树冠更新。核桃枝条顶端一般着生 1 个混合芽，个别类型为 2 个混合芽或营养芽，枝条叶腋内一般着生单芽或双芽，枝条基部着生隐芽。芽的排列方式有多种：雌芽和叶芽单生、雌叶芽叠生、雌雄芽叠生、叶雄芽叠生、叶叶芽叠生、雄雄芽叠生，这种叠生芽，前者为副芽，后者为主芽(图 1-1)。

(3) 枝条

核桃的枝条可分为结果枝、营养枝和雄花枝。结果枝按长度可分为 3 种类型，长果枝(>15 cm)、中果枝(5~15 cm)和短果枝(<5 cm)。早实品种短果枝多，树冠紧凑；晚实品种长果枝多，内膛空虚，树冠庞大。核桃幼树期、初果期结果枝少而长，随树龄增大，结

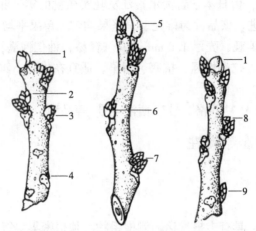

1.顶雌芽；2.雌雄叠生芽；3.叶叶叠生芽；4.潜伏芽；5.顶叶芽；6.雌叶叠生芽；
7.雄雄叠生芽；8.雄叶叠生芽；9.雄芽。

图 1-1　核桃芽的类型

（郗荣庭等，1992）

果枝增多而稍短，衰老更新期又有营养枝多，结果枝少而长度增加的趋势。结果枝的生长速度和长度依品种、树龄的不同而异。一般 4 月中旬混合芽萌动后开始生长，4 月下旬至 5 月下旬生长最快，6 月初停止生长。

核桃的营养枝可分为发育枝、徒长枝和二次枝。发育枝是扩大树冠形成结果枝的基础。早实核桃树的发育枝能形成混合芽，次年抽生结果枝。晚实核桃树幼树期的发育枝，要延续几年才能形成混合芽。徒长枝是由隐芽或不定芽发生的，这种枝不易形成混合芽。二次枝又称夏梢，是早实类核桃的特征之一，结果枝春季开花后其旁侧顶芽又萌发抽生枝条，其上多混合芽和营养芽，木质化差。

雄花枝是指除顶端着生叶芽外，其他各节均着生雄花芽而较为细弱短小的枝条。树冠内膛或处于衰老期、成熟期的树体雄花枝较多。

（4）叶

核桃为奇数羽状复叶，在芽萌动后，随新枝的出现而伸长。早实类核桃一般由 3~9 片小叶组成，叶片刚展开带红色，后逐渐变成深绿色。晚实类核桃一般由 5~9 片小叶组成，叶自展开为淡绿色，老叶稍深。在新疆南疆地区 4 月中旬萌芽展叶，10 月中旬至 11 月上旬落叶。果实成熟早、落叶早，反之落叶晚。

（5）花芽分化

核桃雌花芽与顶生叶芽为同源器官，雌花一般 6 月下旬至 7 月上旬开始分化，10 月中旬出现雌花原基，约于冬前雌花原基两侧出现总苞原基和花被原基，到翌春雌花各器官才分化完成。从雌花形态分化开始到开花(5 月上旬)约需 10 个月。

雄花芽与侧叶芽为同源器官，雄花芽 5 月于叶腋间露出到次年春才逐渐分化完成。从分化开始到成熟散粉全过程需一年时间，雄花芽分化在当年夏季变化甚小。长约 0.5 cm，玫瑰色，秋末变为绿色，冬季变成浅灰色，后即停止生长，翌年春花序膨大，花粉粒形成，4 月迅速完成发育即开花散粉。

(6)开花坐果

核桃花为单性花,雌雄同株异序,但早实核桃偶有雌雄同花序或同花的现象。雄花呈柔荑花序,着生于2年生枝的中上部;雌花呈单花、双花或穗状花序。同一株核桃雌雄花开花时间不一致,称为雌雄异熟性。雌花先开的称为雌先型;雄花先开的称为雄先型。雌雄花同时开的很少见。核桃花期受品种、树龄和产地条件等因素影响。据对12个早实核桃品种花期物候观察(刘杜玲等,2011),在陕西杨凌地区,雌花期为3月29日至4月27日(约30 d),盛花期4月8日至4月23日(约16 d);雄花期3月23日至4月27日(约36 d),盛花期4月5日至4月22日(约18 d)。早实核桃还有二次开花习性,但产量低、质量差、消耗营养多,影响翌年正常结果,经济价值不高,若在歉收年份,可利用二次花果,弥补产量。

雄花芽翌春花序膨大、伸长、小花分离、花药成熟散粉。核桃花粉容易丧失发芽力,花粉发芽率低。核桃花粉发芽率与品种类型关系不大,但不同时期花粉发芽率有明显差异。如盛花期花粉发芽率最高,初花、末花期发芽率明显低于盛花期。

核桃为风媒花,借助自然风力进行传粉和授粉。核桃的坐果率一般为40%~80%。自花授粉坐果率较低,异花授粉坐果率较高。研究表明,人工辅助授粉可提高核桃坐果率15%~30%。

核桃落果比较严重,落果在落花后10~15 d,幼果横径达1 cm时开始,2 cm时达高峰,硬核期基本停止。落花落果原因比较复杂,主要由授粉不良、营养不足、土壤干旱及花期低温引起。

早实核桃嫁接树一般2~3年开始结果,8~12年后进入盛果期;晚实核桃嫁接树5~6年开始结果,15~20年后进入盛果期。幼树雌花比雄花早形成1~2年,故需配置授粉树。

(7)果实生长发育

核桃果实发育期指从雌花柱头枯萎到青皮变黄并开裂的发育过程,分为果实速长期、硬核期、核仁充实期和果实成熟期4个阶段,需130~140 d。果实速长期为5月上旬至6月中旬,果实体积和果重迅速增加,体积达成熟时的90%以上,果重达成熟时的70%以上;硬核期北方约为6月下旬(陕西杨凌地区为6月22日前后),核壳硬化,生长量很小,果实大小基本定形;核仁充实期也称油脂迅速转化期,为7月上旬至8月中上旬,果实大小完全定型,主要是脂肪、蛋白质积累,核仁逐渐充实,重量增加,风味由淡甜变香脆;果实成熟期为8月下旬至9月上旬,当外果皮由绿变黄开裂,即完成果实的生长发育。

1.1.3.2　生态学特性

(1)温度

核桃属喜温树种,天然产地都比较温暖,主栽培区在北纬10°~40°。我国核桃产区年平均气温8~16 ℃。极端最低气温-25 ℃,无霜期150~240 d。低温对核桃的生存、生长发育有很大影响。冬季气温低于-25 ℃时枝条、雄花芽及叶芽发生冻害;春季温度降到-4~-2 ℃时,新梢受冻害;-2~-1 ℃时,花及幼果受冻害。极端最高气温38 ℃,气温超过38 ℃时,果实易受日灼伤害,核仁不能发育,严重影响产量。

（2）光照

核桃喜光，全年日照时数需在 2000 h 以上才能保证核桃的正常发育，否则，核壳、核仁发育不良。光照好是核桃产量高、品质好的重要因素之一，因此，在栽培管理中，从园址选择、栽植密度、栽培方式到整形修剪等，都必须重视光照问题。

（3）水分

核桃耐空气干燥，对空气湿度适应性强，但对土壤湿度很敏感，过干过湿都不利于核桃生长结果。幼苗期缺水，生长停止。结果期过旱有碍根系吸收养分，影响代谢机能，树势弱，落花落果严重，落叶早。花期多雨不利于开花授粉，晴朗干燥天气对开花结实有利。生长前期干旱后期多雨，易造成幼树枝条徒长，冬季抽条。核桃园积水过久，土壤通气不良，根系呼吸作用受阻，严重时可导致根系窒息，叶片变黄。

（4）土壤

核桃对土壤适应性强，但以土层深厚，供水排水性能好，疏松通气的砂壤土为最好。核桃是深根性树种，首先要求土层深厚，土层厚度在 1.0 m 以上才能保证核桃树生长发育良好。土层过薄易形成"小老树"，树势弱、产量低。核桃根系不耐积水，地下水位在 2.5 m 以下为宜。核桃耐轻度盐碱，土壤含盐量不可超过 0.25%，在 0.25%~0.5%时核桃生长极慢、结果差，超过 0.5%很快死亡。土壤腐殖质多（为 2.5%~3.0%）、pH 值为 6.2~8.2 时最适生长。

1.1.4　育苗特点

在生产中，核桃育苗主要采用嫁接法繁殖苗木，嫁接用砧木采用实生繁殖。

1.1.4.1　核桃主要砧木

我国北方常采用的核桃砧木主要有以下几种：

①核桃。即用普通核桃实生苗作砧木（即共砧），应用最为普遍。一般选用生长旺盛、抗性强的厚壳核桃类型。为使核桃树体矮化，增加单位面积定植株数，可选树冠紧凑、生长较缓、丰产的早实类型作砧木。以核桃作砧木具有成活率高、愈合牢固的特点。核桃喜钙质土，喜土层深厚，但不耐盐碱。

②核桃楸。核桃楸根系发达，适应性强，耐寒、耐旱和耐瘠薄，但其嫁接成活率和成活后的保存率均不如核桃砧木。

③麻核桃。为我国北方野生，耐寒、耐旱，同核桃嫁接愈合良好，我国北方多用。

④枫杨。适应性强，树龄长，嫁接 2~5 年可结果，但不能移栽。

1.1.4.2　砧木苗培育

（1）种子的选择和采收

播种用的种子应采自种子园或优良单株（切忌用商品种子），并选择充分成熟的种子，以提高发芽率。种子成熟的标志是外果皮由青变黄，部分果实外果皮开裂，坚果已经掉落，此时即为采收期。如采下的核桃青果多，应及时进行青果脱皮处理（方法见本节采收与采后处理部分）、干燥，对翌春播种的种子应进行室内干藏。

（2）种子处理

秋播的种子可直接播种，春播的种子必须进行处理。常用处理方法有：

①沙藏。选择排水良好、背风向阳、没有鼠害的地点，挖沟贮藏。沟的深度为 0.7~1.0 m，宽度为 1.0~1.5 m，长度依贮藏种子数量而定。冻土层较深的地区，贮藏沟应适当加深。贮藏前应对种子进行水选，去掉水面漂浮的不饱满种子，将剩余的种子用冷水浸泡 2~3 d 后再沙藏。贮藏前，先在沟底铺 10 cm 厚的湿沙（手握成团而不滴水，约为最大持水量的 50%），在其上放一层核桃，核桃上再放一层 10 cm 厚的湿沙，如此反复，直至距沟口 20 cm 处，用湿沙将沟填平。最上面用土培成屋脊形，以防雨水渗入。沟内每隔 1.5~2.0 m 竖一通气草把，以维持种子呼吸和正常的生理活动。沙藏时间需 2~3 个月。

②冷水浸种。未能沙藏的种子可用冷水浸泡 5~7 d，每天换水一次；也可将盛有核桃种子的麻袋放在流水中浸泡，待种子吸水膨胀裂口后即可播种。冷水浸种是一种比较简单实用的方法。

③冷浸日晒。是将冷水浸种与日晒处理相结合。将冷水浸泡过的种子，放在日光下暴晒几小时，待 90% 以上种子裂口后即可播种。如果没裂口的种子占 20% 以上，把这部分种子拣出再浸泡几天，然后日晒促裂。对于少数未开口的种子，可轻砸种尖部位促裂，然后播种。

(3) 播种

①播种时期。可采用春播和秋播。春播适于华北、西北等较寒冷地区，多在 3 月下旬至 4 月初进行。秋播适于温暖地区，一般在 10 月下旬至 11 月上旬进行。秋播易遭鸟兽危害，应注意保护。

②播种方法。在苗圃内以条播为主；在果园或山地直播时，宜用点播。条播行距 30~40 cm，株距 15~20 cm，开沟深 5~7 cm。点播时，每穴放种子 2~3 粒。播种时，种子缝合线与地面垂直，种尖朝一个方向（图 1-2）。覆土厚度为 5~8 cm，沙土宜厚，黏土宜薄。覆土后镇压即可。核桃每亩播种量 150~175 kg，可产苗 6000~8000 株。

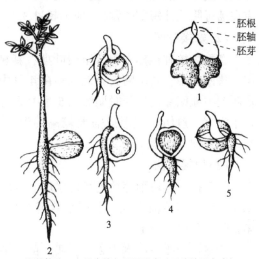

1. 胚的构造；2. 缝合线与地面垂直（正确放置方式）；
3、6. 果顶朝上；4. 果顶朝下；5. 缝合线与地面平行。

图 1-2　种子不同放置方式与出苗的关系

(4) 砧苗管理

春季播种后 20~30 d，幼苗陆续破土而出，约 40 d 苗出齐。苗木出齐后要及时灌水和施肥。5~6 月是苗木生长的关键时期，又是北方雨季到来前的干旱时期，一般需要灌水 2~3 次，并结合灌水适时追施氮肥 2 次。每亩每次约施尿素或硫酸铵 10 kg，进入雨季后，可追施磷肥 2 次。在土壤结冻前，需要灌封冻水 1 次。苗木生长期间，及时进行中耕除草和病虫害防治。

1.1.4.3　嫁接繁殖

(1) 接穗的采集和贮运

①接穗采集。接穗从专用采穗圃、良种母树或良种纯正的丰产园中采集。枝接接穗从

落叶到翌春萌芽前采集。对于北方核桃抽条严重或枝条易受冻害的地区，以秋末冬初（11~12月）采集为宜。冬季抽条和寒害较轻的地区，最好在春季接穗萌动之前采集或随采随接，以免接穗养分和水分损失。芽接接穗，多在生长季随采随接，接穗采后立即去掉复叶，留1.0~1.5 cm的叶柄，基部浸入盛水的容器内。枝接接穗，应选取母树中下部发育充实的枝段作接穗，接穗剪截长度为15~20 cm。

②接穗贮运。枝接接穗采集后，可贮藏于地窖、窑洞、冷库，或在背阴处挖坑贮存。接穗按50根1捆，挂上标签，剪口封蜡。地窖、窑洞和贮存坑，可采取一层湿沙（厚度约10 cm）、一层接穗层积贮藏，湿沙需紧密填充接穗缝隙，层积厚度不宜超过1.5 m，上面覆盖20 cm厚的湿沙。土壤结冻后，将上面的土层加厚到40 cm，否则接穗会因水分损失而影响嫁接成活率。贮藏温度不超过5 ℃。若坑藏，贮存坑宜选在背阴高燥的地方，坑宽1.5~2.0 m、深0.8~1.2 m，长度视接穗数量而定。接穗量大或远途运输，需将接穗贮藏到冷库中。存放前将接穗封蜡，每30~50根1捆，10~20捆打1包，捆与捆之间用湿苔藓或湿蛭石填充包裹。冷库温度为0~5 ℃。接穗运输要在气温低、接穗萌动前进行，按品种打包，途中注意保湿，以免接穗失水，影响嫁接成活率。芽接接穗采后若不能及时嫁接，应在潮湿阴凉处短期贮藏（一般不超过3 d），接穗需在低温条件下运输。

（2）嫁接时间

春季枝接宜在砧木萌芽至展叶期，新梢长度3~10 cm时进行。河南、山东在4月上旬，陕西关中、新疆阿克苏地区多在4月中旬进行。夏季芽接宜在新梢快速生长期进行。陕西关中地区芽接最佳时期约在5月中下旬至6月中旬。核桃嫁接时期以有利于愈伤组织产生为宜，愈伤组织形成需要较高的温度。当日平均气温为15~20 ℃，白天气温约在25 ℃时最适宜嫁接。

（3）嫁接方法

①芽接。方块形芽接是目前生产上应用最广泛的育苗方法。将1年生砧木在翌年春萌芽前平茬，利用平茬苗在夏季进行方块芽接，成活率可由约60%提高至90%以上。

方块芽接

②室外枝接。砧木为2年生实生苗，接穗为1年生发育枝。常用方法有双舌接、插皮接、插皮舌接和劈接。

③子苗嫁接。于2月中下旬将已催芽的种子播种于营养钵或苗床，待胚芽长至5~10 cm、下胚轴粗度0.9~1.5 cm时，用劈接法将子苗从子叶柄以上1 cm处剪断（图1-3）。沿胚轴中心向下纵切2 cm的切口，将楔形接穗（留2个芽）插入后用棉线或塑料条绑缚（勿挤伤幼嫩砧木）。嫁接完后用250 mg/kg α-萘乙酸溶液速蘸接口以下部分，以免萌蘖发生，影响根系生长。在温床上面搭弓形塑料棚（中间高约1.5 m），床底铺25~30 cm的疏松肥沃土壤，将嫁接苗按一定距离埋植起来，接口以上部分覆盖湿润蛭石（含水率为40%~50%），温度为24~30 ℃，棚内空气相对湿度保持在85%以上，并注意通风换气。待接穗萌发且有2~3枚复叶时，即可移到室外。这种方法成活率高，育苗周期短、成本低，苗木繁殖率高。

核桃是嫁接较难成活的树种之一，其主要原因是伤流严重，树体受伤后会流出伤流。伤流中单宁含量较高，对伤口愈合组织的形成极为不利。同时伤流积聚于接口，使砧木、

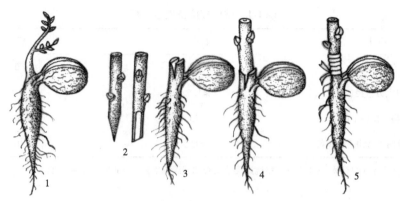

1.芽苗（砧木）；2.接穗准备；3.砧木准备；4.接合状；5.包扎。

图 1-3 子苗嫁接（劈接）

（郗荣庭，1992）

接穗双方物质交换和呼吸等生理活动受阻，遏制双方愈伤组织细胞的分裂，影响嫁接成活率。另外，核桃嫁接后，接口完全愈合所需时间较长，接口容易失水，影响砧穗生命活动和嫁接成活。因此，核桃嫁接必须做好以下 2 项工作：

①砧木放水。在嫁接前 3~5 d，或于嫁接时，先将嫁接部位以下干茎刻伤，使伤流流出。对 3 cm 以下的茎干，呈螺旋形刻伤 3~5 道，深至木质部 1~2 mm 处；对大枝，在基部锯 3~5 个口，深至木质部 1~2 cm 处；或将树干基部土挖开，断其根 1~2 条，起到放水、防止伤流充滞嫁接部位的作用。切忌在嫁接至成活前灌水，以免温度降低，影响成活率。

②接口保湿。核桃是一种中性偏湿的树种，大量叶丛引起了强大蒸腾，具有吸水多、失水快的特性，且愈伤组织形成较慢，完全愈合需 25~30 d。嫁接时需用塑料薄膜包扎，起保湿保温作用。绑缚要严紧，解绑不宜过早。在干旱地区，此法能有效提高成活率。

此外，还应掌握好嫁接时期和嫁接时的环境温度，它们也是影响嫁接成活率的重要因素。

（4）接后管理

枝接 30 d 后解除绑扎物；芽接 20 d 后解除绑扎物，接芽生长至 8 cm 以上时，在接芽上方约 1 cm 处剪砧。随着苗木生长，绑设防风杆，除萌、摘心，加强水肥管理。苗木生长后期禁施氮肥，控制灌水，促进苗木木质化。

（5）苗木出圃和分级

①苗木出圃。由于我国北方核桃幼苗在圃内越冬抽条现象严重，所以多在秋季落叶后到土壤结冻前起苗。对于较大的苗木或抽条较轻的地区，也可在春季土壤解冻后至萌芽前起苗。核桃起苗方法有人工起苗和机械起苗 2 种。

②苗木分级。核桃嫁接苗要求品种纯正，砧木正确；枝条健壮充实，具有一定高度和粗度，芽体饱满；根系发达，须根多，断根少；无检疫对象，无严重病虫害和机械损伤；嫁接苗接合部位愈合良好。苗木出圃规格及质量等级见表 1-1。

表 1-1 核桃嫁接苗质量等级

项目	特级	1 级
嫁接部位以上高度(cm)	≥120	≥90
嫁接口上方直径(cm)	≥1.5	≥1.0
主根长度(cm)	≥25	≥20
>10 cm 长的Ⅰ级侧根数量(条)	≥15	≥10

注：引自《核桃标准综合体 第3部分：核桃嫁接苗培育和分级标准》(LY/T 3004.3—2018)。

1.1.5 建园特点

核桃是多年生深根性喜光树种，土壤和气候条件对核桃生长和发育有重要影响，因此，建园时，要以适地适树和品种区域化为原则，从园址选择、规划设计、苗木定植等方面进行综合评价和选择。

1.1.5.1 园址选择

建园前应对当地的气候、土壤、降水量、自然灾害进行全面详细的调查研究，根据当地条件选择适宜的栽培品种。建园地宜选择背风向阳的山丘缓坡地(坡度<20°)、平地及排水良好的沟谷地，并与核桃对气候条件的要求相符合，早春无大风、无严重晚霜和冻花现象。土壤以保水、透气性良好的壤土和砂壤土为宜，要求土层厚度>1.0 m，pH 值 6.5~7.5，地下水位在 2.0 m 以下。绿色核桃生产，栽培地选择可参照《环境空气质量标准》(GB 3095—2012)、《土壤环境质量 农用地土壤污染风险管控标准(试行)》(GB 15618—2018)、《农田灌溉水质标准》(GB 5084—2021)。

1.1.5.2 栽植技术

(1)栽植方式和密度

栽植方式：我国目前主要采用 2 种栽植方式，一种是以经济生产为主的集中成片栽植(纯林园)，另一种是以林粮间作为主的分散栽植(间作园)。

栽植密度：早实核桃纯林园，株行距为(3~5) m×(4~6) m，短枝型品种密度可加大，间作园(5~6) m×(6~8) m；晚实核桃纯林园或林粮间作园，株行距为(5~8) m×(8~12) m。山地梯田栽植，多为 1 个台面栽 1 行，台面宽度大于 10 m 时，可栽植 2 行，株距为 5~8 m。

(2)品种选择和配置

品种选择是核桃建园后能否优质、丰产的前提。各地应根据当地气候和土壤条件，选择生长健壮、优质丰产、抗逆性强的优良品种。

核桃靠风媒传粉，雌雄同株异熟，因此建园时最好选择 2~3 个雌、雄花期相遇或互补的主栽品种，或配置适宜的授粉品种(表 1-2)，主栽品种与授粉品种配置比例为(8~10)∶1。

表 1-2　核桃主栽品种与授粉品种

主栽品种	授粉品种
晋龙 1 号、晋龙 2 号、晋薄 2 号、西扶 1 号、香玲、西林 3 号	京试 6 号、扎 343、鲁光、中林 5 号
京试 6 号、鲁光、中林 3 号、中林 5 号、扎 343	晋丰、薄壳香、薄丰、晋薄 2 号
薄壳香、晋丰、辽核 1 号、新早丰、温 185、薄丰、西路 1 号、西洛 2 号	温 185、扎 343、京试 6 号
中林 1 号	辽核 1 号、中林 3 号、辽核 4 号

注：引自吕赞韶等，1993；另据刘杜玲等（2011）研究，西林 2 号、西扶 2 号、香玲、鲁光、扎 343 可为辽核 3 号、辽核 4 号和温 185 授粉，扎 343 和 185 可以相互授粉。

（3）栽植时间和方法

①栽植时间。分春栽和秋栽。春栽是从土壤解冻后到发芽前，秋栽从落叶后至封冻前。北方地区冬季气温低、风大，容易发生抽条现象，宜春栽。

②栽植方法。栽植前对土壤进行深耕，山区丘陵需先修梯田，山荒薄地应首先改良土壤。定植坑要大（1 m×1 m×1 m），施足基肥。栽植时，把苗木伤根、断根剪除后，用泥浆蘸根，以利成活。将表层熟土填在根系部分，分层踏实，修好树盘，灌透水，待水渗透后用土封好树盘。北方干旱、半干旱地区应用塑料薄膜覆盖树盘，以保墒、提高地温，利于成活。

1.1.6　管理技术特点

1.1.6.1　土肥水管理

（1）土壤管理

土壤耕翻是核桃园改良土壤的重要措施之一。通过耕翻可以熟化土壤，改良土壤结构，提高保肥保水能力，达到增强树势、提高产量的目的。深翻可以结合施基肥或压绿肥进行，分层将基肥埋入沟内，其深度一般为 40~60 cm。可全园深翻，也可每年或隔年沿大量须根分布的边缘向外扩翻。浅翻可结合中耕除草进行，深度为 20~30 cm，每年春、秋进行 1~2 次。

（2）施肥

基肥在秋季采果后施入，以腐熟的有机肥为主。追肥在雌花开花前、幼果膨大期、硬核期和核仁充实期进行。花前和幼果膨大期以氮肥为主，硬核期以后以磷肥和钾肥为主。施肥方法主要有：环状沟施肥、穴状施肥和条状沟施肥等，施肥位置为树冠垂直投影外缘地表下 30~50 cm 处。由于核桃在不同年龄时期、不同物候期需肥特性有较大差异，因此核桃园施肥应综合考虑核桃生长发育的时期及特点、需肥特性、土壤状况、立地条件、管理水平等，制定适宜的施肥标准。

相关研究（梁臣等，2014；彭少兵等，2018）和果农施肥经验认为，早实核桃 1~3 年生幼树，平均每株施纯氮磷钾肥总量为 0.25~0.75 kg（逐年增加），施肥比例为 N：P_2O_5：K_2O＝2.5：1：1；每株施有机肥 5~25 kg；初果期树（4~8 年），每株施纯氮磷钾肥 1.0~1.5 kg，施肥比例为：N：P_2O_5：K_2O＝2：1：1；株施有机肥 25 kg；盛果期树平均株施纯氮磷钾肥 3 kg 以上，施肥比例为：N∶P₂O₅∶K₂O＝1.5∶1∶1，株施有机肥 25 kg 以上；盛果后期，适当增施有机肥和氮肥，减少磷钾肥用量，以改善土壤结构，增强树势。施肥时应根据具体情况参考使用。也可叶面喷肥。一般可喷 0.3%~0.5% 的尿素、过磷酸钙、磷酸钾、硫酸铜、硫酸亚铁、硼砂等，以补充氮、磷、钾等大量元素和其他微量元素。喷施时间为开花期、新梢迅速生长期、花芽分化期和果实发育期。花期喷施硼砂可提高坐果率，5~6 月喷施硫酸亚铁可使树体叶片肥厚，增加光合作用，7~8 月喷施硫酸钾可有效提高核仁品质。

穴贮肥水是核桃园一项抗旱栽培新技术，具有节肥、节水的特点，适合在土层较薄、降水量不足 600 mm、无灌溉条件的地区推广应用。其操作技术要点如下：

在树冠垂直投影下向内 40~60 cm 处挖穴(直径 25~30 cm、深 35~40 cm)，穴的数量依树冠大小确定(冠径 3.5~4.0 m 挖 4 个，冠径 6 m 挖 6~8 个)；将作物秸秆或杂草捆成的草把(直径 20~25 cm、高 30~35 cm)放入穴中央；在每穴下部施尿素 50 g，灌水 4~5 kg；上部覆盖农用地膜；地膜中央正对草把上端钻一小孔，小孔口低于树盘 2 cm，以便追肥、浇水及汇集雨水；在小孔处插塑料瓶，既可减少水分蒸发，又可防止小孔堵塞。

(3)灌水和排水

灌水时间、次数和灌水量，应根据土壤水分状况和树体发育情况而定。一般在北方地区一年需灌水 3 次。促萌水(芽萌动期灌水)，核桃进入萌动期后，树体生长需大量水分，此期缺水会削弱核桃生长势，故促萌水对核桃生长极为重要。硬核期灌水，核桃硬核期核仁开始发育，花芽开始分化，树体需要大量营养物质和水分，所以硬核期灌水不仅可以增加当年产量，也为来年开花结果打下了基础。封冻水对防止枝条抽干、充实枝芽有一定作用。

核桃是深根性树种，较抗旱但不耐涝。核桃园如果积水过久，首先叶片变黄，时间再长就会使整株树死亡，因此应注意雨季排水。

1.1.6.2　整形修剪

(1)修剪时间

核桃树修剪时间不同于一般经济树木，修剪不能在休眠期进行。因为此期伤流严重，修剪会使伤流流出，造成树势衰弱甚至枝条枯死。所以核桃修剪一般应在秋末叶变黄前和春季展叶后进行。新疆南部秋剪一般在 9 月中旬至 10 月上旬，春剪在 4 月中旬进行。但据万超(2019)在陕西杨凌对核桃伤流的研究表明，休眠期 2 月中下旬至 3 月中上旬无伤流发生。因此，此时也可进行修剪。但因不同年份、不同地区气候变化有差异，具体修剪时间应视当地具体情况决定。

(2)主要树形

核桃生产上常用的树形有疏散分层形、自然开心形和纺锤形。核桃幼树整形应根据栽植密度、品种特点及产地条件而定。若品种干性强、株行距大、栽培条件好，可采用疏散分层形；品种干性较弱、树冠开张、栽培条件差，可采用开心形；密植园可采用纺锤形。

①主干疏散分层形。干高 100~120 cm，树高 4.5~6.0 m。全树 5~7 个主枝，分 2~3 层，1、2 层层间距 80~100 cm。第 1 层 3 个主枝，方位角 120°，层内距 30~40 cm，主枝

基角≥60°，腰角 70°~80°，梢角 60°~70°；第 2 层 2~3 个主枝；第 3 层 1~2 个主枝。

②自然开心形。不具中心干，成形快、结果早、整形容易。干性较强或直立型品种的主干高度为 0.8~1.2 m，主枝 3~5 个，每主枝留侧枝 2~3 个。

③纺锤形。干高 110~150 cm，树高 5.0~6.0 m，均匀着生 8~12 个主枝，主枝开张角度 80°~100°。下层主枝略大于上层主枝，树冠下大上小，呈纺锤形。

（3）不同年龄时期的修剪特点

①幼树期。修剪的主要任务是整形及培养树体骨架，使主、侧枝合理分布，整成丰产的树形，以利早产。修剪的任务是：在整形的同时，注意做好发育枝、徒长枝、二次枝等的处理工作。

a. 发育枝。晚实核桃分枝能力差，枝条较少，短截发育枝可增加分枝。早实核桃通过短截，可有效增加枝条数量，加速整形。短截的主要对象是侧枝上着生的旺盛发育枝。短截数量一般约占总枝量的 1/3。短截程度以中短截和轻短截为主，一般不宜采用重短截，以免旺长。

b. 徒长枝。可从基部疏除。如有空间，可夏季摘心或短截，培养成结果枝组。

c. 二次枝。早实核桃具有分枝能力强、易抽生二次枝等特点。控制和利用好二次枝是早实核桃修剪的一项重要内容。处理方法有 3 种：若生长过旺，在枝条未木质化之前疏除；若在 1 个结果枝上抽生 3 个以上的二次枝，可选留 1~2 个健壮枝，如生长过旺，可摘心；若 1 个结果枝只抽生 1 个二次枝，长势较强，可在夏季中、轻度短截，培养成结果枝组。

②初果期。主要任务是继续整形，加强结果枝组培养，为早日进入盛果期打好基础。

a. 继续整形。在幼树期整形的基础上，继续进行主、侧枝培养，尽早完成整形任务。

b. 结果枝组培养。培养结果枝组的方法有先截后放、先放后截和先缩后截 3 种。结果枝组的配置因枝组大小、在骨干枝上的位置和树冠内的空间大小而异。枝的前端、树冠外围以配备小型结果枝组为主，主枝和树冠的中部以配备中型结果枝组为主，主枝的后部和内膛以配备大型结果枝组为主。大、中型结果枝组中间配备小型结果枝组。

c. 不同枝类处理。具体方法如下：

背下枝：如果枝条过密，在萌芽后或枝条伸长的初期将其剪除；对于长势中庸且已形成花芽的背下枝，可保留结果；对长势较强的背下枝，如果原母枝生长较弱，可用背下枝代替原头枝；如背下枝较弱并已形成花芽，可逐步改造成结果枝组。

辅养枝：如果影响主、侧枝生长，应及时回缩改造成大、中型结果枝组；对生长过强的辅养枝，采用回缩或去强留弱的方法加以控制。辅养枝修剪以不影响骨干枝的生长发育为前提。

徒长枝：采用留、疏、改相结合的方法修剪。如枝条过密，可疏除；如有空间可通过短截、夏季摘心等方法培养成结果枝组。

对于发育枝和二次枝条的处理与幼树期基本相同，但应控制结果部位外移。

③盛果期。修剪的主要任务是调节生长与结果的关系，改善树冠内通风透光条件，

更新和培养结果枝组，调整大小年，保持稳产、丰产。修剪时应做好以下枝条、枝组处理。

a. 骨干枝和外围枝的调整。回缩过长、下垂、长势较弱的骨干枝，抬高枝头；适当短截或疏除树冠外围的过长枝。

b. 结果枝组的更新和培养。疏除过弱的结果枝组；及时回缩生长弱的大、中型枝组，去弱留强，抬高枝位、芽位；大年要重剪，回缩多年生枝，疏花疏果，恢复生长；小年轻剪，多留果枝，保花保果。

c. 徒长枝的控制和利用。如内膛枝条较多，可疏除；如徒长枝附近有空，可摘心或轻短截培养成结果枝组；也可重剪或回缩衰弱的结果母枝和结果枝组，刺激萌发徒长枝，将其培养为结果枝组。

此外，对于内膛过密、交叉、重叠、细弱、病虫危害、干枯的枝条应及时疏除。

④衰老期。修剪的主要任务是复壮树势，更新骨干枝和结果枝组，延长树体寿命。主枝更新是在其适当部位回缩，促发新枝，将其重新培养成主枝、侧枝和结果枝组。侧枝更新是在一级侧枝的适当部位重回缩，促发二级侧枝，再培养成结果枝组。陕西洛南核桃产区把衰老树的更新复壮所采用的"回缩"修剪称为"搂桩"，即用斧砍掉大干枯枝，促进潜伏芽萌发新枝，重新形成树冠。搂桩后 2～3 年即可结果。老树除对大枝搂桩外，还要充分利用新萌发的徒长枝接替主枝，或插空培养结果枝组，以增大结果面积。

1.1.6.3　花果管理

(1)人工疏雄

大多数核桃品种雄花量大，因此要适当疏除过多的雄花序，以节省养分和水分，提高坐果率。研究表明，单个雄花芽萌芽前干重为 0.036 g，到雄花序成熟时干重增加到 0.66 g，净增重 0.624 g。雄花序中含氮 4.3%，五氧化二磷 1.0%，氧化钾 3.2%，蛋白质和氨基酸 11.1%，粗脂肪 4.3%，全糖 31.4%，灰分 11.3%。据推算，一株成龄核桃树若疏徐 90%～95% 的雄花芽，可节约水分 50 kg，干物质 1.1～1.2 kg(张志华，2017)。因而，疏除多余的雄花序，能够显著节约树体的养分和水分。从某种意义上说，人工疏雄是一项逆向灌水和施肥的有效措施。疏除的适宜时间为雄花芽开始膨大时。疏除量可占全树雄花序的 90%～95%。幼树初结果时，雄花少，可不疏除。

(2)疏花疏果

新建核桃园 1～3 年摘除全部雌花和幼果，第 4 年适当留果，第 5 年后逐渐增加留果量。盛果期的留果量视品种、树势和管理水平而定，其原则是既要保证丰产稳产，又不使树势早衰。

(3)人工授粉

核桃坐果率低与授粉受精有关，尤其是新建幼园，雄花少，坐果率较低。因此，要实现早期丰产必须进行人工辅助授粉。授粉适宜时期为25%的雌花柱头呈倒"人"字形时，将 1 份花粉与 10 份滑石粉混合稀释，然后装入医用双层纱布袋中，绑缚在长竿上，在树上轻轻抖动使花粉撒落于雌花柱

核桃雌花形态

头。一般上午 8:00~11:00 授粉，隔日再授 1 次。

1.1.6.4　果实采收和采后处理

(1) 采收

采收过早，种仁不饱满，降低了产量和商品价值；采收过晚，果实易脱落，且青皮开裂时间长，核仁颜色会变深，也增加了感染霉菌的机会。核桃采收是在果实充分成熟时进行。充分成熟的外观标志是：壳厚≤1.1 mm 坚果的应在果实青皮由绿色逐渐变为黄绿色，1/2 以上果实顶部青皮离壳时采收；壳厚>1.1 mm 的可在全树 1/4 果实青皮开裂时采收。采收方法有人工采收和机械采收 2 种。国内主要采用人工采收，国外多采用机械采摘。人工采收一般是用竹竿由上而下、由内而外顺枝打落果实。最好人工采摘，以免损伤枝芽。机械采收是用机械振动树干，收集果实。果实采下后，应尽快放在阴凉通风处，切忌阳光暴晒，以免核壳破裂，核仁变质。

(2) 采后处理

①脱青皮。果实采收后，应尽快脱去青皮。脱青皮的主要方法有堆沤脱青皮、化学药剂脱青皮、机械脱青皮和冻融脱青皮 4 种。

a. 堆沤脱青皮。该方法是目前我国核桃产区果农大量采用的传统脱青皮方法。将采摘的鲜果堆沤，让青皮腐烂变质自然脱落。具体做法：在荫蔽处或通风的室内，将果实按约 50 cm 的厚度堆成堆，其上盖一层约 10 cm 厚的干草或树叶，以提高温度，促进后熟。经 3~5 d，当青果皮离壳或开裂达 50% 以上时，即可脱皮。对未脱皮的果实再堆沤数日、脱皮。此方法的特点是简单可行、成本低，但核桃表皮有局部污染现象，不能达到商用核桃无公害绿色食品的要求。

b. 化学药剂脱青皮。在采摘后的鲜果表面喷洒乙烯利，然后堆沤，适于成熟度稍差或较难脱去青皮的品种。即用 3000~5000 mg/kg 的乙烯利浸泡青果约 30 s，堆放在阴凉通风处，堆放厚度 100~130 cm，防雨淋，2~3 d 后青皮离壳时，可脱青皮。此方法虽脱皮快，但极易污染环境，不能达到商用核桃无公害绿色食品的要求。

c. 机械脱青皮。采用转筛式脱皮机、滚筒式脱皮机等机械，依据揉搓原理，将带青皮的核桃放在转动磨盘与硬钢丝刷之间进行磨损与揉搓，使核桃青皮与坚果分离。机械脱青皮时，应根据核桃处理需求选择不同规格和类型的机械，及时清理处理后的核桃青皮。核桃坚果破损率应<5%。此法工序简单、安全、效率高、处理量大，适合于规模化生产，大大降低了生产成本，但投资较大。

d. 冻融脱青皮。冻融法是鲜食核桃绿色环保、无公害的快速脱青皮方法。冻融脱青皮是利用低温将核桃青皮冷冻后，再通过融化去除青皮的方法。冷冻温度为 -25~-5 ℃。待核桃青皮冻透后，升温至 0 ℃ 以上融化，机械或人工去掉青皮。冻透的标准是青果皮全部结冰，剥离时有明显的冰屑嵌于青皮内。升温融化一般采用自然融化的方式，即在室内或室外常温下堆放 8~12 h，通过自然升温，使核桃冻结的青皮解冻。在解冻过程中，核桃青皮开裂并与核壳分离。此法脱皮工艺较为先进，快速高效，适合大量、连续生产，脱皮率高，好果率超过 95%，果壳表面干净，无污染和变质果，能达到绿色食品要求。

②清洗。脱去青皮的坚果应及时进行清洗。可采用专用机械清洗或人工清洗，及时除

去残留在果面上的维管束、烂皮、泥土等杂物。切忌泡洗时间过长，避免果内进水；也不可使用任何化学药剂。

③干燥。核桃干燥方法有烘干法、热风干燥法和自然晾晒法 3 种。烘干后坚果含水量≤7%。

a. 烘干法。坚果的摊放厚度≤15 cm，避免烘烤不均出现核壳开裂或烤焦。开始时烘房温度应在 30~35 ℃，注意排湿。当烘干到四五成时，将温度升至 35~40 ℃，待坚果烘干至七八成时，将温度降至 30 ℃左右，直至烘干。坚果烘干过程中要及时翻动。

b. 热风干燥法。使用热风循环干燥等形式的烘干机对核桃坚果进行干燥。清洗后的坚果可自然干燥 1~2 d 后，再移至烘干设备中。烘干时最高温度不高于 43 ℃。

《核桃标准综合体
第 8 部分：核桃
坚果质量及检测》
（LY/T 3004. 8—2018）

c. 自然晾晒法。晾晒场地应干净卫生，先摊放在阴凉干燥处晾置约 12 h，不可直接放在阳光下暴晒，避免果壳开裂。摊晒时坚果厚度不超过 2 层，及时翻动。

④分级。按《核桃标准综合体 第 8 部分：核桃坚果质量及检测》（LY/T 3004—2018）中的核桃坚果质量标准要求与分级指标（感官指标、物理指标、化学指标）将核桃坚果分为特级、Ⅰ级、Ⅱ级。

小　结

核桃是我国重要的木本食用油料树种，具有很高的经济价值和保健功能，在我国广泛栽培，对农村经济发展、农民脱贫致富起到重要作用。核桃以其结果早晚分为早实核桃和晚实核桃，早实核桃因能提早收益而被大量栽植。核桃是深根性树种，核桃根系在一年中有 3 次生长高峰。核桃的芽按性质分为混合芽、叶芽、雄花芽和休眠芽 4 种，枝条分为营养枝、结果枝和雄花枝。核桃为雌雄同株异花树种，多数品种具有雌雄异熟性，故栽植时需要配置授粉树。果实发育过程分为果实速长期、硬核期、核仁充实期和果实成熟期 4 个阶段。核桃喜温、喜光、喜土层深厚，宜在微酸—微碱性土壤中生长。苗木繁殖以嫁接为主，嫁接成活的关键是把握好嫁接时间、接前砧木放水（伤流）及接口保湿 3 个关口。选择良种、适地适树是核桃建园成败及建园后优质高效的前提。核桃是异花授粉树种，栽植时要配置授粉树。土肥水管理、整形修剪和花果管理是核桃优质丰产的保障。核桃施基肥在果实采收后，施追肥在雌花开花前、幼果迅速膨大期和硬核期，施肥后要及时灌水。核桃修剪要避开伤流期，可以在秋季落叶前、春季萌芽后，也可在休眠期没伤流的时间进行。核桃成熟后应适时采收，并及时进行采后处理工作（包括脱青皮、清洗、干燥、分级），否则会影响坚果的品质和商品价值。总之，选择良种核桃建园、加强树体综合管理是核桃优质高效的重要保证，轻视任何一个技术环节都会直接或间接地影响核桃的品质、产量和经济效益。

思考题

1. 我国核桃主产区栽培的主要优良品种有哪些？其特性是什么？

2. 简述核桃的生长结果及生态学特性。

3. 核桃嫁接的主要方法有哪些？嫁接成活的关键是什么？

4. 简述核桃施肥的时期、种类及其作用。

5. 核桃优质高效管理的主要内容有哪些？

1.2　文冠果栽培

文冠果（*Xanthoceras sorbifolium* Bunge），又名文光果、木瓜、崖木瓜等，属于无患子科（Sapindaceae）文冠果属（*Xanthoceras*）（单种属），落叶灌木或小乔木，是我国特有的优质木本油料树种，素有"北方油茶"之称。文冠果具有较强的抗旱、抗寒、抗盐碱能力和适应性，在食用、药用、能源、生态、人文等领域有着广阔的应用前景，被誉为 21 世纪最具开发潜力的树种之一。

1.2.1　概述

（1）经济价值

文冠果青果仁可直接食用，适合加工制作高档菜肴，也可作为鲜果直接上市，还可作为罐头原料大规模加工。成熟的文冠果种仁可加工成蛋白饮料，风味独特、营养丰富。文冠果种仁含油率达 62.8%，是食用油中的佳品，被誉为"东方橄榄油"。油黄色而透明，食用味美，油中所含亚油酸是中药益寿宁的主要成分，具有极好的降血压作用，食用文冠果油可有效预防高血压、高血脂、血管硬化等病症。文冠果种仁除可加工食用油外，还可作为制作高级润滑油、高级油漆、增塑剂、化妆品等的工业原料。由文冠果籽油制备的生物柴油不仅相关烃酯类成分含量高，其中 18 碳的烃类占 93.4%，而且无硫、无氮，符合理想生物柴油指标。文冠果榨油后的饼粕可作食品、饲料，提取水解蛋白、氨基酸。叶片可作饮料，具有消脂减肥的功效。果壳可提取皂苷、糠醛等，种皮适宜制活性炭。花絮和花蕾可作花茶。文冠果花色彩艳丽、花期长、观赏价值高。文冠果耐寒耐旱、易繁殖、适应性强，是防风固沙和荒漠化治理的优良树种。

（2）栽培历史和现状

文冠果原产于我国干旱寒冷的西北黄土高原，天然分布于北纬 32°~46°、东经 100°~127°，即秦岭—淮河以北，内蒙古以南，东起辽宁，西至青海，南至河南及江苏北部。

文冠果在我国有上千年的栽培历史，文字记载可追溯至宋朝。前人在生产实践中对文冠果的形态、分布、习性、栽培技术和生产利用等方面进行了细致的调查研究，积累了相当丰富的经验。新中国成立以前，除了一些农家庭园有少量孤立植株外，未见成片人工林。20 世纪 50 年代末，内蒙古赤峰　文冠果古树
栽植文冠果约 13.3 hm²，是已知最早的文冠果成片人工林。在内蒙古文冠果种植的影响下，山西、辽宁、陕西、吉林、湖北、宁夏、甘肃、河南和河北等地相继建立了文冠果种植基地，全国掀起了文冠果发展高潮。目前，全国现有文冠果面积为 5.33×10⁴ hm²（包括 0.67×10⁴ hm² 野生林），年产种子、叶各在 1000 t 以上。世界各国多从我国引种，作为珍贵的庭园观赏花木。

1.2.2　主要类型

文冠果单种属的变异较小，但在其长期自然杂交和自然选择过程中，在形态特征和经济性状等方面形成具有明显差异的自然类型。

（1）有毛类型和无毛类型

①有毛类型。其嫩梢及叶片背部具有短绒毛，枝梢及叶背面呈灰褐色，一般叶片较窄小，果形较单一，结实间隔明显，产量较低且不稳定。

②无毛类型。其枝梢及叶片光滑，枝梢呈灰褐色，小叶较大，平展或卷曲；枝角较大。树冠较稀疏；果实形态多种，产量较高，丰产、稳产性较好。

（2）黄花亚类型、白花亚类型和重瓣亚类型

在无毛类型中，根据花瓣颜色和形态又可分为 3 个亚类型：黄花亚类型、白花亚类型和重瓣花亚类型。目前发现的紫花文冠果可能是经过栽培后的变种或品种。

文冠果花
的类型

①黄花亚类型。其花瓣较大，初开时花基色为黄色，逐渐变粉紫色；小叶较大而扭曲；树体枝梢紧密；果形单一，果实晚熟约 10 d，产量较低。

②白花亚类型。其花瓣较小，初开时花为白色，随后花瓣内侧斑晕变色，基部变为浅紫色；叶片平展或扭曲角度较小；果实形状与大小多样，一般成熟较早，产量较高。

③重瓣花亚类型。在无毛类型中有少部分植株花瓣为重花瓣。叶片平展，树体生长健旺，树形优美，不结实，俗称"骡子树"。

（3）单瓣花型和重瓣花型

按照花瓣特征可分为单瓣花和重瓣花，单瓣花包括单瓣白花型和单瓣红花型。单瓣白花型根据果实形状可分为小球果型、大球果型、圆柱果型、三棱果型、扁球果型、桃形果型、倒卵果型 7 类。其中小球果型综合性状最佳，是选优和推广的优良类型，大球果型、圆性果型次之。单瓣红花型果实形状基本为桃形，产量很低。

重瓣花可分为重瓣紫红型和重瓣黄花型，均不结实。

（4）结实型和观花型

根据观赏价值和经济价值将文冠果划分为结实型和观花型。结实型即单瓣白花型，观花型包括单瓣红花型、重瓣紫红型、重瓣黄花型 3 类。

1.2.3　生物学和生态学特性

1.2.3.1　生物学特性

（1）根系

文冠果根比较脆嫩，容易折断或受伤害。根系庞大，侧根发达，分布深广，皮层肥厚，萌蘖性强。1 年生文冠果苗木主根可达 1 m 以上，较大的侧根约有 20 条，多分布于 15~75 cm 深的土层内。成年树根系发达，吸收根主要水平分布在树冠投影的外缘，根幅直径最大可达冠幅直径的 5.5 倍；根系垂直分布主要在 20~260 cm 土层内。文冠果具有抗旱、耐瘠薄特性，通常在干旱条件下，也能正常生长发育，属水土保持先锋树种。

根系生长与土壤温度关系密切。土温 20 ℃时，文冠果根系生长旺盛；土温 15 ℃时，根系生长速率降低，10 ℃以下根系生长微弱，5 ℃时根系开始休眠。

(2) 芽

文冠果的芽分为叶芽和混合芽 2 类。叶芽抽生枝条，混合芽抽生花序，花序基部抽生 3~4 个新梢。一般来说，2 年生枝顶芽和靠近顶芽的数个腋芽均为混合芽，其中顶芽总状花序多着生可孕花，形成果穗，而腋芽基本为雄花。幼龄植株或生境恶劣或营养不足导致生长纤弱的枝条，其顶芽、腋芽才形成叶芽。文冠果芽生长的饱满程度与花性分化及受精坐果关系密切。

(3) 枝条

文冠果枝梢分为春梢、夏梢、秋梢 3 种。春季顶芽萌发，抽生为总状花序，在总状花序基部抽生 3~4 个新梢，即春梢。春梢一般 6 月下旬停止延长生长形成顶芽。肥水条件好时，部分春梢的顶芽 6 月下旬至 7 月中旬抽生夏梢。秋季若土壤肥沃、降水多，可形成秋梢。秋梢发生在春梢顶芽，夏梢一般不形成秋梢。春梢和夏梢的芽均可进行花芽分化，秋梢不能形成花芽。结果枝多是前一年的春梢，绝大部分着生于树冠外缘，生长旺盛的夏梢也可形成结果枝。

(4) 叶

叶连柄长 15~30 cm；叶连柄芽较小，一般在侧面生长，通常靠近上部的是混合芽，靠近下面的是叶芽；小叶一般有 4~8 对之多，呈膜质或纸质状，状如披针形或近卵形，小叶两侧略有不一致，不明显，长度一般在 2.5~6.0 cm，宽度一般在 1.2~2.0 cm，叶片生长至顶端处逐渐变尖，叶片的基部呈现出楔形状，叶子边缘呈锯齿状，较为锋利，顶生小叶通常会形成 3 深裂，叶子里面呈暗绿色，一般情况下无毛，有时在叶片的中脉上会出现疏毛的情况，叶片背面呈鲜绿色，嫩时常被绒毛，顶端的小叶一般情况下呈分裂状，奇数羽状复叶互生，叶片侧面脉络较为纤细，两边微微呈突出状。

(5) 花芽分化

文冠果混合芽具有多片芽鳞，芽鳞片具毛、木质化，这些特点使该树种对干旱、寒冷具有较强的忍耐能力，从而适应北方生长环境。文冠果春梢停止生长后，顶芽逐渐充实。文冠果封顶后 20~30 d，大概 7 月中下旬，若不抽生夏梢或秋梢，即开始花芽分化。花芽分化大致分为：花原基尚未分化期、花芽原基分化至花序原基形成期、花萼分化形成期，花瓣分化形成期、雄蕊分化形成期和雌蕊分化形成期。一般花芽原基及花序原基形成需要 10 d，花萼原基形成需要 60 d，花瓣原基形成需要 60 d，雄蕊原基形成需要 30 d，雌蕊分化主要在越冬后。

(6) 开花坐果

文冠果的花属杂性花，除少数无性花外，多数为两性花和单性花。两性花雌蕊正常发育，雄蕊败育，也称可孕花；单性花花药可育，但雌蕊败育，也称不孕花。可孕花大多着生于枝顶芽萌发形成的顶花序上，多能坐果，而顶生花序的下部花及枝侧芽萌发的侧花序上多为不孕花，不能结实。也有人将文冠果花分为雌能花、雄能花和无性花。无性花即重瓣花，不结实。文冠果顶生花序生长快，有 30~

文冠果的花

50朵花，花序长约17 cm；侧生花序生长缓慢，生长量低，有20~40朵花，花序长10 cm。文冠果开花时间因不同年份气候不同而稍有变化。一朵花一般可开放6 d，花序开放在8 d以上，一株母树开花持续时间为12~15 d。

文冠果花为虫媒花，可孕花少、不孕花多，坐果率为2.2%~6.8%。自花授粉坐果率较低，异花授粉坐果率较高。文冠果落果现象比较严重：第1阶段在6月上旬，落果持续时间短，约70%的幼果在10 d内脱落；第2阶段在6月下旬至7月上旬，持续时间长，果实脱落相对较少，约占落果的20%，幼果约在20 d内脱落。

文冠果种植第2年就能开花，3~4年生树开始结果，5~7年进入结果盛期，大小年结果现象普遍，产量50~150 kg/亩。

(7) 果实生长发育

文冠果果实形态多样，果实体积也相差较大，果实一般由3~4个心皮组成，少数由2个或5个心皮组成，果穗着果一般2~3个。文冠果可孕花授粉受精后，子房开始膨大，与此同时，部分幼果开始脱落。在生长发育过程中，正常生长未脱落的果实其纵、横径增长出现2个峰值：6月中旬出现第1次增长峰值，在此期间由于落果后幸存的幼果获得充足有机养分而急剧生长；几天后幼果由于迅猛生长后有机养分不足而影响生长，增长量明显降低；落果后果实因养分充足，得以继续生长发育，6月20日前后出现第2次增长高峰，这个时期是果实和种子生长发育的重要时期。

文冠果结果状

1.2.3.2 生态学特性

文冠果作为我国北方地区的乡土树种，在长期与环境的相互影响和相互作用中，已适应北方寒冷、干旱、多风沙的环境条件，在草沙地、撂荒地、多石的山区、黄土丘陵和沟壑等处，甚至在崖畔上都能正常生长发育。文冠果喜光，耐半阴，对土壤适应性很强，耐瘠薄、耐盐碱，抗寒能力强，−41.4 ℃时能安全越冬；抗旱能力极强，在年降水量仅150 mm的地区也有散生树木。文冠果不耐涝、怕风，在排水不良的低洼地区、重盐碱地和未固定沙地不宜栽植。

1.2.4 育苗特点

生产上主要采用嫁接法繁殖苗木，根插、分株和压条繁殖也可。嫁接用砧木采用实生繁殖。

1.2.4.1 砧木苗培育

(1) 种子的采集和处理

文冠果种子成熟后才可采集，严防掠青。当果皮由绿色变为黄绿色，果皮光泽消退而变得较粗糙，果实尖端微微开裂时即可采收。果实采收后，晾晒脱水，数日内果皮张裂后可踩裂果皮或用剥壳机脱粒收集种子，晒干后装袋，存于干燥阴凉处。

文冠果种子在播种前需经处理。处理方法以混沙埋藏低温处理为佳(层积处理)，播种前15 d将沙藏种子取出，堆放在室温约20 ℃的室内催芽。如果因某种原因未能进行层积处理时，可在播种前约20 d，用70 ℃温水浸种3 d，期间换1~2次常温水，捞出后混2倍湿沙 20~25 ℃催芽，待种子有 2/3 果皮张裂露白时进行播种。

（2）播种

不同地区文冠果适宜的播种时期不同。内蒙古呼和浩特、赤峰南部为 4 月中旬至 5 月上旬，山西为 3 月下旬至 4 月中旬。早播种可以延长苗木生长季，有利于幼苗生长发育，但易遭晚霜危害。因此，提前播种需关注当地气象情况，做好应急预防，降低或避免损失。

一般采用条播或点播。播前 5~7 d，灌足底水，待水下渗微干后，顺苗床开 3~5 cm 深的沟，沟距 20~30 cm；将种子均匀撒入沟内，覆土厚 3~4 cm，踩实，使种子与土壤紧密接触。采用点播时每隔 6~7 cm 放 1 粒种子，种脐平放。播种量 225~300 kg/hm^2。

（3）苗期管理

文冠果播种后 15~20 d 开始出苗。出苗后松土除草，促进幼苗根系向深层生长。文冠果育苗要施足基肥，可根据苗情追肥 1~2 次，以尿素为佳，同时灌水，也可不追肥。7 月中旬应停止施肥、浇水、中耕、除草，严防苗木贪青徒长。另外，还需注意苗木倒伏，严防病虫害发生。苗木越冬不需要特殊防护，通常在土壤结冻前灌 1 次封冻水。

1.2.4.2　嫁接繁殖

为加速文冠果优良单株繁育，可采取嫁接方法繁育苗木。一般采用芽接、劈接、插皮接或嫩梢芽接等，以带木质部的大片芽接（嵌芽接）效果较好。

1.2.5　建园特点

1.2.5.1　园址选择

文冠果适应性强，具有抗寒、抗旱、耐瘠薄、对土壤条件要求不高的特点。但为其提高成活率，加速林木生长发育，提早结果并实现稳产丰产，应根据树种喜光和根深等特性，选择土层较厚、地势平坦、坡度较小、背风向阳、排水良好、土壤呈中性或微碱性、相对集中连片的地块作园地，积水的低洼地、重盐碱地不宜栽植文冠果。经过整治以后的沙荒地、黄土地，土层厚度达 50 cm 及以上时也可栽植。

1.2.5.2　栽植技术

（1）栽植密度

文冠果乔化稀植有利于树体生长发育，长远看有利于盛果期提高产量，但密植有利于文冠果提早结果。一般土壤瘠薄、肥源缺乏的山地和沙地，株行距可采用 2 m×（2~3）m，较肥沃的山区或丘陵可采用 3 m×4 m，土层深厚、肥沃、水肥条件较好的地方可适当稀些。

（2）栽植方法

按确定的株行距定点挖穴，应便于机械化作业和经营管理。定植穴直径和深度均以 50~60 cm 为宜。文冠果根系脆嫩，含水量高，易折损和失水，因此整个栽植过程都需要注意保苗保湿。

文冠果春植比秋植好，文冠果根颈部分敏感，栽植时要"宁露勿深"，否则根颈腐烂，树体死亡。最好随挖随栽。根系在穴内要舒展，避免圈根，边填土边提苗，做到根土密接。埋土不要过深。填土踏实后，根茎部要露出土层 1~2 cm，并立即浇水。待水渗后，修成直径略大于栽植穴的树盘，上覆塑料薄膜，并距地面 60 cm 定干。

（3）直播造林

在土壤和水分条件较好的地区，文冠果可用直播方式造林。直播季节以春季为佳，但种子必须经低温沙藏处理。直播造林方法：在全面整地情况下，挖直径和深度均为 30~50 cm 的坑，在坑内填入碎土至离地面约 5 cm 处；最好在坑内施入 2 kg 腐熟有机肥，与土混匀；每穴播 3 粒种子，呈三角形排列，间距约 15 cm；播后覆土 3 cm，立即灌水。

1.2.6　管理技术特点

文冠果虽有早结实特性，但栽植后第 1 年为缓苗期，第 2 年为恢复生长期，第 3 年开始结实，栽植后第 5 年都可能是幼林期。加强文冠果幼林抚育管理，是促进幼林生长发育的重要环节，管理目标：提高林地保存率；促进生长发育，形成健旺树体；培养有利于丰产的理想树形。

1.2.6.1　土肥水管理

（1）土壤管理

生长季节结合除草进行松土扩穴。每年至少中耕除草 2 次，即春季和雨季之前各进行 1 次，并结合松土压青。在文冠果林地进行林粮、林草间作，是幼林抚育管理的有效措施，既可提高经济效益又起到增加土壤肥力的作用。间作物可选择生长量大、根系浅的马铃薯、大豆、甜菜、苜蓿等。

（2）施肥

文冠果栽植后前 3 年，每年 5~8 月追肥 1~3 次，选用氮、磷、钾等复合肥，0.25~1.0 kg/株，撒施或坑施，与土壤混拌，灌透水。挂果后，每年在萌芽前、开花后和果实膨大期进行追肥，花前追施氮肥，果实膨大期追施磷、钾肥，施肥量视树龄而定，一般 0.5~1.0 kg/株；每年秋季果实采收后，在深翻土壤的基础上施基肥 10~20 kg/株。

（3）灌水

文冠果栽植当年结合除草灌水 3~5 次。栽后 2~3 年，每年视苗木生长情况及土壤墒情适时灌水，确保苗木成活和正常生长发育。栽后 4~5 年，每年 4~7 月中旬在植株萌芽期、新梢生长期、花期、果实膨大期分别灌透水 1 次，果实采收前 15 d 停止浇水，采收后结合施肥灌透水 1 次，土壤封冻前灌水 1 次。注意做好防旱排涝工作。

1.2.6.2　整形修剪

文冠果具有较强的萌蘖能力，移植后约 70 d 即可产生根蘖，60 d 可长成灌木状树形，因此必须及时整形修剪。

文冠果属于喜光树种，可培养成小冠疏层形、自然开心形、单主干高干形、多主干高干形和主枝丛生形等树形。栽植当年定干，高度为 50~60 cm。因文冠果萌芽力强，定干剪口下 10~20 cm 内按不同方位选留 3~4 个芽培养主枝，其余全部去除。为培养良好树形，栽植后 3~4 年内可通过适度修剪控制其开花结果。

栽植后 2~5 年，中心干明显的选留，按小冠疏层形修剪，培养 2 层主枝，控制树高约在 2.5 m。中心干不明显的，按开心形整枝，在前一年定干保留的萌芽枝 30~40 cm 处摘心，培养固定主枝；在主枝顶部 10~20 cm 选留 2~3 个萌芽枝培养，其余萌芽枝全部去除。

栽植 5 年后，树体基本形成。疏除过密枝、平行枝、重叠枝、交叉枝、下垂枝、枯死枝和病虫枝外，最重要的是对 2 年生枝修剪。2 年生枝主要包括：上一年果轴基部着生的 3~4 个 2 年生枝，3 年生枝在上一年未开花坐果由顶部芽萌发的 2 年生枝。这两部分 2 年生枝视树体与枝梢情况，保留一定数量用于开花坐果外，其余进行短截。修剪强度不一，有的强剪、强回缩，有的弱剪、轻回缩，诱导树冠内膛挂果。

1.2.6.3　花果管理

文冠果落花落果现象十分严重，有"千花一果"之说。主要原因：首先是文冠果开花时孕花少，不孕花多，造成大量落花；其次是孕花授粉受精不良或授粉受精后树体营养不足造成严重落果。要实现文冠果丰产、稳产、优质高效栽培，花果管理要抓好以下几个关键环节：

(1) 疏花疏果

文冠果的花有不可孕花、可孕花，可孕花雄花器能够正常发育，但是也有的雄花器比较完整，但其花粉无法正常授粉受精。为了提高坐果率，可将一些不孕花及时疏除，避免与可孕花争夺养分，以提高坐果率，实现丰产。

(2) 人工授粉

经济林木丰产的重要基础是人工授粉。为提高文冠果结实率，可在盛花期于园内进行人工辅助授粉。人工授粉后，一般坐果率比自然授粉高 10% 左右。

(3) 药剂控制

文冠果处于花期或刚结果时，为避免发生落花落果，要及时喷施萘乙酸、硼酸等脱离抑制剂，并为花果发育补充适量的微量元素肥。文冠果进入开花高峰期时，在没有风的清晨或者傍晚喷施硫酸亚铁溶液或吲哚乙酸稀释液等。

另外，加强果园管理、增强树势、灌水、叶面喷肥，也是提高文冠果坐果率必要的措施。

1.2.6.4　果实采收和采后处理

(1) 采收

文冠果种子必须在成熟后采收，尤其是用于繁殖的种子要严防掠青。文冠果果实成熟期受很多因素影响，因此不同地区，不同年份其采收期均不相同，无法统一确定果熟期和采种期。但可根据果实成熟期形态特征确定适宜采收期，即果皮由绿色变为黄绿色，果皮光泽消退而变得比较粗糙，果实尖端微微裂开时即可采收。作为繁殖的种子最好待果实完全成熟后再采收。

文冠果果实及种子

(2) 晾晒和脱粒

果实采收后摊开脱水，数日后果皮张裂，可踩裂果皮或用剥壳机脱粒收集种子。文冠果湿种子摊开晒干，当种皮光亮消失变为黑褐色，种子质量减少约 1/5 时，即可装入麻袋，堆于干燥通风的室内贮存。果皮可用于提取化工原料和药物单体，应及时晒干后堆贮，严防雨淋和霉变。

小　结

文冠果是我国特有的优质木本油料树种。文冠果根系庞大，侧根发达，分布深广，萌蘖力强。文冠果的芽分为叶芽和混合芽；花分为可孕花和不可孕花；花芽分化大致分为：花原基尚未分化期、花芽原基分化至花序原基形成期、花萼分化形成期，花瓣分化形成期、雄蕊分化形成期和雌蕊分化形成期。果实形态多样，果实体积也相差较大，一年有 2 次生长高峰。文冠果喜光，耐半阴，对土壤适应性很强，耐瘠薄、耐盐碱，抗寒能力强，抗旱能力极强，但不耐涝，属水土保持先锋树种。文冠果主要用播种法和嫁接法繁殖。文冠果应选择土层较厚、地势平坦、背风向阳、排水良好、土壤呈中性或微碱性、相对集中连片的地块，主要通过直播和苗木栽植 2 种方式建园，栽植和播种时间均以春季为宜。文冠果建园后及时松土扩穴、除草、施肥和灌水，以保证苗木成活和生长健壮。文冠果具较强的萌蘖能力，应及时整形修剪。为培养良好树形，栽植后 3~4 年内可适度修剪控制其开花结果；树冠形成后，主要是对 2 年生枝修剪。文冠果落花落果严重，生产中可通过疏除不孕花、人工授粉、药剂控制、树体调控、合理施肥等措施提高坐果率。文冠果种子成熟后才能采收，严防掠青。采收后及时进行果实晾晒和脱粒。

思考题

1. 简述文冠果的生长结果及生态学特性。
2. 文冠果繁殖的主要方式有哪些？
3. 文冠果建园园址选择有哪些要求？

1.3　油用牡丹栽培

1.3.1　概述

牡丹为芍药科（Paeoniaceae）芍药属（Paeonia）植物的统称，是我国特有的多年生落叶小灌木。油用牡丹是指芍药科芍药属中结实性好，种子含油率高，适宜用作油料树种栽培的种类。2011 年，《关于批准元宝枫籽油和牡丹籽油作为新资源食品的公告》指出，丹凤牡丹（Paeonia ostii）和紫斑牡丹（P. rockii）2 个品种群的籽油可以用作新资源食品。

1.3.1.1　营养价值

油用牡丹籽油的不饱和脂肪酸含量超过 90%，其中 α-亚麻酸含量约 40%，亚油酸约 20%，油酸约 20%。α-亚麻酸是人体需要但自身又无法合成的必需脂肪酸，在人体内可以转化为二十二碳六烯酸（DHA）和二十碳五烯酸（EPA），具有提神健脑、增强记忆、降血脂、降血压、预防心脑血管疾病的功效，对人体健康起着至关重要的作用。牡丹籽油含有独特的牡丹皂苷、牡丹酚、牡丹多糖、牡丹甾醇等多种重要的天然生物活性成分。牡丹皂苷、牡丹酚、牡丹多糖、牡丹甾醇可减少人体内自由基含量，调节人体激素水平，实现抗氧化、抗衰老、增强机体活力的功效。在《本草纲目》《农息居饮食谱》《中国中医药大辞典》中，都记载丹皮（牡丹根）、牡丹花具有活血化瘀、清热润肺、解毒止痛、护发、减肥、清肠等功效。

1.3.1.2　栽培历史和现状

我国是牡丹的原产地，9 个牡丹野生种全部源于我国。据《神农本草经》记载："牡丹味辛寒，一名鹿韭，一名鼠姑，生山谷。"在甘肃武威东汉早期墓葬发掘的医学数十枚竹简中就有牡丹治疗血瘀病的记载。牡丹原产于我国的长江流域、黄河流域的山地或丘陵，人们发现了它的药用价值和观赏价值，便开始人工栽培牡丹。牡丹作为药用栽培约有 2000 年的历史，作为观赏栽培的历史也有 1600 余年，而作为油用栽培的历史则仅有 10 余年。目前，油用牡丹栽培面积较大的省份有山东、河南、陕西、山西、安徽、甘肃等。

1.3.2　主要种类和优良品种

（1）主要种类

牡丹隶属芍药科芍药属牡丹组（Sect. *Mouton*），该组共有 9 个种，目前用作油用栽培的主要是紫斑牡丹和丹凤牡丹（也称凤丹牡丹）。

①紫斑牡丹。落叶灌木，成年植株高度可达 2 m，茎直立，基部具鳞片状鞘。二回至三回羽状复叶，具长柄。花朵大，单生枝顶，瓣白色，稀淡粉色、红色，花瓣基部有深紫色斑块；雄蕊多数，花丝黄白色；花盘黄白色，包被子房；心皮 5 个，子房密被黄色短硬毛，花柱极短，柱头扁平，黄白色。幼果密被黄色短柔毛，顶端具喙。花期 4 月下旬至 5 月上旬，果期 8 月。该种已分化为 2 个形态上有一定差异，且为异域分布的亚种。

紫斑牡丹（*P. rockii* subsp. *rockii*）：又称紫斑牡丹全缘叶亚种，该亚种小叶 21 枚以上，为卵状椭圆形至长圆状披针形，全缘或顶生小叶偶有裂。该亚种主要分布于甘肃南部山地、陕西秦岭南坡、河南伏牛山、湖北神农架和保康等地阔叶落叶林下或灌丛中。

太白山紫斑牡丹（*P. rockii* subsp. *atava*）：又称裂叶亚种，该亚种小叶多为 15～21 枚，卵形或宽卵形，有裂或有缺刻。该亚种主要分布于秦岭太白山、陕北子午岭等地山坡林下或灌丛。

②丹凤牡丹。落叶灌木，成年植株高度可达 1.5 m，干皮灰褐色，1 年生枝浅黄绿色，二回羽状复叶，小叶 15 枚，狭卵状披针形至狭长卵形，侧生小叶全缘近无柄，顶生小叶偶有二或三裂。花单生枝顶，白色，稀基部粉色或淡紫色晕，瓣端凹缺；雄蕊多数，花丝暗紫红色；花盘暗紫红色；心皮 5 个，具柔毛，柱头暗紫红色。幼果具褐灰色毛，有光泽。花期 4 月下旬至 5 月上旬，果期 8 月。该种长期以来作药用栽培，'凤丹白'为其主要栽培品种。

（2）优良品种

根据油用牡丹品种的亲本来源，可将现有的油用牡丹品种划分为紫斑牡丹品种群和凤丹牡丹品种群。紫斑牡丹品种群的花瓣基部具有明显的紫红色或紫黑色斑块，树体相对高大，树形开展；凤丹牡丹品种群的花瓣基部没有紫红色或紫黑色斑块，树体相对矮小。

油用牡丹
优良品种群

①紫斑牡丹品种群。包括'秦韵''秦玉''秦绫'等品种。

'秦韵'：由西北农林科技大学选育。树体高大，树形开展。小叶15～25枚。单瓣型，花粉红色，花瓣基部带紫黑色菱形小到中等色斑，花瓣阔倒卵形；雄蕊正常，花粉量多，花丝中部浅紫，上下皆为白色，房衣乳白色，稀淡粉色，柱头淡黄色。蓇葖果，多5角。该品种适合于陕西（关中和陕北）、甘肃、宁夏、山西、河北等地栽培。

'秦玉'：由西北农林科技大学选育。树体高大，树形开展。叶通常是二回三出复叶，小叶卵状披针形或狭卵形，顶端小叶3裂，中到深裂，其余小叶全缘，小叶15～25枚。花大，单生枝顶，花瓣10～12枚，白色，阔倒卵形，基部带紫黑色色斑；雄蕊多数，花药黄色，花丝白色，花盘呈杯状，革质，外面包被心皮，心皮5枚，离生且密被黄白色绒毛。蓇葖果，多5角。该品种适合于陕西（关中和陕北）、甘肃、宁夏、山西、河北等地栽培。

'秦绫'：由西北农林科技大学选育。树体高大，树形直立。单瓣型，花瓣深粉色，花瓣基部有灰紫色色斑，占花瓣大小的25%～50%；心皮5，淡绿色，疏生毛，柱头淡紫粉色，花丝基部深紫色，在顶部逐渐褪为白色。种子饱满，发芽率高。该品种适合于陕西（关中和陕北）、甘肃、宁夏、山西、河北等地栽培。

②凤丹牡丹品种群。包括'凤丹白''祥丰''春雨'等品种。

'凤丹白'：树体相对矮小，树形开展。小叶15枚，卵状披针形，深绿，平展。单瓣型，纯白色，花朵中大，花头直立，外瓣2轮，花瓣下部有时带红晕；雌雄蕊正常，花丝、房衣、柱头均紫红色。该品种为杨山牡丹的主要栽培品种，其适应性强，常作药用栽培，亦用作观赏，并广泛用作杂交育种的亲本。该品种适合于陕西（关中和陕南）、河南、山东、安徽等地栽培。

'祥丰'：由西北农林科技大学选育。树体相对矮小，树形开展。小叶9～15枚，长椭圆形，全缘。单瓣型，白色，少数花瓣基部带粉晕，花瓣阔倒卵形；雄蕊正常，花丝、房衣、柱头均紫红色。蓇葖果，多5角。该品种适合于陕西（关中和陕南）、河南、山东、安徽等地栽培。

'春雨'：由西北农林科技大学选育。树体相对矮小，树形开展。单瓣型，花瓣粉紫色；心皮5，淡黄色，中等多毛，柱头、花丝紫红色。蓇葖果，多5角。该品种适合于陕西（关中和陕南）、河南、山东、安徽等地栽培。

1.3.3　生物学和生态学特性

1.3.3.1　生物学特性

（1）根系

油用牡丹的实生苗幼年期具有明显的主根，是典型的直根系。随着植株的增大，侧根大量产生和不断生长，逐渐使主根变得不十分明显，到成年期时，形成庞大的肉质根系。通过分株、压条等营养繁殖方法生产的种苗，需经2~3年才能形成完整的根系。

在年周期内，油用牡丹根系也有生长期和停滞期的交替，但与地上器官的活动并不完全同步。生长期中，根系有2个生长高峰期。根系的第1个生长高峰期在早春，当20 cm土层温度稳定在4~5 ℃时，根系开始活动，萌发新根，并随气温升高，生长趋于旺盛。这个时期与地上部分芽的萌动基本同步。夏季高温时节，根系处于半休眠状态。入秋后随着气温下降，根系进入第2个生长高峰期，不仅在次生根中贮藏大量的营养物质，而且会产生大量新根。冬季随地温的下降，根系停止生长。

（2）芽

油用牡丹的芽依据着生位置，可分为顶芽、腋芽和不定芽；依其性质可分为叶芽和花芽；依其有无鳞片包被可分为鳞芽和裸芽。油用牡丹实生幼年树在未开花之前主要形成叶芽，成年树上的芽大多为花芽，基部1年生萌蘖枝上的芽多为叶芽，但顶叶芽能很快分化为花芽。

油用牡丹成年植株的芽主要为花芽（混合芽）。油用牡丹混合芽从芽原基发生到开花结实需要经历3个年周期：第1个年周期是从母代芽产生子一代腋芽原基；第2个年周期是由营养生长向生殖生长的转化，在产生芽鳞原基、叶原基后，继续花芽分化，依次形成苞片原基、花萼、花瓣以及雄蕊、雌蕊原基，奠定下年开花结实的基础；第3个年周期主要是花丝、花药、柱头进一步分化完成，开花传粉及果实种子的成熟。

（3）枝条

油用牡丹枝条可分为营养枝和花枝。由叶芽形成的枝条为营养枝，由花芽形成的枝条为花枝。油用牡丹成年植株主要为花枝，萌动后枝叶同放，同步生长，保证了花蕾的正常发育和开花。如在风铃期气温偏高，叶片徒长，抑制花蕾发育并导致花蕾败育。反之，叶片不能伸展，会形成有花无叶的"枯枝牡丹"。

油用牡丹枝条生长发育具有"枯枝退梢"特点。牡丹当年生花枝只有基部3~4个有芽眼的节位能够木质化，中部以上无芽眼的节位于秋冬季逐渐枯死。因此当年实际生长量仅为当年生长量的1/4~1/3，故有"长一尺退八寸"之说。

（4）花芽分化

油用牡丹花芽分化一年1次，属于夏秋分化型。在花期过后，枝条基部腋芽即开始花芽分化前的准备过程，以苞片原基的出现为进入花芽分化的临界期，苞片分化完成后即开始花的第1轮器官（萼片原基）的分化。油用牡丹花芽分化在6月初至7月中旬（在花后40~60 d内）开始。雄蕊原基的产生标志着花器官的各部分均已产生，具备了开花的基本条件。油用牡丹花芽分化的顺序依次为：花原基—苞片原基—萼片原基—花瓣原基—雄蕊原基—雌蕊原基。油用牡丹大多是单瓣品种，分化速度快，只需要2个月的时间，如'凤丹白'。油用牡丹花芽分化过程中芽的外观形态和顶端分生组织形态都是不断变化的，营养生长阶段芽比较瘦小，顶端分生组织突起；生殖分化阶段，芽的体积会显著增加，在萼片发生晚期和花瓣产生早期芽的直径会迅速增大。

（5）开花和坐果

油用牡丹花芽萌动后，从花蕾显现直到开花需50~60 d。整个过程以花蕾发育状况为主可划分为以下阶段（图1-4）：

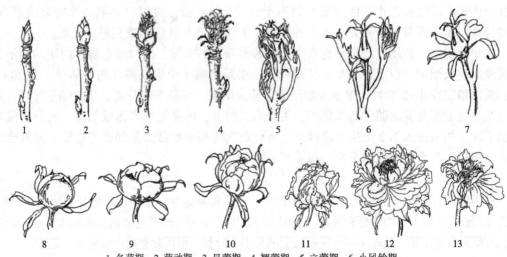

1. 冬芽期；2. 萌动期；3. 显蕾期；4. 翘蕾期；5. 立蕾期；6. 小风铃期；
7. 大风铃期；8. 圆桃期；9. 平桃期；10. 破绽期；11～13. 开花期。

图 1-4　油用牡丹开花过程

（李嘉珏，2011）

①冬芽期。花芽未膨大。

②萌动期。混合芽开始膨大，芽鳞开始松动。

③显蕾期。芽鳞开裂，显出幼叶和顶蕾。

④翘蕾期。顶蕾凸起高出幼叶尖端。

⑤立蕾期。花蕾高出叶片 5～6 cm，此时叶序已经很明显，但叶片尚未展开。

⑥风铃期。立蕾后 1 周，花蕾外苞片向外伸张。花蕾大小约为 2.0 cm×1.0 cm，此时为小风铃期，此时期对低温敏感，若遇 0 ℃ 以下低温，易遭冻害而不开花；小风铃期过 1 周后，花蕾外苞片完全张开，花蕾开始增大，此时为大风铃期。

⑦圆桃期。大风铃期后 7～10 d，花蕾迅速增大，形似棉桃，但顶端仍尖。

⑧平桃期。圆桃期过后 4～5 d，花蕾顶部钝圆，开始发软。

⑨破绽期。平桃期后 4～5 d，花蕾破绽露色。

⑩开花期。花蕾破绽后 1～2 d，花瓣微微张开为初花期，随后进入盛花期、谢花期，完成开花过程。

油用牡丹为风媒花，借助自然风力进行传粉和授粉。油用牡丹花粉落到柱头上，经过花粉萌发，进入子房完成受精到果实开始发育的过程称为坐果。油用牡丹的坐果率一般为 50%～60%。自花授粉坐果率较低，异花授粉坐果率较高。研究表明，进行人工辅助授粉可提高牡丹坐果率 20%～30%。

（6）果实生长发育

油用牡丹果实为聚合蓇葖果，授粉受精后，子房即开始膨大。按照果皮和种皮的形态变化，油用牡丹的种子成熟过程可分为以下 4 个时期：

①绿熟期。花后 60～100 d，蓇葖果为绿色，种子为黄白色，体积生长基本完成，含水率较高。

②黄熟期。花后 100～110 d，果皮颜色由绿色逐渐转变为黄绿色，部分种皮颜色开始

由黄白色变为棕色。

③完熟期。花后110~120 d，果皮颜色由黄绿色逐渐转变为蟹黄色，种皮颜色完全变成深褐色或黑色，种子变硬。

④枯熟期。花后120~130 d，蓇葖果充分成熟，种子变为深褐色或黑色，常随蓇葖果腹缝线开裂而脱落。

1.3.3.2　生态学特性

牡丹性喜温暖、凉爽、干燥、阳光充足的环境，喜阳光，也耐半阴、耐寒、耐干旱、耐弱碱，忌积水、怕热、怕烈日直射。适宜在疏松、深厚、肥沃、地势高燥、排水良好的中性砂壤土中生长，酸性或黏重土壤中生长不良。充足的阳光对其生长较为有利，但不耐夏季烈日暴晒，气温在25 ℃以上则会使植株呈休眠状态。开花适温为17~20 ℃，但花前必须经过1~10 ℃的低温处理2~3个月。最低能耐-20 ℃的低温，但北方寒冷地带冬季需采取适当的防寒措施，以免受到冻害。南方的高温高湿天气对牡丹生长极为不利，因此，南方只能在海拔较高地区进行栽培。

1.3.4　育苗特点

油用牡丹在生产上主要采用嫁接法繁殖苗木。嫁接用砧木采用实生繁殖。

1.3.4.1　主要砧木

油用牡丹的砧木主要有芍药根和凤丹牡丹根。

1.3.4.2　砧木苗培育

油用牡丹砧木苗的播种期一般宜选在9~10月，9月最佳。地温≥15 ℃（于土表下15~30 cm处测量）。当播种期偏晚，地温低于10 ℃时，播种后必须覆盖地膜，以利生根。播种时土壤中要有适宜的墒情，墒情差时要先补水造墒方可播种。按20 cm的行距开沟，沟深约5 cm，株距约5 cm，将种子均匀播种在沟内，然后覆土5 cm，稍加镇压。每亩播种量为50~60 kg，播种后育苗畦面灌水1次。播种后20~30 d，种子开始萌动生根，入冬前幼根可长达20 cm。种子经过冬季低温解除上胚轴休眠后，于2月中下旬幼芽萌发陆续出土，根据土壤墒情适时浇水或雨后及时松土保墒，并在生长期喷施叶面肥3~4次。2~3年后即可挖出用作油用牡丹砧木。

1.3.4.3　嫁接繁殖

(1)嫁接时间

自8月下旬至10月上旬期间均可嫁接，但以9月7~24日为宜，在白露节气前后嫁接成活率最高。

(2)砧木选择

可以选用芍药根，也可选牡丹根。芍药根木质部较柔软，嫁接易成活，成活后生长也快，但寿命短、分株少；而牡丹根木质部较坚硬，嫁接比较困难，生长初期比较缓慢，但成活后寿命长、分枝也多。用凤丹根作砧木比用芍药根作砧木嫁接的牡丹抗性更强、生长更旺盛。选择的根砧一般粗2 cm、长15 cm为宜。根砧粗而长，附有多数细根，对嫁接成活及以后生长开花更为有利。砧木挖出后晾晒1~2 d，失水变软后可进行嫁接，这样不但切口不易劈裂，便于操作，而且短暂失水更有助于水分吸收。

（3）接穗选择

最好采自母株基部的当年生萌蘖枝，其组织充实、生命力旺盛，基部容易发生新根及萌生新枝，嫁接后成活率高。接穗长度一般为 5~10 cm，粗度 0.5 cm 以上，带有 2~3 个充实饱满的芽。接穗中部组织充实并呈现白色，嫁接后容易成活，中部组织疏松，呈现褐色、黑色的枝条不宜作接穗。接穗最好随采随接，久放影响成活率。

（4）嫁接方法和接后管理

嫁接一般采用根接和枝接。根接多采用合接法：多用芍药根做砧木，在接穗下端 3~4 cm 处斜削一刀，要削平。将芍药根从上端 3~4 cm 处从上到下斜削一刀，然后将接穗和砧木粘贴在一起，使接穗形成层与砧木形成层对齐，用左手大拇指按紧，右手绑绳，并用左手大拇指压绳头，用力顺时针从上而下绑紧。枝接多采用劈接法：砧木多采用 3~5 年生牡丹实生苗，取生长健壮植株的萌蘖枝（土芽）作接穗。将砧木周围的表土扒开，从地面相平处剪去上部的茎秆，用嫁接刀将砧木从中央劈开，将接穗下端削成楔形，插入砧木劈口，用麻绳绑扎后抹泥、培土。

油用牡丹嫁接方法

嫁接后第 1 年春季刨去一部分覆土，但不可全部扒掉，在顶芽之上仍需保留 3~5 cm 厚的松土层，让幼芽自然长出。随着温度的升高，嫁接苗生长很快，要及时去除从根砧上发出的萌蘖，否则将影响接穗的生长，甚至将萌发的接穗抽死，这是嫁接苗栽植后管理的关键。在露地生长 2~3 年以后，可进行移栽。接穗上的芽若是花芽，嫁接成活后第 1 年可开花。但为了避免过多地消耗养分，促使新株正常生长，应该及时摘除花蕾避免其开花。

1.3.5　建园特点

1.3.5.1　园址选择

牡丹是肉质深根系植物，应选择地势高燥、易排水的地块建园。土壤以肥沃的砂质壤土为好，忌黏重、盐碱、低洼地块。土壤应疏松透气，适宜 pH 值 6.5~8.0，总盐含量在0.3% 以下，并要有一定的排灌条件。

1.3.5.2　栽植技术

（1）深耕翻晒

油用牡丹栽植地应提前一个月进行深耕翻晒，深度 30~50 cm。通过暴晒以杀灭病菌、虫卵及消灭杂草。种植前施用 1000~1500 kg/亩的生物有机肥或腐熟有机肥作底肥。

油用牡丹栽植技术

（2）栽植时间和密度

油用牡丹的适宜栽植时间为 9~10 月。为了便于机械化操作，实行宽窄行种植技术，宽行 130 cm，窄行 60 cm，株距 50 cm，每亩栽植 1200~1500 株。

（3）栽植方法

一般分为 4 个步骤，即开沟、下苗、起垄和压实。每个过程都可以由拖拉机提供动力，配合人工完成。开沟深度 35~40 cm；下苗孔径按苗木大小而定，一般 1 年生苗 8~10 cm，2 年生苗 12 cm 以上。起垄宽度要根据苗木行距而定，行距越宽，垄间距也越宽，反之亦然。压实就是给牡丹苗覆土，覆土深度为 15~20 cm。栽植过程中根据选择的栽植方式预留机械通道。

1.3.6　管理技术特点

1.3.6.1　土肥水管理

(1)松土除草

油用牡丹要进行精细管理，其中锄地松土，中耕除草十分重要。农谚有"锄头有水又有火""干地锄湿，湿地锄干"的说法。锄地能使土壤疏松，防旱保墒，早春能提高地温，雨季勤锄、浅锄，又可加快土壤水分蒸发。春季花开前锄地 1~2 次，主要是防旱保墒；夏季多雨，杂草滋生，要锄地多次，有草即锄，保墒散湿。

(2)肥水管理

油用牡丹定植后第 2 年开始，每年需追肥 2~3 次，施肥一般结合灌水进行。第 1 次在 3 月中上旬，保证新枝迅速生长和花蕾的发育有足够的养分，以速效氮肥为主，氮磷钾比例为 2∶1∶1，每亩约 50 kg。第 2 次在开花后(5 月中上旬)，这时因开花消耗养分多，而花后正值果实充分发育，花芽开始分化之时，以磷钾肥为主，氮磷钾比例为 1∶2∶2。第 3 次在 10 月上旬，这时正值油用牡丹根系生长之际，以生物有机肥为主。

1.3.6.2　整形修剪

油用牡丹一般采用自然树形。平茬对油用牡丹植株具有增强树势、促进分枝等作用。对于 2 年生幼苗在定植 1 年后平茬，对于 3 年生苗，一般于栽植前在根颈上部约 3 cm 处将上部茎干剪除，经消毒处理后再栽植。栽植后 3、4 年内及时选留主枝，形成适度开张且较为牢固的丰产树形。定植后 2~3 年内着重主枝培养，每株选留 3~4 个主枝，在主枝上逐年增加侧枝，成形后的株丛每株花枝数量视生长空间保持在 12~15 个。

1.3.6.3　花果管理

为保证油用牡丹丰产、稳产，对于开花量、坐果量过大的植株应及时疏花、疏果。一般进入盛产期的油用牡丹，每株保证 10~20 个蓇葖果即可。

1.3.6.4　果实采收和采后处理

一般当牡丹蓇葖果变为深蟹黄色时采收，此时种子中的干物质积累与脂肪酸含量均已达最高。过早采收则种子不够成熟、质嫩、水分多，容易腐烂，且影响牡丹籽的出油率和牡丹籽油品质。牡丹果实采收时间也不能太晚，过晚果实开裂，种子掉落，产量降低。果荚采收后堆放在阴凉通风干燥处，堆放期间每天上下午各翻动 1 次，待果皮自然裂开时取出种子，种子适当干燥处理后即可榨油或贮存。

采收适期的
油用牡丹蓇葖果

小　结

油用牡丹是我国原产的一种重要木本油料树种，其籽油富含 α-亚麻酸，具有很高的经济价值和保健功能。目前栽培的油用牡丹品种主要为凤丹品种群和紫斑牡丹品种群，其中凤丹品种群的品种相对比较耐湿热气候，而紫斑牡丹品种群的品种相对耐干旱、寒冷气候。油用牡丹根系在一年中有 2 次生长高峰，分别在早春和早秋。油用牡丹枝条可分为营养枝和花枝，枝条生长发育具有"枯枝退梢"特点。油用牡丹成年植株的芽主要为花芽，为典型的混合芽。花芽萌动后，从花蕾显现直到开花经历 9 个时期，约需 50~60 d。油用牡丹的种子成熟过程可分为 4 个时期：绿熟期、黄熟期、完熟期和枯熟期。油用牡丹的繁殖可以采用实生繁殖和嫁接繁殖 2 种方式。油用牡丹性喜温、喜光、喜土层深厚，宜在微碱性、排水良好的土壤生长。适地适树、选择良种、土肥水管理、整形修剪是油用牡丹丰产优质的保障。油用牡丹在种植前应施足底肥，追肥一般在早春萌芽时、开花后和早秋施用，施肥后要及时灌水。油用牡丹修剪可以在秋季落叶前或冬季休眠期进行。油用牡丹蓇葖果呈蟹黄色时应及时采收，否则会自行脱落影响产量。

<h1 style="text-align:center">思考题</h1>

1. 我国生产上栽植应用的主要油用牡丹品种有哪些？其特性是什么？
2. 简述油用牡丹果实生长发育特性。
3. 简述油用牡丹的生态学特性。
4. 简述油用牡丹的育苗技术。

1.4　元宝枫栽培

1.4.1　概述

元宝枫(*Acer truncatum* Bunge)，又名元宝槭、五角枫、平基槭等，属槭树科(Aceraceae)槭树属(*Acer*)落叶乔木，是我国特有的木本油料树种，因翅果形状像我国古代的"金锭元宝"而得名。

(1)经济价值

元宝枫种仁含油 48%、蛋白质 27.15%、蔗糖 6.10%、多聚戊糖 4.50%、粗纤维 3.68%、灰分 4.40%、水分 5.23%、淀粉 0。元宝枫油中亚麻酸、亚油酸、油酸、棕榈油酸、芥酸、神经酸等不饱和脂肪酸总含量达 92%，其中必需脂肪酸(亚油酸和亚麻酸)含量为 53%，神经酸(也称鲨鱼酸)含量为 5.8%，维生素 E 含量达 125.23 mg/100 g。元宝枫籽油是高产优质的木本油料，2011 年被卫生部(现国家卫生健康委员会)批准列为新资源食品。

元宝枫全身都是宝。其木材结构细致均匀，密度中等，材色悦目，常具美丽的花纹和光泽，加工面光洁耐磨，是理想的室内装饰用材；果壳中单宁含量 73.6%，纯度 75%，是优质鞣料和纺织印染的固色剂；其叶、皮、果中含黄酮、绿原酸、类胡萝卜素和多种维生素等，是保健品、药品的原料；其根深冠大，树姿优美，为著名的秋季红叶高品位观赏树种。

（2）栽培历史和现状

元宝枫为我国北方乡土树种，广泛分布在北纬 32°~45°、东经 105°~126°。东起吉林南部，西至甘肃南部，南至安徽南部，北至内蒙古皆有分布，但主要分布在吉林、辽宁、内蒙古、北京、河北、河南、山东、山西、江苏、安徽、陕西和甘肃等地。根据调查，截至 2018 年，全国元宝枫林面积达 12.7×10^4 hm^2，其中元宝枫天然林面积 2.0×10^4 hm^2，元宝枫人工林面积 10.7×10^4 hm^2。现存的元宝枫天然林主要分布在内蒙古科尔沁沙地。元宝枫人工林主要依托荒山造林、退耕还林、道路绿化及园林景观绿化等项目建设而种植，由于所用苗木都是实生繁殖，加之疏于管理，导致大部分纯林杂、灌丛生，生长缓慢，良莠不齐，病虫危害严重，产品形成周期长、见效慢；混交林因密度过大，通风透光不良，病虫危害严重，只有林带边沿向阳部位有零星结果，产量很低。

1.4.2　生物学和生态学特性

1.4.2.1　生物学特性

（1）根系

元宝枫属直根系树种，其根皮木栓层由 8~12 列排列紧密的黄棕色长方形细胞组成，细胞壁木质化，略增厚，有草酸钙方晶散在其中。表层为 3~5 列不规则的扁长形细胞，壁增厚。元宝枫侧根十分发达，具有固磷的泡囊-丛枝菌根（VA 菌根）和外生菌根，耐旱耐寒耐瘠薄，适应干旱瘠薄的土地或沙丘恶劣生态环境。

（2）芽

元宝枫的芽按性质可分为叶芽、花芽（混合花芽、雄花芽），混合花芽为雌雄一体，两性花；按在枝条上的位置可分为顶芽和腋芽，腋芽常对生；按其萌发情况可分为主芽与副芽，副芽成对位于主芽两侧之下，内着生 1 个主芽，在主芽两侧又着生多个肉眼几乎看不见的小副芽。一般情况下，这些副芽不萌发，又叫潜伏芽，只有主芽萌发抽枝。但当主芽受损或抹去后，或枝干被剪断、锯断后，潜伏芽也可萌发抽生枝条。元宝枫萌蘖性特强，潜伏芽寿命较长，可达 20~30 年之久，这种特性有利于树体更新。

（3）枝条

元宝枫侧枝发达，分枝方式特别，属于不完全的主轴分枝式和多歧分枝式。顶芽优势有强有弱，强者成为主干延长枝，弱者冬季易冻死或生长瘦弱。元宝枫枝条向斜上方伸展，分枝角度 30°~80°，枝条无毛，具圆形髓心；侧枝多对生，顶芽破坏后，侧枝往往丛生。元宝枫在移植后 3~4 年内，高生长量小，侧枝萌生量少，随着树龄增加生长量明显加大；5 年后，植株平均每年的高生长量约在 100 cm 以上，由于萌生枝条数量多，生长量大，故其冠幅增大显著。元宝枫冠幅和树形的发育与栽植密度相关。

（4）开花结实

元宝枫在辽宁沈阳的花期为 4~6 月，群体花期为 20~30 d。元宝枫为雌雄同株，虫媒传粉，自花授粉、自花结实。在花粉贮藏方面，研究发现，贮藏温度越低，花粉的活力保持效果越好。在-80 ℃条件下，随贮藏时间延长，花粉活力下降最慢，贮藏 90 d 后，元宝枫花粉萌发率仍可保持在 40% 以上。在花粉的萌发条件方面，元宝枫花粉在培养温度

25 ℃、蔗糖 100 g/L+硼酸 250 mg/L 的培养基中萌发率最高可达 66.7%。

(5)果实生长发育

从果实外部形态变化来看，元宝枫翅果从开始出现到成熟，主要经历了果翅发育、种皮发育和种仁发育成熟 3 个阶段。在陕西杨凌，元宝枫果翅生长发育在花后开始，4 月下旬基本定型；种皮发育从 4 月底开始至 6 月中下旬长度和宽度基本定型，8 月后种皮逐渐变为黄白色，9 月种皮外部逐渐出现褐色斑块，之后褐色斑块面积逐渐变大，10 月底果实成熟时种皮由嫩绿色完全变为褐色；种仁发育从 6 月底开始形成，此时种仁呈绿色，之后种仁逐渐增大，8 月中旬种仁基本充满种皮，9 月底种仁逐渐变黄，大约在 10 月底种仁整体呈现亮黄色，达成熟状态。

1.4.2.2 生态学特性

(1)温度

元宝枫主要分布在温带及暖温带地区，为喜温性树种，对温度的适应范围较大，在年平均气温 9~15 ℃，极端最高气温 42 ℃以下，极端最低气温不低于-30 ℃的地区，植株均能正常生长发育。我国元宝枫主要产区一般年平均气温 10~14 ℃，1 月平均气温-7~4 ℃，极端最低气温-25 ℃，7 月平均气温 19~29 ℃。

(2)水分

元宝枫耐旱能力较强，在年降水量 250~1000 mm 条件下均能生长。目前，我国元宝枫大部分栽植在丘陵、山地，缺乏灌溉条件，因此，天然降水为元宝枫水分供应的主要来源。在 1995—1997 年陕西持续 3 年干旱期间，陕西宝鸡 3 年荒山绿化结果显示，与刺槐、油松等耐旱树种相比，元宝枫苗木栽植后成活率最高，说明元宝枫具有较强的耐旱性。元宝枫不耐涝，在地下水位过高或土壤长期太湿地区生长不良，而在湿润且排水良好的条件下，生长迅速，发育较好。

(3)光照

元宝枫为喜光树种，但幼苗稍耐阴。在光照比较充足的地方，元宝枫树木枝条生长充实，树势强壮；而生长在光照较差的林下或长年光照不足的地方，则生长势弱，冠幅小。如初植密度较高的元宝枫林，林木郁闭后，植株粗生长速率缓慢，林内大量侧枝枯死，仅在树梢部分保留较小的树冠，高生长速率比稀疏林快。而林缘木或孤立木由于接受光照相对充足，枝繁叶茂，生长旺盛。另外，处于半遮阴状态下的元宝枫，一般结实差，产量低，也容易出现偏冠现象。

(4)土壤

元宝枫对土壤有较强的适应性。在微酸性、中性、微碱性及钙质土上均能生长，但元宝枫在不同土壤上的生长发育差别较大。影响元宝枫生长的土壤因子主要有土壤质地、土层厚度、土壤肥力以及土壤酸碱度等。土壤质地以砂壤土、壤土为最好，在过于黏重土壤上的元宝枫生长不良。土层较薄或过于贫瘠的土壤中，元宝枫生长也不良。元宝枫除种子萌发期外，其幼树和成年树对土壤酸碱度的适应范围较广，在 pH 值 6.0~8.0 范围内都能正常生长。因此，生产上应将元宝枫树栽植于土层深厚、肥沃、疏松，排水良好的砂质壤土或壤土上。

1.4.3　育苗特点

目前，我国元宝枫嫁接和扦插育苗技术尚在试验和研究之中，生产上主要采用播种育苗，播种育苗方法如下。

(1) 采种

元宝枫主要利用种子播种进行繁殖，种子选用当年采集的元宝枫种子，且充分成熟、饱满、纯度高、发芽率高、无病虫害。元宝枫优良种子标准是：外观饱满、大小均匀、纯度高、无病虫危害；果皮具光泽，棕黄色，种皮棕褐色，种仁米黄色；子叶黄绿色、新鲜。元宝枫种子纯度和优良度分别为：一级种子纯度 95%、优良度 80%；二级种子纯度 90%、优良度 65%；三级种子纯度 85%、优良度 45%。元宝枫翅果千粒重为 136~240 g，每千克 4166~7350 粒；果实去翅后的千粒重为 125.1~175.2 g，每千克 5700~8000 粒。

元宝枫翅果成熟后脱落期较长，逐渐随风飘落，故应及时采集。采种要选择干形通直、生长旺盛、结实良好、无病虫害的 15~20 年以上的优良壮年树作为采种母树。在 10 月翅果由绿变为黄褐色时，可用高枝剪将果序剪下或直接敲落收集，晾晒 3~5 d，风选去杂或揉去果翅后干藏或沙藏。

(2) 整地做床

通常在秋季向圃地施入有机肥（6.0~7.5 t/hm²），并施入杀虫和杀菌剂：五氯硝基苯（75%）+其他药剂（25%）（代森锌等），深翻。春播前（翌年 4 月中旬）先用 1∶1500 的辛硫磷进行杀虫处理，再用 1∶500 多菌灵杀菌后做床。高床苗圃地适于地下水位较高或降水较多的地区。床高 15~20 cm，床面宽 80 cm，底宽 100 cm，长 15~20 m，播种 4 行，步道 30 cm。平床苗圃地适于地下水位较低或干旱少雨的地区。床面宽 1.2 m，长 10~15 m，地埂高 15 cm。

(3) 种子催芽

在播种前需要进行水浸催芽。具体方法：将种子用 40~45 ℃温水浸泡 24 h，中间换水 1~2 次，种子捞出后置于 25~30 ℃室温中保湿，每天冲洗 1~2 次，待有 30%种子种尖露白时，即可播种。或者在播种前，将精选的种子用约 30 ℃左右的温水浸泡 24 h，捞出种子混拌湿沙（含水量 60%左右），将种子与湿沙按 1∶3 混合均匀进行催芽，其上用湿润草帘覆盖，每隔 1~2 d 翻动 1 次，约 5 d 时待种子有 1/3 左右发芽时即可播种。

(4) 播种

一般以春播为好，3 月下旬至 5 月中上旬为播种期，播种方法为条播，行距为15 cm，播种深度为 3~5 cm，播种量 225~300 kg/hm²，播后覆土厚度 2 cm，稍加镇压，最好在播种前灌底水，待水渗透后播种，播种后一般经 14~21 d 可发芽出土，经过催芽的种子可以提前 1 周左右发芽出土，发芽后 4~5 d 长出真叶，出苗盛期约 5 d，1 周内可以出齐。

(5) 苗期管理

幼苗出土后，要加强土肥水管理，及时浇水、除草松土。苗出齐后灌 1 次水，及时清除杂草。在幼苗长出 2~4 片小叶时间苗，发现缺苗时要补苗。5 月底，当幼苗长出 4~8 片小叶，苗高达 10 cm 时定苗，留苗量 30 万株/hm²。定苗后立刻浇水培土，防止透风伤苗。

6~8月底要加强水肥管理，根据土壤湿度定期浇水和追肥，一般2周左右浇1次水，结合施尿素75~120 kg/hm²，并适时中耕除草，疏松土壤，以减少蒸发，促进幼苗生长。6~7月抹侧芽1次。当年苗木可高达80 cm。9月停止追肥和灌水，以利于苗木木质化。冬季对未出圃的苗，浇1次越冬水。

元宝枫苗期的主要病害有褐斑病、白粉病和猝倒病，多发生于6~8月的雨季，为了防止病害发生，可在幼苗全部出土后7~10 d，喷洒0.1%的敌克松或采用五氯硝基苯(75%)混合剂，即五氯硝基苯3份、多菌灵与敌克松各1份，混合可杀死或抑制土壤中的多种病原菌。幼苗发病后来势快，必须立即采取措施，喷布1∶2∶200倍波尔多液或五氯硝基苯混合剂。在进入雨季时，对幼苗进行叶面追肥和对幼苗杀菌消毒，提高抗病毒能力，发现病株立即处理销毁。主要虫害是蚜虫，以春夏之交发生较重，可喷施啶虫脒或吡虫啉防治。

(6)苗木出圃

苗木质量达到造林建园要求的标准时，即可出圃。苗木出圃主要包括起苗、分级、统计、假植、贮藏、包装和运输等工序。

苗木出圃标准为当年苗高达60 cm、地径达0.5 cm以上。休眠期采用裸根出圃，将裸根出圃苗木根系蘸上泥浆或苗木保湿剂。生长季节可采用带土球出圃，土球直径应为苗木直径的6~8倍，用草绳或者塑料绳缠绕土球包装。

起苗后，将苗木置于背阴处，根据苗木的规格质量指标进行分级，以保证苗木的质量。不同龄级及不同育苗方法培育的元宝枫苗木，规格要求不一。一般是根据苗龄、苗高、根际直径或胸径、主侧根的状况，将苗木分为合格苗、不合格苗和废苗3类。合格苗的基本要求为：枝条健壮，芽体饱满，具有一定的高度和粗度，根系发达，无检疫性病虫等，嫁接苗要求接口愈合良好。根据对合格苗高度和粗度的要求，又可将合格苗划分为几个等级。元宝枫播种苗的分级见表1-3。

起苗后，应及时运输到达林地或者苗圃地进行栽植，如不能栽植要立即假植，以提高造林成活率。

表1-3　元宝枫播种苗苗木等级

区域划分	苗龄（年）	Ⅰ级苗				Ⅱ级苗				综合控制指标
		地径（cm）	苗高（cm）	主根长度（cm）	长5 cm以上侧根数量（条）	地径（cm）	苗高（cm）	主根长度（cm）	长5 cm以上侧根数量（条）	苗干通直，充分木质化，无机械损伤，无病虫害
平原区	1~0	≥0.9	≥60	≥25	≥8	0.6~0.9	45~60	20~25	5~8	
山区		≥0.6	≥50	≥25	≥7	0.4~0.6	40~50	20~25	5~7	

注：引自《元宝枫栽培技术规程》(DB 41/T 1261—2016)。

1.4.4　建园特点

1.4.4.1　园址选择

造林地宜选择土层深厚、肥沃、排水良好的阳坡或半阳坡缓坡荒地和坡耕地。以生产果实为主的元宝枫丰产林园，要选择在北纬 38°以下、海拔 1300 m 以下、土层较为深厚的缓坡地；以叶用或生态防护为主的元宝枫林，可适当扩大栽培范围。

1.4.4.2　栽培模式

以产果为主的元宝枫可采用矮化密植和乔化稀植 2 种栽培方式。在立地条件好，土层厚、灌溉条件方便的地方采用矮化密植，在稍有坡度的地方采用乔化稀植。以产叶为主的元宝枫，可栽植于平地和缓坡地段，可采用矮化密植或每穴 4~6 株的丛状栽植方式。

1.4.4.3　栽植技术

（1）苗木选择

选择 2 年生根系发达、健壮、无病虫害、树形端正的元宝枫Ⅰ、Ⅱ级实生苗或 2~3 年生嫁接苗。

（2）栽植密度

元宝枫栽植密度依栽培目的和立地条件不同而异。以采收种子为主的果用林，一般树形以疏散分层形为主，平地采用株行距为 5 m×6 m 或 5 m×5 m；在缓坡度地带采用株行距为 4 m×5 m 或 4 m×4 m。以采叶为主的叶用林，一般树形以灌丛形为主，平地株行距为 2 m×2 m 或 2 m×3 m；在缓坡地株行距为 1 m×1 m 或 2 m×2 m；也可采用株行距为 4 m×5 m 的每穴 4~6 株的丛状栽植方式，主干高 0.5~0.7 m，形成四射状。

（3）栽植方法

早春或秋末冬初均可栽植，以春季为好。植前先剪去断根、伤根及过长的根系，以利于愈合发侧根。穴状定植。栽植时按照"三埋两踩一提苗"的要求进行，先回填表土埋根，当土填到栽植坑深度约 2/3 时，轻提苗木，使苗木根系舒展，再分层埋土、踩实，使苗木达到栽植所要求的深度。栽后有条件的地方可浇定根水，使根系与土壤密切接触。

1.4.5　管理技术特点

幼林的管理重点是培养良好的丰产树形。以采收种子为主的林分，一般以疏散分层形为主；叶用林以灌丛形为主；用良种嫁接苗造林的，及时抹除苗木基部的萌芽；中耕除草，加强土肥水管理。成林的管理重点是及时修剪，尤其注意剪除过密枝，因元宝枫为对生芽，枝条萌生力又较强，易丛生影响通风透光。果用林在采收种子时，要注意保护母树；叶用林要注意采叶强度。加强土肥水管理，每年树木落叶后，深耕 1 次。具体来讲要做好以下几点。

1.4.5.1　土肥水管理

在元宝枫栽植翌年的 9 月中旬进行深翻改土，因我国不同区域的土质条件差异明显，深翻深度应结合土质情况而定。若土质坚实、石砾多，翻土深度应较深，为 80~100 cm；若土质较疏松，翻土深度应较浅，为 50~70 cm。深翻时应避免对苗木根系造成损伤。

为促进苗木生长，幼树期每年松土除草 2 次。第 1 次在 4 月下旬进行；第 2 次在 8 月上旬，结合除草，松土 3~5 cm，并从定植穴向外扩展树穴，促进根系生长。

施肥分追肥和基肥。土壤追肥每年 3~4 次，以氮、钾肥为主，生长期内也可多次根外追肥。元宝枫幼龄期一般于每年 3 月上旬至 8 月上旬追施 2~3 次速效氮肥，辅以磷、钾肥。成年结果期在生长期进行土壤追肥，也可根外追肥。基肥以每年秋季树叶变红或变黄前施效果较好，以腐熟农家肥、饼肥为主，也可增施复合肥，于秋季结合深翻施入。不同地区可以根据土壤养分状况，补施一些土壤缺乏的微肥。

水分管理上一般开春后宜浇 1 次水，进入雨季要修整排水沟，加强排水，注意防洪。进入结实期的树，应在萌芽前、坐果后各浇 1 次水，冬初时节应浇 1 次封冻水。

1.4.5.2　整形修剪

整形修剪是使元宝枫高产优质、稳产长寿的重要管理措施和综合管理中的重要技术环节。

(1)修剪时间

修剪可在冬季和夏季进行。冬剪是从秋末落叶起至翌春发芽前进行。但在冬季、早春修剪极易遭受风寒，而且剪口处会发生伤流，故最好在 3 月底至 4 月初树木生长初期进行修剪，此时修剪伤流量少，伤口易于愈合，且对树势影响不大。夏剪是从发芽后至秋季落叶前进行。

(2)主要树形

根据栽培目的采用不同树形。以采收种子为主的元宝枫林，一般以疏散分层形为主，叶用林以灌丛形为主。

(3)不同年龄时期的修剪特点

元宝枫幼树期修剪的主要任务是培养良好的丰产树形，成龄园因元宝枫为对生芽，枝条萌生力又较强，易丛生影响通风透光，因此修剪的重点是剪除过密枝，打开光路。

①幼树。整形时，首先要确定主干延长枝。对顶芽优势强、属于明显的主轴分枝式苗木，修剪时应抑制侧枝、促进主枝生长；对顶芽优势不强，修剪时应对顶端摘心，选择其下长势旺盛的枝条代替延长枝，剪口下选留靠近主轴的壮芽，抹去另一对芽，剪口应与芽平行，间距 6~9 mm。这样修剪，新发出的枝条靠近主轴，以后修剪中选留芽的位置、方向与上一年选留的芽方向相反，按此法才可保证延长枝的生长不会偏离主轴，使树干长得直。确立主干延长枝后，再对其余侧枝进行短截或疏剪。其次，按树形要求的高度定干，定干后培养树冠。可在剪口下选择 3 个发育良好的芽，其抽生的枝条作为主枝培养，待主枝长至 80 cm 时对其进行摘心，在每个主枝上培育 2 个侧枝，待侧枝生长至约 1 m 时进行短截，培养二级侧枝。如此这般，树形基本就确定了。在以后的修剪工作中，只需对过密枝、下垂枝、病虫枝进行修剪即可。

需要强调的是，元宝枫萌蘖性特强，因此在修剪时需及时除去侧枝，先达到定干高度后再培养树冠。元宝枫的分枝方式很特别，属于不完全的主轴分枝式和多歧分枝式，顶芽优势有强有弱，强者成为主干延长枝，弱者冬季易冻死或生长瘦弱。在具体修剪中，应短截、疏剪并用。确立主干延长枝后，对其余侧枝进行短截或疏剪，对主干延长枝靠下的竞争侧枝要尽早剪除，对 1/3 主干高度以上、延长枝以下的中间部位，可采用短截或疏剪的方法，疏剪时需注意照顾前后左右，使各方向枝条分布均匀，树体上下平衡；短截时剪口要留弱芽，以实现"抑侧促主"的目的。1/3 主干高度以下的枝条要一概除去。

②成龄树。此时整形任务已基本完成，修剪的中心任务是在土肥水综合管理的基础

上，疏除过密、交叉、重叠、细弱、病虫、干枯的枝条，改善树体通风透光条件，保持树体健壮，从而维持高产、稳产和优质生产的年限。此期，树势弱时，应重剪、多截少疏，适当回缩，留壮枝壮芽，恢复树势；树势旺时，以轻剪为主，少截多疏，以抑制生长，促进结果，提高产量。

1.4.5.3 果实采收和采后处理

（1）采收

研究表明，陕西关中地区元宝枫种子中干物质及油脂积累量在10月底达到高峰。从理论上讲，10月底是关中地区元宝枫的采收期。但在此时，元宝枫树叶尚未完全脱落，采收的果实夹杂大量树叶，分离清选比较麻烦，增加采收难度和成本。采收早了，种子未成熟，含油量低。所以，至11月中上旬树叶刚脱落，是采收果实的最佳时期。这时采收的果实无杂质，种仁饱满，自然风干好。如果采收过晚，部分饱满种子易先脱落，降低收获率。采收翅果要选择晴好天气，以晴天、无风、露水干后采收最佳。用细竹杆轻轻敲打果枝，切忌用粗竹杆猛击果枝折断枝梢，避免造成第2年减产。

其他地区应因地制宜，根据当地元宝枫的生长物候期来确定适宜的采收期。刚采收的元宝枫翅果，其含水率在10%以上，采集后除去杂质，摊晾1~2 d，含水率降至8%以上，散热后可入库贮藏。鼠类喜食元宝枫种子，注意防止鼠害。

（2）采后处理

采后处理包括清选除杂和脱粒。

元宝枫果子采收后，立即置干燥阴凉处摊开，一般阴干2~3 d即可。然后用风选机进行风选，除去夹杂的树叶、枝条和空壳。再用筛选设备进行筛选，除去混入的铁钉、碎石、砂粒和泥块等，以免在进行脱粒时磨损脱粒机械。

脱粒需在元宝枫翅果专用脱粒机上进行。用元宝枫专用脱粒机脱粒，可顺利地将元宝枫翅果分离为果翅、种皮和种仁3部分，分别为翅果重量的33.6%、15.9%、50.5%。种仁是制取油脂的原料，而种皮中凝缩单宁含量达60%，是提制优质元宝枫单宁的理想原料。种仁和种皮均可进一步加工利用。

小　结

元宝枫抗旱、抗寒、耐瘠薄，适应性强，是一种集食用油、医疗保健、化工原料、园林观赏、特用木材于一身，社会、经济和生态价值为一体的多功能高效经济林树种。因地制宜、适地适树营造元宝枫果用林和叶用林，对农民致富和乡村振兴具有重要作用。元宝枫属直根系树种，侧根十分发达；芽按性质分为叶芽、花芽（混合花芽、雄花芽）；分枝方式属于不完全主轴分枝式和多歧分枝式；雌雄同株，自花授粉自花结实；翅果生长发育历经果翅发育、种皮发育和种仁发育成熟3个阶段。播种育苗是主要的育苗方式。元宝枫栽植模式和栽植密度应根据栽培目的、立地条件和栽培管理的技术条件而定。以产果为主的元宝枫可采用矮化密植和乔化稀植2种栽培方式。以产叶为主的元宝枫可采用矮化密植或每穴4~6株的丛状栽植方式。栽植后加强土肥水、整形修剪及病虫害防治是元宝枫丰产、优质的保证。总之，加强元宝枫优良品种选育及其丰产栽培技术研究、集成与示范，因地制宜，合理规划，科学栽培，精细管理，是实现元宝枫早实丰产和优质高效的关键。

思考题

  1. 简述元宝枫的生物学和生态学特性。
  2. 简述元宝枫的经济价值及开发利用前景。
  3. 简述元宝枫栽培模式及其特点。
  4. 元宝枫丰产栽培的关键技术有哪些？

1.5　榛子栽培

1.5.1　概述

  榛子是我国重要的经济林树种，也是世界著名四大干果之一，为国际畅销干果。

(1)经济和生态价值

  榛子营养丰富，有丰富的脂肪、蛋白质及多种维生素及矿物质元素。中医认为，榛子有补脾胃、益气力、明目健身的功效，并对消渴、盗汗、夜尿频多等肺肾不足之症有益处，也是癌症、糖尿病人适合食用的坚果补品。榛子不仅是美味坚果，还是食品加工原料，除药用外还可用作工业原料。榛仁营养丰富，种仁含油量47%~68%，蛋白质23%，淀粉6.6%。榛仁可生食、炒食，也可加工为榛子油、蛋白粉、糖果、糕点、饮料等。榛油油色浅黄，是优良的食用油。榛子果壳可制活性炭、胶黏剂；树皮和果苞含单宁，可制栲胶。

  榛树根系发达，多水平分布，可以固定土层，防止土壤冲刷及山地滑坡，是水土保持的良好树种。榛树耐干瘠，是榛产区荒山绿化结合榛子生产的首选树种。榛林地腐殖质丰富，可产榛蘑，榛蘑是营养丰富的食品。榛树树姿优美，可作为园林绿化观赏树种。

(2)栽培历史和现状

  榛树大致起源于晚古生代。榛子在我国主要分布于东北至西南的广大区域。我国榛子的利用历史悠久，最早可追溯到6000年前的石器时代，在陕西西安半坡遗址中就发掘出大量榛子果壳。有关文字记载在公元前10世纪的《诗经》中就已出现。目前，其分布区大致以黑龙江大庆和云南大理连线为中心线，横跨全国26个省(自治区、直辖市)，主要分布于黑龙江、吉林、辽宁、内蒙古、山东、山西、河北、北京、天津、甘肃、宁夏、陕西、四川和安徽14个省(自治区、直辖市)。国外栽培的榛树均为欧洲榛(*Corylus avellana* L.)，主要分布在欧洲地中海沿岸，西亚与中亚地区也有分布，在北美洲也有种植。2017年，世界榛树栽培面积为67.2×10^4 hm²，总产量100.6×10^4 t，其中土耳其的栽培面积和产量占世界第1位。我国榛子栽培和利用水平落后于欧美国家，栽培管理粗放，单产低，经济效益不高。因此培育良种榛，扩大种植规模，机械化、集约化栽培，已成为榛业发展的重要内容。

1.5.2　主要种类和优良品种

榛子属榛科(Corylaceae)榛属(Corylus)，全球约20种，我国有8个种、2个变种。我国北方常见的、经济价值较高的有2种：平榛(C. heterophylla Fisch.)和毛榛(C. mandshurica Maxim.)2种，其他种类均产于秦岭以南至云贵高原地区。

(1)主要种类

①我国北方的主要榛树种类有平榛、毛榛等。

平榛：落叶灌木或小乔木，单叶互生，先端常平截或下凹(故称平榛)，有短尖头。花单性，雌雄同株；雄花于秋季形成球果状幼花序，裸露越冬，翌春开放，形成下垂柔荑花序。雌花构成头状花序，开放时亦包于芽鳞内，仅红色花柱露出；每一花序具大苞片4~6枚，每枚内生雌花2朵；子房下位，2室，每室内具1枚倒生胚珠；每花序内通常仅有少数雌花最后形成果实，每一雌花中也仅有一室发育，故每一花序至多形成坚果1~6枚，分别为叶质果苞全包或半包。种子无胚乳，子叶肥大。果仁(种仁)可食，含油率高。

毛榛：与平榛主要差异为：叶先端渐尖，常见浅裂或缺刻，坚果总苞喙状(平榛为钟状)，坚果较小，先端具显著尖头(平榛略大，先端平，钝圆或钝尖)。果仁利用价值同平榛，口感更香，抗病虫能力也略强于榛子。

除上述种类外，还有川榛(C. heterophylla Fisch. var. sutchuenensis Franch.)、华榛(C. chinensis Franch.)、刺榛(C. ferox Wall.)、滇榛[C. yunnanensis (Franch.) A. Camus]等。

②国外的主要榛树种类有欧洲榛(C. arellana L.)、土耳其榛(C. colurna L.)、美洲榛(C. americana Marsh.)等。

欧洲榛：原产欧洲，现已发展到亚洲、南美洲的智利以及北美洲的西太平洋一带。集中产区是土耳其、意大利、美国、格鲁吉亚、阿塞拜疆、西班牙、希腊、法国等国家。欧洲榛是栽培种，已有上百个品种，共同特点是果实大、色泽美、商品价值高；品质好、果壳薄，约1.45 mm，出仁率40%~60%，种仁含油率60%~70%；丰产性好，一般榛园每公顷产150~220 kg。

土耳其榛：落叶乔木，原产中亚和西亚，果小、壳厚，但品质好。

美洲榛：原产北美洲，灌木，果小、壳厚，但抗寒、抗病能力较欧洲榛强，美国将之与欧洲榛杂交培育出一些新品种。

(2)优良品种

辽宁省经济林研究所从保加利亚、阿尔巴尼亚、意大利等国引种了多个欧洲榛品种，进行了多年栽培试验，除个别小气候区域可以生长结实外，普遍表现为不适应。

辽宁省经济林研究所于1980年开展了平榛与欧洲榛的种间杂交育种研究，陆续选育出平欧种间杂交优良品系，1999—2006年鉴定杂交榛子优良品种11个，这些品种具有大果、丰产、抗寒性强、果仁质量好等特性，这为我国榛子生产从野生走向栽培提供了品种资源。2017年中国林业科学研究院林业研究所等单位选育的'辽榛1号''辽榛2号''辽榛4号'和'辽榛9号'通过了国家林业局(现国家林业和草原局)林木良种审定，这是我国首次通过国家级审定的榛子品种。现将生产上主要栽培推广的榛子优良品种介绍如下：

'达维(84-254)'：树势强壮，树姿半开张，直立，雄花序少。7年生树高2.78 m，冠幅直径2.45 m。坚果椭圆形，平均单果重2.5 g，果壳红褐色，壳厚度为1.54 mm，果仁光洁，饱满，出仁率44%。丰产，一序多果，平均每序结果2.0粒。6~7年生树平均单株产量1.6 kg。越冬性强，休眠期可抗-33℃低温，适宜在年平均气温7℃以上地区栽培。

'玉坠(84-310)'：树势强壮，树姿直立，树冠大。8年生树高2.51 m，冠幅直径2.10 m。坚果圆形，暗红色，平均单果重2.0 g，果壳1.05 mm，果仁光洁，饱满，风味佳，品质上，出仁率达43%。果实8月中下旬成熟。较丰产，穗状结实，抗寒性强，休眠期可抗-30℃低温，适宜在年平均气温7.5℃以上地区栽培。

'辽榛3号(84-226)'：树势强壮，树姿直立，萌蘖少。6年生树高2.43 m，冠幅直径1.27 m。坚果椭圆形，平均单果重2.9 g，棕红色，具浅沟纹，果仁表面绒毛量中。果壳薄，壳厚1.15 mm，果仁饱满，有香味，风味好，品质优良。出仁率47.6%。丰产性强，越冬性强，适宜在年平均气温6℃以上地区栽培。

'辽榛4号(85-41)'：树势中庸，树冠开张，6年生树高2.30 m，冠幅直径1.85 m，坚果圆形，黄色，平均单果重2.5 g，果壳厚1.05 mm，果仁饱满，较光洁，出仁率46%。丰产性强，越冬性较强，适宜在年平均气温8℃以上的地区栽培。

1.5.3 生物学和生态学特性

1.5.3.1 生物学特性

(1)根系

自然生长的榛树一般为实生繁殖，其根属于实生根系，包括主根、侧根、须根及根状茎，主根明显，垂直向下，较发达。栽培的平欧杂种榛属于茎源根系，主根不明显，须根发达，根系分布浅，一般于分布地表下5~80 cm的土层中，集中分布区为地表下5~40 cm的土层范围内。榛树可产生根状茎，其上有节，节上有不定芽和退化的叶片、须根和侧根，因此，根状茎具有茎与根的双重特征，其上的不定芽可萌发形成根蘖(图1-5)。榛子根系萌蘖能力极强，常用这一特性来繁殖苗木。

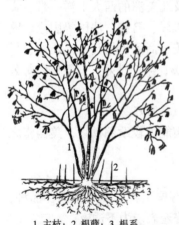

1.主枝；2.根蘖；3.根系。

图1-5 榛树树冠及根系

(梁维坚等，2019)

(2)芽

榛树芽分为叶芽、雄花芽、雌花芽、基生芽和不定芽5种。叶芽着生于营养枝的侧方及顶端，萌发后形成营养枝和结果母枝；雄花芽为纯花芽，着生于新梢中上部的叶腋中；雌花芽为混合芽，着生于结果母枝中部以上，一直到枝顶，萌发后形成结果枝；基生芽着生于丛生枝基部，即茎与根的交界处，萌发后形成基生枝；不定芽生于根状茎上，萌发出土后形成地上茎，即根蘖。

(3)枝条

枝条可分为结果母枝、结果枝、营养枝和基生枝4种。结果母枝上着生有雄花芽、混合芽和叶芽，是翌年形成结果枝的基础；混合芽萌发后形成结

榛树芽与枝的
形成关系

果枝，枝顶上着生有果序；营养枝是由植株茎部隐芽或叶芽抽生，发育良好、较粗壮者易形成结果枝。基生枝由树丛基部的丛生芽萌发形成，能使树体形成灌丛。

（4）花芽分化

雌花芽分化是在新梢停止生长之后，枝芽已有一定的营养积累开始的。一般从 6 月底至 7 月上旬开始分化。花芽形态分化的开始期，因榛树种类、品种（品系）及树体营养状况和新梢停止生长迟早不同而异，停止生长早的短枝花芽分化的早。

花序分化初期，芽内生长点变平，然后出现小突起，即为柱头原始体。柱头明显可见为 7 月中旬至 8 月上旬，8 月上旬至 9 月上旬，在柱头下出现环状物，即是果苞原始体。柱头形态分化完成最早在 8 月下旬至 9 月上旬，最晚在 10 月下旬至 11 月中旬。

雄花序形态分化最早在 6 月上旬，先在叶腋间出现红色细长尖状物，逐渐形成幼小的雄花花序原基，呈白色或淡绿色，以后逐渐加粗加长生长，9 月上旬至 10 月雄花序原基逐渐变成淡黄色，体积不再增大，此时其形态分化已经完成。雌、雄花序形态从可见到分化完成需 65~85 d。

（5）开花坐果

榛树的花为雌雄同株异花（图 1-6）。雄花絮为柔黄花序，由 2~7 个排成总状，着生于新梢中上部，每个花序为圆柱形，其上着生数百枚小花。雌花为头状花序，着生于 1 年生枝的中上部和顶端。雌花开花时，在花的顶端伸出柱头，授粉后柱头变黑色并枯萎（图 1-7）。

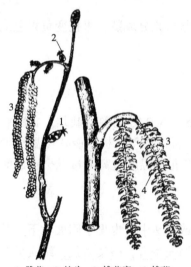

1. 雌花；2. 柱头；3. 雄花序；4. 雄蕊。

图 1-6　榛树的花

（梁维坚等，2019）

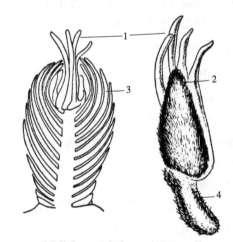

1. 雌蕊柱头；2. 生长点；3. 叶原基；4. 枝。

图 1-7　榛树雌花解剖图

（梁维坚等，2019）

榛雌花先叶开放，风媒传粉，花期 3 月下旬至 4 月下旬。6 月初至 7 月中旬雄花序伸出。由于气候的影响和自花授粉和个体竞争，通常雄花序开放率 60%~80%，雌花坐果率 30%~40%。

（6）果实生长发育

从雌花授粉到幼果开始膨大需要 60~65 d，从幼果膨大到坚果成熟需 87~101 d，整个

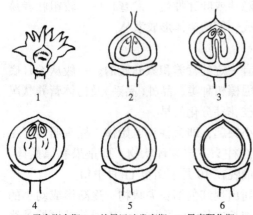

1. 子房膨大期; 2. 幼果迅速发育期; 3. 果壳硬化期;
4. 种仁缓慢发育期; 5. 种仁迅速发育期; 6. 种仁充实期。

图1-8 榛果实生长发育过程

果实发育需 147~166 d。果实发育可分为 7 个阶段(图1-8):

①子房膨大期(5月下旬至6月上旬)。子房明显增大,幼果直径约 2 mm,此期为果实发育的开始。

②幼果迅速发育期(6月上旬至7月上旬)。此期幼果体积迅速增大,直到果壳硬化为止。

③果壳硬化期(7月上旬至下旬)。果皮开始硬化到完全硬化为坚果,达到品种标准大小。

④种仁发育期(7月下旬至8月中上旬)。果皮硬化前,种仁缓慢发育,果皮硬化后,种仁体积开始迅速增大,直至种仁充满果腔。

⑤种仁充实期(8月上旬至9月上旬)。此期果仁内含物开始充实积累干物质,直到坚果成熟。

⑥坚果成熟期(8月下旬至9月上旬)。坚果由白色变成红色或红褐色,触碰坚果即可脱苞。

⑦坚果脱落期(8月下旬至9月中上旬)。此期坚果充分成熟,果苞变黄褐色或褐色并自然张开,坚果自然脱苞落地。

1.5.3.2 生态学特性

(1)温度

榛树喜冷凉气候,耐寒,可在年平均气温 3.5~15.0 ℃范围内栽培。1月平均气温 -27.8~3.9 ℃;7月平均气温 20~24 ℃;极端最低气温-42 ℃,极端最高气温38 ℃;无霜期130 d以上。晚霜会对榛树开花有一定的影响。开花期温度过高或过低会造成雌雄异熟或雌花受冻现象。

(2)光照

榛子是喜光树种,野生多见于阳光充足的林缘或灌丛中,也见于阴坡林下,其萌蘖能力、结实量均与受光程度有密切关系。生于阳坡光照充足者,萌蘖力强,结实量较大,产量相对稳定;生于林下者光照不足,萌蘖力弱,结实量相对较小,且大小年明显。全年日照时数在 2100 h 以上,光照充足,叶片光合作用强,叶片肥厚;如果遮阴,光照不足,叶片光合作用弱,叶片变薄,长时间遮光使叶片变黄色,逐渐枯死、脱落。因此,充足的光照是丰产的必需条件。

(3)土壤

榛树对土壤的适应性较强,耐寒、耐旱、耐瘠薄,在砂土、砂壤土、壤土、轻黏质土及轻盐碱土均能生长和生存,但以土层深厚、肥沃、湿润的中性至微酸性棕壤上生长最好。一般土层厚度在 40 cm 以上可满足要求。榛树根系呼吸强度高,要求土壤的透气性良好，因此在砂质壤土上生长发育更好。对土壤的酸碱度要求不严，但榛子适宜土壤的 pH 值为 6.0~8.1。土层深厚、土壤肥沃、排水良好是榛树丰产必不可少的条件。

（4）水分

榛树叶片宽大，蒸发面积大，因此榛树喜湿润的气候，越冬休眠期最适宜的空气相对湿度是 65%~70%。年降水量 700~1100 mm 的地域最为适宜榛树生长。榛树是浅根性树种，土壤过多的积水，根系呼吸不畅，树势衰弱。榛园如果积水达 48 h，部分根系因呼吸受阻而死亡；如果根系积水 72 h 以上，大部分根系死亡，严重时全株死亡。

1.5.4 育苗特点

生产上主要采用实生繁殖、绿枝直立压条和绿枝扦插繁殖苗木。

1.5.4.1 实生繁殖

目前平榛多采用播种繁殖，选择果大、壳薄、发育充实的优良类型为采种母树。榛子种子采后需进行低温层积催芽，于翌春 3 月下旬至 4 月上旬条播，株距 3~4 cm，行距 50~60 cm，用种量：直播造林 75 kg/hm²；垄播 750 kg/hm²；床播 1125 kg/hm²。苗期注意肥水管理和中耕除草，当年苗高可达 50 cm，秋季或翌春可出圃定植。

1.5.4.2 绿枝直立压条

绿枝直立压条（图 1-9）是利用榛树易产生根萌蘖枝的特性，采用一定措施使这些萌蘖枝生根而形成新的苗木。于榛树定植后第 3 年，母本树根蘖数量 7~8 条时，即可压条育苗。早春萌芽前，对拟繁殖苗木的母树整形修剪。单株直立栽植留一个主干，主干高 80~100 cm，树干上端留 3 个主枝，重短截，剪留枝长 20%~30%，其余分枝全部剪掉。在母树萌芽前，剪掉上一年没有压条的萌生枝、根状茎、残留的根茬，压条后留下的基桩也要剪除。

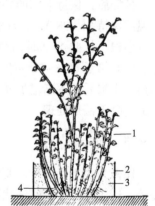

1. 当年萌生枝；2. 围芟；
3. 生根基质；4. 压条枝生根。

图 1-9 绿枝直立压条
（梁维坚等，2019）

于当年萌生枝半木质化、高度 60~80 cm 以上时压条，剪除高度 30 cm 以下的细弱根蘖，留强壮枝，摘除萌生枝距地面 25 cm 处的全部叶片，摘叶后进行横缢处理，高度为萌生枝基部 1~3 cm 处。横缢绑扎材料为火烧后 22 号镀锌铁线，以镀锌铁线为芯材、PVC 材料作外表涂层的绑扎线。横缢完成后进行生根剂处理，如 3-吲哚丁酸、吲哚丁酸钾、ABT 生根粉 1 号等，处理部位为横缢处以上至 15 cm 内。

培覆压条基质处理是绿枝直立压条的最后一个环节。培覆压条基质（木屑、砂土等）要保持合适的湿度和良好的透气性，培覆基质高度为 20~25 cm。以木屑作为压条基质，苗木根系发达，容易起苗。

不同长势的榛树根蘖生根差异很大，一般秋季落叶后高度 80~120 cm 的根蘖生根最好。为保证成苗数量和质量，压条后及时对生长过旺的萌枝摘心，以使苗木芽体饱满，苗木健壮，根系发达。摘心后萌发的侧芽要及时抹除。

1.5.4.3 绿枝扦插育苗

绿枝扦插是指用当年生的带叶绿枝扦插到基质里，使其生根形成新苗木的方法。在绿枝半木质化时剪取插条，将插条剪成插穗（制穗），每插穗具 3~4 个节，留 2~3 个半叶，最下面一节剪斜（图 1-10）。绿枝插条（穗）要注意保湿。将剪好的插穗下端用 3-吲哚丁酸 100 倍溶液浸蘸 3~5 s，浸蘸深度 3.0~3.5 cm。插穗间隔 8~10 cm，每平方米扦插 80~100 个插穗。

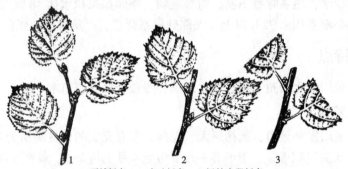

1. 顶梢插条；3. 半叶插条；2. 绿枝中段插条。

图 1-10　绿枝插穗剪取

（梁维坚等，2019）

扦插后，保持大棚的环境条件符合插条生根的需求。扦插初期要求的环境条件为：棚内温度保持 25~28 ℃，最高 30~35 ℃；空气相对湿度在 95% 以上。扦插 30 d 以后，插穗即可生根，扦插 45 d 时插穗根系很发达。在扦插初期，要保持棚内的高湿度使叶片不失水，同时给予 60%~70% 的光照（后期光照为 85%~90%）。用遮阳网遮盖 30~45 d 以上，当插穗生根后，逐渐增加光照量，促进叶片光合作用，使苗木生长健壮。如苗木有病害，可适当喷杀菌剂处理。

1.5.5　建园特点

榛树为多年生树种，要慎重选择建园园址。选择园址时，首先应考虑气候、土壤、地势等，还应考虑社会经济状况、交通等因素是否适宜栽培榛树，以达到最佳的产量和最大的经济效益。

1.5.5.1　园址选择

建园前应对当地的气候、土壤、降水量、自然灾害进行全面详细的调查研究，根据当地环境条件选择适宜的栽培品种。一般榛子适宜生长的年平均气温为 3.5~15 ℃，休眠期极端最低气温为-42 ℃，无霜期 130 d 以上，年降水量 700~1100 mm（降水不足的地区需要有灌溉条件），全年日照时数在 2100 h 以上。榛树可在山地、沙地、滩涂地种植，但在平地上生长最好。以土层深厚、肥沃、湿润的中性至微酸性棕色森林土上生长为宜，土层厚度在 40 cm 以上，pH 值为 6.5~8.5，地下水位应在 2.0 m 以下。

1.5.5.2　栽植技术

（1）栽植方式和密度

榛树可采用长方形、正方形和三角形栽植方式，具体依地形来确定。平地栽植行向应是南北向，有利于树体受光均匀；山地则沿等高线栽植。生产中主要采用长方形和正方形栽植。

决定榛树栽植密度的因素很多，包括栽培品种、作业方式、栽培方式，以及所采用的树形、地势、土壤、气候条件等。应根据具体情况选择合适的栽植密度(表1-4)。

表1-4　榛树栽植密度

株行距(m)	密度(株/亩)	立地条件与作业方式
2×3	111	山坡地、土质较差园或早期丰产密植，后期间伐4.0 m×3.0 m
3×3	74	平地、土质较好园地
2×4	83	平地、土质较好园地、可间伐4.0 m×4.0 m
2.5×4.0	66	平地土质较好园地，较多采用机械化作业
3×4	55	平地土质较好园地，较多采用机械化作业
2.0×4.5	74	平地、南温带、北亚热带、机械化作业
2.5×4.5	59	平地、南温带、北亚热带、机械化作业

(2)品种选择和授粉树配置

良种是榛树实现高产优质的基础，在建园时，必须充分考虑品种的特性，选择适宜当地气候、土壤条件的优良品种。在年平均气温3.5~7.8 ℃的范围栽培榛树，首先要考虑品种的抗寒性，选择可以安全越冬的品种；在年平均气温10 ℃以上的地区栽培不必考虑抗寒性、越冬性，主要考虑土壤条件以及产量、坚果大小及品质等因素来选择品种。

授粉树配置时，首先要考虑授粉品种与主栽品种的亲和性，选用品种要能相互授粉且花期相遇，大型榛园还要考虑选择不同成熟期的品种，避免采收过于集中。

(3)栽植时间和方法

①栽植时间。榛子的栽植时间对苗木成活率、保存率影响很大，可依据不同地区具体情况选择栽植时间。北方榛树一般春季栽植，其原因是北方大部分地区冬季降水量小，空气干燥。我国北纬36°以南地区采用秋季栽植，但栽后必须浇水，以保证成活。

②栽植方法。苗木栽植前需按栽植计划方案核对苗木的品种和数量，避免栽植混乱。选用合格苗木，定植时要修剪根系，根系剪留长度为15~20 cm，剪口要平滑。栽植过程中要保证苗木根系不失水。将苗木放入定植穴内，使其根系舒展，苗干直立，然后填埋湿土，填至一半时，将苗轻轻向上提，边填土边踏实，使根系与土壤紧密结合，然后在苗木周围筑灌水树盘。

根系不能埋土过深或过浅。定植后要立即灌水，并要求灌足灌透，水渗后封树盘，即在树盘内盖2~3 cm厚的土。苗木栽植后需及时定干，单干形定干高度50~70 cm，少干丛状形定干高度约为20 cm，定干时剪口下必须留3~5个饱满芽。以地膜覆盖树盘，地膜中心点应低于四周，便于雨水的收集和利用。覆膜时要注意保护树木的芽不被蹭掉。

1.5.6　管理技术特点

1.5.6.1　土肥水管理

(1)土壤管理

在生长季节内，榛园内不种作物，经常耕翻，消除杂草，使土壤保持疏松和无杂草的状态。在榛园行间种植多年生牧草、豆科作物，或对园内杂草不耕不翻，使其生长，定期刈割。榛树根蘖能力强，主根不发达，土壤条件较好的榛园，常规耕作即可满足根系生长。对土壤瘠薄，土层较浅，石砾较多的河滩、山地榛园可通过深翻扩穴等措施，为根系生长创造一个适宜的环境。对幼龄园(1~4年生)，行间间作矮秆作物。台田栽植的榛树，行内采用园艺地布(防草布)覆盖，行间生草或清耕。

(2)施肥

基肥在秋季采果后施入，以有机肥为主。化肥在生长季节追施。追化肥采用氮、磷、钾复合肥最好。一般要求每年追肥2次。第1次在5月下旬至6月上旬，此时正值果实膨大和新梢生长期；第2次在6月下旬至7月上旬，为果实迅速发育及花芽开始分化期，此期追肥对枝条充实、花芽分化、果实生长发育极为重要；也可在6月下旬叶面喷肥，为果实迅速发育补充营养。

施肥方法有：放射状施肥、环状施肥、穴状施肥、条状沟施肥和撒施法等。

(3)灌水和排水

榛树是浅根性树种，其根系主要分布在5~40 cm的土层中，容易发生干旱，适时灌水是保证榛树正常生长发育和结实的重要保证。在年降水量700 mm以上地区，自然降水可满足榛树的生长和结实，在年降水量500 mm以下地区，每年要灌水3~4次。干旱和半干旱地区每年灌水4~5次。第1次灌水在发芽前后，可促进根系生长、萌芽及新梢生长。第2次在5月至6月上旬，此时正值北方春旱，又是新梢旺盛生长和幼果膨大期，灌水可保证榛树正常生长和为丰产打下基础。第3次在6月下旬至7月上旬，如果自然降水充沛，可不灌水。第4次在入冬前(封冻水)，以保证冬春土壤湿润，防止抽条。

榛树怕涝，园内不能积水。榛园积水48 h，部分根系死亡，榛树生长发育受限；榛园积水72 h，大部分根系死亡，严重时整株死亡。因此，榛园应及时排水，特别是平地榛园，在建园时应设立排水设施。北方7~8月降雨集中，要及时排水，保证榛树正常生长发育和结实。

1.5.6.2 整形修剪

(1)主要树形

栽培榛树主要有3种树形：第一种是少干丛状形，即从树基部留3~5个主枝，伸向不同方向，形成丛状树形；第二种是自然开心形，即有1个主干，在主干的上端着生3~4个主枝，伸向不同方向，形成单干自然开心形；第三种是多干丛状形，即从地面以上留10~15个主枝，形成多干丛状形。

(2)不同年龄时期的修剪特点

①幼树期和初果期。这个时期(1~4年生)为树体生长期，以扩大树冠为主，并开始少量结果。因此，此期修剪以整形为主，按选择的树形(如自然开心形、少干丛状形等)进行定干(图1-11)，选留主枝，在主枝上选留侧枝，在侧枝上选留副侧枝，并培养结果母枝和结果枝组。在选留主枝、侧枝后对其延长枝进行轻短截，大约剪掉枝长的1/3，剪口选留饱满芽、外侧芽。幼树期、初果期，一定要轻剪，留饱满芽，促进多分枝，尽快扩大树冠。一般第4年后，完成树形整形，形成树体骨架。而内膛小枝采用长放，使之形成花芽，增加产量。

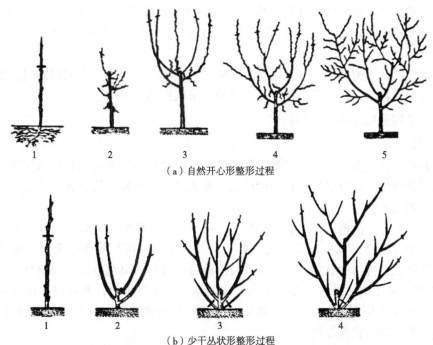

（a）自然开心形整形过程

（b）少干丛状形整形过程

1.1年生定干；2.2年生选留主枝；3.3年生整形修剪；4.4年生树形完成。

图 1-11　榛树幼树期和初果期整形修剪示意

（梁维坚等，2019）

②盛果初期。此期榛树树龄 5~7 年，虽然树形骨架基本完成，但树冠不够丰满，应继续扩大树冠，边整形、边结果，从以整形为主逐渐转入以结果为主。以轻剪为主，各级主、侧枝头，外围发育枝轻短截，剪口留饱满芽、外侧芽，以扩大树冠。此期树体生长仍然旺盛，有些品种如'达维''辽榛 3 号'，树姿直立，开张角度小，可采用拉枝开角，增加内膛光照，使内膛枝形成雌花芽，提高产量。

③盛果期。榛树 7 年生以上已进入盛果期。此期已完成整形，形成丰产的树形骨架。树体大小、枝芽总量已基本达到丰产树的要求。修剪任务主要是调整生长与结果的关系，延长盛果期。在树体正常生长发育条件下，保证有充足的结果母枝，连年丰产稳产。

④衰老期。衰老期树，树冠内膛枝衰弱或逐渐枯死，骨干枝头生长十分缓慢。树冠体积缩小，有的榛树树冠残缺不全，结果部分外移，产量降低，骨干枝基部多萌发新的萌生枝，此期修剪主要是更新复壮，维持树冠体积，保证产量。修剪方法：疏弱留强，集中营养。疏除内膛弱小枝组，打开空间，改善光照，培养强壮枝；大枝缓缩，小枝多截。因衰老期树大枝回缩过急，易造成根系死亡，加速衰老。因此，回缩复壮应根据全树总枝量逐步进行。对保留的小枝组在壮枝壮芽处短截，以利复壮；利用基生枝重新培养树冠。

1.5.6.3　人工辅助授粉

栽培榛品种具有异花授粉特性，为保证雌花完全授粉，需进行人工辅助授粉。栽培管理较好的榛园，2~3 年生的榛树可开花结果，且雌花量较大，但雄花偏少，自然授粉达不到良好的授粉效果。也有的榛园到了盛果期，遇到冬、春季低温干旱，雄花大部分冻干，不能正常开放或开放比例小，满足不了当年授粉需求。为保证榛园产量，必须人工辅助授粉。

小面积榛园，或树龄小、每株雌花不多时，可采用人工点授。大面积榛园或盛果期大树授粉，需要花粉量大，为了节省人力、花粉，采取振动授粉法。

1.5.6.4 果实采收和采后处理

（1）采收

榛果要在充分成熟时采收，坚果成熟的标志是，果苞和果顶的颜色由白变黄，果苞基部出现一圈黄褐色，此时坚果一触即可脱苞，即为适宜采收期。采收方式有人工采收、拉网采收和机械化采收等方式。

①人工采收。幼龄树或树形较矮的榛树，可直接用手采摘。采收时可连同果苞一同采下，采后集中运到堆果场，以备脱苞；树形较高的榛树，可直接用手采摘，也可振动大枝，使坚果落地，再集中收集，也可待其自然熟透让果实、果苞落地，再捡拾。一般每隔1 d捡果1次。采用此法采收，必须事先清理园地。采摘坚果时，要注意尽量避免碰伤或折断树枝。平榛以及平欧杂种榛大多数品种（品系）的坚果成熟时，坚果仍保留在果苞内，因此，采收后需进行脱苞处理。

②拉网采收。在采收前，沿行向支起尼龙网，网的宽度超过树冠，高度距地面40～50 cm。网眼直径要小于坚果直径。当坚果成熟时，自动落在尼龙网上或连同果苞一同掉落。我国栽培的平欧杂种榛大部分品种成熟期为8月，成熟时正处雨季，园地土壤湿润，拉网采收可避免落地果实发霉。另外，拉网便于坚果收集，省工。拉网可一次性投资多年使用。目前我国采收机械缺少，进口采收机械成本很高，因此采用拉网采收是一个不错的选择。

③机械采收。机械采收适于大面积榛园，其优越性是可大大节约人力，提高工作效率，降低成本，所采收的坚果成熟度好，质量高。目前我国还缺少榛子坚果采收的机械设备，随着栽培产业化规模的发展，机械采收是必由之路。

（2）采后处理

采收的带苞坚果或新鲜坚果，由于水分含量大、杂质多，需及时进行脱苞、除杂、清洗、干燥等处理，才能达到商品坚果的质量要求。

①脱苞。欧洲榛在成熟时坚果自动从果苞脱落，采收时直接从地上收集坚果，因此机械化采收的欧洲榛一般不需脱苞。但大多数榛子的果苞较长，果序脱落时坚果仍留在果苞内，因此在收获后需要脱苞处理。脱苞方法如下：

发酵脱苞：即将采收的带苞坚果堆积起来，使果苞轻微发热、发酵。方法是将采下的带苞坚果堆置起来，厚度为40～50 cm，上面覆盖草帘或其他覆盖物，使果苞发酵1～2 d。在堆置过程中注意检查堆内温度、湿度。温度与湿度过高，会使坚果发酵过度，果壳色泽过深，失去光泽，严重时榛仁将不能食用。堆置发酵后用木棒敲击即可脱苞。

晾晒脱苞：将采后的带苞坚果在晒场上晾晒，然后用木棒敲击使之脱苞。

手工脱苞：人工将坚果从果苞中剥出。

机械脱苞：大型榛园，坚果采集量大，可用脱苞机脱苞。脱苞机的类型很多，其原理是用电动机带动一个长圆筒形圆滚，其上有许多刺（长 4~5 cm），刺与刺之间有一定距离，转动时将坚果从果苞中挤出。圆滚刺的间隙能自由调整以适应不同大小的坚果，既确保坚果能顺利从果苞中被挤出，又不至于挤破坚果外壳。

②除杂。从田间直接收集的榛子坚果，或经过脱苞的坚果仍然带有果苞碎片、枝叶碎片、土块等杂质以及空粒、虫果等，需要进行除杂以达到商品坚果的要求。除杂利用清选机或"风车"，利用风选原理进行工作，将轻的果苞碎片、枝段、叶片、空粒、虫果等吹出，将重的土块、沙粒等筛除，取得纯净榛子坚果。

③清洗、干燥。脱苞、除杂后的榛果表面仍附着一些泥土，影响坚果的商品性状，需要进行清洗。榛果清洗在清洗机里进行，通过传送带传送榛子坚果，多次用清水喷淋，以彻底冲洗干净。另外，为杀灭坚果表面的有害细菌等微生物，近年来在清洗线上还增加了消毒设备。

经过除杂清洗后的坚果，含水率为 20%~35%，容易变质和生霉。为便于贮藏和进一步加工，收获后的榛子应及时干燥，可采用自然晾晒、自然通风或电热干燥（温度为 45~50 ℃，根据坚果含水量不同，一般需要 9~27 h）等方式，使带壳坚果含水量降至 7%，即达贮藏的标准。在开始干燥时，榛仁比较硬，颜色为白色，但在干燥过程中，榛仁逐渐变得松软，颜色也由外层向内逐渐变为浅黄奶油色，在完成干燥时，又变得比较硬，仁心也完全变成乳白色。榛仁硬度和颜色的变化可帮助判断干燥程度，最准确的判断是通过测定榛仁或带壳坚果的含水量来获得。

④分级、包装。我国的榛子目前主要是以带壳烤制销售为主，因此，分级指标制定的比较详细，包括基本要求和单项要求。基本要求是：坚果成熟，外观形态完好，整齐，呈自然黄色、棕色等；坚果水分含量小于 10%，果仁水分含量小于 7%，坚果无霉变，卫生条件符合有关食品要求的规定，坚果内不允许有活虫或其他动物性有害生物检出。其他质量指标包括坚果单果质量（单果重）、出仁率、空粒率、缺陷果率、缺陷果仁率、杂质等，根据上述指标将坚果分为特级、一级和二级。分级机按坚果大小设计为 2 种：一种是滚筒式；另一种是平板式。意大利采用滚筒式分级机，分级机设计的原理是按照分级标准要求设计不同大小的筛孔，将榛子坚果进行分级。按坚果大小分级后，对每个级别的榛子再按质量标准进行检查，如出仁率、空粒率、缺陷果率、杂质等，逐一检查以达到该等级的质量标准。

分级后，对榛果进行包装。包装材料要符合洁净、无异味、轻便、经济等要求，同时也要满足便于贮藏和运输的要求。常见的包装材料包括：麻袋、编织袋、尼龙网兜、枝条篓、金属丝篮子、纸箱、木箱、塑料袋、复合材料包装袋等。最好的包装材料是塑料材质的气密包装箱、包装袋等，这种包装材料能够防潮、隔氧，内部还可充入二氧化碳等气体，使榛子坚果的含水量保持稳定，避免外来气味污染，防止榛仁氧化变质。近年来，真空包装也越来越多地被采用，尤其是榛仁采用真空包装的效果更好。榛子包装大小根据包装材料和市场客户的需求来确定，一般每件 10~20 kg。大型榛子生产企业采用机械化包装，每件包装的重量一致。同一包装内的榛子等级必须一致，并注明产地、品种、等级、年份、质量等信息。

小　结

榛子是是国际坚果贸易的重要品种之一。榛子果仁风味独特，营养丰富，从而深受国内外广大消费者喜爱。从 21 世纪初我国育种家培育出平欧杂种榛新品种，我国才开始了榛树的园艺化栽培。栽培种平欧杂种榛，属于茎源根系，主根不明显，须根发达，集中分布于在地下 5~40 cm 土层内。榛树芽包括叶芽、雄花芽、雌花芽、基生芽和不定芽 5 种，枝条可分为结果母枝、结果枝、营养枝和基生枝 4 种。雌花芽分化一般从 6 月底至 7 月上旬开始；柱头明显可见为 7 月中旬至 8 月上旬，柱头形态分化完成最早在 8 月下旬至 9 月上旬，最晚在 10 月下旬至 11 月中旬。雄花序形态分化最早在 6 月上旬，9 月上旬至 10 月形态分化完成。榛树的花为雌雄同株异花，雄花为柔荑花序，雌花为头状花序，先叶开放、风媒传粉。果实生长发育需 147~166 d，分为 7 个阶段：子房膨大期、幼果迅速发育期、果壳硬化期、种仁发育期、种仁充实期、坚果成熟期、坚果脱落期。榛树喜冷凉气候，耐寒，喜光，对土壤的适应性较强，喜湿润气候。榛子可采用种子繁殖、绿枝直立压条繁殖和绿枝扦插繁殖。榛树主要采用长方形、正方形栽植，栽植时需授配置授粉树。榛树主要树形有：少干丛状形；自然开心形；多干丛状形。榛果采收方式有人工采收、拉网采收和机械化采收 3 种。对采收的带苞坚果或新鲜坚果要及时进行脱苞、除杂、清洗、干燥等处理，以达到商品坚果的质量要求。

<h1 style="text-align:center">思考题</h1>

1. 我国榛子主产区栽培的优良品种有哪些？其特性分别是什么？
2. 简述榛子的生长结果及生态学特性。
3. 榛子的主要育苗方法有哪些？
4. 简述榛子的修剪方法。

1.6 阿月浑子栽培

1.6.1 概述

阿月浑子(*Pistacia vera* L.)别名胡棒子、开心果，属于漆树科(Anacardiaceae)黄连木属(*Pistacia*)，落叶小乔木，为世界珍贵的干果及木本油料树种。

(1)经济价值

阿月浑子不但富含脂肪，而且含有多种营养成分。其种仁含有人体必需的无机盐、多种微量元素。据分析，每 100 g 阿月浑子种仁含脂肪 62~65 g，蛋白质 18~25 g，糖 9~13 g，纤维素 2.62~4.61 g，油脂中亚油酸占比达 89.4%。阿月浑子果仁是高营养食品，每 10g 果仁含维生素 A 20 μg，叶酸 59 μg，铁 3 mg，磷 440 mg，钾 970 mg，钠 270 mg，钙 120 mg，还含有烟酸、维生素 B_5、矿物质等，被广泛用于制作糖果、糕点等，也可作为咖啡、冰激凌和香肠的配料及干果罐头等。阿月浑子具有一定药用价值，可滋阴补肾，治疗结核、神经衰弱和营养不良等症，也可治心脏病肾炎、肝炎、胃炎、肺炎及多种传染性疾病，是较为名贵的滋补药。阿月浑子种仁含油率高，种子可榨油，油质优良，是高档食用油，可用于烹调和食品工业中，也可用于化妆品和医药品生产。阿月浑子木材细密坚硬沉重，可用于加工细木工，工艺品和高级家具。果皮、叶、木材中含单宁，可提取鞣料物质。外果皮可治皮肤病，也可用于内外伤止血。

（2）栽培历史和现状

据考证，早在4000万年前的第三纪阿月浑子就已出现，是中亚最古老的树种之一，是亚热带旱生森林干燥带中的一个树种。3000~4000年前在土耳其驯化栽培，古罗马时期被引种到地中海地区，称为"绿扁桃"。当时叙利亚和巴勒斯坦所产阿月浑子较为知名。人工栽培历史，西亚约有3500年，中亚2000年，意大利（地中海沿岸）约1500年。阿月浑子在我国唐代由古波斯（伊朗）经"丝绸之路"传入我国新疆地区，已有1300年以上的栽培历史，最早记载见于《本草拾遗》一书。

由于阿月浑子适应性强，市场前景好，经济效益高，受到各国重视，20世纪80年代以来，成为种植面积增长最快、产量提高幅度最大的经济树种之一。阿月浑子主产区在亚热带，主要生产国有伊朗、美国、土耳其、叙利亚、希腊、意大利、澳大利亚等。伊朗是阿月浑子天然分布最集中的国家，无论是栽培面积还是坚果产量在世界上均处于绝对优势地位。我国阿月浑子主要分布在新疆天山以南的喀什、和田和阿克苏地区，以疏附县和疏勒县种植较多，目前面积约为2667 hm²，但年产量只有200 t，仅占国内需求量的0.2%，我国主要依靠进口满足国内市场。近年我国阿月浑子引种工作有了较大发展，北京、西安、甘肃和河北等地已开始引种栽培，但尚未形成规模化生产。

1.6.2　主要种类和优良品种

（1）主要种类

阿月浑子隶属黄连木属，其中阿月浑子为主要栽培种，黄连木（*Pistacia chinensis* Bunge）用作砧木。

阿月浑子：落叶小乔木，高5~7 m，树冠开展呈半圆形或圆形。树皮灰褐色，呈片状龟裂。小枝灰白色，具树脂道，分泌透明芳香的树脂。奇数羽状复叶，有小叶3~7片、革质。花单性，雌雄异株，圆锥花序，雄蕊3~5枚；柱头3裂。核果圆形或长椭圆形，外果皮黄绿色，成熟时果枝干燥开裂，白色骨质的外果皮外露，果仁淡绿色或乳黄色，种皮紫色。阿月浑子在世界上有广泛栽培。

黄连木：落叶乔木。雌雄异株异序，雌花为圆锥花序，雄花为总状花序。果实倒卵状球形，核径5~9 mm，初为红色，渐变紫蓝色。种仁可榨油，含油率42%~46%，油可食用和供工业用。黄连木原产我国，分布广，适应性强，山区平原均可栽培，可作阿月浑子的砧木。

（2）优良品种

我国阿月浑子栽培区主要集中在新疆喀什，河南也有部分栽培，栽培的品种、品系主要有'早熟阿月浑子''短果阿月浑子''长果阿月浑子'和引进的'克尔曼（Kerman）''皮特斯（Peters）'等品种。

阿月浑子部分
优良品种

'早熟阿月浑子'：又名圆果阿月浑子，产于新疆疏附县。树势较弱，枝条常弯曲下垂。皮孔白色而明显、圆形而突出。叶表绿色具有光泽。果实近椭圆形，纵径1.9 cm，横径1.0 cm，顶端和阳面红色，果皮上条纹明显，坐果率中等。坚果单粒重0.4~0.6 g，开裂率40%~60%，果穗小而密集，丰产性好，果实成熟早，成熟期为 7 月 20 日~8 月 5 日。

‘短果阿月浑子’：产于新疆疏附县。树势中庸，树体呈多主干，枝条节间长 4~6 cm，发枝力中等，枝梢与主干夹角 70°~80°，新梢年生长量约 20 cm，树皮灰色、纵裂且浅，新梢叶片分布均匀，小叶大而色绿，果实近椭圆形，阳面红色浅。坚果单粒重 0.5~0.7 g，开裂率 50%~70%，果实成熟期在 8 月底至 9 月初。

‘长果阿月浑子’：产于新疆喀什。树势强，树枝独立，以长枝结果为主，坐果率 15%~20%，果实长卵圆形，果面浅黄色有红晕，顶端尖，纵径 2.5 cm，横径 1.1 cm。坚果单粒重 0.7~0.8 g，开裂率 40%~50%，果实成熟期在 8 月底至 9 月初，属大果型品种，是较有发展前途的品种之一。

‘克尔曼（Kerman）’：美国加利福尼亚州于 1957 年从伊朗引入、选育出的优良品种。主要特点是长势旺盛，成枝力强。果实阳面浅红色，坚果近卵圆形，单果重 1.3~1.4 g，开裂率 55%，种仁绿黄色，品质好，高产，但具有空壳和果壳不开裂现象，是美国阿月浑子主要栽培品种。我国 1998 年从美国引入新疆，是比较有推广价值的品种之一。

‘皮特斯（Peters）’：为‘克尔曼’等品种的授粉树，也是比较理想的通用授粉品种。1930 年引入美国加利福尼亚州，树势强健，树姿直立，雌花芽大而饱满，花序大，花粉量大，花期长，枝条下垂，生长势弱，特别是以阿月浑子实生苗为砧木嫁接时，表现更弱。

‘诺特罗洛（Notaloro）’：美国主栽品种，属中亚类群，果实较大，种子绿色，开裂率高，但风味较差。1999 年引入我国河南试栽，花粉量比较大，可作为‘克尔曼’等品种的授粉树。

‘达罕（Lassen）’：1962 年从伊朗引入美国，在美国有一定的栽培面积。生长势旺盛，果实大型，品质上等，高产，开花晚。1999 年从美国引入我国河南，是比较有推广价值的品种之一。

‘萨瑞乐（Sirora）’：澳大利亚主栽品种。树势中庸，果实大型，果仁白色，品质上等，丰产性强，容易结果，坐果率高。我国 2001 年从澳大利亚引入河南，是我国西北地区比较有推广价值的品种之一。

‘奇扣（Chico）’：树势健壮，树姿直立，向上生长。花量大，花粉量比其他大多数品种多、且易贮存，是目前应用较多的授粉品种。

1.6.3 生物学和生态学特性

1.6.3.1 生物学特性

(1) 根系

阿月浑子是深根性树种，成年树主根极发达，可深入地下 7 m 以下，水平侧根可达 15 m。侧根稀少，7~8 年生树的侧根长 3~4 m，吸收养分和水分很有利，且具显著的趋水、趋肥性，发生根蘖能力强。成龄阿月浑子根系集中分布在 20~60 cm 土层，但因砧木种类、立地条件和管理水平不同，其生长和分布特性及抗性、适应性均有所不同。

阿月浑子
生物学特性

阿月浑子根系一般没有自然休眠期，只是在土温过低的情况下被迫休眠。当土壤温度为 5~7 ℃时，即可发生新根，15~22 ℃时根系停止生长。土壤含水量为田间持水量 40%~60% 时，最适根系生长。

成年树根系一般一年内出现 2 次生长高峰。春季根系活动后，生长缓慢，直到新梢停止生长时，才出现第 1 次发根高峰。到秋季出现第 2 次发根高峰，但这次高峰不明显，持续时间也不长。

土壤的温度、湿度、通气状况、土壤质地、肥力和树势等因素都会影响根系生长。

(2) 芽

阿月浑子的芽分为叶芽、雄花芽和雌花芽 3 类。花芽多着生于新梢的中、下部，雄花芽大而饱满，雌花芽多呈细圆锥状。叶芽小而细长，叶芽着生于新梢顶端和下部，雌、雄花序均为圆锥花序。在新疆喀什地区叶芽萌动期为 4 月下旬。叶芽萌发后抽生发育枝。阿月浑子花芽为纯花芽(有单花芽和复花芽之分)，每个花芽包含 1~4 朵花。阿月浑子单花芽和复花芽数量及其在枝条上的分布，与品种特性、枝条类型以及枝条的营养和光照状况有关。同品种内，复花芽比单花芽结的果大，含糖量高。复花芽多，着生节位低，充实，排列紧凑，是丰产性状表现。阿月浑子新梢上的芽具有早熟性，当年可连续形成二次副梢或三次副梢，树体枝量大，进入结果期早。

(3) 枝条

阿月浑分枝角度大，树形开张，有明显的主干，树冠层性明显，主枝分支角度约呈 90°。树冠枝条分布均匀，青灰色，粗壮直立。枝条分为营养枝、结果母枝和雄花枝 3 类。新梢年平均生长量约 6~30 cm，速生期为 5 月上中旬，5 月底生长停止。可萌发夏梢和秋梢。萌芽率高而成枝率低，自然更新能力强。

(4) 叶

阿月浑子为奇数羽状复叶、互生，通常有小叶 3~5 枚，顶端叶最大，其下对生叶依次变小，1 年生苗木或徒长枝基部常见单叶。小叶革质，卵形或阔椭圆形，长 4~10 cm，宽 2.5~6.5 cm，革质、全缘、无毛，略显光泽，先端钝圆或微尖。侧脉通常 15~25 对，中脉浅绿色至浅红色，叶脉突出于叶肉。叶片生长期 10~15 d，5 月上旬叶片大小已基本定型，10 月中下旬开始落叶。

(5) 花芽分化

随新梢的生长，在叶腋形成侧芽，侧芽发育到一定时期，有一部分芽分化成花芽。阿月浑子花芽分化大致分为未分化期、分化初期、分化中期和分化末期，由基部向上延伸，从边缘向中央依次进行分化。雌雄株群体花芽分化过程包括花序分化和单个花芽分化，一般从 4 月下旬至 7 月下旬，历时 80~90 d。雌株花芽分化晚于雄株花芽分化 4~5 d，而雄株的花芽分化期比雌株的长 6~7 d。单株花序分化，一般雌株为 48 d(5 月 8 日至 6 月 24 日)，雄株为 59 d(5 月 4 日至 7 月 1 日)。花芽分化具体时间因年份、树体状况不同而有差异。阿月浑子花芽分化与果枝类型、管理水平、树体营养状况和环境条件密切相关。

(6) 开花坐果

阿月浑子为雌雄异株，属单性花，雌花圆锥花序、腋生，无花瓣。雄花序长 4~10 cm，先叶开放，雄花无花被。雄花芽第 2 年萌发后形成圆锥花序，着生在 1 年生枝的顶端。雌、雄花开放顺序依次为总花序由基部到顶部、由下至上依次开放，侧花序上的小花开放从顶部到基部、自上而下。群体雄花花期比雌花花期早 2~3 d，存在雌雄花期不遇现象。在新疆喀什地区开花期在 4 月中下旬至 5 月初，雌花期 5~7 d，雄花系风媒花，散粉后自行脱落，花期约 3 d。一株树开花持续时间为 6~15 d，各品种间花期差异不显著（表 1-5）。

表 1-5　新疆喀什地区阿月浑子不同品种（优株）雌株开花物候期

品种（优株）	花芽萌动期	花芽伸长期	初花期	盛花期	末花期
多 3	3.31~4.9	4.10~4.21	4.22~4.23	4.24~4.25	4.26~4.28
多 2	3.29~4.9	4.10~4.21	4.22~4.23	4.24~4.25	4.26~4.27
伊 1	3.29~4.7	4.8~4.19	4.20~4.21	4.22~4.23	4.24~4.25
伊 4	3.29~4.7	4.8~4.17	4.18~4.20	4.21~4.23	4.24~4.25
吉 5	3.29~4.7	4.8~4.15	4.16~4.18	4.19~.20	4.21~4.22
吉 8	3.29~4.11	4.12~4.20	4.21~4.22	4.23~4.24	4.26~4.27
吉 4	3.29~4.11	4.12~4.21	4.21~4.22	4.24~4.25	4.26~4.27
Kerman	3.31~4.9	4.10~4.20	4.21~4.22	4.22~4.23	4.24~4.26

注：引自李疆，2015。

授粉后约 7 d 果实开始生长发育，授粉不良的小花开始脱落，落花较落果严重，落花数达 60% 以上。落果一般发生在 5 月底至 6 月中旬，占开花总数的 10%。

阿月浑子早熟品种开花较早，果实粒小，但坐果率高，空壳率低，成熟期较集中；晚熟品种开花较晚，果实较大，但坐果率低，空壳率高，成熟期延长。阿月浑子 2~3 年可开花结果，10 年左右进入盛果期，而实生树结果很晚，一般 8~12 年才能结果。阿月浑子大小年结果现象较严重，盛果期树需要加强肥水管理，采取合理的修剪措施调节果实负载量。

（7）果实生长发育

阿月浑子果实他发育曲线呈双"S"形，整个生长发育过程大致分为 4 个时期：

①果实第 1 次速生期（4 月初至 5 月中旬）。以果皮迅速生长发育和果实纵横径生长为主。

②果皮木质化期（5 月中旬至 6 月末）。内果皮木质化，胚未发育。

③果实第 2 次速生期（7 月初至 8 月底）。胚快速发育并形成种子。

④果实成熟期（8 月底至 9 月上旬）。果实质量和大小达到稳定。

果实整个发育期历时 120~150 d。树冠上部果实先成熟，同一果穗最基部的先成熟。果实成熟时外果皮变软、蜡白，并与种子分离，内果皮逐渐变为硬骨质。果实近卵形，外果皮黄绿色，顶部带红晕，成熟时干燥裂开，露出白色骨质的内果皮（坚果）；种仁为浅黄绿色，味香甜。

1.6.3.2　生态学特性

阿月浑子生长发育和开花结果状况与环境条件密切相关，了解阿月浑子对环境条件的要求，对阿月浑子科学栽培管理具有重要意义。

（1）温度

阿月浑子是干旱亚热带树种，适应性强，抗寒、耐高温。在年积温 4000 ℃ 以上，冬季极端最低气温不低于−25 ℃ 的，年无霜期大于 180 d 的区域都可栽培，以年平均气温 24～26 ℃ 的区域最为适宜。有些品种能耐−32.8 ℃ 低温和 43.8 ℃ 高温，在极端最低气温−25 ℃ 时不受冻害，早春干旱、风沙和夏季持续高温均不影响其生长发育和开花结实，夏季高温还十分有利于其种仁发育和增加坚果开裂度。

（2）光照

阿月浑子是喜光树种，充足的日照有利于生长结果。据调查，阿月浑子在阳坡生长良好，尤适于海拔 600～1200 m 的阳坡山地。在果实成熟期，充足的光照有利于坚果开裂，开裂果比率高，使商品价值显著提高。

（3）水分

阿月浑子抗旱力极强，在年降水量 80 mm 的干旱地区能正常生长，在年降水量 200～400 mm 地区生长发育良好。最适土壤相对含水量为 70%，灌水临界期的土壤相对含水量为 30%。高湿地区生长不良。

（4）土壤

阿月浑子对土壤要求不高，耐瘠薄、耐盐碱能力强，在浅层栗色土、黏壤土和陡坡山地、石砾戈壁上均能生长结果。其生长最适宜的土壤是疏松、深厚的壤土和含石灰质 20%～30% 的砂壤土，石灰质过少时，则生长不良。

1.6.4　育苗特点

阿月浑子在生产上主要采用嫁接法繁殖苗木，也可用分株法、压条法繁殖。嫁接用砧木采用实生繁殖。

阿月浑子
育苗特点

1.6.4.1　主要砧木

阿月浑子嫁接繁殖一般用黄连木作砧木。用黄连木作砧木的嫁接苗，对根茎腐烂病有一定抗性，比实生苗生长健壮，能提早 1～2 年进入结果期，果实个头大，品质和风味均有提高。阿月浑子生态适应范围、寿命、矮化特性、果实品质、空壳率和裂果率等均受砧木影响。

1.6.4.2　砧木苗培育

目前砧木主要通过黄连木直播建园和大营养袋育苗的方法繁殖，待田间砧木达嫁接要求的粗度后直接嫁接为品种苗。

（1）种子采集和处理

黄连木繁殖用种子应在盛果期选生长健壮、直立、无病虫害的树作为采种母株。当外果皮颜色变蜡色透明时表明果实已成熟，应分期分批采收，采收后立即除去外果皮，然后阴干装袋(坚果含水量 6%~8% 时即可)，存于干燥阴凉之处，种子发芽能力可保持 2~3 年，发芽率约为 80%。开裂度低的种子保存时间长，发芽率高。秋播或初冬播种的种子不需要低温处理，播种前拌以杀虫剂防止鼠害。春播的种子，在播前 45 d 需进行沙藏处理，或在 2~4 ℃ 冰箱保存 1~3 个月。处理后的种子单层铺开，用湿纱布或毛巾卷裹，置于 20~30 ℃ 环境下催芽，当种子露白时即可播种。

(2)播种

黄连木种子育苗采用春播、秋播均可，播种季节对出苗率影响不显著。播后轻轻镇压以使种子与土壤紧密接触和保墒。阿月浑子播种方法因育苗方式有所不同。

①直接育苗。在地温稳定在 15 ℃ 以后，挖穴播种，穴距 3 m，每穴播 2~3 粒种子，覆土 5 cm 厚。

②苗床育苗。将种子播种于消毒后的苗床土中，每穴播 2~3 粒种子，覆土 3~4 cm 厚。

③容器育苗。将种子播于容器中，然后将容器排放在塑料大棚或温室畦中。播前浇透水。播种不能过深，过深易导致种子霉烂，一般以 2~3 cm 较好。

(3)砧木苗管理

加强砧木苗管理是争取早嫁接、早出圃，生产优质壮苗的重要环节。

①合理间苗。砧木种子播后一般 15~20 d 即可出苗，出苗后应及时中耕、除草。砧木苗高 10 cm 时，进行间苗或移栽。间苗一般进行 2~3 次，最后定苗，留壮苗 12 万~15 万株/hm²。每次间苗后，要及时浇水。

②肥水管理。一般 2 周左右浇 1 次水，及时中耕除草。每隔 3 个月施 1 次复合肥，用量约 300 kg/hm²。另外，每年 3 月要追施 1 次农家肥。施肥后，要立即灌水。

③摘心促壮。当苗高 25~30 cm 时，进行第 1 次摘心，抑制苗木加长生长，促进加粗。摘心一般一年可进行 2~3 次。第 2 次时，除顶梢摘心外，副梢也要进行摘心。结合第 2 次摘心，把苗木下部 15 cm 以内的嫩枝抹掉，以利嫁接。

(4)砧木苗出圃和分级

起苗在落叶后至土壤封冻前或春季土壤解冻后至萌芽前进行。起苗前浇 1 次透水。起苗后做好苗木保湿。黄连木砧木苗分级标准见表 1-6。

(5)嫁接苗出圃及分级

阿月浑子嫁接苗出圃时间及要求同砧木苗。起苗后对苗木分级，阿月浑子嫁接苗分级标准详见表 1-7。

表 1-6 黄连木砧木苗标准质量等级

级别	苗高 (cm)	地径 (cm)	根系		综合控制指标
			主根长度(cm)	>20 cm 侧根数量(条)	
1	≥80	≥0.7	≥30	≥3	无病虫害，无机械 损伤，主根无撕裂
2	≥60	≥0.5	≥20	≥2	

注：引自《黄连木育苗技术规程》(LY/T 1939—2011)。

表1-7 阿月浑子嫁接苗标准质量等级

级别	苗高（cm）	地径（cm）	根系		综合控制指标
			主根长度（cm）	>30 cm 侧根数量（条）	
1	≥60	≥1.2	≥40	≥5	无病虫害，无机械损伤，主根无撕裂
2	≥40	≥1.0	≥30	≥3	

注：引自《黄连木育苗技术规程》（LY/T 1939—2011）。

1.6.4.3 嫁接繁殖

（1）接穗的采集和贮运

选择生长健壮、无病虫害的优良单株作为采穗母树。在优良单株树冠外围中上部，采集生长健壮，径粗0.6~1.0 cm，芽体充实饱满的枝条中下部作为接穗。春季枝接用的接穗，于萌芽前采集1~2年生休眠枝，剪成10~12 cm长的枝段（保留3~4个芽），蜡封、挂标签、标明品种及雌雄株。

采集较早的接穗，可在落叶后冬季休眠期结合冬季修剪剪取，接穗可平埋入湿沙中贮藏，也可在背阴处开沟用湿沙埋藏，或在0~4 ℃的冷库内保湿贮藏。春季嫁接和夏秋季芽接用的接穗最好随采随用，采后立即剪去叶片，留1 cm长的叶柄，然后用湿布包裹或放入水桶中备用。阿月浑子是雌雄异株，在采集接穗时，一定要将雌雄分开，雌株的采集量应是雄株的8~24倍。

（2）嫁接时间和方法

阿月浑子嫁接多采用芽接、劈接和插皮接。

①芽接。阿月浑子芽接有"T"形芽接和嵌芽接，以"T"形芽接应用最多。在春季萌芽后，对砧木截干或短截，高度70~80 cm。选留生长健壮、部位合适的萌芽新梢1~2个，培养为芽接砧木。"T"形芽接通常在夏季（6月底至8月中旬）进行。嵌芽接嫁接时间基本上与"T"形芽接相近，但因嫁接时不需剥离皮层，故也可在春、秋季进行。

②枝接。枝接多采用劈接或插皮接。劈接多在夏末进行，此法多用于大龄砧木，但不适用于批量育苗。嫁接完毕后，用湿土封埋嫁接的苗木，培土高出接穗1 cm，注意勿碰伤接穗。如砧木较粗而接穗较细，则1个砧木的劈口可同时接2个接穗。插皮接在春季展叶后进行。过早，砧木树胶量大，不易离皮，影响成活。插皮接要求砧木接口粗度不小于30 cm，枝接高度70~80 cm。

枝接后7 d内不能浇水，25 d后可检查是否成活。45 d后割断嫁接部位线绳，敞开顶部薄膜扎口，但不要拆除包扎物。嫁接后3~5 d抹芽1次。未成活的接口选留1~2个萌芽枝，以备补接。新梢长至30~40 cm时，待新枝强壮，愈合组织老化时松绑，并设立柱绑缚，以免风折。

（3）嫁接苗管理

①芽接苗剪砧。翌年春叶芽开始萌动时，将砧木从接芽上方约0.5 cm处剪断，剪口稍微向接芽对面倾斜，不要留的太长。

②抹芽、除萌。嫁接成活后，要及时除去砧苗基部萌蘖，减少养分消耗。待接穗芽长

到 3~4 cm 时，从中选取一个位置和长势较好的芽留下，其余抹除。当苗木长到 40~50 cm 时，长出二次枝，在枝条幼嫩时及时抹除。

③水肥管理。加强苗木的土肥水管理。春季干旱、雨水缺乏，根据土壤墒情，在 5~6 月底可结合灌水追施氮肥(150~225 kg/hm²)，生长后期减少氮肥施用量，可根外追施磷酸二氢钾。另外，还应注意苗木病虫害防治。

④培土防寒。冬季严寒干燥地区，为防止接芽受冻，在封冻前应培土防寒。培土以超过接芽 6~10 cm 为宜。春季解冻后应及时把土拔掉，以免影响接芽萌动。

1.6.5 建园特点

1.6.5.1 园址选择

阿月浑子是深根性树种，根系发达，适宜在各类土壤中生长，但以土层深厚、排水和通气良好、疏松肥沃、富含石灰质(20%~33%)、地下水位较低(3 m 以下)、中性或弱碱性的砂壤土或壤土最为适宜。土壤中石灰质过少时生长不良，对盐分敏感。阿月浑子花期早，为避免花期晚霜为害，应选择  阿月浑子建园特点 不受冷风影响、光照充足、背风向阳的山坡地或谷地。在干旱区建园最好有灌溉、排水设施。

1.6.5.2 栽植技术

(1)栽植方式和密度

阿月浑子喜光性强，树姿开张，冠幅大，因此定植时不宜密，过密容易造成树体生长不良。阿月浑子栽植密度一般采用 3 m×6 m、4 m×6 m 的株行距。为达早实丰产，也可采用密植栽培模式，采用 2 m×3 m 或 3 m×4 m 的株行距。在绿洲农业区，林农间作可采用窄株距 2~3 m、宽行距 5~6 m 的栽培模式。

(2)品种选择和配置

阿月浑子雌雄异株，栽植的品种必须配置授粉品种。一般主栽品种与授粉品种配置比例为(10~20)∶1。配置方式是，第 1 行间隔 10~20 株配置 1 株授粉品种，第 2 行先间隔 5~10 株配置 1 株授粉品种，后间隔 10~20 株配置 1 株授粉品种，以后各行以此错开配置即可。

阿月浑子为风媒传粉，雌花对雄花粉无选择性。雄花开花对气候比较敏感，每年花期均有变化，花期也较短，国外多采用花期相差 2~3 d 的 2 个授粉品种进行配置。

(3)栽植时间和方法

①栽植时间。阿月浑子以春季土壤解冻后至芽萌发前栽植为宜，秋季落叶后土地封冻前也可栽植，但不如春季栽植效果好。1 年生苗木移植时间以 3~4 月为宜。若用容器育苗，可当年育苗当年栽植，在有灌溉条件的地区 5~7 月均可栽植，但以 5 月中下旬栽植为佳。在华北地区等无灌溉条件的地区，可利用 7~8 月雨季降水栽植。

②栽植方法。阿月浑子苗木采取垄植沟灌或垄植滴灌的定植方式。苗木定植在垄上，定植坑规格 50 cm×50 cm×60 cm，坑填 20~30 kg 腐熟有机肥。栽植前 1~2 d 浇透水 1 次，将苗木植入穴中。为提高苗木栽植成活率，可采用以下措施：一是起苗后立即采取保湿包扎措施，尽快栽植，时间不超过 24 h 为宜；二是苗木根系用生根粉等促根剂处理，常用的

是 ABT 生根粉，配成 200 mg/L 浓度的溶液，浸泡根系 1 h 后栽植；三是栽植苗木时做到树身直、根舒展、回填土实，栽植时要使嫁接部位露出地面约 5 cm 为宜，切忌将嫁接部位埋于土中；四是栽后灌足定根水，树盘覆盖塑料薄膜，栽后约 10 d 应及时浇第 2 次水，以确保成活。

（4）栽后管理

苗木定植后，需在苗木周围用带叶树枝或黑网遮阴，遮阴处理维持约 15 d。定植后立即灌透水，7~10 d 后扶苗培土加垄。15 d 后再浇水，以后 30 d 浇水 1 次，并及时松土除草。8 月底停浇水，10 月下旬灌越冬水。11 月中下旬土壤冻结前对苗木埋土，进行越冬保护。1~3 年定植苗要求全株埋土，埋土厚度为 15~20 cm；4 年生以上树主干部分埋土，埋土深度为 50 cm 以上。

1.6.6　管理技术特点

1.6.6.1　土肥水管理

（1）土壤管理

阿月浑子幼树园树冠矮小，可进行行间间作，以改良土壤，提高土壤肥力，但不宜间作农作物。根据新疆南部多年观察得知，阿月浑子幼树园间作农作物，因农作物需水多，易引起阿月浑子根部腐烂和死亡。成龄园要注意中耕除草，以保墒和确保土壤疏松、通气良好，为根系生长发育创造良好条件。

（2）施肥

基肥一般秋施，施用量占全年总施肥量的 60% 以上，生长季不同物候期可适当追肥。幼树施肥基肥深度 20~60 cm，成龄树 40~80 cm。生长季追肥可在花前（3 月中下旬）、新梢生长期（5 月中下旬）、果实膨大期（6 月）、花芽分化期（新梢接近停止生长）分别进行。前期以氮肥为主，施复合肥 225~300 kg/hm^2。果实膨大期、花芽分化期分别喷 0.3%~0.5% 尿素、0.3%~0.5% 磷酸二氢钾或 0.5% 的磷酸铵。

（3）灌水

阿月浑子抗旱能力强，对水需求量小，年灌溉定额 6000~7500 m^3/hm^2 即可满足其正常生长发育需要。但生长季长期干旱则不利于其生长发育，在开花期、新梢旺长期、果实膨大期、果实成熟期应适当灌水。灌水量过大，灌水方式、时间不当，在夏季高温季节常造成根茎腐烂病发生，致使整株及成片树木死亡。灌水应以冬灌为主，春、秋季适当灌水，切忌盛夏期间大量灌水或积水，雨水过多时应注意排水。

1.6.6.2　整形修剪

（1）整形

阿月浑子干性强，分枝角度大（约 90°），树冠开张，树冠稀疏，宜采用开心形或疏散分层形整枝。

①开心形。干高 90~100 cm。在主干 80~100 cm 处选留 3~4 个主枝，主枝间距约 30 cm，主枝开张角度（即主枝与中心干夹角）50°~60°，主枝间夹角 90°~120°。以后每年展叶前对主枝延长枝中短截，促进其外延生长，扩大树冠。

②疏散分层形。干高50~70 cm。第1层选留主枝3~4个，加大主枝角度，第2层主枝选留2个，1、2层主枝间隔50~60 cm。

（2）不同年龄时期的修剪特点

阿月浑子顶芽及其下方的几个侧芽萌芽力和成枝力均较强，且能形成果枝。因此，修剪以疏剪与短截为主，在秋季落叶时进行。当枝条出现弯曲时，将向上的壮芽作剪口；若骨干枝已经形成，只需轻度修剪，剪去密集枝和细弱枝。实际修剪中，应根据不同年龄时期及其生长结果情况，采取不同的修剪方法。

①幼树期。及时抹除主干上的萌芽（枝），疏剪主枝上的直立枝、下垂枝和过密枝。调整主枝间生长势，在培养树形的基础上，选留和培养结果枝和结果枝组。

②盛果期。剪除病枯枝、徒长枝、下垂枝、过密枝，改善树体通风透光条件。对开始衰老的结果枝组进行回缩更新，培养新枝组。盛果期枝条因结实量大，枝条下垂较严重，注意抬高枝条角度。阿月浑子树枝条层性明显，向外延伸生长旺，常造成结果部位外移，内膛空虚，"光腿"枝多，应多采用回缩修剪。

③衰老期。应重截、重回缩。回缩延长枝，结果枝组重短截，疏剪下垂枝，以恢复树势，抬高分枝角度，更新枝组和延长经济结果年限。

1.6.6.3　花果管理

阿月浑子花果管理的关键是如何提高坐果率和疏花疏果。

（1）提高坐果率

坐果率是影响产量的重要因子。阿月浑子在自然授粉情况下，结实率为20%~30%，坐果率低。因此，提高坐果率是阿月浑子增产增效的主要途径。主要措施有：

①提高树体营养水平。加强土肥水管理，科学施肥灌水，增加树体贮藏营养；促进光合作用，增加有机营养积累。

②人工辅助授粉。通过人工授粉对自然授粉进行补充，以提高授粉质量和坐果率。

③应用植物生长调节剂。目前应用较多的有赤霉素、萘乙酸等。

④合理负载。调节果实负载量，避免营养过度消耗，合理调整养分分配向坐果方向转化。另外，合理配置雄株、改善环境条件、花期防霜、合理修剪等也是提高坐果率的有效措施。

（2）疏花疏果

在自然状况下，阿月浑子成花容易，开花结果数量常超过树体的承受能力，导致结实率低，大小年现象严重。因此，必须摘除多余的花、果，减少养分消耗，保持合理负载。在生产中，确定合理负载量，主要依据以下几项原则：①保证良好的果品质量；②保证当年能形成足够量的花芽，不出现大小年；③保证树体正常的生长势。

1.6.6.4　树体越冬保护

依据阿月浑子在我国的主要分布区及引种栽培成功区域的气候特点，从冻害的发生频率和影响程度来看，越冬冻害和晚霜冻害对阿月浑子的生长及产量影响较大。越冬保护是避免或减轻树体低温冻害最有效的措施之一。生产中常见的有包裹防寒、树干基部培土、涂白等措施。

阿月浑子
防寒管理

(1)包裹防寒

在入冬前，用稻草、短绒毛毡、塑料布和发泡塑料等包裹物包扎阿月浑子树干基部 50 cm，防寒效果良好。阿月浑子定植后 2~3 年的幼树，冬季更易发生枝条冻害抽干情况，采用幼树基部围扎铁丝网包裹，其内放稻(麦)秸秆等措施，对防止枝条抽干和鼠兔危害也有良好效果。

(2)培土防寒

培土也是越冬期常采用的一种方便有效的防寒措施，有利于幼树安全越冬。阿月浑子年生长量较小，一般 1~2 年生的幼树培土 30~40 cm 就能盖住树体的大部分。因此，培土措施非常适合阿月浑子幼树越冬防寒，其防寒效果显著且容易操作。

(3)树干涂白

对 4 年生以上的幼树或进入结果期的大树，可采取主干、主枝及嫁接部位涂白，或喷施保护剂等措施来保护树体，同时也有利于消灭虫卵和病菌，抑制病害的发生。

(4)预防晚霜

晚霜冻害主要发生在阿月浑子开花期，生产上主要通过推迟花期或改变小气候环境来预防晚霜危害，目前常采取熏烟防霜。

1.6.6.5　果实采收和采后处理

(1)采收

阿月浑子果实成熟时外果皮由绿色变成浅白色，大部分果实外果皮干缩，即可采收。果实成熟时间因品种和种植区气候不同而有差异，早熟品种果实一般在 8 月中旬至 9 月中旬成熟，晚熟品种果实在 10 月上旬成熟。待大部分果实成熟后，一次性采收。目前，我国新疆阿月浑子人工采收主要采用长杆打落果实。敲打时，勿损枝叶、叶芽及花芽，以免影响第 2 年产量。

阿月浑子果实采收

摇打时最好在树盘内铺上塑料布接收果实，分品种堆放。美国阿月浑子主要利用专用机械振动树体采收。具体方法为：用专用采收机器卡牢树干，按一定的频率振动树干使果实摇荡至收集盘内，再传递到运输车运至加工厂处理。

(2)采后处理

①脱除外果皮。阿月浑子果实采收后 24 h 内须进行脱皮，以免坚果果壳污染变褐，影响坚果外观及商业价值。脱皮处理可采用人工脱皮和机械脱皮。

人工脱皮：将采收的果实装入麻袋，放在坚硬的水泥地上，把麻袋折叠、卷起，采用人工脚踩、碾压或用木棍敲打以去除外果皮。将去除果皮的果实放入清洗池，滤去破碎的外果皮和空壳果实，捞出饱满坚果后进行干燥处理。该方法适宜于小规模生产，新疆阿月浑子产区多采用此法。

机械脱皮：将采收的果实去除杂物清洗后，运至脱皮车间，放入带磙碾装置的机械内碾压，挤碎外果皮，然后用清水漂洗以去除破碎的外果皮和空壳果实，脱皮后的果实再转入烘干车间进行干燥处理。该方法适宜于大规模生产，是美国阿月浑子产区采用的主要方法。

②干燥处理。阿月浑子新鲜果实含水量一般约为 30%。经脱皮处理的果实应尽快进行

干燥处理，以避免霉菌侵染而影响坚果品质和贮藏性。经干燥处理后的坚果含水量一般控制在 5%~7%。干燥处理可采用自然风干(晾晒)和人工烘烤 2 种方法。

自然风干：小规模生产多采用此方法。将脱皮的坚果放在竹帘上晾晒，每天上下翻动2 次，一般晾晒 7~10 d 即可。

人工烤干：大规模生产多采用此方法，这也是美国阿月浑子产区采用的主要方法，即将脱皮后冲洗干净的坚果放入烘干机械，温度一般约为 83 ℃，烘干 7 h 即可。

烘干后挑拣出未开裂的、开裂不好的及杂色坚果，按大小分级、包装和贮藏。

小　结

阿月浑子为世界珍贵的干果及木本油料树种，具有很高的经济价值和保健功能。阿月浑子根系发达，发生根蘖能力强；树形开张，树冠层性明显；芽具有早熟性，萌芽力强、成枝力弱。阿月浑子雄株的雄花芽和雌株的雌花芽均为纯花芽，花芽分化包括花序分化和单个花芽分化，大致分为未分化期、分化初期、分化中期和分化末期 4 个时期。阿月浑子雌雄异株，花单生，风媒传粉，群体雄花花期早于雌花花期，存在雌雄花期不遇现象。阿月浑子果实生长发育曲线呈双"S"形，整个发育过程大致分为果实第 1 次速生期、果皮木质化期、果实第 2 次速生期和果实成熟期 4 个时期。阿月浑子喜光不耐阴，适应性强，抗旱、抗寒、耐高温、耐轻度盐碱，不耐水湿，对土壤要求不严，但以土层深厚、疏松肥沃、富含石灰质、地下水位较低、中性或弱碱性的砂壤土或壤土最为适宜。阿月浑子在生产上主要采用嫁接法繁殖苗木。阿月浑子具异花授粉特性，栽植时需要配置授粉树。阿月浑子幼树园可进行行间间作，但不宜间作农作物。阿月浑子基肥施用量占全年总施肥量的 60% 以上，生长季追肥可在花前、新梢生长期、果实膨大期和新梢接近停止生长期分别进行，前期以氮肥为主，中后期增加磷钾肥施用量。阿月浑子在开花期、新梢旺长期、果实膨大期、成熟期等关键时期应适当灌水，灌水应以冬灌为主，春、秋季适当灌水，切忌盛夏大量灌水。根据阿月浑子不同年龄时期及其生长结果情况，施行不同的修剪方法。阿月浑子坐果率低，可通过提高树体营养、人工辅助授粉、应用植物生长调节剂和合理负载等措施提高坐果率。越冬冻害和晚霜冻害对阿月浑子生长影响较大，应做好越冬防寒措施。果实成熟后要及时采收并做好采后处理工作。

思考题

1. 我国阿月浑子主产区栽培的优良品种有哪些？其特性是什么？
2. 简述阿月浑子生物学及生态学特性。
3. 阿月浑子嫁接主要有哪些方法？
4. 阿月浑子建园园址选择有哪些要求？
5. 不同树龄时期的阿月浑子如何进行修剪？
6. 阿月浑子越冬防寒措施有哪些？

1.7　扁桃栽培

1.7.1　概述

扁桃是蔷薇科（Rosaceae）李属（*Prunus*）落叶乔木，与核桃、腰果、榛子合称为世界著名四大干果。

（1）经济价值

扁桃是世界著名的优良木本油料树种，其适应性强，营养价值、保健作用、经济价值很高，是集食用、加工、药用、观赏为一体的高效益型树种。扁桃种仁富含脂肪、蛋白质、碳水化合物、矿质元素、维生素及杏仁苷、消化酶和杏仁素酶等多种成分，其营养价值比等量的牛肉高 6 倍。据分析，每 100 g 扁桃种仁含水小于 5 g、热量 2.5 kJ、脂肪53.5 g、蛋白质22.8 g、总碳水化合物 20 g、纤维 2.5 g、钙 379 mg、维生素 B_1 0.24 mg、维生素 B 0.92 mg、维生素 B_5 3.50 mg，还含有维生素 C、杏仁苷、消化酶、杏仁素酶等成分。苦仁扁桃种仁还含有葡萄糖苷和苦杏苷。扁桃是人们喜爱的美食之一，仁可用来制作糕点、糖果、罐头，烹调、炒食风味颇佳。扁桃仁还可制成各种补品，如扁桃仁乳、扁桃仁酒。此外，苦扁桃仁也广泛用于化妆业，其挥发油可用来制造高质量油脂、化妆用香膏、雪花膏、扁桃乳状液等制品，是良好的皮肤清洁剂。苦扁桃仁还可用来制取镇静剂和止痛剂，临床上也可以用来治疗癌症、糖尿病、癫痫和胃病等。另外，扁桃果实分泌的桃胶，是很好的工业原料。扁桃树干分泌的树脂，可加工制作阿拉伯树胶和棉织物染色剂。扁桃花美丽芳香，是早春重要的木本花卉和蜜源植物，可作为绿化树种和山地固土树种。扁桃的木材坚硬，光泽度好，色淡红而美丽，可制作高级家具及精美的手工工艺木器。核壳可做活性炭、燃料。

（2）栽培历史和现状

扁桃原产于中亚。早在公元前 4000 年，伊朗、土耳其等地便开始了扁桃的引种驯化和栽培，栽培历史约 6000 年。公元前 450 年，扁桃传至地中海沿岸直至欧洲，其中包括西班牙、希腊、土耳其、法国和意大利。我国记载引种扁桃开始于唐朝，经丝绸之路引入我国，迄今已有 1300 多年的历史，栽培历史悠久，品种资源非常丰富。

全世界有美国、西班牙、意大利、希腊等 30 多个国家生产扁桃。美国的扁桃产量居世界之首。2018 年，全球扁桃干果总产量 140×10⁴ t，美国达 118×10⁴ t，占全球总产量 84%，其次是澳大利亚，产量 8.5×10⁴ t，中国只有 0.8×10⁴ t，仅占全球 0.67%。我国扁桃种植面积有 6.3×10⁴ hm²，主要分布在新疆喀什地区的英吉沙县及周边区域，面积约为 1×10⁴ hm²，年总产量 0.6×10⁴ ~ 0.8×10⁴ t，西北地区青海、甘肃、四川和内蒙古等地也有栽植。我国发展扁桃产业具有广阔的前景。

1.7.2　主要种类和优良品种

扁桃全世界约有 40 个种，2000 多个品种。其中与栽培有关的有 5 个种。

（1）主要种类

扁桃（*Prunus domestica* L.）：是唯一的、最具栽培价值的种。中等落叶乔

扁桃的主要种类和优良品种

木，树干及多年生枝皮为褐黑色，1年生枝上无绒毛，树冠通常不正，枝叶茂盛，根系发达。花两性，先花后叶，虫媒花，异花授粉。开花后4~5个月成熟。成熟后果皮干燥开裂。果核外被褐色种皮，核仁白色，味甜或苦。分布在我国新疆喀什、和田、阿克苏等地区。

新疆野扁桃(*Prunus tenella* Batst)：正名矮扁桃，又名野巴旦。为野生种，矮灌木，枝叶茂密，枝条平展。花多复生，先叶后花，花期4月下旬至5月初。果实成熟期，平原在7月，山区较晚，一般在8月。果实密被绒毛，圆形或卵圆形，种仁微苦。分布于新疆塔城的巴尔鲁克山、塔尔巴哈台山中。抗寒力强，可作矮化砧木和育种材料。

唐古特扁桃[*P. tangutica* (Batal.) Korsh.]：正名西康扁桃。为野生种，落叶小灌木，枝条有枝刺，小枝平滑、褐色。果肉薄，干裂。果核圆形，褐色，果核小，味苦。主要产于甘肃东部、青海及四川西部松潘等地，可作为栽培品种的矮化砧。

蒙古扁桃[*P. mongolica* (Maxim.) Ricker]：野生种，该种与西康扁桃特性极为相似。落叶小乔木，短枝较多，枝条光滑无毛，红褐或无色。果小，微有绒毛。主要分布于我国内蒙古、宁夏、甘肃的北部沙区。耐寒、抗旱，可作杂交育种和矮化砧木材料。

长柄扁桃(*P. pedunculata* Pall.)：野生种，正名长梗扁桃。落叶灌木，具有大量短枝，枝无刺，果实卵形或长卵形，结果多，果肉干枯开裂。主要产于我国内蒙古、宁夏及甘肃北部荒漠地带。耐寒、抗旱，可用作护坡树种。可利用种仁榨油食用，也可作为育种材料和矮化砧木。

(2) 优良品种

①国内优良栽培品种有'纸皮(露仁)''双果''晚丰''扁嘴褐(纸壳4号)''薄皮早熟巴旦''大巴旦'等。

'纸皮(露仁)'：为新疆扁桃主产区——喀什地区主栽品种。树势强，树姿直立，树冠开心，分枝角度小，以短果枝群结果为主。4月中旬开花，4月底坐果，7月下旬至8月初成熟，生长发育期约190 d，属早熟型品种。果实较大，长椭圆形，薄壳，露仁，仁香甜，单果重1.3 g，单仁重0.63~0.80 g，出仁率48.7%~68.0%。

'双果'：主要分布于新疆喀什等地。适应性广，抗寒性强，树姿直立。每花结两果，各为单胚。坚果较大，长约3.7 cm，卵圆形，单核重1.94g，单仁重0.85 g，出仁率约60%。味香甜可口。以短果枝结果为主，产量较高。一般4月上旬开花，8月下旬成熟。

'晚丰'：树势强，树姿下垂，树冠开心，分枝角度大。以短果枝群结果为主。4月上旬开花，4月下旬坐果，9月下旬果实成熟，生长发育期约230 d。属早花晚熟型品种，较抗寒。坚果较大，核仁味香甜，含油量58.7%~59.7%，单果重1.9~2.2 g，单仁重0.7~1.8 g，出仁率42.1%~42.9%。

'扁嘴褐(纸壳4号)'：主产新疆喀什等地。属软壳甜扁桃类。核壳极薄，取仁易。坚果大，扁嘴长半月形，暗褐色；核仁味香甜；壳厚约0.1 cm；单核重2.14 g，单仁重1.05 g，出仁率高(约50%)。树姿开张，以小短果枝结果为主。产量较高。抗性强，适应性广。4月上旬开花，8月下旬成熟。

'薄皮早熟巴旦'：主产地新疆英吉沙。壳椭圆形，淡黄色，果中大，长半月形，先端歪尖，褐色。以短果枝和花束状果枝结果为主。单核重1.5 g，单仁重0.9 g，出仁率60%，味香甜。果实8月上旬成熟。

'大巴旦'：主要分布于新疆喀什。坚果大，倒卵圆形，先端尖，褐色。核大，单核重5 g，坚果280~320 个/kg，单仁重1.6 g，出仁率29.5%，含油量56.2%。味香甜。以短果枝和花束状果枝结果为主，8月下旬成熟，产量高，适应性强。

'尖嘴黄'：原产于新疆喀什地区各县，目前在陕西西安有大量栽培。树势中等，树姿直立。单核重1.01 g，单仁重0.54 g，出仁率约54%，含油量46.2%，味香甜。

'小软壳'：树势中庸，树姿开张，分枝角度大，以短果枝结果为主。坚果小，椭圆形，褐色；仁味香甜。单核重0.68~1.01 g，单仁重0.8~1.0 g，出仁率54.9%~77.0%，含油量57.0%~59.6%。产量较低。抗性稍弱。果实8月上旬成熟。

'双仁软壳'：树姿稍开张，坚果圆球形，先端尖，浅褐色，甜仁。壳厚约1mm；单核重1.77~1.83 g，单仁重0.98~1.15 g，出仁率约80%。以小短果枝结果为主，产量较高。抗性强、适应性广。果实8月下旬成熟。

'白薄壳'：坚果较大，长2.77 cm、宽1.48 cm，长卵形，先端扁，灰白色。壳厚约0.15 cm，单果重1.5 g，单仁重0.70 g，出仁率45.6%。果实8月中旬成熟。

此外，还有'小薄壳''小双仁''黄薄壳''中壳白扁桃''中壳黄扁桃''石头扁桃'等优良品种。

②国外优良品种有'索诺拉''意扁1号''那普瑞尔''派锥''色莱诺'等。

'索诺拉'：由美国加利福尼亚大学选育。树体中型，伸展。花期比'那普瑞尔'早3~5 d，收获期晚7 d。果仁中到大型。核壳薄，封闭不严。产量高，有大小年结果现象。

'意扁1号'：原产意大利，大果型品种，丰产性强，树势中庸，进入结果期早。单仁重1.41 g，出仁率和含油量很高，味浓甜而香。核壳薄，密封严。在河南，花期3月下旬，采果期8月中下旬。

'那普瑞尔'：为美国加利福尼亚主栽品种，是从实生扁桃中选育的优良晚熟品种。树体大，直立，枝条伸展。花期2月下旬，收获期8月下旬(美国加利福尼亚州中谷区)。单果重1.2~1.4 g。核壳薄，密封不严。

'派锥'：由美国加利福尼亚大学选育，树体中型，生长直立。花期比'那普瑞尔'晚5 d，收获期晚1个月。核壳硬，单仁重1.2 g。结果早、产量高。

'色莱诺'：由美国加利福尼亚大学选育。花期与'那普瑞尔'相同，但收获期晚5~7 d。果仁小，核壳软，摇动时果实难落地。

'无双扁桃'：美国主栽品种。果仁大，长圆形，扁平，出仁率达60%，含油量58%，是早实性、丰产性较强的品种之一，稳产性也强。

'极品扁桃'：为美国优良品种，软壳。果壳扁平，椭圆形具喙。单核重2.5 g，出仁率50%，含油率57%。

此外，还有'披利斯''索拉诺''浓帕烈''普瑞斯''澳驰''蒙特瑞''福瑞兹''索雷2号'等品种。

1.7.3　生物学和生态学特性

1.7.3.1　生物学特性

(1)根系

扁桃根系发达，分布广而深。一般在土层深厚的地方，垂直分布深达

扁桃生物学
特性

5 m以上；水平分布常超过冠径的2倍，能耐瘠薄和干旱，根系集中分布在距地表25~60 cm的土层中。扁桃或桃与扁桃的杂交种砧木根系分布最深，桃砧居中，李砧最浅。

根系没有绝对的休眠期。一年中根系主要有2次生长高峰。当土壤温度升到约5℃时根系开始活动，在开花前3~4周快速生长，开花后新梢迅速生长前达第1次生长高峰。随着枝条、果实的加速生长，根系生长减慢，处于生长低潮。当枝条停止生长和果实生长缓慢时，根系又开始新的快速生长期，果实成熟采收后，出现第2次生长高峰，但其生长量小于第1次。

(2) 芽

扁桃芽按性质分为叶芽和花芽。叶芽瘦小，花芽肥大。花芽为纯花芽，腋生。顶芽均为叶芽。侧芽分为单芽和复芽，复芽均为叶芽与花芽并生。生长健壮树或结果枝，复花芽多。芽具有早熟性，当年可发生2次枝。

扁桃芽的萌发力强，成枝力弱，喜光不耐阴，顶端优势不很明显。1年生发育枝除顶部抽生1~3个中、长枝外，下部大都可抽生短枝并形成花芽。弱枝通常只有顶芽抽生新枝。发育枝基部的芽往往成为隐芽，一般情况下不萌发。隐芽寿命长，有利于更新复壮。

(3) 枝条

扁桃枝条按性质可分为营养枝和结果枝2类。营养枝生长量大，生长势强，一年中有明显的2次生长现象，其上叶芽多，花芽少。结果枝按长短分为长果枝(>30 cm)、中果枝(15~30 cm)、短果枝(5~15 cm)和花束状果枝(<5 cm)。结果枝一年中只有1次生长，年生长量小，且停止生长早。

扁桃幼年期树冠内营养枝比例较大。成年树结果枝比例大，一般约占95%，其中短果枝及花束状果枝比例在80%以上，中长果枝约占10%。品种、立地条件及栽培管理水平不同，各种枝的比例也不同。

(4) 叶

扁桃叶片窄长，具旱生结构。通常情况下叶芽较花芽萌动早5~15 d，展叶需要20~30 d，速率由慢到快。扁桃落叶的时间一般晚于桃、李、杏等树种。因扁桃喜光，生产中应注意保护叶片，保持高光效的叶幕结构与适宜的叶面积指数，为丰产优质奠定基础。

(5) 花芽分化

扁桃花芽的生理分化约发生在5月底，为花芽分化的"临界期"。在此之前摘除枝条叶片和喷施GA_3能够抑制花芽的形成；加强肥水管理，提高树体营养水平，可促进花芽分化。生理分化结束后，即进入花芽形态分化期。扁桃的形态分化可分为：形态分化前期、分化初期、花萼分化期、花瓣分化期、雄蕊分化期和雌蕊分化期6个时期。扁桃花芽形态分化的速率在果实成熟以前较慢，处于分化初期，果实成熟后花芽进入花萼分化期，此后分化速率加快。

(6) 开花结果

扁桃开花早、花期短，花先于叶开放。始花期一般在3月上旬至4月上旬，花期20~30 d，盛花期一般在3月下旬，品种间差异较大。在扁桃品种中，薄壳品种比厚壳品种开花早10~20 d。根据扁桃开花时间早晚，可分为早花、中花和晚花3类品种。早花品种易受低温和晚霜危害；中花品种开花相对较晚，受晚霜影响较轻；晚花品种基本能避开晚霜危害。因此，在选择栽培品种时，不但要重视品种的品质、产量，还必须了解品种的开花时间，并根据当地气候特点、立地小气候等因素确定适宜的品种。

扁桃为两性花，大多数品种自花不实，是典型的虫媒花，一般坐果率低于 10%，且授粉时需要较高的气温，若空气湿度大，气温 9~12 ℃条件下花药不开裂，受精不良而造成减产。因此，需要配置花期相同的授粉品种，并且花期保证足够的蜜蜂授粉，才能获得良好的产量。

扁桃结果较早，一般实生苗 3~4 年开始结果，嫁接苗 2~3 年开始结果，8~12 年进入盛果期。40~50 年以后结果力开始下降。

(7) 果实生长发育

扁桃一般在 4 月上旬坐果，7 月下旬至 9 月初果实成熟，生长发育期 100~120 d。果实发育大体可分为 3 个阶段：第 1 阶段，从落花后至 5 月初为果实迅速生长期，之后果实大小几乎不再增加；第 2 阶段，从 5 月初至 6 月初，为果仁速长期；第 3 阶段，从 6 月初至 9 月，为果仁重量增加期。果仁干重的增加是从核壳转硬开始，至果实成熟、果皮开裂的整个过程逐渐完成的；此期间，核仁含水量减小，含油量增加。经过一系列变化，营养成分在成熟时相对稳定。

1.7.3.2　生态学特性

(1) 温度

扁桃营养生长期要求的有效积温约为 3500 ℃。扁桃既抗热又相当耐寒，在充足休眠的情况下可耐 -27 ℃的短期低温。在极度严寒条件下(如 -28 ℃低温)持续 5~7 d 后，可使 1~3 年生枝条受冻；在 -25 ℃下持续 3~5 h 可使花芽冻死；-15~-10 ℃可使萌动的花芽死亡。扁桃是早花树种，解除休眠后，抗低温的能力明显下降，花期如遇 2~3 ℃低温就会出现冻害，导致扁桃减产。幼果期如遇 -1~0 ℃低温，有冻伤现象发生。扁桃授粉受精的最适温度为 15~18 ℃。

(2) 光照

扁桃喜光、忌遮阴，扁桃全年需日照时数 2500~3000 h。在光照不足的情况下，树冠内部小枝易出现枯死，大枝基部光秃，结果出现部位外移和落花落果等现象。扁桃喜背风向阳的坡地，因气温高，光照充足，大风危害小，故花果冻害轻，产量稳定，果仁品质好；背光的沟谷或洼地，光照不足，冷空气容易聚集，形成霜冻。

(3) 土壤

扁桃对土壤要求不严，在砂砾土、砂土、黏土、黑土、壤土中均可生长。但在不同土壤上栽培的效果不同。建园最好选择土层深厚、肥沃和排水、通气良好的壤土和砂壤土。扁桃能耐微碱性土壤，但碱性过大生长发育不良，适宜的土壤 pH 值为 7.0~8.0，耐盐极限浓度为 0.30%。在土壤水分过多而积水时，易发生根部腐烂，出现树体流胶、落叶，甚至死亡。定植在地下水位高的土壤中，根系分布在土壤表层，稳定性不好，易被风吹倒。

(4) 水分

扁桃根系发达，入土深度可达 6 m，耐旱力强，但不耐涝。易积水的涝洼地、过黏重土地，土壤水分过多易发生根部腐烂，出现树体流胶、落叶，甚至死亡。扁桃需水期主要集中于发芽后和果实膨大期。气候干燥有利于开花坐果和果实生长。在湿润多雨的地区，虽也能生长，但不能丰产。适宜的土壤含水量为田间持水量的60%~80%。

1.7.4 育苗特点

扁桃可用嫁接、实生或根蘖繁殖。由于扁桃实生繁殖后代变异小，在扁桃人工栽培早期，应用实生苗栽培较多。目前，生产上主要采用嫁接法繁殖苗木，而嫁接用砧木采用实生繁殖。

1.7.4.1 主要砧木

目前，国内外繁殖扁桃苗木大多以实生扁桃作砧木，也有以桃、山桃、李、樱桃等作砧木的，各有优缺点。新疆多采用扁桃与桃的杂交实生苗(俗称桃巴旦)作砧木，它适于贫瘠土壤且根系发达，适应性较强。

1.7.4.2 砧木苗培育

(1)种子采集和播前处理

砧木种子必须采自无病虫害、生长健壮、丰产性强的母树。采集时间必须在果实和种子充分成熟时。春播前对砧木种子进行层积处理。层积时间因种子种类而不同，桃、山桃等90~100 d，杏、李50~70 d，扁桃30~90 d(因扁桃壳薄厚不同)。

(2)播种

扁桃砧木春秋两季均可播种。春季播种前整地作畦，浇足底水，按行距30~40 cm、株距15~20 cm开沟点播，播种深度3~5 cm。播种时应将已发芽和没发芽的种子分开播种，以便于管理、出苗整齐一致。播种后用塑料薄膜覆盖，可增温保湿，提早出苗5~7 d。秋播在秋季封冻前进行，具体时间因地而异，如在新疆喀什一般在11月中旬至11月底灌冬水前播种比较适宜。播种后浇足底水。第2年出苗早，生长壮。但冬、春季干旱年份要浇水保墒，否则出苗率低也不整齐。播种量视种子大小而定，一般山桃种子300~375 kg/hm²、毛桃种子300~450 kg/hm²、毛樱桃种子45~60 kg/hm²、杏300~375 kg/hm²、李75~150 kg/hm²。

(3)砧木苗管理

砧水苗田间管理主要包括以下内容：

①及时补种。苗高10 cm时，对缺苗行及时用已催芽种子进行补种，并浇水、中耕除草。间苗后株距15 cm，留苗量为9万~12万株/hm²。

②肥水管理。春季干旱、风大，应根据土壤墒情及时浇水。5月下旬至6月上旬幼苗进入速生期，此时应结合灌水追施尿素(225~300 kg/hm²)或复合肥(150~225 kg/hm²)，生长后期应少施氮肥，防止贪青徒长。旱地育苗要抓住雨前雨后的有利时机进行。

③抹芽及防治病虫。为使砧木苗基部嫁接部位平滑，利于嫁接成活，需把砧木苗15 cm以下的嫩叶、嫩梢全部抹掉。砧木苗早期易受蚜虫、金龟子、卷叶蛾等危害，可结合叶面喷肥及时防治。另外，在整地时如果土壤未消毒，往往导致地老虎咬根现象，可人工捕捉或用200倍辛硫磷溶液灌根。

1.7.4.3　嫁接繁殖

扁桃嫁接分为芽接和枝接。

(1)芽接

芽接方法参见阿月浑子芽接方法(1.6.4.3)。

(2)枝接

扁桃枝接宜在春季砧木萌芽期至展叶期(3月中旬至4月上旬)进行。枝接主要包括劈接、舌接、切接、插皮接和腹接，以舌接法最为理想，愈合程度好，苗木出圃率有保障。一般插2个接穗，要插在迎风口，插好后用塑料薄膜包好接口，待15 d接穗芽萌动，即可放开顶部薄膜扎口。待新枝强壮，愈合组织老化时松绑，并设立柱绑缚，以免风吹断。

(3)嫁接苗管理

①芽接苗剪砧。夏秋季嫁接的苗，翌年春叶芽开始萌动时，将砧木从接芽上方约0.5 cm处剪断，剪口稍微向接芽对面倾斜，不要留的太长。

②抹芽、除萌。嫁接成活后，要及时除去砧苗基部萌蘖，减少养分消耗。待接穗芽长到3~4 cm时，从中选取一个位置和长势较好的芽留下，其余抹除。当苗木长到40~50 cm时，扁桃2次枝长出，在枝条幼嫩时及时抹除。

③水肥管理。加强苗木的土肥水管理。春季干旱、雨水缺乏，根据土壤墒情，在5~6月底可结合灌水追施氮肥(150~225 kg/hm^2)，生长后期减少氮肥施用量，可根外追施磷酸二氢钾。另外，还应注意苗木病虫害防治。

④培土防寒。冬季严寒干燥地区，为防止接芽受冻，在封冻前应培土防寒。培土以超过接芽6~10 cm为宜。春季解冻后应及时把土拔掉，以免影响接芽的萌动。

1.7.5　建园特点

1.7.5.1　园址选择

扁桃喜光，需长日照，花期早，应选择光照好、光照时间长、晚霜不易发生的地方建园；土层深厚、有机质含量高、通气良好，以pH值为7.0~8.0的壤土、砂壤土为好，地下水位较低，同时在园地四周营造防风林。园地应避开重盐碱、重黏土、地下水位过高、多雨潮湿、日照时数短的地方。在干旱地区建园要有灌溉条件，否则即使能生长结果，但经济效益低。

1.7.5.2　栽植技术

(1)栽植方式和密度

扁桃在不同国家和地区栽植密度不同，受土壤条件、气候条件、管理技术措施和水平影响。新疆集约化栽培密度以405~660株/ hm^{2}为宜。若要早期获得更多产量，可以有计划地密植，采用2 m×3 m或2 m×5 m株行距，待结果3~4年后再进行间伐。在山地、瘠薄地，株行距以(2~3) m×(4~5) m 扁桃栽植技术为主；平地、肥沃地株行距为(3~4) m×(5~6) m。扁桃为喜光树种，不耐阴，树冠下部枝条易枯死，栽植不可过密。同时要根据土壤肥沃程度、树冠大小、气候条件、栽培管理模式等来确定栽植密度。

（2）品种选择和配置

根据建园规模和经营方向，选择 1 种或几种适宜本地生长的优良品种为主栽品种。高寒地区、晚霜危害较重地区，要选择抗寒品种和晚花品种，温暖地区要选早熟、高产、优质品种，以便早采收、早上市、早获利。

扁桃绝大多数品种自花不孕，即使有少数品种能自花结实，但结实率很低，所以建园时需要配置授粉树。授粉品种花期要与主栽品种相同，亲和力强，花粉粒大，花粉量多，散粉时间长，花粉生活力强。授粉品种最好也是主栽品种，配置比例为 1∶1 或 1∶（3~4），并且分行交替轮换定植。

（3）栽植时间

扁桃可春栽和秋栽，应根据当地气候条件确定。在西北、东北等高寒地区，冬季寒冷，一般以春栽为宜，在土壤解冻后至苗木萌芽前进行。栽植过迟，树叶流动或叶芽萌发较迟，以及土壤干旱等原因，对幼树成活和生长不利。在冬季较温暖、风少、秋季雨量较多、土壤湿润、有灌溉条件、春季干旱的地区，适宜在秋季苗木落叶后至土壤封冻前定植。

（4）栽植方法

①做标记。栽植前，先按确定的株行距测定好定植点，并用石灰做标记。然后，以定植点为中心挖定植穴，定植穴以 80 cm×80 cm 或 100 cm×100 cm 为宜。

②挖定植穴。将表土和下层土分开堆放。挖好定植穴后，回填土时穴下部放 20~30 cm 厚的秸秆或杂草，1 层秸秆 1 层表土；再回填混均匀的磷肥和表土，磷肥每株 1~2 kg；每穴施腐熟有机肥 50~80 kg，与底土拌匀后，填入定植穴中；距地面 20 cm 时，灌水，使土壤沉实。

③苗木处理。根据苗木大小、根系好坏对苗木进行分级，同级别的苗木定植在一起，苗木生长一致，容易管理。栽植前要对根系修剪，剪除病根、烂根、劈裂根。经过长途运输的苗木，在栽植前 1 d 将根系在水中浸泡 12 h，使其充分吸水，有利于剪口产生愈伤组织，促发新根，提高成活率。

④栽植。把苗木放在穴中心，栽植时回填剩余的土，边填土边轻提苗，使细根顺畅；再踏实，使根系与土密接。苗木栽植深度与在苗圃时的深度相同。栽植好后及时灌水，水下渗后，覆土保墒。在水源短缺地方，为节约用水和有效保持水分，栽后将树干周围修成漏斗形，浇少量水可集中在根系密集区，上覆地膜，可保湿增温，提高定植成活率。

（5）栽后管理

定植 10 d 后，要及时检查成活率并补栽，若再灌 1 次水则缓苗效果更好。行内进行覆盖地膜，可提温保墒，促进苗木根系生长。春季根据干高要求，在 60~80 cm 饱满芽处定干，剪口下留 6~7 个芽作为整形带，用于培养主枝。剪口处抹油漆或伤口保护剂，防止枝条失水抽干。在寒冷地区，秋季定植苗越冬前进行埋土防寒或者束草保温。苗木新梢生长至约 15 cm 时，可进行叶面喷施尿素，促进新梢生长。8 月可以喷施磷酸二氢钾，促进枝条老化，防止越冬抽条。做好苗木病虫害综合防治。除此以外，在整个生长期还要适时追肥和及时进行夏季修剪，从而保证苗木健壮生长。

1.7.6　管理技术特点

1.7.6.1　土肥水管理

(1) 土壤管理

扁桃园每年需要进行土壤深翻,以秋季为最佳时期。秋季深翻一般在果实采收前后结合秋施基肥进行,春季在土壤解冻后宜可进行。深翻深度以扁桃主要根系密集层(20~60 cm)的范围较好,并考虑土壤结构和质地,一般要求深度80~100 cm。生长季节扁桃园应保持疏松无杂草状态。在水分充足的地区,在园内行间可播种多年生草和覆盖作物,特别是绿肥作物。

扁桃管理技术

(2) 施肥

应注重施基肥,每年施1次农家肥,时间以10月下旬至11月上旬为宜,施肥量为:幼龄树每株施优质农家肥15~20 kg、磷酸二铵0.15~0.5 kg,成年树每株施优质农家肥50~100 kg、磷酸二铵0.5~1.0 kg。在花前、花后、幼果发育期、花芽分化期、果实生长后期需进行追肥。生长前期以氮肥为主,后期以磷、钾肥为主。每年株施有机肥12~20 kg、硫酸铵240 g、过磷酸钙700 g、钾肥70 g。幼树追肥次数宜少,随树龄增长和结果增多,追肥次数要逐渐增多,调节生长和结果对营养竞争的矛盾。生产上成龄扁桃园一般每年追肥2~4次。

(3) 灌水

扁桃每年灌水7~8次。冬季灌水(封冻水)在11月底至12月初,要求灌足、灌饱;春季灌水在2月底至3月中旬,有利于花芽进一步分化和充实;4月后有灌水条件的每月浇1次水,要求少量多次;8月底停止灌水,有利于枝芽充实,安全越冬。

1.7.6.2　整形修剪

(1) 修剪时期

修剪可在冬季和夏季进行。夏季修剪时间为5月中旬至6月底,冬季修剪一般为12月底至翌年2月底。

(2) 主要树形

扁桃树形可采用自然开心形、自然圆头形和疏散分层形。

(3) 不同年龄时期的修剪特点

①幼树期。扁桃幼树生长势很强,树姿直立,根系浅,树冠多向背风面倾斜,主干不宜留高,多以自然树形发展定干,定植后一般在50~90 cm处剪裁定干,剪口下留有8~10个饱满芽。定值当年抹掉或剪除主干20~60 cm以下的萌枝。选留主干上相距一定距离、方向不同的强壮枝作为主枝,主枝与主干的夹角多为40°~60°,疏除其余枝条。定植2~3年,开始整形。幼树修剪以"轻剪、长放、多留枝"为原则,适当修剪,以利于整形或扩大树冠,增加枝量。对主、侧枝均中剪,以剪除枝条长度的1/4~1/3为宜。小枝及串花枝不短截,使其结果。

②结果期。扁桃结果期树修剪要坚持"适当重剪,强枝少剪,弱枝多剪,不密不疏枝"的原则,调整好生长与结果的关系,保持树势健壮,延长结果年限。扁桃修剪量以短截和

疏剪为主。冬季修剪以调整树体结构为主，使各主枝分布均匀、长势均衡，对各级骨干枝的延长枝按需要长度进行短截，对徒长枝、枯枝、病虫枝及过密枝加以疏除；夏秋季修剪以摘心、疏剪为主，改善树体光照条件，调整树势，改善树体营养状况，促进花芽分化，增加树体营养积累，提高花芽分化质量。

③衰老期。根据扁桃树的衰老程度，进行骨干枝的回缩修剪。回缩重截后第 2 年会产生很多萌蘖，应及时疏掉过密枝条，并用保留的萌蘖枝代替老枝，使其更新复壮。另外，在短截（回缩）侧枝的同时，疏除小而弱的枝条，同时充分利用徒长枝和新萌发的枝条更新恢复树冠。

1.7.6.3 花果管理

扁桃普遍存在坐果率低的现象，主要由 2 个原因造成：一是扁桃是异花授粉、虫媒花树种，白花结实力极低；二是扁桃花期早，极易遭受低温、晚霜、沙尘天气为害，导致授粉受精不良。针对上述原因，扁桃保花保果技术应注重以下几个方面：

（1）晚霜预防

扁桃花期正值气温变化剧烈的季节，常因寒流或大风天气形成晚霜，危害花芽、花朵和幼果，造成减产或绝收。因此，避免晚霜和大风危害是关键。在最低气温不低于$-2\,℃$情况下，在园内熏烟或者使用防霜烟雾剂，可提高果园气温 $1.0\sim1.5\,℃$。采用树干涂白、灌水和花芽膨大期喷施植物生长调节剂，可以推迟开花 $2\sim3\,d$，避免晚霜。

（2）花前施肥

花前施肥时间在 3 月上旬至 3 月底，氮肥施肥量为：成年树每株 $0.5\sim1.0\,kg$，幼树每株 $0.15\sim0.50\,kg$。初花期可喷施 0.3%硼砂（硼酸）溶液、0.2%磷酸二氢钾加 0.1%尿素等，补充树体营养，促进开花整齐，提高坐果率。

（3）花期放蜂

花期放蜂可有效克服因授粉不良而引起的落花落果，明显提高坐果率。放蜂时间为 3 月下旬，每公顷放置 5 个蜂箱，同时在初花期对树体喷施 0.2%~0.3%的蜂蜜水加 0.1%白糖水，以诱集蜜蜂传粉。

（4）幼果期喷肥

花后喷施 2 次 0.1%的花蕾宝，幼果期根外追肥，喷施利果美 500~600 倍液、0.35%~0.5%尿素或 0.3%磷酸二氢钾溶液，可补充树体营养，减少枝条和幼果的养分竞争，减少落果。

1.7.6.4 越冬管理

扁桃忍耐最低气温为$-22\sim-18\,℃$，而且时间不能超过 3 d，否则将造成树体损伤及产量损失。扁桃主产区新疆南部冬季极端低温和春季晚霜常造成扁桃树体的冻害或花期冻害，因此，必须做好扁桃安全越冬管理工作。具体措施有：选择抗寒性强的品种栽植；建园时设置防风围墙；定植在大田的 1~2 年生苗木，每年 11 月整株埋土越冬，埋土厚度不小于 25 cm；每年 8 月底停止灌水，促使枝芽老化，增强抗寒性；进行夏季修剪和化学调控，控制树体和枝条旺长；10 月底至 11 月初施足底肥，并适当喷施抗寒剂。

1.7.6.5　果实采收和采后处理

(1) 采收

果实成熟期因品种和地区不同而异。不同扁桃品种成熟期不一致，一般薄壳的先熟，厚壳的晚熟，早熟品种 8 月上旬成熟，晚熟品种 9 月中上旬成熟。同一品种不同结果部位成熟期也不一致，一般是外围、顶部、向阳的先熟。同一品种在干旱地区成熟早，在湿润凉爽地区成熟较晚。果实成熟的标志是外果皮开始发黄、缝合线开裂、坚果外露即为成熟，可以开始采收。采收过早，品质差，不易剥落果皮。采收过迟，果皮干硬发黑，影响核仁品质，特别是纸壳类品种。

(2) 采后处理

①脱青皮。果实采收后分品种立即将果肉与坚果剥离。我国新疆目前主要以手工方法脱青皮。美国则是将开裂的扁桃果实运到工厂里，利用机械脱去外果皮或直接脱去外果皮和果壳。

②坚果干燥。扁桃坚果及时晒至果仁干脆(扁桃仁含水量 6%)时，即可入库贮藏。坚果不能长时间在太阳下暴晒，暴晒时间长的坚果种子发芽率低，有的甚至丧失发芽率。

③坚果分级。根据《扁桃(巴旦木)坚果质量标准》(DB65/T 3155—2010)和《扁桃(巴旦木)果仁质量标准》(DB65/T 3156—2010)对扁桃进行分级。美国使用机械和人工结合的方法进行分级。新疆目前仅按品种和外观进行分类。

小　结

扁桃为世界上著名的木本油料和干果树种，也是我国重要的干果树种。扁桃种仁具有极高的营养价值和药用价值，是集食用、加工、药用、观赏为一体的高效益型树种。扁桃根系发达，分布广而深，侧生根系庞大。扁桃芽按性质分为叶芽和花芽。芽的萌发力强，成枝力弱，芽具有早熟性，当年可发生 2 次枝，新梢生长旺盛，枝条更新生长能力强。扁桃枝条按性质可分为营养枝和结果枝 2 类。扁桃花芽的生理分化约在 5 月底完成，其形态分化可分为：形态分化前期、分化初期、花萼分化期、花瓣分化期、雄蕊分化期和雌蕊分化期 6 个时期。扁桃为两性花，开花早、花期短，花先于叶开放。扁桃喜温、喜光、喜土层深厚通气良好的壤土和砂壤土，能耐微碱性。扁桃是典型的虫媒花，绝大多数品种自花不孕，建园时需要配置授粉树。生产上主要采用嫁接法繁殖苗木。扁桃可春栽和秋栽。扁桃普遍存在坐果率低的现象，做好花期各项管理及其他综合管理，是提高扁桃坐果率和产量的有效措施。极端低温和春季晚霜易造成扁桃冻害，必须做好扁桃安全越冬管理工作。果实成熟后应及时采收并做好采后处理工作。

思考题

1. 我国扁桃主产区栽培的主要优良品种有哪些？其特性是什么？
2. 简述扁桃果实生长发育时期及生态学特性。
3. 扁桃砧木有哪些？嫁接主要有哪些方法？

4. 简述扁桃施肥的时期、种类及其作用。

5. 扁桃花果管理有哪些主要技术措施？

1.8 仁用杏栽培

1.8.1 概述

仁用杏是我国重要的木本粮油资源，其耐干旱、贫瘠，易管理，在山地、平原和沙荒地上均可种植，是我国三北地区集经济效益、生态效益和社会效益于一体的理想树种。杏仁为我国传统的出口物资，其营养丰富，具有极高的食用和药用价值，是食品加工、医药保健行业的重要原材料和国际市场上畅销不衰的大宗干果商品。

(1) 经济价值

仁用杏童期较短，栽植4～5年即可进入初果期，6～7年进入盛果期，经济寿命可达上百年。仁用杏种仁富含蛋白质(24～34 g/100g)、脂肪(44～59g/100 g)、糖类(5%～14%)和微量元素(每100 g 杏仁中含钙234 mg、磷504 mg、镁260 mg、钾773 mg、铁4.7 mg、锌3.11 mg、硒15.65 μg)等，具有很高的经济价值。由于杏仁营养丰富，除可供直接食用和药用外，国内常用杏仁加工杏仁露、杏仁调和油、杏仁粉、杏仁茶等。此外，杏仁核壳质地坚硬，是制造活性炭的高级材料，出炭率30%～36%；杏花也具观赏价值。因此，仁用杏产业发展对推动三北地区生态经济建设、乡村振兴以及"一带一路"绿色产业体系建设具有重要意义。

(2) 栽培历史和现状

杏原产于我国，具有3500年以上的栽培历史。公元前2世纪，杏经丝绸之路自我国传到中亚、西亚和地中海沿岸国家，后逐渐扩展到世界各地。按用途和食用部位不同可分为鲜食杏和仁用杏2大类。

截至2020年，我国仁用杏栽培面积约为135×10⁴ hm²，杏仁年产量约30×10⁴ t。仁用杏在我国主要分布在辽宁、内蒙古、甘肃、宁夏、山西、陕西、河北、河南、新疆、北京等地，其中辽宁的杏仁产量最高。目前已初步建成的仁用杏基地有河北蔚县和承德县、辽宁凌源等地。此外，山西岚县、辽宁义县、陕西榆林也是具有发展潜力的仁用杏产区。

1.8.2 主要种类和优良品种

(1) 主要种类

仁用杏不是指一个单独的品种，而是以种仁为主要用途的杏属植物的统称，主要包括华仁杏(*Prunus cathayana* D. L. Fu, B. R. Li & J. Hong Li, 也称大扁杏、大杏扁)和山杏(*P. sibirica* L., 西伯利亚杏)。此外，又可根据种仁的味道将仁用杏分为甜仁杏和苦仁杏2类。前者主要是华仁杏，其特点是果肉薄，纤维多、汁液少，味道较为酸涩，不宜鲜食，但种仁大且无苦味；后者主要为山杏，其特点是种仁小且有苦味，但种仁较为饱满。此外，杏(*P. armeniaca* L.)中的肉仁兼用品种、东北杏[*P. mandshurica* (Maxim) Koehne, 也称辽杏]、藏杏(*Armeniaca holosericea*)等也可作为苦仁杏使用。

（2）优良品种

目前，仁用杏常用的优良栽培品种有 50 多个。甜仁杏主要以传统的'龙王帽''白玉扁''一窝蜂''三杆旗''北山大扁''围选 1 号''优一''超仁''丰仁''辽优扁 1 号'等品种为主；而苦仁杏多以山杏和杏的野生或半野生资源直接造林使用，良种选育相对滞后。

'龙王帽'：甜仁，原产河北涿鹿，抗旱、丰产，中等抗晚霜，是我国较为古老的仁用杏栽培品种。单果重 20~25 g，单核重 2.3~2.8 g，出核率 17.3%~20.0%，单仁重 0.80~0.89 g，出仁率 28%~33%。

'白玉扁'：甜仁，又名板峪扁、大白扁。原产北京门头沟一带，树势强，丰产性一般，是其他品种的优良授粉树种。单果重 15.0~20.5 g，单核重 2.6~2.8 g，出核率 20.0%~25.0%，单仁重 0.75~0.80 g，出仁率约 30%。

'超仁'：甜仁，核壳薄，实生选育自'龙王帽'，1998 年通过良种审定，是目前发现的单仁重最大的良种。单果重 16.7 g，单核重 2.2 g，出核率 18.1%~18.5%，单仁重 0.9~1.0 g，出仁率 32%~35%。

'丰仁'：甜仁，2000 年通过良种审定。单果重 13.2 g，单核重 2.2 g，出核率 18%~20%，单仁重 0.86~0.88 g，出仁率约 35%。极丰产，5~10 年生平均株产杏仁 4.4 kg，可作为'超仁'的授粉品种。

'优一'：甜仁，原产河北蔚县，实生选育自'龙王帽'，2008 年通过良种审定。花期和果实成熟期比'龙王帽'晚 2~3 d，花期可短期耐-6 ℃低温，但果枝易早衰，结果大小年现象明显。单果重 9.6 g，单核重 1.7 g、出核率 17.9%、单仁重 0.69~0.75 g，出仁率约 43%。

'围选 1 号'：甜仁，由'龙王帽'选育，2007 年通过审定。具有显著的抗晚霜、抗病虫害能力，目前是三北地区仁用杏品种更新换代的主推品种之一。单果重 13.6 g，单核重 2.6 g，单仁重 0.9 g，出仁率约 35.7%。

'辽白扁 2 号'：甜仁，实生选育自'白玉扁'，原产辽宁朝阳，2014 年通过良种审定。花粉量大，是优良的授粉树品种。单仁重 0.89 g，出仁率约 35.5%。

多年来，在中国林业科学研究院经济林研究开发中心、北京市林业果树科学研究所、内蒙古林木良种繁育中心、西北农林科技大学、内蒙古农业大学、辽宁省干旱地区造林研究所等单位的协作研究下，先后选育出了'中仁'1~5 号、'京仁'1~3 号、'蒙杏'1~3 号、'辽优扁 1 号''辽白扁 2 号''山甜 1 号''山苦 2 号'等仁用杏新品种。

1.8.3　生物学和生态学特性

1.8.3.1　生物学特性

（1）根系

仁用杏为深根性树种，其根系在砂壤土上的分布约比黏质土壤深约 20 cm。通常情况下，仁用杏的根系集中在 20~60 cm 处，70 cm 以下根系相对较少。

仁用杏根系在一年中没有绝对的休眠期，在温度、水分和空气得到满足条件下（冬季短暂的相对休眠期除外），全年均可生长。随地温和地上部分的生长变化仁用杏根系在一年中有 3 次生长高峰，分别为：4 月上旬花谢后、7 月上旬果实采收后、9~10 月地温在

18~20 ℃时。

（2）芽

按芽的性质，仁用杏的芽分为叶芽和花芽；按芽的着生方式，又可分为单芽和复芽。仁用杏的叶芽多为单芽，着生在枝条顶端和基部，呈三角形，基部较宽，相对瘦小，萌发后形成新的发育枝或新的中短果枝，具有早熟、萌芽力强、成枝力弱的特点。花芽多为复芽，比较饱满、肥大，属纯花芽。

（3）枝条

仁用杏枝条发育的适宜温度约为 20 ℃，按功能可分为营养枝和结果枝。营养枝按生长势的不同分为发育枝和徒长枝。结果枝根据长度又可分为：长果枝（>30 cm）、中果枝（15~30 cm）、短果枝（5~15 cm）和花束状果枝（<5 cm）。

（4）叶

仁用杏叶为单叶、互生，光合能力强。90%以上的叶面积在萌芽后 50~60 d 内形成。此外，仁用杏叶片表面具有蜡质，使得叶片不易脱水，具有很强的抗旱能力。

（5）花芽分化

仁用杏的花芽分化和其他核果类果树一样，均是在开花结果的前一年形成。花芽分化适宜温度约为 20 ℃，分化开始时间一般是在枝条第 1 次生长停止后的 5~6 d。形态分化集中在 6 月下旬至 9 月下旬；在 9 月下旬至 12 月，除花蕾各器官的原基继续膨大外，雄、雌蕊进一步发育，出现花粉母细胞和珠心组织。

（6）开花坐果

仁用杏花期适宜温度为 7.5~13.0 ℃，开花时间的早晚与温度、品种、树龄、地势及枝条种类有关。其中温度是影响仁用杏开花早晚的重要因素，且在不同地区、年份间的花期也不一致。例如，高纬度、高海拔、山地阴坡仁用杏花期较晚；幼树比老龄树开花晚 3~7 d，花期也短；弱树开花比壮树约早 6 d。一般情况下，仁用杏的花期为 4 d，若花期温度较高，在 1 d 内就可完成从初花期至盛花期的过渡。

（7）果实生长发育

仁用杏的果实生长发育期一般约为 90 d，杏仁生长发育期约为 50 d。陕西榆林地区，果实生长发育期约在 4 月上旬至 7 月上旬，主要包括 3 个时期：

①果实速长期（4 月上旬至 4 月下旬）。约 30 d，果核生长，胚乳形成。

②硬核期（5 月上旬至 6 月上旬）。约 25 d；胚乳消失，胚迅速发育，果核逐渐木质化。

③果实膨大成熟期（6 月上旬至 7 月上旬）。约 40 d；杏核硬化，胚发育完成，果实成熟。在采收前 15~20 d，杏仁逐渐由液体状态变为固体状态。

1.8.3.2 生态学特性

（1）温度

仁用杏对温度的适应性较强，休眠期可耐-30 ℃的低温，在高温 43.9 ℃时也能正常生长。一般情况下，适宜种植区年平均气温需在 6~16 ℃，全年无霜期在 125 d 以上，生长季≥10 ℃的年有效积温在 2700 ℃以上。仁用杏休眠结束后抗寒性较弱，各生长发育期受冻害的低温临界值分别为：花蕾期-5 ℃、初花期-4 ℃、盛花期-1 ℃、幼果期-2.7 ℃。

（2）水分

仁用杏耐旱不耐涝，在年降水量 350~750 mm 的区域均可正常生长结果。此外，仁用杏虽抗旱能力较强，但适时（花前期、果实膨大期、冬季）的水分供应是保障仁用杏高产的基础。

（3）光照

仁用杏为强喜光树种，全年日照时数需在 2500 h 以上，在光照充足的条件下延长枝和侧枝生长旺盛，叶大而绿，枝条充实。反之，枝条徒长，花芽分化少且质量低，造成树体结果晚、产量低、品质差。

（4）土壤

仁用杏对土壤要求不严，各种类型的土壤都能栽植，但以土层深厚、肥沃、渗透性好、中性或微碱性（pH 值 7.0~7.5）的土壤为佳。避免在通透性差的土壤和蔷薇科"重茬"地块上栽植。

（5）地势

仁用杏适宜在平地、背风向阳的坡地上种植。平地土壤、气候条件相对稳定，利于树体生长，产量高；背风向阳的坡地在通风、光照和排水上比平地优越且晚霜危害小。河谷、川道等地势低凹、通风不畅的地段因易发生晚霜危害而不宜栽植仁用杏。

1.8.4　育苗特点

1.8.4.1　主要砧木

生产中良种繁殖主要采用嫁接方法，砧木以抗寒能力较强的山杏为主。

1.8.4.2　砧木苗培育

砧木可以采用秋播和春播 2 种方法进行实生繁育。秋播一般无须对种子进行处理；而春播应根据条件进行种子处理：11 月时对种子进行消毒，清水浸泡 24 h 后捞出进行低温层积催芽，约 90 d 后待种子发芽"露白"时可根据育苗地的准备情况进行播种。

育苗地应选择地势高、排水好的圃地。待土壤杀虫、杀菌处理完成后，施入腐熟有机肥，做双行高垄或高床。条状开沟深 3~4 cm 进行点播，株距 5~7 cm，行距 25 cm，播后覆土 3~4 cm。

当苗高约 60 cm 时应及时摘除苗木顶端嫩尖，剪除主干分枝，促进苗木加粗生长和木质化程度，以利于后期嫁接。

用于嫁接的优质砧木苗，要求地茎粗度>0.6 cm，木质化程度好，嫁接处光滑、少侧枝且无病虫害。

1.8.4.3　嫁接繁殖

（1）接穗的选择、采集和运输

接穗要从树体健壮、无病虫害、稳产高产的优良品种母树上采集。用于枝接的接穗应选择生长健壮、芽眼饱满充实的 1 年生发育枝。接穗粗度>0.5 cm，木质化良好。采集时间根据嫁接时间而定，春季嫁接一般在 2~3 月休眠期采集接穗，采集的接穗挂上标签后以沙藏法放置在冷凉处备用；夏秋季嫁接所用接穗应随采随接。

用于芽接的接穗要选择树冠外围生长充实、已木质化的当年生枝，采下后应随即剪去叶片，仅留小段叶柄用以检查嫁接是否成活。采集的接穗挂上标签后放置在冷凉潮湿处备用。

(2) 嫁接时间

仁用杏嫁接时间主要由种植地的气候条件决定。春季嫁接，在 3 月中上旬至 4 月下旬进行，个别气候较寒冷的地区可在 5 月上旬进行。夏秋季嫁接，在 6 月下旬至 9 月上旬进行。高温季节使用芽接时应避开雨季，避免因阴雨天气造成接口处发生流胶而影响愈合。

(3) 嫁接方法

仁用杏嫁接方法包括枝接和芽接。枝接包括劈接、插皮接、切接和腹接，以劈接应用较多。芽接包括方块芽接、"T"字形芽接和带木质部嵌芽接，以方块芽接应用较多。

(4) 接后苗木管理

苗木嫁接后应加强管理，防止禽畜和人为践踏，及时检查成活情况、除萌和抹芽、绑支柱、剪砧与解绑、摘心、防治病虫害，加强田间管理以及越冬保护等。

(5) 苗木出圃和分级

①苗木出圃。仁用杏苗木一般 2 年出圃(2 年根 1 年干)。起苗前 7~10 d 应灌 1 次透水；根据不同条件，春、秋季均可起苗。秋季起苗在新梢停止生长并已木质化至冬季土壤上冻前(在 10 月下旬至 11 月上旬)；春季起苗在土壤解冻后至苗木萌芽前(在 2 月下旬至 3 月下旬)。

仁用杏苗木
分级标准

②苗木分级。起苗后按苗木分级标准进行分级。分级后按不同品质、级别系上标签，并及时栽植或假植。

1.8.5　建园特点

1.8.5.1　园址选择

仁用杏喜光、耐旱、怕涝，影响生产的主要因素是花期和幼果期的晚霜危害。因此，建园时要注意小气候条件，选背风向阳、光照充足、地势高燥，地形开阔的阳坡和半阳坡；避开阴坡、风口、迎风坡、低洼地及冷空气易下沉的山谷地，以防止春季寒流侵袭和冷空气沉积造成冻花、冻果。仁用杏虽对土壤条件要求不严，但在疏松肥沃的土壤上生长更快、产量更高。

在丘陵、山地建园，首选坡度<15°、土层厚度大于 50 cm 的砂壤土和黄绵土区域。在土层较薄的区域，可通过深翻压绿改良土壤。

在平地、滩地和缓坡地建园，应选地下水位在 1.5 m 以下，排水良好，气候变化缓和、风不易通过的区域。

1.8.5.2　栽植技术

(1) 栽植时间

仁用杏春秋两季均可栽植，但北方无灌溉条件的地区，以秋季栽植为好，但应做好埋土越冬；春季栽植在土壤解冻后至苗木萌动前进行，及早栽植有利于成活。

(2)栽植密度

在土壤较薄的山地建园时，因不易形成大冠，可选择株行距 2 m×3 m 或 1.5 m×3.0 m 进行适当密植，每亩 111～148 株，3 年后间伐或再回缩。在平地建园时，因植株生长较快，可采用 4 m×5 m、3 m×4 m 或 2.5 m×4.0 m 栽植，每亩 33～66 株。

(3)栽植方式

仁用杏栽植方式包括长方形栽植、正方形栽植、菱形栽植、沿等高线栽植等，其中长方形栽植由于方便机械化生产，是最常用的栽植方式。沿等高线栽植常用于坡地、梯田建园，其他几种栽植方式是以增加栽植株数，改善通风透光条件为目的，但不利于机械化生产，应用偏少。

(4)品种选择

选择经省级林业主管部门审(认)定的品种，如'龙王帽''优一''一窝蜂''白玉扁''超仁''丰仁'等。在晚霜危害较为严重的地区，应首选花期抗寒性较强的'围选 1 号'和'优一'建园。

(5)授粉树选择和配置方式

仁用杏常用的授粉品种有'白玉扁''辽白扁 2 号''优一''中仁 3 号''串枝红'等，主栽品种与授粉树实行行间配置，配置比例为 10∶(1～2)。

(6)栽后管理

①定干、抹芽和刻芽。仁用杏定干高度应视不同栽植密度和管理方法而定。密度小、机械化程度高的杏园，定干高度一般在 1.2 m 以上；密度大、机械化程度低的杏园，定干高度一般在 60～70 cm。在北方寒冷干旱区，定干后可用塑料薄膜缠包干端，以防剪口失水。为利于整形带内枝条的生长，苗木定干后抹除苗干下部的芽。为保证苗干整形带内的芽能萌发，于春季萌芽前，可在位置、方向合适的芽的上方进行刻芽。

②缺株补植。建园后，及时调查苗木成活情况，分析死亡原因，并于当年秋季或翌年春季叶芽萌发前，选大苗补植。

1.8.6　管理技术特点

1.8.6.1　土肥水管理

(1)土壤管理

①树盘管理。定植后，在树周围修埂筑成树盘，树盘大小依树冠垂直投影大小而定。结合施肥、浇水，每年春、秋各耕翻 1 次树盘，深度约为 20 cm。

②深翻压青。定植后，将栽植沟以外的土壤一次或分次深翻 40～60 cm，将表土与底土位置对调，可结合秋施基肥进行。秋季是深翻最适宜的时期。

(2)肥料管理

①基肥。每年果实收获后的 20～40 d 内施入基肥。早施利于伤根愈合、养分的分解与吸收、花芽的分化与形成。基肥以有机肥料为主，混合适量的复合肥和过磷酸钙。盛果期仁用杏园每亩可施基肥 3～5 t，可配合土壤深翻施入。

②追肥。为有效补充仁用杏生长期间基肥的不足，仁用杏在花前、花后、硬核期和果

表 1-8　仁用杏需肥时期和肥料种类

时期		作用	肥料种类
花前肥	春季土壤解冻后	补充树体贮藏营养的不足，保证开花整齐一致，减少落花落果，促进新梢和根系生长	以速效氮肥为主
花后肥	3月下旬至4月上旬	补充幼果生长营养需要，提高坐果率，促进根系和新梢生长	以速效氮肥为主，配合少量的磷、钾肥
硬核期（花芽分化）	4月底至5月初	补充幼果及新梢生长的养分消耗，促进花芽分化、果实膨大，以及胚、核发育	以速效氮肥为主，配合足量磷、钾肥
催果肥	采收前 16~20 d	促进果实第2次迅速膨大，提高产量、品质和花芽分化质量	主要是速效钾肥，配合少量氮肥

实第 2 次膨大期均需追施 1 次肥料，各时期追肥的种类和作用不同（表 1-8）。

③叶面喷肥。主要在生长季进行喷施。叶面肥可选用尿素、磷酸二氢钾、稀土微肥等，喷施浓度为 0.2%~0.4%。叶面喷肥可与病虫害防治同时进行。喷肥时间宜在清晨或傍晚，便于叶片的吸收。

④施肥方法。仁用杏吸收根主要分布在 10~70 cm 的土层中，约占根系总量的 80%，因此，仁用杏施肥深度一般在 30~50 cm。施肥方法多采用沟施法，包括环状沟施、条状沟施和放射状沟施；在成年大树仁用杏园，根系已布满全园，树冠大枝相互交错或空间不便挖沟操作时，可进行全园施肥。

(3) 水分管理

灌水时期要依土壤水分状况和物候期而定，且最好结合施肥灌水。一般情况下，仁用杏园全年灌水至少 3 次：开花前 7~10 d 灌水以推迟花期，规避晚霜伤害；花后约 20 d（核形成期）灌水，利于果实迅速膨大，减少落果；坐果后 35 d（硬核期）灌水，利于种仁发育、种仁饱满。在土壤封冻前可灌 1 次水，以保障树体安全越冬。仁用杏不耐涝，雨季应注意排水防涝。

1.8.6.2　整形修剪

仁用杏极喜光，整形修剪的重要原则是保障树体通风透光。原则上，主枝不要多，层间要大，阳光能进入内膛，小枝组多，大枝组少，即能丰产。

(1) 修剪时间

仁用杏的修剪时间分为冬季修剪（休眠期修剪）和夏季修剪（生长季修剪）。

①冬季修剪。在深冬后至早春萌芽前。方法有短截、甩放、疏剪和回缩。

②夏季修剪。在开花萌芽后至落叶前。方法有开角、摘心、除萌、抹芽等。

(2) 主要树形

生产上一般采用自然开心形、自然圆头形、疏散分层形，少数地区采用纺锤形。其中，自然开心形是仁用杏最常用的树形。

①自然开心形。干高 0.6~0.8 m，树高 3.0~3.5 m。主干上错落均匀着生 3~4 个主

枝，每个主枝配备 2~3 个侧枝，侧枝上着生结果枝组和结果枝。主枝与中心干的夹角约为 60°。

②自然圆头形。机械化作业条件下，干高 1.2 m 以上，树高 5.0~5.5 m，主枝 5~6 个，在主干上错开排列；人工作业条件下，干高 0.6~0.8 m，树高 3.0~3.5 m，主枝 4~5 个，在主干上错开排列，每个主枝留 2~3 个侧枝或结果大枝。

③疏散分层形。干高一般为 50~60 cm，有比较明显的中心干。选留 6~8 个主枝分 3 层排列：第 1 层 3~4 个主枝，层内距 30 cm；第 2 层 2 个主枝；第 3 层 1~2 个主枝。第 1、第 2 层间距 80~100 cm；第 2、第 3 层间距 60~70 cm。第 1 层主枝上着生 2~3 个侧枝；第 2、第 3 层各着生 1~2 个侧枝。

④纺锤形。有较强壮的直立中心干，高度 2.4~3.0 m，距地面 60 cm 以内不留枝。中心干上直接均匀着生结果枝和结果枝组，结果枝组间距 5~8 cm。枝粗不超过中心干的 1/2，结果枝组中各小侧枝粗度不超过带头枝粗度的 1/2。结果枝组带头枝长度均保持在 1.5 m 以内。

(3) 不同年龄时期的修剪特点

①幼树期。该时期仁用杏生长势强，枝条生长量大，易徒长。修剪以整形为目的，根据理想树形配置主枝、侧枝，保持主、侧枝具有较强的生长势，同时控制其他枝条的生长。

②初产期。该时期仁用杏生长势旺盛，枝条不规则生长明显。修剪采用轻截、多缓放、疏除竞争枝的修剪技术。剪截各级主、侧枝的延长枝，保持饱满芽领头，使其继续向外生长。疏除骨干枝上的竞争枝、密生枝和交叉枝。短截部分非骨干枝和中部的徒长枝，促生分枝，使之成为结果枝组。

③盛产期。该时期仁用杏主枝开张，树势缓和，短果枝和花束状果枝比例上升，中长果枝比例下降。生殖生长大于营养生长，易出现周期性结果或大小年结果现象。修剪应对主、侧枝的延长枝进行较重的短截，促发新枝，稳定产量。一般树冠外围的延长枝可剪去 1/3~1/2；适当短截和疏剪部分花束状果枝，一般中果枝剪去 1/3，短果枝截去 1/2；回缩主侧枝上的中型枝和过长的大枝。对直径约 2 cm 的中型枝，可回缩到 2 年生部位。

④变产更新期。该时期仁用杏树冠外围枝条的年生长量显著减小，内部枯死枝增加且萌生较多徒长枝。落花落果严重，产量锐减。修剪应对骨干枝进行重回缩以及利用将背上枝、竞争枝、徒长枝培养新的结果枝组。根据原树体骨干枝的主从关系，按先主枝、后侧枝，依次进行程度较重的回缩。主侧枝的回缩程度根据"粗枝长留，细枝短留"的原则，一般可截去原有枝长的 1/3~1/2。

1.8.6.3　花果管理

仁用杏花果管理主要包括保花保果和花期、幼果期防霜冻，生产上常采用的措施如下：

(1) 人工辅助授粉

除合理配置授粉树、花期放蜂、合理修剪以及疏花疏果外，盛花期喷施营养元素（0.3% 的硼砂、0.3% 的尿素、0.3% 的磷酸二氢钾、1% 的蔗糖水）和植物生长调节剂（90 mg/L 赤霉素）均可提高坐果率。

（2）花期、幼果期防霜冻

除合理选择园址、建设防霜林、选用花期抗寒和晚开花品种外，在霜冻来临前，可采用以下措施避开或减轻霜冻危害。

①熏烟法。根据低温预警，在气温降至-1 ℃并有继续下降的趋势时，点燃烟堆或烟幕弹。熏烟法主要用于预防辐射型霜冻，可使整个杏园气温升高 2~3 ℃。

②灌水或喷水。对于辐射和平流霜冻的预防，可在有霜冻的前 1 d 对杏园进行灌水，或在霜冻来临前利用喷灌设备向空中喷水。

③喷施抗冻剂。喷施体积百分比浓度为 20%~30% 的 1，2-丙二醇与 10% 的葡萄糖混合溶液，可使仁用杏花和幼果在-5 ℃以下抵抗 5~8 h 以上的低温。

④推迟花期。10 月中下旬喷施 50~100 mg/L 的赤霉素、0.1~1.0 mL/L 的乙烯利或 1.5~3.0 g/L 的 B_9，可使花期推迟 5 d 以上；花芽膨大期喷 500~2000 mg/L 青鲜素可推迟花期 4~6 d；萌芽初期喷施 250 mg/L 萘乙酸钾盐溶液也可推迟花期。

⑤采果后追肥。盛果期采果后每株施入有机肥 10~15 kg、复合肥 1.0~1.5 kg 和氮肥 0.5~1.0 kg 可分别减少仁用杏幼果期冻果率 50%、25% 和 10%。

1.8.6.4 病虫害防治

仁用杏的病害主要有杏疔病、流胶病、杏疮痂病等；主要虫害有桃小食心虫、杏仁蜂、杏球坚蚧壳虫、蚜虫等。

在防治上坚持以农业综合技术措施为主，农业、生物、物理和化学防治相结合的策略。防治技术包括选育抗病虫新品种；合理水肥和修剪，提高树体抗逆性；保护和利用害虫天敌；清除枯枝落叶和病虫果、枝等。做到及时发现，及时防治；能在树下和休眠期防治，不在树上和危害期防治；能用无公害防治，不用化学防治。农药使用要符合《绿色食品农药使用准则》（NY/T 393—2020）的规定。

1.8.6.5 果实采收和采后处理

（1）采收时间

仁用杏果实须达到完全成熟后才能采收。采收过早，果肉不易剥离且杏仁不饱满，影响出仁率、产量和杏仁品质；采收过晚，果实脱落，易造成果肉腐烂，杏核发霉，杏仁变质。

仁用杏成熟期一般在 6 月上旬（黄淮地区）至 7 月中旬（内蒙古、辽宁及河北张家口等地）。其主要特征是果面变黄，向阳面常带红晕，轻摇树体果实可落，部分果肉自然开裂，果皮与果核易分离。

（2）采收方法

受生长位置和品种特性的影响，仁用杏果实成熟期不尽一致。因此在合理安排采收时期的情况下，采收顺序应先采山坡，后采山顶；先采阳坡，后采阴坡。采收时可在树下铺苫布，轻摇树枝或用长杆轻敲树枝振落果实。

（3）采后处理

采收的杏果摊放在通风干燥处，分开存放，不得混杂，及时取出杏核。杏核经过 5~7 d 晾晒后即可脱壳取仁。杏肉要立即进行清洗，去除泥土和杂质，可进一步制成杏干或加工成杏酱、杏汁等产品。

小　结

仁用杏是我国三北地区理想的经济树种之一，其产业发展对推动种植地的生态经济建设和乡村振兴具有重要意义。仁用杏是以生产杏仁为主的杏属植物的统称，主要包括生产甜杏仁的华仁杏和生产苦杏仁的山杏。仁用杏属深根性树种，根系在一年中有 3 次生长高峰。仁用杏的叶芽多为单芽，花芽多为复芽；花芽分化是在开花结果的前一年形成。仁用杏多数品种具有自花不实特性，故栽植时应配置授粉树。仁用杏果实发育期分为第 1 次果实速长期、硬核期和果实第 2 次膨大成熟期 3 个阶段。生产中，砧木以抗寒能力较强的山杏为主。仁用杏喜光，对土壤条件要求不严，在土壤疏松肥沃、背风向阳、光照充足的阳坡和半阳坡建园是首选。仁用杏以秋季栽植为好，若春季栽植，应在土壤化冻后进行，越早越好。良好的土肥水管理是决定仁用杏园获得稳产、高产的前提。花前、花后、硬核期、果实第 2 次膨大时应及时追肥、灌溉。为提高坐果率，在合理配置授粉树的前提下，必要时辅助人工授粉和花期放蜂。晚霜是影响仁用杏产量的最主要的因子，推迟花期和利用熏烟法是减低晚霜危害的主要措施。仁用杏成熟后应适时采收处理，保障杏仁品质。

思考题

1. 同为仁用杏，华仁杏和山杏的种仁在应用上有什么区别？
2. 仁用杏的叶芽和花芽各有什么特点？
3. 简述仁用杏在不同物候期的需肥种类及其作用。
4. 仁用杏坐果率低的原因与其他经济林树种相比有哪些不同？
5. 有哪些措施可使仁用杏在花期和幼果期免于或减轻晚霜的危害？

第 2 章

木本水果类树种栽培

2.1 苹果栽培

2.1.1 概述

苹果栽培历史悠久，分布范围广、栽培面积大，产量和经济价值高，是世界上最重要的经济林树种之一，与柑橘、葡萄和香蕉并称为世界四大水果。

(1) 经济价值

苹果营养丰富，酸甜适口，味美多汁，用途广泛，是深受消费者喜爱的果品之一。果实含有糖类，苹果酸，维生素 C、维生素 B 等多种维生素，钾、磷、钙、镁等多种矿质元素，以及果胶、膳食纤维等多种营养和保健成分。具有健脾益胃、养心益气、润肠、止泻等多种功效。苹果除供鲜食外，还可制成果汁、果酒、果醋、果酱、果干、果脯等加工品。苹果品种多样，果实耐贮运，可实现周年供应市场。苹果单产高、经济效益好，是温带地区农民重要的经济来源，也是我国重要的出口物资，鲜果、加工制品的出口量、产值均居各水果之首。

(2) 栽培历史和现状

苹果原产欧洲中部、东南部，中亚以及我国新疆地区。欧洲栽培历史较早，在公元前 4 世纪，已有苹果品种的记载，18 世纪逐步推广栽培。随着美洲大陆的发现，欧洲移民把苹果传入美洲。日本在 19 世纪中后期的明治维新时期，从欧美引入了苹果。此后，大洋洲、非洲也都相继引入苹果。20 世纪 80 年代，欧美国家苹果栽培开始由乔砧栽培迈入矮砧栽培时代。原产我国的绵苹果，在汉代已有记载，在魏晋时期已有栽培。贾思勰的《齐民要术》有关于奈 (绵苹果) 和林檎 (沙果) 的详细阐述。西洋苹果则是在 19 世纪中叶以后，通过西方传教士由欧、美、日以及苏联等地引入我国。

2019 年，全世界年产苹果约 7000×10^4 t，位居四大水果产量之首。苹果的主要生产国有中国、波兰、意大利、法国、德国、美国、土耳其、伊朗、印度、俄罗斯、智利、乌克兰、巴西等，其产量占世界总产量的 90% 以上；主要出口国有中国、美国、法国、意大利、智利、伊朗、南非、新西兰、土耳其、阿根廷、巴西等。

截至 2019 年，我国苹果栽培面积约 206.7×10^4 hm^2，产量约 4200×10^4 t，面积和产量

均居世界第一位。我国苹果主产地有陕西、山东、甘肃、山西、河南、辽宁、河北、新疆、云南、四川等。按照生态分布，分为环渤海湾产区、西北黄土高原产区、黄河故道产区、西南冷凉高地产区和寒地苹果产区等五大产区。栽培品种以'红富士'为主，约占苹果总产量的 65%。近年来，我国苹果栽培进入由乔砧密植向矮砧密植栽培发展的快车道。目前，我国苹果生产中依然存在主体生产模式落后、苗木生产体系不健全、品种结构不合理、生产成本逐年提高、效益下滑等突出问题。

2.1.2　主要种类和优良品种

苹果属蔷薇科(Rosaceae)苹果属(*Malus*)，全世界约有 35 种，原产我国的共有 22 个种。

(1)主要种类

①苹果(*Malus pumila* Mill.)。苹果栽培品种绝大部分属于这个种或本种与其他种的杂交种，包括我国原产的绵苹果。本种有许多变种，生产上有价值的有以下 3 个：

道生苹果：矮生乔木或灌木；可作矮化或半矮化砧木，易生不定根。

乐园苹果：极矮化，灌木型；可作矮化砧木，易生根。

红肉苹果：乔木，叶片、木质部、果肉和种子有红色素，红肉苹果育种的重要材料。

②楸子[*M. prunifolia* (Willd.) Borkh.]。别名海棠果、圆叶海棠、海红、奈子等，原产我国且分布较广。小乔木，为半栽培种，果实多用于加工，少数可鲜食。适应性强，抗寒、抗涝、抗旱、较耐盐碱，亦可作砧木。

③山荆子[*M. baccata* (L.) Borkh.]。别名山定子、山顶子、林荆子等。本种产于黑龙江、吉林、辽宁、内蒙古、河北、山东、陕西、甘肃。落叶乔木，不耐盐碱，抗寒力较强，有些类型能耐-50 ℃的低温。分布于我国东北地区及河北、山西等北部高寒地区，是苹果的主要砧木之一。

④西府海棠(*Malus×micromalus* Mak.)。别名小海棠果，海红、子母海棠等。在我国分布广泛，小乔木，果实味酸甜，可作蜜饯。本种抗盐碱能力较强，可作苹果砧木，如河北怀来的八棱海棠等。

⑤新疆野苹果[*M. sieversii* (Ledeb.) Roem.]。又名塞威氏苹果。产自新疆西部的伊犁和塔城地区，小乔木或乔木，类型很多，耐寒力中等，耐旱，丰产。陕西、甘肃、新疆等地用作苹果砧木，生长良好。

⑥花红(*M. asiatica* Nakai)。别名沙果、林檎、奈子、蜜果、白果、文林朗果、亚洲苹果等。本种起源于中国西北，分布华北、黄河流域、长江流域及西南各地区，以西北、华北地区最多。落叶小乔木，7~8 月成熟，鲜食或加工用，不耐贮运。亦可作苹果砧木，较抗寒，但不耐盐碱，不抗旱。

⑦湖北海棠[*M. hupehensis* (Pamp.) Rehd.]。别名花红茶、秋子、茶海棠、野花红等。本种分布广泛，灌木或乔木，应用较多的如山东的平邑甜茶。抗寒、抗涝，但抗旱、耐盐碱能力较差，在我国华中、西南和东南各地区可作苹果砧木。本种有无融合生殖能力，实生后代较整齐。

另外，比较重要的种类还有河南海棠、小金海棠、丽江山荆子、台湾林檎、毛山荆子、三叶海棠、海棠花等。

（2）优良品种

苹果优良品种

苹果品种众多，一般根据成熟期的早晚分为早熟、中熟、中晚熟、晚熟等类型，根据用途分为鲜食、加工、鲜食加工兼用品种。建园时应根据当地立地条件和市场需求，重点考虑品种适应性和果实品质加以选择。下面按成熟期对优良品种简介如下。

①早熟品种。苹果的早熟品种有'藤牧一号''红脆宝''鲁丽''信浓红''华夏（美国8号）'等。

'藤牧一号'：又名南部魁，美国普渡大学杂交育成。果实扁圆形，平均单果重190 g。果皮底色黄绿，着鲜红色条纹和彩霞；果面光洁，艳丽。果肉黄白色，松脆多汁，风味酸甜，有香气。在河北顺平7月中旬成熟，可存放约15 d。果实成熟期不一致，有采前落果现象。幼树有腋花芽结果习性，早果丰产。

'红脆宝'：中国农业科学院郑州果树研究所选育，为'藤牧一号'和'嘎拉'杂交后代。果实近圆形，平均单果重120 g。果实底色黄绿，果面着浓红色，着色面积可达80%以上；果面光洁无锈，果点小而密。果肉黄白，松脆多汁，风味酸甜。果实较耐贮藏。在河北顺平7月下旬成熟。有采前落果现象，但落果不沙化。有腋花芽结果习性，早果丰产。

'鲁丽'：山东省农业科学院果树研究所培育，为'藤牧一号'和'嘎拉'杂交后代。果实圆锥形，果形指数0.98，大小整齐，平均单果重225 g。果实易着色，果面全红。果肉黄色，脆甜多汁，香味浓郁，耐贮运。叶片抗病性强，在河北顺平8月初成熟。

'信浓红'：日本长野县果树试验场用'津轻'与'贝拉'杂交育成。果实圆锥形，平均单果重250 g。果面光滑，底色黄绿，着鲜红色，并有浓红条纹。果肉黄色，致密，多汁，酸甜适口，清香味浓。在河北顺平7月下旬至8月初成熟。

'华夏'：美国杂交品种。果实扁圆，平均单果重220 g。果面浓红，光洁无锈，艳丽。果肉黄白，细脆汁多，有香味，甜酸适口。在河北顺平8月中上旬成熟，采前不落果，可存放25~30 d。易成花，早果丰产。

②中熟品种。苹果的中熟品种有'华硕''嘎拉'等。

'华硕'：中国农业科学院郑州果树研究选育，为'华夏'与'华冠'杂交后代。果实大，平均单果重242克。果实底色绿黄，果面鲜红色，着色面积达70%。果肉脆而多汁，酸甜适口。在河北顺平8月中旬成熟。采前不落果，较耐贮藏，久贮不沙化、货架期长。

'嘎拉'：新西兰品种，为'Kidd's Orange Red'与'金冠'杂交后代。果实近圆形或圆锥形，果梗细长，果型端正，平均单果重180 g。果皮底色黄，着红色，有深红色条纹；果皮薄、有光泽，洁净美观。果肉乳黄色，肉质松脆，汁中多，酸甜，有香气。在河北顺平8月中旬成熟。较耐贮藏。有腋花芽结果习性，早果丰产。叶片易感炭疽叶枯病。嘎拉易发生浓红型芽变，如'皇家嘎拉（Royal Gala）''帝国嘎拉（Imperial Gala）''丽嘎拉（Regal Gala）''嘎拉斯（Galaxy）''米奇拉（Michila）''巴克艾（Buckeye）''红思尼克（Schnico Red）''大卫嘎拉（Devil Gala）'，以及国内的'烟嘎''阳光嘎拉'等。

③中晚熟品种。苹果的中晚熟品种有'信浓黄''蜜脆（Honeycrisp）''凉香''金冠（Golden Delicious）''元帅（Red Delicious）''中秋王''岳阳红''美味（Ambrosia）'等。

'信浓黄'：日本长野县果树试验场培育，为'金冠'和'千秋'的杂交后代。果实圆锥形，平均单果重 258 g。果皮光洁无锈，黄绿色，采摘稍晚或贮藏后为金黄色。果肉淡黄色，松脆多汁，酸甜适口。在河北顺平 9 月中上旬成熟，亦可晚采，无采前落果。果实耐贮藏。成花容易，早果丰产。

'蜜脆'：美国明尼苏达大学培育，为 'Macoun' 与 'Honeygold' 杂交后代。果实圆锥形，平均单果重 330 g。果面光洁，果点小而密，果皮富有光泽，有蜡质。果实底色黄色，果面着鲜红色，条纹红，成熟后果面全红。果肉乳白色，质地极脆，汁液多，微酸，香气浓郁。在河北顺平 9 月上旬成熟。在温暖地区采前落果、苦痘病发生严重，适宜在冷凉区栽培。

'凉香'：日本品种，为 '富士' 早熟芽变品种。果实近圆形，平均单果重 325 g。果实底色黄绿，着鲜红色。果肉淡黄，肉质脆、中粗、紧密，果汁中多，风味酸甜。在河北顺平 9 月上旬成熟。果实耐贮藏。

'金冠'：又名金帅、黄香蕉、黄元帅。美国品种，偶然实生。果实长圆锥形或长圆形，单果重约 200 g。成熟时，底色绿黄色，贮后金黄色，果皮易生锈。果肉黄白，肉质细，刚采收时脆而多汁，贮藏后稍变软；口味酸甜，香气浓。在河北顺平 9 月中旬成熟。叶片易感早期落叶病和炭疽叶枯病。'金冠' 易发生芽变，著名品种有 '金矮生（Goldspur）''斯塔克金矮生（Stark Goldspur）''黄矮生（Yellowspur）' 和 '无锈金冠（Smothe）' 等。

'元帅'：又名红香蕉，原产于美国，偶然实生。果实圆锥形，顶部有明显的五棱，一般单果重约 250 g。果实底色黄绿，多被有鲜红色霞和浓红色条纹，果肉淡黄白色。果肉松脆，汁中多，味浓甜，香气浓。在河北顺平 9 月中旬成熟。在无良好贮藏的条件下，果肉极易沙化。该品种易发生变异，主要有着色系芽变和短枝型芽变。优良品种有 '红星''新红星''首红''瓦里短枝' 等。美国生产的 '蛇果' 及我国生产的 '花牛' 苹果均为该品系品种生产。

'中秋王'：'红富士' 和 '新红星' 的杂交后代。大型果，果形高桩，平均单果重 420 g。果面光洁，易着色，果面着鲜红色。果肉黄白色，肉质硬脆、酸甜适口。较耐贮藏。在河北顺平 9 月中下旬成熟。成花容易，早果丰产。在低海拔区，果实成熟期萼洼易裂口。高海拔冷凉区表现更优。

'岳阳红'：辽宁省果树科学研究所培育，为 '富士' 与 '东光' 的杂交后代。果实近圆形，果形端正，平均单果重 205 g，大小较整齐。果皮底色黄绿色，全面着鲜红色；果面光洁，果点小。果肉淡黄色，肉质中粗、松脆多汁，甜酸爽口，微香。在辽宁营口 9 月下旬成熟。

'美味'：加拿大品种，亲本可能是 '金冠' 和 '红星'。果实圆锥形，单果重约 200 g，整齐度高。果面光洁，着色快，着鲜红色。果肉乳白色，脆而多汁，酸度较少，有香气。在河北顺平 9 月下旬成熟。低海拔区着色较差，耐贮性一般，适宜冷凉区发展。

④晚熟品种。苹果的晚熟品种有 '华红''斗南''王林（Orin）''福丽''寒富''瑞阳''国光（Ralls Janet）''富士（Fuji）''瑞雪''瑞香红''玉冠''威海金（Harlikar）' 等。

'华红'：中国农业科学院郑州果树研究所选育，为 '金冠' 和 '惠的' 杂交后代。果实长圆形，平均单果重 245 g。果皮底色绿黄，全面着红色，兼具深红色粗条纹；果面光滑无锈或少锈。果肉淡黄色，肉质细脆多汁，酸甜浓郁，有香气。硬度较大，耐贮运。抗寒性强。在辽宁兴城10月中上旬成熟。高海拔冷凉区表现更佳。

'斗南'：日本从'麻黑7号'实生苗中选出。果实扁圆形，五棱突起明显，平均单果重320 g。果实底色黄绿，着全面鲜红色，光洁靓丽。果肉淡黄色，肉质细腻多汁，风味酸甜。在河北顺平10月上旬成熟。果实耐贮藏，但易得霉心病。

'王林'：日本品种，偶然实生种，可能为'金冠'和'印度（Indo）'的杂交后代。果实长卵圆形，单果重250~300 g。果实底色黄绿，阳面被有橙红色晕；果点锈褐色，明显。果肉黄白色，较硬，甜脆多汁，香气浓。在河北顺平10月上旬成熟。果实较耐贮藏。

'福丽'：青岛农业大学培育，为'特拉蒙'与'富士'的杂交后代。果实近圆形，单果重236 g。易着色，果面浓红。果肉致密，汁液中多，味甜，风味浓，清香。在河北顺平10月上旬成熟。叶片抗病性较强。

'寒富'：沈阳农业大学与内蒙古宁城巴林果园合作培育，为'东光'与'富士'的杂交后代。果实短圆锥形，果形端正，大型果，平均单果重250 g。果面光洁，底色黄绿，全面片红，色泽鲜艳。果肉淡黄色，松脆多汁，酸甜味浓，有香气。耐贮性极强。在河北卢龙10月上旬成熟。短枝性状明显。本品种丰产、稳产，抗旱、抗寒，适合在高寒区发展。

'瑞阳'：西北农林科技大学培育，为'秦冠'与'富士'杂交后代。果实圆锥形或短圆锥形，平均单果重282 g。果面底色黄绿，全面着鲜红色，果面光洁。果肉细脆多汁，味甜，具香气。耐贮藏。在陕西渭北地区10月中旬成熟。成花容易，早果、丰产、稳产性好。叶片高抗褐斑病，但易感炭疽叶枯病。

'国光'：美国品种，来源不祥。果实扁圆形，单果重140~150 g。果面底色黄绿，被有暗红色彩霞和粗细不匀的断续条纹。果肉黄白色，肉质细脆多汁，酸甜可口。河北顺平10月下旬成熟。耐贮运。抗寒性强。有'红国光'等着色变异。

'富士'：日本果树试验场盛冈支场培育，为'国光'与'元帅'杂交后代。果形扁圆形或短圆形，中、大型果，平均单果重220 g。果面底色淡黄，着片状或条纹状鲜红色。果肉淡黄，细脆汁多，酸甜适口。在河北顺平10月下旬成熟。极耐贮运。丰产，管理不当易出现大小年。对轮纹病抗性较差。富士苹果易产生变异。普通型着色系优良芽变有'天红1号''烟富3''烟富8''烟富10''响富'等。短枝型优良芽变有'宫崎短枝富士''礼泉短枝富士''烟富6号''天红2号''龙富''晋富18'等。早熟优良芽变有'红将军''弘前富士''凉香'等。

'瑞雪'：西北农林科技大学培育，为'秦富1号'与'粉红女士'杂交后代。果实圆柱形，平均单果重296 g，果形端正高桩，果形指数0.9。果面底色黄绿，套袋果阳面有红晕，果面洁净无锈。果肉硬脆，黄白色，肉质细，酸甜适度，汁液多，香气浓。在河北顺平10月下旬成熟。耐贮藏。

'瑞香红'：西北农林科技大学培育，为'富士'与'粉红女士'杂交后代。果实长圆柱形，高桩，果形指数0.97；果个中等，平均单果重197 g，大小整齐。果面光洁，易着色，全面着鲜红色，可免套袋栽培。果肉细脆，酸甜适口，香味浓郁，硬度大。在河北顺平10月下旬成熟。极耐贮藏。叶片抗病性强。

'玉冠'：河北省农林科学院昌黎果树研究所培育，为'金冠'与'红玉'杂交后代。果实圆柱形，果形指数 0.92，平均单果重 330 g。果面光洁，金黄色，果点小而少，蜡质明显。果肉淡黄色，细脆多汁，香气浓，初采口味偏酸，贮藏后酸甜适口。在河北昌黎 10 月中下旬果实成熟。耐贮藏。叶片抗病性强。

'威海金'：又名维纳斯黄金，日本岩手大学培育，为'金冠'自然实生后代。果实长圆形，平均单果重 247 g。无袋栽培果实呈绿色，成熟期后逐渐变为黄绿色或金黄色，阳面偶有红晕。套袋栽培果实在摘袋后，阳面易着红晕。果面较光滑，皮孔少且小。果肉松脆多汁，甜脆，香气浓郁。在山东威海 10 月底至 11 月初成熟。果实耐贮藏。初果期和幼果期管理不当易生果锈。叶片抗炭疽叶枯病。

2.1.3　生物学和生态学特性

2.1.3.1　生物学特性

(1) 根系

苹果实生砧木具明显的主根和侧根，无性系砧木根系没有明显的主根，只有侧根。各级侧根上着生须根，须根中的吸收根是主要的吸收器官。乔砧成龄树根系主要分布在地表下 20~80 cm，矮砧树根系主要分布在地表下 20~40 cm。水平方向 70% 以上根系分布在树冠投影以内。

苹果树根系一年内有 2~3 次生长高峰，成龄树多为 2 次，幼龄树多为 3 次，第 1 次在发芽前后，第 3 次在果实采收之后。

苹果根系没有自然休眠，生长的适宜土壤温度为 7~20 ℃，1~7 ℃ 和 20~30 ℃ 时生长减弱，当土壤温度低于 0 ℃ 或高于 30 ℃ 时，根系停止生长。苹果根系生长受树体贮藏养分、土壤温度、水分、通气状况、养分及其理化性能影响。

(2) 芽

苹果的芽按性质和构造分为花芽和叶芽，多数品种萌芽力和成枝力都较强，而短枝型品种萌芽力强而成枝力弱，当春季日平均气温约 10 ℃ 时，苹果叶芽开始萌动。花芽为混合花芽，春季花芽较叶芽先膨大。苹果芽两侧各有一个发育较好的副芽，当主芽萌发的枝条疏除后，可以刺激副芽萌发 1~2 个枝。

(3) 枝条

苹果枝条按是否具有花芽分为结果枝和营养枝。按长度可划分为 4 种：<5 cm 的称为短枝，5~15 cm 的称为中枝，>15 cm 的称为长枝，>30 cm 的称为超长枝。苹果树枝条的生长具有明显的顶端优势和垂直优势，生产中常利用或控制这些优势，改变枝条的生长方向来调节树势和枝条生长势。

苹果的长梢一年中常有 2 次明显的生长，第 1 次生长的部分称春梢，第 2 次延长生长的部分称秋梢，春秋梢交界处形成明显的盲节。苹果新梢生长的强度，常因品种和树势的差异而不同，一般幼树期及结果初期的树，其新梢生长量大，每年有 2 次生长高峰；到盛果期其生长势显著减弱，每年有 1 次生长；盛果末期新梢生长强度更弱，一般只有 1 次生长。苹果新梢加长和加粗生长同时进行，但新梢速长期加粗较慢，后期加粗生长相对加快，加粗生长较加长生长停止也晚。

随着枝条的生长，叶片数量和面积不断增加，光合能力不断增强，枝条停长后，叶面积基本固定。一般一个丰产优质果园叶面积指数应维持在 4~6，过大或过小都会影响果实产量和品质。

(4) 花芽分化

苹果树以顶花芽结果为主，少数品种有腋花芽结果习性。苹果的花芽分化开始于 5 月中下旬，而大量分化多集中在 6~9 月。一般来说，从大多数短枝顶芽形成到大多数长枝顶芽形成为花芽分化的生理分化期，是控制花芽分化的关键时期。

苹果的花芽分化受到品种、砧木、环境因素(温度、光照和水分)以及内源激素的影响。

(5) 开花坐果

苹果开花期一般在 4 月中下旬至 5 月上旬。一般苹果中心花先开，2 d 内侧花相继开放。一般中心花形成的果实大而周正，所以疏花疏果时一般留中心花中心果。

苹果属于典型的异花授粉果树，生产中必须配置授粉品种。苹果的花属于虫媒花，花期的天气状况影响昆虫的活动，从而影响授粉的质量。经过授粉受精后，花的子房膨大而发育成果实，在生产上称为坐果。坐果率的高低与树体的营养水平、环境条件、授粉质量等密切相关。

苹果落花落果一般有 3~4 次高峰：①落花。出现在开花后，子房尚未膨大时，主要原因是未完成授粉受精。②落果。出现在落花后 1~2 周，主要原因是授粉受精不充分。③六月落果。出现在落花后 3~4 周(在 5 月下旬至 6 月上旬)，主要原因是营养竞争，结果多、修剪太重、施氮肥过多、新梢旺长都会加重此次落果。④采前落果。约发生在成熟前 1 个月，主要是遗传原因引起的。如'元帅''津轻'采前落果较重，而'红富士'采前落果不明显。

(6) 果实生长发育

苹果果实由子房和花托发育而成，果实的可食部分大部分由花托的皮层发育而来。苹果果实生长发育曲线呈"S"形。

果实细胞分裂从开花前开始，一直延续到花后 3~4 周。果实在发育中，前期纵径的累积增长量大，中后期横径的累积增长量大。细胞分裂主要依靠树体贮藏的养分，加强果园综合管理，提高树体贮藏营养，是提高果形指数和果实大小的有效途径。另外，结果枝类型、花芽质量、花期昼夜温差也影响果形指数。

构成果实品质的主要因素除了果个、果形，还有果实色泽、风味和营养成分等。影响着色、风味和营养成分的主要因素除了品种的遗传特性外，还有树体的营养状况、生态环境条件和管理水平等。健壮、稳定的树势，适宜的生长节奏，较高而均衡的营养供应水平，都能够促进着色，保持浓郁风味和增加果实硬度。充足的光照、良好的树体结构、较大的昼夜温差、增施有机肥、果实发育后期增施钾肥是提高果实品质的重要途径。

2.1.3.2 生态学特性

(1) 温度

世界苹果分布在年平均气温在 5.3~23.4 ℃。我国苹果适宜区年平均气温在 8.0~14.0 ℃，最佳适宜区为 8.5~12.0 ℃。冬季休眠一般冬季最冷月(1 月)平均气温在 -14~7 ℃，极端最低气温-27 ℃以上为合适，低于-30 ℃时会发生严重冻害，-35 ℃即冻死，但寒地小苹果可以忍耐-40 ℃低温。

春季昼夜均温 3 ℃以上地上部开始活动，8 ℃开始生长，15 ℃以上生长最活跃。整个生长期(4~10月)均温 12~18 ℃，夏季(6~8月)均温 18~24 ℃，最适苹果生长。秋季温差大，果实糖度高，着色好，耐贮藏。气温高易出现采前落果。开花期适温为 15~25 ℃，花芽分化期日平均气温在 20~27 ℃，有利于花芽分化。春季不同发育阶段对低温的耐受力不同。耐受的低温界限分别是：花蕾期-3.9~-2.8 ℃，开花期到落花期-2.2~-1.7 ℃，落花后到幼果期-1.1~2.2 ℃。

(2)光照

苹果是喜光树种，生长期晴天多、日照长、光照强对苹果生长发育有利。光照度、日照时间和光质对苹果着色有很大影响。当树冠入射光在全日照 60% 以上时果实着色好，年日照时数超过 2500 h 的地区，果实品质好，紫外光有利于苹果果皮花青苷合成。

(3)土壤

苹果树喜土层深厚、疏松肥沃的砂壤土和轻壤土。土层深度 1 m 以上，地下水位在 1.0~1.5 m 以下，土壤含有机质 1.5% 以上，土壤氧气浓度为 10%~15%，最适 pH 值范围 5.4~6.8，总盐量低于 0.28%，土壤质地以砂壤土为最佳。土壤 pH 值低于 4.0 时生长不良，大于 7.8 时易出现失绿现象。

(4)水分

苹果喜欢较干燥气候，理论年需水量在 450~500 mm。我国北方大多数地区生长季降水量不足 500 mm 或分布不均，建园时须考虑灌溉条件。生长期土壤含水量为田间持水量的 60%~80% 为宜。另外，地形地势、坡度坡向、风力和环境污染等因素也影响果树的生长和发育。

2.1.4　育苗特点

生产上主要采用嫁接繁殖。嫁接用的砧木分为实生砧木和营养系砧木 2 大类。苗木分为乔砧苹果苗、矮化自根砧苹果苗和矮化中间砧苹果苗 3 类。

2.1.4.1　主要砧木

(1)常用实生砧木

八棱海棠：抗旱、抗盐碱。华北、西北地区常用砧木。

山定子：抗寒性强，但抗盐碱能力弱，适宜酸性土，为东北地区常用砧木。

新疆野苹果：抗旱、抗寒，为西北地区常用砧木。

楸子：抗旱、耐涝、抗寒、耐盐碱，为西北地区常用砧木。

平邑甜茶：抗寒、耐涝，但耐盐碱能力一般。

青砧 1 号：抗旱、抗寒、耐盐碱。具有无融合生殖特性的半矮化砧木，可种子繁殖。

辽砧 106：抗寒半矮化砧木，具有无融合生殖特性，可种子繁殖。耐盐碱能力稍差。

(2)常用营养系砧木

M 系：常用的有矮化砧木 M_9、M_{26}、M_9T337 等，半矮化砧木 M_7 等。

　　B 系：常用 B_9，矮化能力、抗寒性强于 M_9。

　　SH 系：常用的有 SH_1、SH_3、SH_6、SH_{38}、SH_{40} 等，多用做中间砧。抗旱、抗抽条能力强，盐碱地叶片易黄化。为华北常用矮化砧木。

　　其他：如 GM_{256}、77-34、辽砧 2 号，抗寒性强，可在东北等高寒区应用。

2.1.4.2　砧木苗培育

　　苹果砧木分为实生砧木和营养系砧木 2 大类。

　　(1) 实生砧木苗培育

　　苹果实生砧木苗培育所需种子多为采购。秋季播种或冬季经层积处理后于春季土壤解冻后播种，多采用条播。规模化苗圃可采用果树专用精量播种机播种，节省种子，效率高。为培育优质大苗和便于机械化作业，播种行距 50~70 cm，间苗后株距 10~15 cm。北方春季干旱区播种可采用地膜覆盖，可提早播种、提早出苗和提高出苗率。为促发侧根，可在 7 月中旬用断根机进行断根处理，断根深度 20~25 cm。

　　(2) 营养系砧木苗培育

　　营养系砧木苗多采用水平压条、组织培养等技术进行繁殖。

　　①水平压条。将矮砧母株与地面呈 45°夹角栽植。春季将矮砧母株上充实的 1 年生长枝水平压倒，用木钩固定于 2~3 cm 深的浅沟中，待芽萌发后，抹除位置不当的芽。当留下的芽生长至约 30 cm 时，培 10 cm 高的湿土或锯末于新梢基部，20~30 d 后即可发根。1 个月后再培土 1 次，土厚约 20 cm。秋季扒开土堆，剪下生根的小苗即为矮化自根砧苗。

　　②组培繁殖。包括外植体建立、继代增殖、生根培养、温室过渡移栽、田间栽植等环节。

2.1.4.3　嫁接繁殖

　　乔砧苹果苗一般距离地面 5~10 cm 处嫁接，矮化自根砧苹果苗距离地面 20~30 cm 处嫁接。矮化中间砧苹果苗一般保留 20~30 cm 矮化砧段。

　　(1) 芽接

　　芽接一般在春季和夏秋季进行。春季一般在萌芽前，在北方大部分地区为 3 月初至 4 月初。夏秋季为 7~9 月。春季芽接一般采用嵌芽接，夏秋季采用"T"形芽接或嵌芽接。

　　对于春季芽接的苗木，要及时除萌以利于接芽成活。接后约 15 d 灌 1 次小水，接后 1 个月应及时解绑，检查成活率，对于未成活的应补接或留作夏季芽接。秋季芽接成活的苗木，在春天萌芽前或土壤解冻后，在接芽上方 0.2~0.5 cm 处剪去，以利接口及早愈合。秋季芽接未解绑的，结合剪砧去除绑缚物。注意及时除萌蘗，追肥灌水，做好病虫害防治。

　　(2) 枝接

　　枝接一般在春季树液开始流动以后进行，在保证接穗不萌芽的前提下，可持续到砧木展叶以后。目前生产中常用单芽枝段进行腹接，用 0.005 mm 厚的地膜进行包扎，成活后接芽可自动破膜而出，解绑可推迟到 7 月进行。嫁接后应及时除萌 2~3 次，以促进接穗生长，并做好追肥、病虫害防治和除草。

2.1.5　建园特点

2.1.5.1　园址选择

建园地点选择应首先考虑气候条件是否满足生产优质果品的要求，其次是土壤和水利条件。冷凉干燥气候适合苹果栽培，一般年平均气温 8～14 ℃，1 月平均气温不低于−10 ℃，极端最低气温不低于−25 ℃，夏季 6～8 月平均气温 18～24 ℃地区栽培最好。冬季 7 ℃以下累积 1400 h 以上，对苹果自然休眠至关重要。果实成熟期，日平均气温 20 ℃，昼夜温差>10 ℃，苹果品质优良。另外还应有灌溉条件；年日照时数>1500 h；活土层在 60 cm 以上，地下水位在 1.5 m 以下；土壤 pH 值 5.4～8.2，土壤含盐量在 0.28%以下；坡度 15°以下的山区、丘陵，选择背风向阳的南坡；同时要避开雹带、风口等。

2.1.5.2　栽植技术

(1)品种选择和配置

主栽品种要选择适合当地自然条件的优良品种，一般以晚熟品种为主，同时注意早、中、晚品种搭配。

苹果自花不实或自花结实力差，建园时必须配备授粉树。授粉树必须具有与主栽品种花粉亲和、花期一致、花粉量大、经济价值较高的特点。注意三倍体品种不能作为授粉品种，同一品种的芽变品种间不能互相授粉。

传统的授粉树一般选择苹果品种，采用行列式或中心式配置，行列式配置时主栽品种与授粉品种的比例一般为(4～5)∶1，经济价值较高时也可等量配置。现代矮砧密植园常采用海棠等专用授粉树，在行内配置，间隔 15～20 m，更便于管理。

(2)栽植密度

确定栽植密度时应综合考虑立地条件、品种、砧木、管理水平等因素。生产上多应用宽行窄株方式。栽植密度参考表 2-1。

表 2-1　不同立地条件下苹果栽植密度参考表

立地条件		乔化树 (普通型/乔化砧)	半乔(矮)化树 (普通型/矮化中间砧、 短枝型/乔化砧)	矮化树 (普通型/矮化自根砧、 短枝型/矮化中间砧)
山丘地	株行距(m)	4×(5～6)	2×(3～4)	1×(2.5～3.0)
	株/亩	28～33	83～111	222～267
沙滩地	株行距(m)	5×(6～7)	3×(4～5)	1.5×(3～4)
	株/亩	19～22	44～56	111～148
平原地	株行距(m)	6×(7～8)	4×(5～6)	2×(4～5)
	株/亩	14～16	28～33	67～83

注：引自徐继忠，2016。

(3)栽植时间与方法

①栽植时间。分春栽和秋栽。春栽是从土壤解冻后到发芽前，秋栽从落叶后至封冻前。北方地区冬季气温低，容易发生抽条现象，宜春栽。

②栽植方法。栽植前首先对土壤进行整理，缓坡地(坡度≤8°)可修整成坡地，陡坡地修建梯田。然后按照株行距开定植穴或沟，施足基肥。栽植前苗木浸泡24 h，栽植时，把苗木伤根、断根剪除后，用泥浆蘸根，以利成活。将表层熟土填在根系部分，分层踏实，修好树盘，灌透水，待水渗透后用土封好树盘。北方干旱、半干旱地区用塑料薄膜覆盖树盘，可保墒、提高地温，利于成活。

2.1.6 管理技术特点

2.1.6.1 土肥水管理

(1) 土壤管理

我国的苹果园多栽植在山地、丘陵、沙滩地及盐碱地上，一般土层瘠薄，有机质含量大多不足1%，土壤的水肥气热条件差，制约根系的生长，所以必须进行土壤改良。土壤改良和管理的具体措施有深(耕)翻熟化、果园覆盖、地膜(布)覆盖和果园生草等。在规模化现代化果园管理中，一般采用行内地布覆盖，行间生草的土壤管理方法。秋季可进行耕翻压草，以防冬春季火灾。

(2) 施肥

基肥施用以秋季早施为好，早熟品种在采果后施，中晚熟品种在采果前施。一般每亩施用优质有机肥4~6 m³，并结合适量氮磷钾复合肥。

追肥分地下追肥和叶面喷肥。地下追肥时期和次数决定于气候、土壤、树龄和结果情况等。就树龄而言，幼树期为促进枝条生长，扩大树冠，可在新梢生长前(3月)和旺盛生长期(5月)进行追肥，以氮肥为主；初结果树为促进生长和花芽形成可于开花前、花芽分化前和采果前后进行追肥，前期以氮肥为主，后期氮、磷、钾配合使用。盛果期树在开花前、花芽分化前、果实迅速增大期追肥，前期以氮、磷为主，后期增施磷、钾肥和多元微肥。

规模化果园采用滴灌等肥水一体化设施进行施肥，小型果园可采用树盘撒施并浅翻的方法。苹果施肥量以结果量为基础，并根据品种特性、树势强弱、树龄、立地条件以及诊断的结果等加以调整。目前，我国苹果园普遍存在氮肥和磷肥施用量过大的问题。世界各地苹果产区的施肥量标准见表2-2。

表 2-2 国外追肥施用量标准

产 区	施肥量(kg/亩)			肥料配比
	N	P_2O_5	K_2O	N : P : K
美国 Roberts	3.4	1.0	3.7	1 : 0.28 : 1.07
苏联 Chihilo	4.0	3.0	4.0	1 : 0.75 : 1
日本青森县	10	3.3	6.6	3 : 1 : 2
日本秋田县	6~8	3~5	5~6.6	2 : 1 : 1.5

注：引自徐继忠，2016。

叶面喷肥一般在开花期喷施0.3%尿素和硼砂，幼果期喷施钙肥，新梢迅速生长期、花芽分化期喷施0.3%尿素和磷酸二氢钾，果实发育期喷施0.3%磷酸二氢钾，果实采收后至落叶前喷施 1%~3% 尿素和硫酸锌。

(3) 灌水和排水

水分对苹果树体生长、果实的产量设和品质有重要影响。我国北方苹果园普遍存在降水不足和分布不均的问题，因此必须设有灌溉设施。苹果树在生长前期土壤适宜的含水量为田间持水量 70%~80%，果实成熟期为 50%~60%。7~8 月雨季，注意排水防涝。不同生长势的苹果树，可通过灌水量进行调控。实行覆盖制的果园应适当减少灌水量。

苹果树全年有 4 个需水关键时期，即萌芽期、新梢生长期、果实膨大期和落叶休眠期。现代化规模果园一般采用滴灌，小型果园可采用畦灌。

2.1.6.2　整形修剪

随着苹果矮化密植栽培模式的发展，近年来，苹果的整形修剪技术发生了重大变化：树冠变小，结构级次降低，修剪时期由重视休眠期变为休眠期与生长期并重，修剪方法由短截为主变为轻剪长放，修剪程度由重变轻。

(1) 修剪时间和方法

苹果树的修剪分为生长季修剪和休眠期修剪，具体修剪方法可归纳为 3 类：一是调控枝量的方法，包括短截、回缩、疏枝、缓放、摘心和剪梢；二是调控枝条着生角度的方法，包括支、撑、拉、扭梢和拿枝；三是造伤的方法，包括环剥(割)、刻伤。

(2) 主要树形

疏散分层形是苹果生产上乔化稀植栽培的常用树形。随着苹果矮化密植栽培时代的到来，树冠趋于小型化。常用的有自由纺锤形、细长纺锤形和高纺锤形 3 种。这些树形的共同特点是树冠小而紧凑、结构简单、易整形、光照好、结果早、产量高、品质好。

①自由纺锤形。适于株距 2~3 m、行距 4~5 m 的栽植密度。

树体结构：干高约 60 cm，中心干上螺旋式均匀分布 8~12 个中小主枝，枝干比(指粗度) 1：2。主枝不分层且不留侧枝，直接着生结果枝组，主枝角度 70°~90°。下部冠径约 2.5 m，向上逐渐变小而呈圆锥形(图 2-1)。

整形要点：定植后于地上 80~100 cm 饱满芽处定干，生长季将侧生分枝拉平。第 2 年对中央干延长头剪留 50~60 cm，并在其下部有目的地进行刻芽。每年对上部强旺主梢摘心，控上促下，对选出的主枝不短截并拉平缓放，在主枝上每隔 20~30 cm 的侧面或下部培养小型结果枝组，3~4 年树冠基本成形。

②细长纺锤形。适宜株距约 2 m、行距 3~4 m 的栽植密度。

树体结构：与自由纺锤形相近，树体高度和冠径略小，一般树高约 3 m，冠径 1.5~2.0 m，中心干直立强健，着生长势相近的小主枝约 20 个，枝干比 1：3，主枝角度 110°~120°，下部主枝较上部略长，整个树冠呈瘦长圆锥体(图 2-2)。

整形要点：选用优质大苗，定植当年春于 100~120 cm 处定干，生长季将侧生分枝拉至 110°~120°，抑制侧枝生长，促进中心干延长枝生长。第 2 年春季，将中心干上所有侧生长枝疏除，中心干延长枝长放或轻短截，距离延长头顶端 30 cm 以下部分间隔约 10 cm 刻芽；生长季对侧生分枝拉枝开角至 110°~120°，对过旺新梢进行摘心。第 3 年春季疏除枝干比大于 1：3 的

苹果细长
纺锤形树形
修剪

小主枝，其他枝条长放促花。生长季注意保持主枝延长头角度，过旺的可摘心处理。第 4 年以后逐渐疏除枝干比大于 1:3 的小主枝，最终保留约 20 个小主枝。

③高纺锤形。适宜株距 0.8~1.2 m、行距 3.0~3.5 m 的栽植密度。

树体结构：树高 3.5~4.0 m，干高 70~80 cm，冠径 0.9~1.2 m；中心干直立强健，着生 30~35 个螺旋排列的小主枝，枝干比 1:(4~5)，小主枝角度 110°以上(图 2-3)。

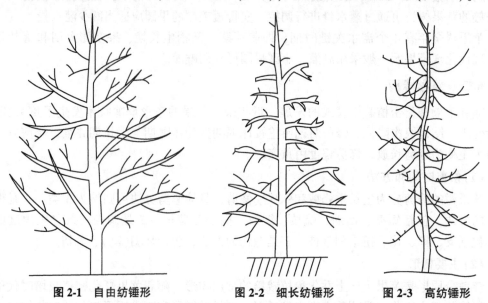

图 2-1 自由纺锤形　　　　图 2-2 细长纺锤形　　　　图 2-3 高纺锤形

整形要点：选用优质矮化自根砧大苗建园。如分枝大于 10 个，不定干；疏除距地面 70 cm 内的分枝及整形带内枝干比大于 1:3 的分枝，其余长放。如果苗木分枝少于 5 个，留 150 cm 定干，疏除所有侧生长分枝，并对中心干延长枝头下 30 cm 以下，距地面 70 cm 以上部分进行刻芽，间距约 10 cm。当侧生分枝为 10~15 cm 时进行摘心，继续生长 10~15 cm 时再次摘心，对中心干延长枝进行绑缚，保持直立，所有侧生分枝拉至 110°~120°。第 2 年春季修剪，疏除竞争枝、角度小的枝条、枝干比大于 1:3 的枝条，中心干延长枝及留下的侧生分枝全部缓放，促进成花。第 3 年以后，每年疏除枝干直径大于 2 cm 的侧生分枝 2~3 个，最终保持 30~35 个小主枝。第 3 年开始允许结果，以达到以果压冠的目的。

(3) 不同年龄时期的修剪特点

①幼龄期。以迅速扩大树冠，增加枝叶量，充分占领空间，尽快成形为目标。修剪以轻剪缓放为主，枝条连年缓放，同时要注意连年开张主枝角度，对辅养枝过于密集的可适量疏除，并注意小主枝的均匀分布。

②结果初期。仍然以轻剪长放为主，逐渐调整小主枝的数量，保持合理密度，并通过以果压冠和合理施肥维持中庸树势。

③结果盛期。此时树体的基本骨架已确定，修剪的中心任务是在土肥水等综合管理的基础上调节生长和结果的矛盾，改善树体通风透光条件，保持树体强健，从而维持高产、稳产和优质生产的年限。此期，过长过弱的结果枝组可进行回缩更新。

2.1.6.3　花果管理

(1) 促进成花

苹果属于成花较难的果树。利用矮化砧木、选用易成花品种，科学施肥以保持健壮中庸树势，营造合理的树体结构及轻剪长放，合理负载，应用生长调节剂(PBO、调环酸钙等)，在生理分化期控制土壤水分都可以有效地促进成花。

(2) 疏花疏果

疏花疏果分为人工和化学 2 种方式。人工疏花疏果一般采用距离法，一般先疏花序，坐果后再疏果。每花序只留 1 个果，大果型品种间隔 20~25 cm 留 1 个果，小果型品种间隔约 15 cm 留 1 个果。在花期气候不稳定的产区，一般在坐果后直接疏果，以确保产量。

常用的化学疏花剂有石硫合剂、有机钙制剂等，疏果剂有西维因、萘乙酸、萘乙酸钠、6-BA 等。化学疏花时，自行熬制的石硫合剂浓度为 0.5~1.0°Bé，商品用 45% 晶体石硫合剂浓度为 150~200 倍，有机钙制剂适宜喷施浓度为 150~200 倍。喷施时期为盛花初期(即中心花 75%~85% 开放时)喷第 1 遍，盛花期(即整株树 75% 的花开放时)喷第 2 遍。寒富等腋花芽多的品种可以在盛花末期(即全树 95% 以上花朵开放时)增喷 1 次。

化学疏果时，西维因适宜浓度为 2.0~2.5 g/L，萘乙酸适宜浓度为 10~20 mg/L，萘乙酸钠适宜浓度为 30~40 mg/L，6-BA 浓度为 100~300 mg/L。适宜喷施时期为西维因在盛花后 10 d(中心果直径约 0.6 cm)喷第 1 遍，盛花后 20 d(中心果直径 0.9~1.1 cm)喷第 2 遍。萘乙酸、萘乙酸钠和 6-BA 在盛花后 15 d(中心果直径约 0.8 cm)喷第 1 遍，盛花后 25 d (中心果直径约 1.8 cm)喷第 2 遍。

化学疏花疏果用水量控制在 75~100 kg/亩。

(3) 套袋和解袋

套袋是提高苹果外观品质的关键技术之一。一般采用双层纸袋，外袋外灰内黑、内袋为红色蜡纸袋。在低海拔高温区，套纸袋能够显著降低果实大小，常采用塑膜袋。套袋时间一般在花后 20~40 d 开始，北方产区 6 月中上旬之前结束。套袋前要做好病虫害防治和补钙工作。解袋时间：一般晚熟品种在采收前 20~30 d，早中熟品种在采收前 15~20 d，黄绿色品种可带袋采收。随着时代的发展，无袋栽培将成为今后的发展方向。

2.1.6.4　果实采收和采后处理

(1) 采收

采收时期要根据品种成熟期、气候条件、市场需求和价格等因素综合考虑。可根据果实色泽变化、硬度、风味和种子色泽进行判断。采收时用手托住果实，用一手指顶着果柄与果台处，将果实向一侧转动，使果实与果台分离，不伤果柄。不可将果实从树上硬拽下，使果柄受伤或脱落，影响贮藏。采收人员应剪短指甲，以免划伤果面。对于如'红富士'等果梗较长的苹果品种，要用剪子将果梗剪去，以免果梗伤害果面，可以随摘随剪。也可结合分级，给果实套上泡沫网袋，再放入不同级别的箱子里。

(2) 采后处理

①分级。分人工和机械 2 种形式。我国大部分苹果产区采用传统的人工分级，首先

依据果形、色泽、果面光洁度，以及有无机械伤、病虫伤等指标进行分级，再按果实大小或果重进一步分级。果实大小以横径为准，用分级板分成直径分别为 85 mm、80 mm、75 mm、70 mm 和 65 mm 等规格的果实。目前，自动化程度不同的机械分级逐步得到推广，高级的分级机械可实现果实大小、色泽、糖度、有无内部损伤或病变的多参数一次性分级。一般大型企业选用自动化程度高的大型设备，规模较小的可用人工与机器相结合的小型分级机。

②贮藏。苹果采收后，不能及时进入市场销售的要进行贮藏。一般采用机械冷藏库和气调贮藏库进行贮藏。机械冷藏库贮藏过程中，温度应控制在−1~0 ℃，空气相对湿度约90%，并注意通风换气，以防二氧化碳积累而中毒。气调冷藏库除控制温度外，还要调整氧气和二氧化碳的浓度，可实现更长时间贮藏。气调指标因各地条件不同而有所差异，我国西部苹果产区，'红富士'苹果的气调指标为：温度 0 ℃±0.5 ℃、氧气 3%~5%、二氧化碳<2%。

小　结

苹果是世界四大水果之一，具有较高的营养价值，可全年供应，深受广大消费者欢迎。苹果经济价值高，是我国农民脱贫致富的重要生产品种。按照成熟期的早晚，分为早熟、中熟、中晚熟和晚熟品种。目前，我国苹果栽培以晚熟'红富士'为主。苹果根系在一年中有 2~3 次生长高峰。芽按性质分为花芽和叶芽，花芽为混合花芽，多为顶花芽。按有无花芽，枝条分为生长枝和结果枝；按长度分为短枝、中枝、长枝和超长枝；苹果以短果枝结果为主。苹果自花结实能力差，建园时需要配置授粉树。果实生长发育曲线呈"S"形。苹果喜温、喜光、喜土层深厚壤土或砂壤土，宜在微酸—微碱性土壤中生长。苹果苗木以嫁接繁殖为主。乔砧采用播种繁殖，矮化自根砧采用压条和组培等繁殖方式，成品苗采用嫁接繁殖。矮砧密植是苹果栽培的发展方向；提倡果园生草，秋施基肥，把握萌芽期、新梢生长期、果实膨大期和落叶休眠期 4 个关键追肥和灌水时期；采用细纺锤形和高纺锤形等高光效树形。总之，选择良种、适地适树是苹果园经营成败的基础；科学的土肥水管理、整形修剪和花果管理是优质丰产的技术保障；采后处理是实现苹果保值增值的重要环节。任何一个环节出现问题都会影响苹果园的经济效益。

思考题

1. 我国苹果生产按照生态类型分为哪几个产区？
2. 简述苹果的生长结果及生态学特性。
3. 苹果的砧木分为哪几种类型？各有何特点？
4. 简述苹果施肥的时期、种类及其作用。
5. 适宜苹果矮砧密植栽培的树形有哪些？各有何特点？
6. 苹果优质高效管理的主要内容有哪些？

2.2　梨栽培

2.2.1　概述

（1）经济价值

梨的果实含有多种营养物质，每 100 g 果肉中含蛋白质 0.1 g、脂肪 0.1 g、碳水化合物 12 g、钙 5 mg、磷 6 mg、铁 0.2 mg、胡萝卜素 0.01 mg、硫胺素 0.01 mg、核黄素 0.01 mg、维生素 B_3 0.2 mg、抗坏血酸 3 mg。

梨果具有良好的医用价值。据古代农书和药典记载，梨果生食可祛热消毒，生津解渴，帮助消化，熟食具有化痰润肺，止咳平喘之功效。现代医学实践证明，长期食用梨果具有降低血压、软化血管的效果。

（2）栽培历史和现状

中国是梨属植物的中心发源地之一。生产上主要栽培的白梨、砂梨和秋子梨都原产我国。根据古代文献《夏小正》《诗经》记载和近代考古资料分析，梨在我国至少有 3000 年的栽培历史。在贾思勰所著的《齐民要术》中，对梨的育苗、嫁接、移栽、病虫防治、贮藏加工等方面均有较详细的记载，说明我国古代梨栽培技术已达到一定水平。

梨为世界上重要的水果之一。据联合国粮食及农业组织统计，2017 年世界梨收获面积和总产量分别为 $138.9×10^4$ hm^2 和 $2416.7×10^4$ t。由于经济价值、营养保健价值高及具有鲜食、加工多种用途，因而深受生产者和消费者欢迎。2017 年我国梨出口量累计达 $48×10^4$ t，出口额达 4.9 亿美元；2018 年我国梨出口 $49.7×10^4$ t，其中河北的梨出口量达 $17.9×10^4$ t，居全国首位，占比 36%，出口额为 1.15 亿美元。

梨是我国三大果树品种之一，其栽培面积仅次于苹果和柑橘，居全国果树栽培总面积的第 3 位，在我国栽培广泛。据联合国粮食及农业组织的最新统计数据，截至 2017 年年底，我国梨栽培面积约 $96.0×10^4$ hm^2，总产量约 $1653.0×10^4$ t，分别占世界总栽培面积和总产量的 69.1% 和 68.4%，均稳居世界首位。

我国幅员辽阔，各地气候条件差异较大，这就形成了适合各地不同生态条件的、具有地方特色的名优梨品种栽培区。如河北中南部'鸭梨''黄冠'栽培区；山东胶东半岛'茌梨''长把梨''栖霞大香水梨'栽培区；黄河故道及陕西乾县、礼泉、眉县'酥梨'栽培区；辽西'秋白梨''小香水'等秋子梨栽培区；长江中下游'早酥''黄花''翠冠'栽培区；四川金川、苍溪等地'金花''金川雪梨''苍溪雪梨'栽培区；新疆库尔勒、喀什等地'库尔勒香梨'栽培区；吉林延边、甘肃河西走廊'苹果梨'栽培区；云南呈贡、昭通及贵州威宁的'大黄梨''宝珠梨'栽培区；湖北枣阳、襄樊的'金水梨''楚比香梨'栽培区；北京郊县的'京白梨'及辽宁鞍山、海城的'南果梨'栽培区等。

2.2.2　主要种类和优良品种

梨为蔷薇科（Rosaceae）梨属（*Pyrus*）植物，其品种繁多，资源丰富。我国地域辽阔，气候条件差异较大，从而形成了适合各地生态条件的主栽品种。从种类上看，这些品种主要分属于秋子梨（*P. ussriensis* Max）、白梨（*P. bretschneideri* Rehd.）、沙梨（*P. pyrifolia* Nakai）

和西洋梨($Pyrus\ communis$ L.)4 个系统。

(1)主要种类

①秋子梨。主要分布在东北地区,华北和西北地区也有分布。这种梨树体高大,生长旺盛,发枝力强,耐寒、耐旱、耐瘠、抗寒力强,山地栽培较多,果实一般较白梨、砂梨、西洋梨的果实为小,品质也较差,多数品种需经后熟方能食用,后熟后果肉变软或变绵,风味转佳。

②白梨。此种为栽培种,主要分布在华北地区,其次为西北地区及辽宁,白梨喜干燥冷凉气候,生长势较强,发枝较少。抗寒力不及秋子梨,但较沙梨和西洋梨强。白梨的栽培品种很多,有不少优良的品种。果实质脆、汁多、石细胞少,不需后熟即可食用,大多数耐贮藏。

③沙梨。主要分布于长江流域以南及淮河流域一带,适宜于温暖湿润的气候。发枝力很弱,以短果枝结果为主。开始结果一般较早。抗寒力不及秋子梨和白梨,但比西洋梨强。果实肉脆、多汁,石细胞较多,味甜,一般无香气,不经后熟即可食用,多数不及白梨耐贮藏。沙梨的栽培品种甚多,从日本引入的'二十世纪''菊水''长十郎''晚三吉'等品种,也属于沙梨系统。

④西洋梨。西洋梨的栽培地区面积较小,山东烟台和辽宁大连是主要的栽培区,西洋梨树势强旺,树冠高大,呈圆锥形。果实多呈瓢形,少数圆形,黄色或黄绿色,果梗粗短,果实多需经后熟方可食用,后熟后肉质细软,石细胞少,芳香适口,多数不耐贮藏。西洋梨抗寒力弱,在辽宁兴城常有冻害发生,易染腐烂病,寿命较短。

(2)优良品种

①秋子梨系统。该系统的优良品种主要有'南果梨'和'京白梨'。

'南果梨':主要分布在辽宁鞍山、海城和辽阳。果实较小,平均单果重45 g。近圆形或扁圆形。黄绿色,阳面有鲜红晕。采收即可食用,味甜多汁。贮藏15~20 d 后,果肉变软,汁多味甜,香气浓,石细胞少,品质上。鞍山9 月中上旬成熟。抗寒力强,适于冷凉及较寒冷地区栽培。对土壤及栽培条件要求不严,抗风、抗黑星病能力强。

'京白梨':又名北京白梨,原产于北京,主要分布北京及河北昌黎一带。果实中小,平均单果重93 g。扁圆形,果梗基部的果肉常微有突起。黄绿色,成熟后黄色。果皮薄而光滑,果点小,褐色,较稀。果梗细长,多弯向一方。果肉黄白色,采时嫩脆,后熟后变软,汁多,味甜,有香气,果心中大,石细胞少,品质上,北京8 月中下旬采收,后熟期7~10 d。抗寒力强,抗旱、抗风力均较强。

②白梨系统。该系统的优良品种主要有'鸭梨''砀山酥梨'和'库尔勒香梨'。

'鸭梨':原产于河北。分布较广,北自辽宁南至湖南、广东均有栽培。果实中大,重150~200 g。倒卵形,果梗基部果肉呈鸭头状突起。绿黄色,贮藏后呈黄色。皮薄,近梗部有锈斑,微有蜡质,果梗先端常弯向一方。脱萼、萼洼深广。果肉白色,细而脆,汁多味甜,有香气,石细胞少,品质上。9 月中下旬成熟,可贮藏至翌年2~3 月。适应性广,抗寒力中等,抗病虫力较差。

'砀山酥梨':又名酥梨、砀山梨,原产于安徽砀山。分布于华北、西北、黄河故道地区。果实大,平均单果重270 g。近圆柱形,黄绿色,贮存后黄色,果皮光滑,果点小而密。果肉白色。果肉稍粗,但酥脆爽口,汁多味甜,有香气、果心小、品质上乘。9月上旬成熟。较抗寒,适于较冷凉地区栽培,耐旱,耐涝性也较强,抗腐烂病、黑星病能力较弱,受食心虫和黄粉虫危害较重。

'库尔勒香梨':产于新疆,以库尔勒地区所产较为著名。果实小,重80~100 g。倒卵圆形或纺锤形。黄绿色,阳面有暗红色晕。果面光滑,果点小而不明显。脱萼或宿存。皮薄,果肉白色,质脆,汁多,味浓甜,香气浓郁,品质极佳,9月下旬成熟。以短果枝结果为主,腋花芽、长果枝结实力也很强。适应性广,砂壤土、黏重土均能适应。抗寒力较强,最低气温不低于-20 ℃地区可获丰产,-22 ℃时部分花芽受冻,-30 ℃受冻严重。耐旱,抗病虫力强。抗风力较差。

③沙梨系统。该系统的优良品种主要有'苍溪梨'和'宝珠梨'。

'苍溪梨':又名苍溪雪梨、施家梨,原产四川苍溪。四川栽培较多。果实大,重300~500 g。长卵圆形或葫芦形。黄褐色,有灰褐色斑点,果点大,较稀。梗细长,脱萼。果肉白色,质脆,汁多味甜,果心小,品质中上。8月下旬至9月上旬成熟,可贮存至翌年1~2月。栽植后3~4年结果,较丰产,以短果枝结果为主,长果枝、腋花芽结果能力弱。适于温热湿润地区栽培,宜密植。抗风、抗病虫力较弱。

'宝珠梨':产于云南昆明呈贡、晋宁一带。果实较大,平均单果重198 g,近圆形或扁圆形,果皮黄绿色,果面粗糙,果点明显,果梗长,梗洼浅而广,萼片宿存,萼洼稍广而浅,果心中大,果肉白色,肉质中粗,松脆,汁液多,味甜微酸,品质上等。树势强,树冠高大。萌芽率高,成枝力强。苗木定植的5~7年开始结果,植株寿命长。以短果枝结果为主,丰产,抗逆性较强。具有自花结实能力。

④西洋梨系统。该系统的优良品种主要有'巴梨'和'伏茄梨'。

'巴梨':名香蕉梨(河南)、秋洋梨(大连),原产英国,系自然实生种。分布于我国南北各地,主要分布于胶东半岛、辽宁大连。果实较大,平均单果重250 g,粗颈葫芦形,果面凹凸不平。黄色,阳面有红晕。果肉乳白色,经7~10 d后熟,肉质柔软,易溶,汁多,味浓甜,有芳香,品质极上。8月末至9月上旬成熟。不耐贮藏,一般能存放约20 d,冷库贮放可达4个月。适应性广,喜暖温气候及砂壤土,在冲积土壤生长良好,也能适应山地及黏重黄土。抗寒力弱,仅耐-20 ℃低温,-25 ℃时冻害严重抗病力弱。

'伏茄梨':又名白来发(石家庄)、伏洋梨(烟台),原产于法国,系自然实生苗。我国各地均有栽培,以山东烟台、威海,河南郑州最多。果实较小,重60~80 g。细葫芦形。黄绿色,阳面有红晕。果肉乳白色,成熟时脆甜,经3~5 d后熟后,肉质柔软,易溶,汁多味甜,品质上。6月下旬至7月上旬成熟。结果较早,稳产,以短果枝结果为主。适应性强,砂壤土、黏黄土均能良好生长。对栽培条件要求不严。抗寒力、抗病力较强。

2.2.3　生物学和生态学特性

2.2.3.1　生物学特性

(1)根系

梨的根系一般在早春5 ℃时开始活动。吸收根初生时为乳白色,经6~7 d即开始木栓化。梨树根系一般多分布于肥沃疏松、水分良好的上层土中,

梨的生物学特性

以 20~60 cm 最密, 80 cm 以下根很少, 到 150 cm 根更少。水平分布则越近主干根系越密, 离主干越远则越稀, 树冠外一般根渐少, 并多细长少分叉的根。

梨树根系一般每年有 2 次生长高峰。春季萌芽以前根系即开始活动, 以后随温度上升而日见转盛, 到新梢转入缓慢生长以后, 根系生长明显增强, 新梢停止生长后, 根系生长最快, 形成第 1 次生长高峰。以后转慢, 到采果前根系生长又转强, 出现第 2 次高峰。以后随温度的下降而进入缓慢生长期, 落叶以后到寒冬时生长微弱或停止生长。

(2) 芽

梨芽按性质分为花芽、叶芽、副芽和潜伏芽。

①花芽。梨的花芽为混合芽, 1 个花芽形成 1 个花序, 由多个花朵构成。大部分花芽为顶生, 初结果幼树和高接树易形成一些侧生的腋花芽。一般顶生花芽质量高, 所结果实品质好。

②叶芽。一般着生在枝条顶端或叶腋, 故有顶生、侧生 2 种。萌发形成新梢(枝条)。

③副芽。着生在枝条基部的侧方。在梨树腋芽鳞片形成初期最早发生的 2 片鳞片的基部, 并逐渐发育为枝条基部副芽(也属于叶芽), 因其体积很小, 不易看到。该芽通常不萌发, 受到刺激则会抽生枝条, 故副芽有利于树冠更新。

④潜伏芽。多着生在枝条的基部, 一般不萌发。梨潜伏芽的寿命可长达十几年, 甚至几十年, 有利于树体更新。

(3) 枝条

依其生长结果特性的不同分为营养枝(发育枝)和结果枝, 也可按长短分类: 5 cm 以下的称短梢(枝), 5~15 cm 的称中梢(枝), 15 cm 以上称长梢(枝)。梨树枝上的芽除先端数芽可萌发成长梢外, 其余的芽多数萌发成中短梢。

梨树的新梢在开始展叶前即开始生长, 展叶后, 新梢即进入生长旺期。此期的长短与树龄、树势, 特别是与栽培条件有关。在良好的栽培条件下, 生长旺盛期较长, 反之, 则缩短。

梨的新梢在年周期中只有 1 个生长期, 即只有春梢。但是秋季雨水和肥料充足, 也能发生秋梢, 在年周期中, 新梢生长量的长短表征着树体的健壮程度, 它是高产稳产的形态指标。河北省果树研究所研究发现, 连年丰产稳产的'鸭梨'盛果期树的新梢生长量长度(树冠外围中下部的新梢)约为 40 cm, 新梢中部径粗 0.5 cm 以上。梨新梢旺盛生长期, 也是叶片迅速扩大生长的时期。

梨树短梢加粗生长和加长生长是同时进行的, 生长停止后还能继续加粗, 而长梢加粗生长与加长生长却是交替进行的。叶量多, 质量好, 增粗越快, 枝干粗度是树体营养积累量和树势强弱的一种表现。近年来, 密植栽培要求扩大生产容积, 树冠中要求有效枝多, 大枝干要少, 以缩小非生产部分, 提高单位面积产量。

(4) 花芽分化

梨树花芽的分化进程与苹果基本相似, 从形态分化进程看, 可分为分化期、萼片期、花瓣期、雄蕊期及雌蕊形成期。

梨树花芽的分化期开始比较早。如'鸭梨', 盛花后 20~30 d 内开始生理分化, 即 5 月中上旬新梢停止生长后不久或在旺盛生长以后即开始分化。通常短枝分化早于中、长枝,腋花芽则最晚，生理分化后期芽原始体生长点增大、变平，随即进入形态分化。

花芽分化的时期、进程与气候条件有密切关系。傅玉瑚（2001）报道，当平均气温在20 ℃以上时，梨的花芽开始分化，而增至 23 ℃时，则进入盛期。此外，花芽分化与日照、降水量、栽培条件和树龄也有很大关系，一般情况下，早分化的花芽质量好，外形饱满，坐果率高，花芽的质量和数量与大小年也有关。

（5）开花坐果

梨树一般 3~4 年开始结果，如管理得当，可以提早结果和丰产。

梨的花序为伞房花序，每个花序有花 5~10 朵。梨是花序外围的花先开，中心花后开，先开的花坐果好。多数秋子梨、日本梨及西洋梨中的品种坐果较高，一般每个花序可坐3 果以上，其他大部分品种可坐双果以上。只有‘苍溪梨’‘伏茄梨’等少数品种，常坐果1 个。影响坐果的因素很多，也很复杂。气候、土壤、授粉、受精、营养、树势状况等均影响坐果率。

梨自花结果率多数很低，所以梨的大多数品种均要通过配置授粉树来提高坐果率。

梨是高产果树。一般 20 年生以上树株产 100~150 kg，亩产 3000~4000 kg 很容易。高产者亩产可达 8000 kg。为提高果品质量，生产上要求产量连年稳定在 3000~4000 kg/亩为宜。

梨树多以短果枝结果为主。初果期树、夏剪管理及时的树及部分品种也有长、中果枝和腋花芽结果特性，但腋花芽的结果能力总是比短果枝差。梨树果台上一般可发 1~2 个果台副梢，发生果台副梢的数量与类型、树种、品种、树势、树龄、枝的强弱等因素有关，但多数品种一般情况下均易形成短果树群，能连续结果。

（6）果实生长发育

多数梨品种果实生长发育曲线为"S"形，但纵径和横径、体积、重量的生长动态又各有其特点。

①纵径和横径生长。以‘鸭梨’为例，在坐果初期，纵横径的增长均较快，6 月上旬至7 月中旬，胚进入迅速增长期，此时纵横径的增长变缓。从 7 月中下旬胚充满种皮后，果径增长又变快。果实成熟前 2~3 周（9 月），果径增长又变缓。

②体积增长。坐果后梨体积增长量较小，至开花 70 d 前后（约 7 月上旬）体积增长加快，在 7 月中下旬进行旺盛增长期，直至果实成熟前。

③重量增长。果实鲜重的增长基本与体积同步，在 6 月底以前增加量较小，直至 7 月上旬开始增长加快，7 月中下旬后急速增长。

石细胞含量是评价梨果实品质的决定性因素。人们食用时感受到的果肉中的石细胞实际上是由多个石细胞组成的石细胞团。石细胞团的大小和数量也是影响果实内在品质的因素之一。

2.2.3.2　生态学特性

（1）温度

不同种类的梨对温度的要求不同。秋子梨最耐寒，可耐 -35~-30 ℃低温，白梨可耐-25~-23 ℃低温，砂梨及西洋梨可耐 -20 ℃左右的低温。梨树经济区栽培的北界与 1 月平均气温密切相关，白梨、砂梨不低于 -10 ℃；西洋梨不低于 -8 ℃，秋子梨以 -38 ℃作为划分北界的冬季最低气温指标。

（2）光照

梨树喜光，年日照时数在 1600~1700 h 才能保证梨果的发育和品质。光照好是梨树产量高、品质好的重要因素之一，因此在栽培中，从选择园地到确定栽植密度、栽培方式、整形修剪方式等，都必须重视光照问题。

（3）土壤

梨对土壤要求不严，砂土、壤土、黏土都可栽培，但仍以土层深厚，土质疏松，排水良好的砂壤土为宜。梨喜中性偏酸的土壤，但 pH 值 5.8~8.5 均可生长良好。梨亦较耐盐，但在 0.3% 含盐量时，即受害。杜梨比砂梨、豆梨耐盐力强。

（4）水分

梨是需水量较大的树种之一，但种类、品种间有区别。砂梨需水量最大，在年降水量 1000~1800 mm 的地区仍生长良好；白梨、西洋梨主要产在年降水量 500~900 mm 的地区；秋子梨最耐旱，对水分不敏感。花期多雨不利于开花授粉，晴朗干燥天气对开花结实有利。生长前期干旱后期多雨，易造成幼树枝条徒长。在干旱状况下，白天梨果收缩发生皱皮，如夜间能吸水补足，则可恢复或增长，否则果小或始终皱皮。如久旱忽雨，可恢复肥大直至发生角质，明显龟裂。

2.2.4　育苗特点

生产上主要采用嫁接法繁殖苗木。嫁接用砧木多采用实生繁殖。

2.2.4.1　主要砧木

梨树育苗

杜梨：又名棠梨、灰丁子等。生长旺盛、根深、须根多，对土壤适应性强，抗旱、耐涝、耐盐碱，是我国北方梨区的主要砧木，与栽培梨的亲和力均好。

豆梨：根系较深，抗腐烂病能力强，抗寒力不及杜梨，抗旱、耐涝。在华中、华北地区常用作中国梨的砧木。

秋子梨：根系发达，抗寒力很强，是梨的抗寒砧木。对腐烂病、黑星病抵抗力很强。在北方寒冷而干燥的地区，常用作梨的砧木。

矮化砧木：榅桲属矮化砧木常用的有'榅桲 A''榅桲 C'，一般与西洋梨亲和力较好，与东方梨亲和力差；梨属矮化砧木常用的有'OH×F'系列、'中矮'系列（1~5），与多数品种亲和力较好。

2.2.4.2　砧木苗培育

（1）乔化砧苗培育

乔化砧木多采用种子繁殖获得。春播用种子应进行层积处理。杜梨的实生苗主根发达，侧根少而弱，移栽后恢复活力慢，缓苗期长。若在两片真叶时切断主根先端，可使实生苗生长出较好的侧根；在秋季嫁接成活后将苗木主根约 25 cm 处铲断，也可促发大量须根。在乔化砧上直接嫁接优良品种，即可获得乔化苗。一般需要 2 年时间。

（2）矮化砧苗培育

矮化砧的繁殖常用无性繁殖法（或称营养繁殖法），如扦插法、压条法（水平压条和垂直压条)和组织培养法。

矮化砧梨苗的繁育是通过在矮化砧木上直接嫁接梨品种得到矮化砧梨苗。为解决榅桲与东方梨亲和力差的问题,可在砧木与品种间嫁接一段中间砧(常用'哈代''故居'等)采用二重芽接或二重枝接法即可。

2.2.4.3　嫁接繁殖

梨苗的嫁接常用枝接—腹接法,时间多在春季芽开始膨大至萌芽期进行,也可用切接法、劈接法、皮下接等枝接方法。芽接多采用"T"形芽接法。北方芽接适宜期为7月下旬至8月中旬,南方为8月中旬至9月下旬。

2.2.5　建园特点

2.2.5.1　园址选择

梨树的抗逆性强,适应性较广,沙地、山地和丘陵地均可栽培。对土质要求不严,较耐旱、耐涝和耐盐碱(含盐量不能超过0.3%)。土质以土层深厚、排水良好、较肥沃的砂壤土为宜。

梨树开花期较早,有些地区易遭晚霜冻害,选择园地时应注意避开易遭受霜害的地方建园。

2.2.5.2　栽植技术

栽植用苗木质量应符合《梨苗木》(NY 475—2002)的要求,最好用大苗。北方栽植时间多在春季,栽植前一定要做好土壤改良(如种植绿肥作物、深翻改土、水土保持)和灌排工程建设、防护林营造等工作。定植穴或定植沟应提前挖好,深60~80 cm,宽80 cm。定植方法可因地制宜:干旱少水地区可采用深坑浅栽、灌足底水后覆膜等方法;盐碱地可采用开沟修建台田、筑墩栽植的方法以提高栽植成活率。

梨多数品种属异花授粉、异花结实。建园时除主栽品种外,必须配置适宜的授粉品种(表2-3)。

表2-3　梨主要栽培品种适宜的授粉品种

主栽品种	授粉品种
新梨7号	库尔勒香梨、早酥、鸭梨、砀山酥梨、慈梨、雪青、红香酥
秋月	南水、喜水、绿宝石、圆黄
黄冠	早酥、新世纪、雪花梨
鸭梨	砀山酥梨、广梨、雪花梨
玉露香	黄冠梨、红香酥
雪青	黄花、青魁、早酥、苹果梨、甘梨早8、翠冠、红香酥
圆黄	丰水、金二十世纪、爱宕梨
黄金梨	大果水晶、香梨、幸水、丰水、新兴、新高、爱宕
砀山酥梨	雪花梨、鸭梨

（续）

主栽品种	授粉品种
早酥	南果梨、鸭梨、雪花梨
翠冠	若光、清香、翠玉、黄冠
库尔勒香梨	酥梨、鸭梨、砀山酥梨
红巴梨	早红考密斯、红安久、红考密斯、凯思凯德
早金酥	早酥、满天红
红香酥	鸭梨、黄冠、满天红、红酥脆

在应用乔化砧木和土肥水较好的情况下，株行距可采用（3~4）m×（4~5）m，每亩栽植33~55株；应用半矮化砧木时，株行距可采用（2.0~2.5）m×（3.5~4.0）m，每亩栽植66~95株；应用矮化砧栽培，株行距可为（1.0~1.5）m×（3.0~4.0）m，每亩栽植111~222株。山地和瘠薄地还可适当密植。

河北农业大学在梨树栽培模式上进行了创新，针对传统梨园种植模式存在机械化生产程度低、生产费工费力和劳动力成本高的问题，在我国率先创建了矮密化、省力化、机械化和标准化的"四化"种植模式，株行距为1 m×4 m，树体紧凑，果园群体结构良好，通风透光，早果性好，更重要的是省时省工，管理极为方便。新模式梨园较常规生产园提早1~2年结果，提早3~4年进入盛果期。2015年，该模式获神农中华农业科技奖一等奖，是支撑梨产业未来转型升级的标志性成果。

梨树栽培模式

2.2.6 管理技术特点

2.2.6.1 土肥水管理

（1）土壤管理

①清耕。通过生长季多次耕作，使土壤保持疏松和无杂草状态。一般在秋季对梨园行间土壤进行深耕，春、夏季进行多次中耕，松土和除草的次数和时间是不固定的，往往根据杂草生长和降水情况而定。

②生草。在梨园行间种植禾本科、豆科等草本植物，不翻耕，定期刈 梨园管理技术割，割下的草就地腐烂或覆盖于树盘内。生草法为梨园土壤建立了一种良好的营养循环模式，使土壤结构不断得到改善，有机质含量可持续增加，因而成为大面积商品梨园广泛采用的土壤管理方法。

研究表明，梨园秋施有机肥连续种植黑麦6年，土壤有机质含量可从0.6%提高到2.2%。具体做法：每年9月中下旬在梨树行间，结合秋施有机肥，用播种机播种黑麦，翌年5月中下旬用旋耕犁直接将黑麦翻压土中，以后自然生草，定期旋耕。此后每年都按此循环进行。其最大特点是机械化操作，节省劳动力，可以改良土壤和提高土壤有机质含量。

③果园覆盖。覆盖能减少土壤水分蒸发，增加土壤有机质含量，保持土壤疏松，土壤透气性好，根系生长期长，可使吸收根量增多，提高叶片光合能力，增强树势，改善果实品质，还可抑制杂草生长。覆盖物可选用玉米秸秆、麦秸和杂草等，覆盖在5月上旬灌足

水后进行，通常采用树盘内覆盖的方式，厚度 15～20 cm，覆盖第 3 年秋末将覆盖物翻于地下，翌年重新覆盖。旱地梨园缺乏覆盖物时也可采用薄膜覆盖法。

④客土和改土。过沙和过黏的土壤都不利于梨树生长，均应进行土壤改良。沙土地可以土压沙或起沙换土；黏土地可掺沙或炉灰，提高土壤通气性。改良土壤对提高产量和果品质量均有明显效果。

(2) 施肥管理

基肥：基肥是供给梨树全年生长发育的基础性肥料，它所含养分全面、肥效期长。施肥时间以果实采收前后为好。基肥的施用量应根据树龄、品种、产量、土壤肥力、肥料种类等因素确定。

追肥可以补充基肥的不足，对梨树的丰产、稳产、优质起着重要作用，追肥可以分土壤追肥和叶面喷肥 2 种。土壤追肥主要在以下 4 个时间进行：花前追肥、花后追肥、果实膨大期追肥和采果期追肥；前期以氮肥为主、后期采取氮、磷、钾相互配合施用。也可采用叶面喷肥的方法进行追肥。

(3) 水分管理

梨是需水较多的果树，对水的反应较敏感。干旱缺水是我国北方栽梨的主要限制性因素之一，西北干旱梨区更为突出，所以在西北地区梨园要特别注意灌水保墒工作。在降水量比较集中的雨季，要做好雨季排涝工作，以保证梨树正常生长、结果。

2.2.6.2　整形修剪

(1) 常用树形

梨树的树形很多，但目前常见的树形有疏散分层形、小冠分层形、单层心(纺锤、圆柱)形和"Y"字形树形。

(2) 不同年龄时期的修剪特点

①幼树期。幼树整形修剪的主要任务在于培养树体的坚固骨架，使树冠迅速扩大，及早成形，为以后连年高产稳产打好基础。梨树幼树具有生长旺、极性强、枝条不开张、成枝力低、萌芽力强的特性，应根据其特性进行整形和修剪。

梨幼树枝条多直立生长，容易形成抱头现象，一般多采用撑拉等办法使其开张角度，也可以采用培养背后枝的办法在适当时期进行换头以达到开张角度、通风透光的目的。

梨的幼树由于极性生长强，一般容易出现上强下弱或中心头强、骨干枝弱的现象，应注意控制极性，对上部强或中心头过强的可以疏除或缓放一部分直立枝，或者把强头换成弱头。

由于梨树萌芽力强，成枝力弱，因此必须注意促其多发枝、多留枝，为早结果、早丰产打基础。梨树的花芽不论是弱枝还是强枝，短截还是缓放，均易形成，但强枝、强树形成的花芽大而饱满，果实质量好。因此，保持旺势结果是梨树高产、稳产的基础。

②盛果期。盛果期是梨树大量结果的时期。此时期植株生长发育的特点是：每年新梢生长量减弱；树冠逐年扩大较慢，而树冠内膛小枝增多，形成很多的短果枝群或短果枝，大量结果；随着年龄的增长，下垂主枝容易下垂变弱，上层主枝容易生长强旺，影响下部枝条光照，内膛结果枝组容易枯老，致使结果部位外移。因此，要注意调整骨干枝的角

度，控制上强现象，及时处理妨碍光照的较大枝条，改善冠内通风透气条件，更新结果枝，以维持树体健壮，延长高产稳产年限。

③衰老期。一般表现树势衰弱，年生长量很小，树冠残缺不全，骨干枝常出现枯死现象，树冠内部小枝枯死多，主枝基部常萌发徒长枝，整个树冠缩小，产量降低。此期应及时更新复壮，加强肥水管理，分年对部分骨干枝进行重回缩，以促进中下部枝条的生长和萌发较多的枝条。更新后的 2~3 年内尽量控制降低结果量，以促进新梢生长，增强树势。

2.2.6.3 花果管理

(1)提高坐果率

人工授粉是目前梨生产中普遍应用的增产措施之一。如因花期气候不良，传粉昆虫大量减少，未配置授粉树或配置不当，尤要进行人工授粉。一般人工采集异品种花粉，然后点授。授粉最佳时期为花开当天或第 2 天。亦可采取果园放蜂，提高授粉率。

(2)疏花疏果

疏花疏果是调节生长与结果关系，保证树势健壮，确保高产稳产优质而采取的疏除超载花果的技术措施。疏去花果的数量应根据树龄、树势，枝叶量、树冠等因素综合考虑。疏花疏果程序是：从上年冬季开始疏去部分花芽；春季再视情况疏去部分花序；花序展开后再疏去花朵(梨一般中心花后开，故疏中心花而留边花)；坐果后可根据情况疏去部分幼果。生产上为了节省劳力，可一次性疏去幼果。

2.2.6.4 果实采收和采后处理

(1)适时采收和分期采收

适时采收就是在果实进入成熟阶段后，根据果实用途在适当的成熟度采收。梨果生产上一般在可采成熟度期与食用成熟期之间进行，此时果实已基本表现出本品种固有的性状，但果肉较硬、含糖量低、淀粉含量较高，食用品质一般，但贮藏性良好，适于长期贮藏或远销外地。

管理精细的梨园提倡分期采收。分期采收第 1 期先采收树冠外围和上层个头较大的果实，留下内膛和下部果个较小的果实待采。

(2)采后处理

梨果采收后，对于套袋果应及时送至脱袋车间，进行脱袋处理。为防止在贮藏和运输过程中相互刺伤，可根据情况进行剪柄处理。

①分级。目的是实现商品的标准化。由于梨果在生长过程中受到树体环境条件、管理水平、营养水平和着生位置等因素的影响，使得梨果实个体间存在一定的差异。只有通过分级，才能达到梨果的一致性，从而实现产品的标准化，提高产品的经济价值。

②果面清洁。采收后，未套袋果果面上会沾有尘土、残留农药和病虫污染等，可用高压气枪将果面上的灰尘、杂质吹掉，特别要吹掉果实萼洼或梗洼处的害虫及其残体，如康氏粉蚧、黄粉虫等，保证果面光洁，不损伤果面。目前，国内一般不对梨果进行水洗和消毒处理，如有特殊要求或必要时可利用消毒剂进行清洗消毒。套袋果由于果袋的阻隔，果面尘土、残留农药和病虫污染均较轻，可根据情况酌情处理。

③包装。包装是将产品转化成商品的重要环节，具有包容产品、保护产品、宣传产品

等功效，是果品商品化生产中增值最高的一个环节。梨果装入容器后，应使之既可通气紧凑又不互相挤压，使容器得到充分利用。在每个果箱上，标明品牌、品种、净重、级别、产地、生产日期、生产单位等信息，对取得农产品质量安全、地理标志保护等证书的按有关规定执行。在同一批包装件内，必须装同一品种、同一级别的梨果，不能混装。相同规格的包装箱，装入同一级别的果，果数要相同，其梨果净重误差不能超过±3%。

小　结

梨是我国重要的水果树种之一，具有很高的经济价值和保健功能，在我国广泛栽培，在农村区域经济发展、农民脱贫致富方面具有重要作用。中国是世界最早记载梨的国家，也是当今世界最大的梨生产国之一。梨主要的栽培种为白梨、秋子梨、砂梨、西洋梨四类。梨是深根性树种，根系在一年中有 2 次生长高峰。芽按性质分为花芽、叶芽、副芽和潜伏芽。枝条分为营养枝(发育枝)和结果枝，分为长、中、短 3 种。花芽化进程从形态分化可分为分化期、萼片期、花瓣期、雄蕊期及雌蕊形成期。梨的花序为伞房花序，边花先开；自花结果率多数很低，栽植时需注意配授粉树。梨树对自然环境适应性强，山地、平地都可种植。梨是高产果树，多以短果枝结果为主。生产上主要采用嫁接法繁殖苗木。嫁接用砧木多采用实生繁殖，应用最多的砧木是杜梨。为保证树势健壮，确保高产稳产优质，应注重疏花疏果工作，采收应适时采收和分期采收，采后处理要加强分级、果面清洁和包装等。

思考题

1. 简述梨的四大栽培种及其在我国的分布情况。
2. 简述梨的生长结果特性。
3. 简述梨疏花疏果的意义。
4. 简述盛果期梨树修剪的原则。

2.3　桃栽培

2.3.1　概述

桃是蔷薇科(Rosaceae)李属(*Prunus*)桃亚属(*Amygdalus*)植物，是温带地区最重要的栽培经济林树种之一。桃果实色泽艳丽，肉质细腻，营养丰富，深受广大消费者的喜爱。桃适应性强，早结果，早收益，生产者喜欢栽培，是重要的经济树种之一。

(1)经济价值

桃营养价值高，古语就有"桃养人"的说法。桃富含多种营养物质，如成熟的桃果中，含糖量 7%~15%，有机酸 0.2%~0.9%，水分 85%。每 100 g 可食部分含蛋白质 0.4~0.9 g，脂肪 0.1~0.5 g，膳食纤维 1.5 g，维生素 C 6.0 mg，维生素 B_1 0.024 mg，β-胡萝卜素 162 μg。此外，桃果肉中还含有丰富的钾、铁、钙、锌等元素。果实除鲜食外，还可制作罐头、桃脯、桃干、桃汁、果酱等多种加工品。

桃也具有较高的药用价值，其根、叶、枝、果、仁均可入药，具有医用价值。中医认为，桃子性热而味甘酸，有补益、补心、生津、解渴、消积、润肠之功效。现代医学认为，桃果肉含桃苷、柚素、儿茶精、奎宁酸、胡萝卜素、维生素、糖类、铁、钾等，对多种病症具有一定的调理或治疗作用。

桃树姿优美，叶色翠绿，花色艳丽，果实清香形美，是美化环境的重要树种。近年来，桃的观赏价值正被越来越多地开发利用，一些规模较大的桃产区，如成都龙泉驿、北京平谷、上海南汇、浙江奉化等地的"桃花节"蓬勃发展，不仅成为旅游的新亮点，也促进了鲜桃的销售，带来了巨大的经济效益。

(2) 栽培历史和现状

桃原产中国，据《诗经》《尔雅》等古书记载，桃在我国的栽培最早出现在黄河、长江中上游地区以及两大河流之间的区域。因此，我国桃的栽培历史至少在 3000 年以上。其后，我国历史上还有许多记载录桃栽培的文献，例如，北魏时期贾思勰的《齐民要术》记载了 15 个桃品种，唐代李德裕的《平泉山居草木记》记载了 30 个桃品种，到明清时期，我国桃的栽培品种已增加到 100 多个，并出现了我国第一部水蜜桃专著，即褚华的《水蜜桃谱》。

新中国成立后，我国桃生产得到了迅速的发展，从 1993 年开始，我国桃的栽培面积和产量超过美国和意大利，成为世界第一产桃大国。据联合国粮食及农业组织统计，2018 年，我国桃栽培面积达 $82.4×10^4$ hm^2，产量达 $2445.3×10^4$ t，分别占世界桃栽培面积的 48.1%和产量的 62.1%。目前，我国已基本形成以华北产区、黄河流域产区、长江流域产区三大产业带为主，华南亚热带产区和东北设施桃产区为必要补充的产业格局。

2.3.2 主要种类和优良品种

桃在植物学上属蔷薇科李属桃亚属，桃亚属又有真桃组（sect. *Persica*）和扁桃组（sect. *Amygdalus*）之分。在桃种质资源研究中通常所讲的桃是指果实成熟时不开裂的真桃组。栽培桃的基本种及近源种有普通桃［*Prunus persica*（L.）Batsch］、新疆桃［*Prunus ferganensis*（Kost. & Rjab.）Kov. & Kost.］、山桃［*Prunus davidiana*（Carr.）Franch］、甘肃桃（*Prunus kansuensis* Rehd.）、光核桃（*Prunus mira* Koehne）等。

(1) 主要种类

①普通桃。又名毛桃，是我国及世界各地的主栽种。中型落叶乔木，树高 3~8 m，新梢光滑无毛，有光泽、绿色，向阳处为红色。冬芽为钝圆锥形，外被短柔毛，2~3 个簇生。叶长圆披针形或倒卵圆形。单花，具短梗或近无梗，花瓣粉红色。果实在形状和大小方面变异较大，缝合线明显，果面密被短绒毛；果柄短；果肉白色、淡绿白色、黄色或红色；味甜或酸甜，有香味。核大，离核或粘核，核表面有沟纹。

本种有以下 5 个变种：

油桃（*P. persica* var. *nectarina* Maxim.）：又名李光桃。主要特征是果皮光滑无毛。在我国新疆及甘肃敦煌一带分布有野生油桃资源。

蟠桃（*P. persica* var. *platycarpa* Bailey）：本变种由普通桃芽变而来。主要特征是果实扁平形，种核小，扁平形，具深刻纹。蟠桃多分布于我国南方，北方也有栽培。

寿星桃（*Prunus persica* var. *densa* Makino）：主要特征是树体矮小，枝条节间短，根系浅。花为蔷薇型，有单瓣、重瓣，有红色、粉红色、白色等类型，也有 3 种花色的嵌合体植株。其中白花和粉红花植株较高，结实能力较强，红花植株较矮，结实力低。寿星桃多作观赏用，亦可用于矮化桃育种材料。

碧桃（*P. persica* var. *duplex*）：主要特征是花重瓣艳丽，很少结果，树体较寿星桃高。碧桃多做观赏用，是良好的园林观赏树种。

垂枝桃（*P. persica* var. *pendula*）：主要特征是枝条柔软，具下垂性。叶紫红色或绿色。主要用作观赏。

②新疆桃。乔木，树高达 8 m；树皮暗红褐色；枝条光滑有光泽；冬芽密被短柔毛，2~3 个簇生于叶腋间；叶片披针形，侧脉离开主脉后即弧形上升，在叶边仍分离不相连接，网脉不明显。花单生，近无柄，花瓣近圆形，淡粉色。果实扁球形或近球形，外被短绒毛，绿白色；果肉多汁，有香味；离核，核球形、扁球形或广椭圆形，表面有沟纹；种仁味苦涩或微甜。我国新疆和中亚地区有少量栽培。

③山桃。乔木，野生状态山桃多为丛状灌木，栽培条件较好时，树高可达 10 m，树皮暗紫色；枝细长；叶片卵圆披针形。花单生，淡粉红色或白色，近无柄；果实圆球形，直径约 3 cm，果肉淡黄色，外密被短绒毛，果肉薄而干，味苦，不可食用；离核，核近球形，表面具沟纹和孔穴。山桃开花早，抗旱耐寒，耐盐碱，在华北地区主要用作砧木，也可供观赏。本种有 1 个变种——陕甘山桃。

陕甘山桃（*Prunus davidiana* var. *potaninii* Nehd.）：主要特征是叶片卵圆披针形，叶基部圆形至宽楔形，边缘细钝锯齿。果实及果核均为椭圆形或长圆形。本变种在我国西北地区主要用作砧木。

④甘肃桃。落叶小乔木，树干粗糙，灰褐色。冬芽卵形至长卵形，无毛；叶片卵圆披针形；花单生，花梗极短或近无梗，花白色或淡粉红色；果实卵圆形或近球形，直径 2.0~3.5 cm，成熟时淡黄色，外密被短绒毛；果实可食，完熟后汁多，风味甜酸；核近球形，表面有沟纹，无点纹，离核。其主要用作砧木。

⑤光核桃。乔木，树体高大，枝条细长，嫩枝绿色，老枝褐灰色；叶片椭圆披针形或卵圆披针形或长披针形；花单生或 2 朵齐出，白色，少数淡红色；果实椭圆、圆或扁圆形，果皮密被绒毛，果肉多为白色，也有淡黄色，风味酸或酸甜；核卵圆形或椭圆形，扁而光滑。据调查，随分布海拔不同，果核有光滑型、浅沟型、纵沟型、深沟型和深沟间点纹型 5 种类型。

（2）优良品种

桃品种繁多，据统计，世界上有 3000 多个品种，我国约有 1000 个。栽培上根据果实特性分为鲜食桃、油桃、蟠桃和观赏桃等品种类型。

①鲜食桃品种。主要有'白凤''湖景蜜露''春美''霞脆''霞晖 8 号''黄金蜜桃 3 号''华玉''秦王'等品种。

'白凤'：日本品种，树势中等或偏弱，树姿开张，果实 7 月下旬至 8 月初成熟。果实圆形，平均单果重 180 g。果面乳白色，阳面有红霞，外观艳丽；果肉乳白色，近核处淡红色，肉质细，柔软多汁，味甜，香气浓。

桃的部分优良
品种

粘核，品质上等。较耐贮运。

'湖景蜜露'：该品种为江苏无锡郊区河埒乡湖景村桃农邵阿盘在桃园选出。7月中下旬果实成熟。果实圆球形，平均果重 150 g，果皮乳黄，近缝合线处有淡红霞，皮易剥离。果肉白色，肉质细密，柔软易溶，纤维少，甜浓，可溶性固形物 12%~14%，品质上等。

'春美'：中国农业科学院郑州果树研究所选育。树体生长势中等，树姿较开张，果实6月中上旬成熟，单果重 135~162 g；果肉白色，硬溶质，风味甜，可溶性固形物含量 11.5%，可滴定酸含量 0.44%，粘核。

'霞脆'：江苏省农业科学院园艺研究所选育。树势健壮，树姿较开张，南京地区果实7月初成熟。果实近圆形，平均单果重 210 g，果皮乳黄色，果面着玫瑰红条纹晕；果肉白色，肉质硬脆；风味甜，有香气，可溶性固形物含量 11%~13%，粘核，耐贮运。

'霞晖8号'：江苏省农业科学院园艺研究所选育。树势健壮，树姿较开张，南京地区果实8月上旬成熟。果实圆形，平均果重 246 g，果皮乳黄色，果面着红霞；果肉白色，硬溶质，风味甜，可溶性固形物含量 13.4%，有香气，粘核，较耐贮运。

'黄金蜜桃3号'：中国农业科学院郑州果树研究所选育。果实7月底成熟。平均单果重 245 g，底色黄，成熟时多数果面着深红色。果肉黄色，硬溶质，肉质细，汁液中多，风味浓甜，可溶性固形物含量 11.8%~13.6%，粘核，品质优。

'华玉'：北京市农林科学院林业果树研究所选育。树势中庸，树姿半开张，无花粉，需配置授粉树。在北京地区8月中下旬果实成熟。果实近圆形，平均单果重 270 g，果皮底色黄白，果面着玫瑰红色或紫红色晕，果肉白色，肉质硬，汁液中等，风味甜浓，有香气，可溶性固形物 13.5%，离核。

'秦王'：陕西省果树研究所选育。果实于8月中旬成熟，圆球形，平均单果重 205 g，底色白色，阳面呈玫瑰色晕和不明晰条纹。果肉白色，肉质细，纤维少，汁液少，风味甜酸适中，可溶性固形物 12.77%，品质优，粘核，极耐贮运。

②油桃品种。主要有'美秋''秦光8号''瑞光33号''中油桃5号''中农金辉''中油金冠''紫金红2号''中油20号'等品种。

'美秋'：北京市农林科学院植物保护研究所选育。树势旺盛，树体健壮，半开张，无花粉，需配置授粉树，北京地区8月中旬果实成熟。果实长圆形，平均单果重 226 g，底色黄，果面着浓红色，果肉黄色，硬溶质，可溶性固形物含量 11%~12%，耐贮运性好。

'秦光8号'：西北农林科技大学园艺学院选育。陕西关中地区7月中旬成熟。果实圆形，平均单果重 187.5 g，果面全红，外观鲜美，果肉白色，硬溶质，风味甜浓，香郁，可溶性固形物 15.0%，粘核。花粉极少，需配置授粉树。

'瑞光33号'：北京市农林科学院林业果树研究所选育。树势中庸，树姿半开张，无花粉，需配置授粉树，北京地区7月下旬成熟。果实圆整，平均单果重 271 g，果面着玫瑰红色晕，果肉黄白色、硬溶质、味甜、粘核。可溶性固形物含量 12.8%。

'中油桃5号'：中国农业科学院郑州果树研究所选育。树势强健，树姿较直立，6月中旬果实成熟。果实近圆形，平均果重 166 g，果皮底色绿白，果面着玫瑰红色。果肉白色，硬溶质，果肉致密，风味甜，可溶性固形物 11%，粘核。

'中农金辉'：中国农业科学院郑州果树研究所选育。河南郑州地区6月18日前后成熟。果实椭圆形，平均单果重 173 g，底色黄，果面着明亮鲜红色晕；果肉橙黄色，硬溶质，风味甜，可溶性固形物含量 12%~14%，有香味，粘核。

'中油金冠'：中国农业科学院郑州果树研究所选育。河南郑州地区 6 月 15 日成熟，果实圆形，平均单果重 170 g，底色浅黄，果面全红；果肉黄色，硬溶质，风味甜，可溶性固形物含量 14%，粘核。

'紫金红 2 号'：江苏省农业科学院园艺研究所选育。江苏南京地区 6 月下旬果实成熟。果实圆形，平均单果重 174.2 g。果顶圆平，底色黄色，着色艳丽，近全红。果肉黄色，硬溶质，风味甜，可溶性固形物含量 13.3%。

'中油 20 号'：中国农业科学院郑州果树研究所选育。河南郑州地区 7 月中下旬果实成熟。单果重 185~278 g，口感脆甜，可溶性固形物含量 14%~16%，粘核，留树时间长，极耐贮运。

③蟠桃品种。主要品种有'撒花红蟠桃''瑞蟠 4 号''瑞蟠 21 号''中蟠 7 号''中蟠 11 号''中油蟠 7 号''中油蟠 9 号'等品种。

'撒花红蟠桃'：蟠桃中的著名品种，原产浙江杭州、奉化一带，果实 7 月中旬成熟。果实扁平形，平均单果重 125 g，果顶暗红，具有不明显的黄色斑驳，果肉浅绿白色，肉质柔软，汁多，味浓甜，离核，品质上等。

'瑞蟠 4 号'：北京市农林科学院林业果树研究所选育。树势中庸，树姿半开张，北京地区 8 月下旬或 9 月上旬成熟。果实扁平形，平均单果重 221 g，果皮底色淡绿，果面着暗红色晕，硬溶质，可溶性固形物含量 8.5%~13%，粘核。

'瑞蟠 21 号'：北京市农林科学院林业果树研究所选育。树势中庸，树姿半开张，在北京地区 9 月下旬果实成熟。果实扁平形，平均单果重 235.6 g，远离缝合线一端果肉较厚，果皮底色为黄白色，果面着紫红色晕，果肉黄白色，硬溶质，风味甜，粘核。

'中蟠 7 号'：中国农业科学院郑州果树研究所选育。河南郑州地区 6 月中旬成熟。果实扁平形，平均单果质量 160 g，果肉黄色，果肉厚，果顶闭合良好，硬溶质，可溶性固形物含量 13%，风味甜，粘核。

'中蟠 11 号'：中国农业科学院郑州果树研究所选育。河南郑州地区 7 月中下旬成熟。果实扁平形，平均单果重 180 g，果面着鲜红色晕，果肉橙黄色，硬溶质，风味浓甜，可溶性固形物含量 14%，有香味，粘核。

'中油蟠 7 号'：中国农业科学院郑州果树研究所选育。河南郑州地区 7 月中旬成熟。果实扁平形，平均单果重 250 g，果实大而厚，果肉黄色，可溶性固形物含量 16%，风味浓甜，粘核。

'中油蟠 9 号'：中国农业科学院郑州果树研究所选育。河南郑州地区 7 月上旬成熟，果实扁平形，平均单果重 200 g，果肉黄色，硬溶质，可溶性固形物含量 15%，粘核。

2.3.3　生物学和生态学特性

2.3.3.1　生物学特性

(1)根系

桃树根系为浅根性。根系在土壤中的分布因砧木、品种及土壤条件而异。根的纵深分布可深达 1.5 m 以上，多数根系集中分布在 0~40 cm 土层内。根系的水平分布主要集中在树冠垂直投影的范围内。如果土壤黏重，地下水位高，则分布浅；在土层深厚，透水性好的桃园，根系分布深。桃树根系全年都能生长，在南京的土壤和气候条件下，一年中出现 2 个生长高峰，第 1 个根系生长高峰出现在春季，生长量约占全年生长量的 60%，第 2 个高峰出现在秋季，生长量占全年生长量的 10%~20%。

(2) 芽

根据芽的性质，桃树的芽可分为叶芽、花芽和潜伏芽。桃树的叶芽有鳞片包被，萌发后长成新梢。

①叶芽。桃的叶芽多着生在叶腋间，枝条的顶芽均为叶芽。桃叶芽具有早熟性，新梢上形成的芽常能在当年萌发，抽生 2 次枝、3 次枝。桃萌芽力与成枝力均强，容易形成中、长枝条，树冠成形快。

②花芽。桃树的花芽为纯花芽，大而饱满。桃树枝条上多着生复芽，其中双芽者多为 1 个花芽，1 个叶芽，也有 2 个都为花芽的；着生 3 芽的，多为 2 个花芽和 1 个叶芽，叶芽居中。复花芽多，花芽充实饱满，排列紧凑，是桃树丰产性状的标志。

③潜伏芽。桃的潜伏芽多着生在枝条基部，数量少且寿命短，树冠恢复能力弱，树体易衰老，但不同品种间存在差异。

(3) 枝条

桃树枝条由叶芽萌发形成。幼树有较多发育枝，开始结果后，结果枝大量增加，只着生叶芽的发育枝较少。桃的结果枝为着生花芽的 1 年生枝。结果枝按长度可分为徒长性果枝（60 cm 以上）、长果枝（30~60 cm）、中果枝（15~30 cm）、短果枝（5~15 cm）和花束状果枝（5 cm 以下）5 类。

不同品种的主要结果枝类型不同。一般成枝力强的品种多形成长果枝，以长果枝结果为主；而成枝力相对较弱的品种则多以短果枝结果为主。此外，因树龄不同主要结果枝类型亦有变化。幼年树和初结果树中果枝、长果枝和徒长性果枝占多数，而老树及弱树则以中、短果枝和花束状果枝为主。

(4) 花芽分化

桃花芽分化与其他经济林树种有很多相似之处，但有其自身特点。桃花芽的生理分化期（花芽分化临界期）主要在 6 月下旬至 7 月上旬。桃花芽为纯花芽，其花芽内只有 1 个花蕾原始体，桃花芽形态分化时期一般可以划分为始分化期、花萼原基分化期、花瓣原基分化期、雄蕊原基分化期和雌蕊原基分化期 5 个时期。桃花器原基发生期长短受品种、年份等因素的影响。一般开始分化高峰期集中在 7 月下旬至 8 月中旬，9 月底雄蕊原基形成。

桃花芽各器官原始体分化完成后，在进入休眠期之前、休眠期和开花前，各器官进一步分化发育，最终形成成熟的花粉粒和胚囊，完成整个花芽的发育过程。

(5) 开花坐果

当日平均气温在 10 ℃以上时，桃花开始开放，气温 12~24 ℃时，开花速率快，花朵开放集中，整齐一致，是开花最适温度，桃花期一般约 7 d。

桃花型通常为蔷薇形和铃形。蔷薇形属大型花，花冠大，一般雌雄蕊包裹在花瓣内；铃形花属小型花，花冠小，雌雄蕊不能全部包裹在花瓣内，开花前部分雄蕊已成熟，花药开裂散出花粉。桃的大部分品种为完全花，能自花授粉结实。有些品种为雌能花，花药大多为浅黄、浅红或白色，花粉囊中缺少正常成熟的花粉粒，在生产中须配置授粉树才能结实。

桃自花结实率较高，但进行异花授粉时结实率更高。桃花粉在气温高于 10 ℃即可萌发，通常柱头在开花 1~2 d 内分泌物最多，是授粉的适宜时期，一般可延续 4~5 d。在一定时间和温度范围内，花粉萌发率受温度的调控非常明显，在 25 ℃以下时，随气温上升，花粉发芽率增高，花粉管伸长速率加快，而 4 ℃以下低温有抑制花粉萌发和花粉管生长的作用。低温、阴雨连绵天气不利于授粉，花期雨水多不仅影响花粉萌发，而且影响传粉，减少柱头花粉量，造成坐果率下降。一般天气晴朗、空气干燥利于花药开裂和传粉受精。

（6）果实生长发育

桃果实属于真果，由子房发育而成，桃果实生长发育曲线呈双"S"形，在发育中表现为"迅速生长—缓慢生长—迅速生长"3 个时期。

①第 1 次迅速生长期。从花谢后子房开始膨大至果核硬化之前，一般少于 40 d。这一时期，果实的体积和质量均迅速增加，主要是果肉细胞分裂，数目增多。细胞分裂通常持续到花后 3~4 周。

②缓慢生长期（又称硬核期）。果实体积增加十分缓慢，内果皮木质化变硬，是种子生长的高峰期。缓慢生长期持续时间因果实成熟期不同而存在差异，一般早熟品种 2~3 周，中熟品种 4~5 周，晚熟品种 6~7 周甚至更长，而对于极早熟品种甚至观察不到果实缓慢生长期。本期结束时，子叶基本填满整个胚珠，胚乳及珠心组织被吸收面消失。

③第 2 次迅速生长期。从果实再次迅速生长开始至果实成熟为止。此期中果皮细胞体积增大，细胞间隙发育，果实体积重量迅速增加，且在采收前果重增加最快。同时，种皮逐渐变褐，种仁干重迅速增加。第 2 次迅速生长期结束时，果皮绿色基本褪尽，着色品种充分着色，表现出品种的固有风味。

2.3.3.2　生态学特性

（1）温度

桃是喜冷凉温暖的温带经济林树种，一般年平均气温 8~14 ℃比较适宜桃树的生长发育。在冬季当气温低于-25~-23 ℃时桃树可能发生冻害，在-18 ℃左右持续时间过长时，花芽也可能受冻。桃属于温带经济林树种，在年生长发育过程中必须有一定量的低温休眠期才能正常萌芽生长开花结果。

桃花芽在休眠期能耐-16~-14 ℃的低温，萌发后耐冻性骤然下降，如果花期遇晚霜气温降到-2.8 ℃时，花器可能发生冻害，使坐果率下降。

（2）光照

桃树是喜光树种，对于光照反应敏感，一般年日照时数 1200~1800 h 就能满足桃树的正常生长发育。当光照不足时同化物减少，枝叶徒长，花芽分化困难，落花落果多，根系发育差，寿命短。

（3）土壤

桃根系好氧性强，适宜土质疏松、排水通畅的砂质壤土，黏重和过于肥沃的土壤易徒长，易发生流胶病、颈腐病。

桃树喜微酸至微碱性土壤，以 pH 值 4.9~7.2 为宜。在碱性土壤中栽培表现缺铁性黄化。桃树具有一定的耐盐性，但当土壤含盐量(质量分数)达 0.28%以上时生长不良或部分死亡。

(4)水分

桃树耐旱忌涝。适度干旱可以防止新梢生长过旺，有利于果实发育、花芽分化和枝条充实。土壤水分严重不足会造成根系生长缓慢或停止，新梢生长弱，尤其果实对水分不足十分敏感，严重干旱显著抑制果实生长，甚至造成果实萎缩或脱落。

桃树不耐水涝，土壤淹水或长时间湿度过大也会对桃树生长发育造成严重影响，甚至导致植株死亡。地下水位高、土壤湿度长期偏高会导致桃树根系早衰、叶片变薄、叶色变淡、光合能力降低，进而导致落叶、落果、流胶等现象发生，甚至导致植株死亡。淹水 2~3 d 的桃园就会出现大量死树。

2.3.4　育苗特点

桃树可用实生、嫁接、扦插的方法繁育苗木，但以嫁接育苗为主。砧木多为山桃与毛桃。

2.3.4.1　主要砧木

山桃：山桃种子发芽率高，生长势较强，直根较深，抗旱、抗寒、抗根结线虫，但易感染根癌病，怕涝，黏重土壤易发生流胶病，是北方地区使用的桃砧木。

毛桃：毛桃长势旺，适应性强，根系发达，嫁接亲和力好，耐湿性较好，是我国各桃产区普遍采用的砧木。

甘肃桃：甘肃桃长势中庸，抗旱耐瘠薄，高抗根结线虫，其中的'红根甘肃桃1号'对南方根结线虫免疫。在我国的甘肃、陕西、四川等干旱地区常用作砧木。

新疆桃：新疆桃长势旺，抗旱、抗寒，但易感染白粉病、根癌病和根结线虫病，新疆桃种子发芽率高，是新疆、甘肃等地常采用的桃砧木。

筑波2号：日本农林水产省果树试验场选育的桃树砧木，抗根结线虫，芽和叶片红色，嫁接、定植成活与否容易辨认。

GF677：法国培育的桃树砧木，生长旺盛，抗碱性土壤，有良好的抗重茬能力，不抗根结线虫和根癌病，可以用半木质化的嫩枝扦插和组培繁殖。

2.3.4.2　砧木苗培育

(1)种子的选择和采收

砧木种子应在砧木母本园采集。选择生长健壮、没有病虫害的植株，采集树上充分成熟的果实。离核桃直接掰开果肉取出种核，粘核桃需堆放在阴凉处，经常翻动，防止发热损伤种胚，待果肉充分变软后，清除果肉，取出种核，在阴凉处晾干、备贮。桃核尽量不要与田间土壤接触，防止携带土壤有害病菌(如根癌病菌、根腐病菌等)。

(2)种子处理

采集的桃核晾干后，用编织袋、麻袋盛装，放置在室内，保持空气流通，一般室内的空气相对湿度为 50%~60%，温度 0~10 ℃的条件下贮藏。

桃种子成熟后处于休眠状态，需要进行打破休眠处理。层积处理通常采用沙藏的方法。沙藏的适宜条件为：沙子温度 2~7 ℃、湿度 40%~50%，沙藏时间 50~100 d。不同砧木种类、来源地不同，其需冷量不同。在自然环境下，山桃一般需 50~60 d，甘肃桃 60~

70 d，新疆桃 70~80 d，北方毛桃 90~100 d。

秋季直播的种子可以在田间完成休眠，春播的种子需要进行层积处理。层积处理的具体方法如下：

①种子浸泡与消毒处理。把桃核倒在干净的清水中搅动，捞取漂在水面上的干瘪桃核和杂质。换水后浸泡 24~48 h，让种子充分吸水。可以敲开种核检查，以种皮湿润为宜。特别干燥或发芽率低的桃核，可以将种子用温水浸泡 5~7 d，每天换 1 次水，检查是否浸透。桃核捞出，用 5 倍的 K84 抗根癌菌剂浸泡 5 min，待藏。

②层积场所与湿沙准备。在冬季不太寒冷、冻土层很薄的地区，可进行地面层积，较寒冷地区可进行地下层积。选择背风、地势高燥、排水良好的地方，河沙湿度为 40%~50%，直观感觉是"一握成团，一触即散"。

③层积方法。包括地面层积、地下层积和破核层积 3 种方法。

地面层积：整平地面，先铺一层湿沙，将桃核与湿沙按 1∶（3~5）的比例混匀，堆放在湿沙上面，厚度 30~50 cm，或一层种子一层湿沙依次堆放也可以。上盖一层干沙，表面再封盖约 10 cm 厚的湿土，中间插一把秸秆，以利通风透气。

地下层积：挖 30~60 cm 的浅沟，长宽根据种子数量而定。用地面层积类似的方法，将种子与湿沙填入沟中，上盖近于当地冻土层厚度的湿土，中间插上秸秆，沟上四周用土围成土埂，以防进水。

破核层积：有冷库条件的可以先把桃核砸开(勿将种仁砸破)，取出种仁，浸泡消毒后放在培养皿中，培养皿下面铺一层湿滤纸，把种子逐个放在滤纸上，盖好放入 0~3 ℃的冷库中。此方法主要适用于发芽率低的砧木种子。

④检查与取桃芽。层积期间根据天气变化，特别是遭遇大雪、大雨、极度干旱天气时应注意检查沙的湿度。春季发芽前每隔 7~10 d 翻动 1 次种子，增加透气性，同时检查种子发芽情况。当桃核裂开时即准备取桃芽。先清洁好地面，用筛子筛掉沙子，将已裂开的种仁或桃芽放在干净的容器或湿沙中，待播。没有裂开的桃核回填在沟中或堆放在地面，用湿麻袋盖上，等待发芽。

（3）播种

根据播种时种子是否萌发，播种方式可分为芽播和直播，芽播播种的是已萌发的桃芽，直播播种的是未经层积处理的种子。

①芽播。播种前先整地，翻耕 40~50 cm，施入腐熟的有机肥，翻耕后整平做畦。采用宽窄行开沟播种，宽行 50~80 cm，窄行 20~30 cm，畦的宽度根据灌溉条件确定，一般畦宽 180 cm，每畦播 6 行，便于灌水和嫁接。播种前先灌透水。播种一般用点播，播种深度通常为 3~4 cm。为了提高苗木质量，桃芽可以采用宽行 80 cm，窄行 20 cm，株距 15 cm，每亩播种约 9000 粒。

②直播。对于土壤湿度较好的地区，可采用秋季直播，即在土壤结冻前播种，让种子在田地过冬，完成休眠。种子发芽率低的砧木种子不宜直播。直播的整地、做畦、开沟工作同芽播。把浸泡处理过的桃核按 10~15 cm 距离点播，覆土后灌透水即可。

（4）砧苗管理

砧木实生苗必须加强管理，除整地时施足底肥外，幼苗出齐后应根据墒情进行 1 次灌水，使新根与土壤密切接触，灌水后松土保墒，锄去杂草。待幼苗长到 25~30 cm 时，进行 2 次追肥，每亩施尿素约 10 kg，可结合降雨撒施，也可开沟条施。15 d 后每亩再追施磷酸氢二铵 20 kg。苗期一般无病虫害，但距果园、菜园近的苗圃地会有蚜虫、红蜘蛛、卷叶蛾、介壳虫危害，也可能感染白粉病，应及时防治。一般在当年 8~9 月嫁接，砧木粗度以约 1 cm 为宜。

2.3.4.3　嫁接繁殖

（1）接穗的采集和贮运

从母本园纯正、优良、健康的植株上，选用树冠外围健壮充实的枝条，剪去上部较嫩部分和基部瘪芽部分。接穗最好随采随接。

①冬春接穗。冬季、早春结合修剪，采集 1 年生的健壮枝条，用于初春嫁接。春季嫁接时最好早春采集接穗，成活率高。每 50~100 根接穗 1 捆，标上标签，贮藏，在春天桃树发芽时使用。接穗的贮藏方法一般有沟藏、窖藏和冷库贮藏。沟藏时，一般在土壤结冻之前，选背阴场所挖沟，将接穗立于沟中，填入湿沙，每约 2 m 插一把秸秆，以利透气，上盖约 10 cm 厚的湿土，寒冷地区盖士更厚一些。窖藏时，把接穗放在低温地窖中，立放、灌湿沙，上端露出，温度 0~5 ℃。冷库贮藏时，一般将 50~100 根为一小捆的接穗垂直放入塑料袋中，再放入蘸湿的报纸或卫生纸，扎口，冷库温度同窖藏（0~5 ℃）。在春季干旱地区，嫁接前将接穗封蜡，可以显著提高嫁接成活率。

②夏初接穗。夏初采集木质化程度低的新梢，剪下后立即去掉上部嫩梢，减少水分蒸发，并迅速在盛有凉水的水桶中浸蘸，放在阴凉处，去掉叶片，立放在盛有约 30 cm 深的清水容器中，放在阴凉处备用。

③夏秋接穗。夏天、秋天采集的接穗比较充实，去掉叶片后立放在盛有约 10 cm 深的水盆中，上盖一湿布或湿麻袋即可。

（2）嫁接方法

①芽接。芽接采用单芽作接穗，节省接穗材料，嫁接速度快，成活率高。按照取芽的方法不同，分为"T"形芽接和嵌芽接。

②枝接。枝接通常在接穗、砧木不离皮时采用，常用的枝接方法有劈接、切接、切腹接等。

（3）苗木出圃和分级

①苗木出圃。嫁接的桃苗出圃一般是在落叶后至土壤结冻之前，或早春解冻后发芽前进行。桃苗落叶后（以全树 80% 以上自然落叶为准）起苗，起苗时特别注意要保护好根系，起苗前如果土壤较干，一定灌水后再起苗，以利根系相对完好。将苗木分级后按 50 株一捆或根据用户要求的数量打捆。用两道尼龙绳捆扎，其中下面一道捆住根系，以防苗木掉出或折断，每个包装单位应附有苗木标签，然后立即埋入假植沟内。

②苗木分级。按《桃苗木》（GB 19175—2010）的质量要求进行分级。桃苗木的基本要求为：无国家规定的检疫对象，不携带细菌性根癌病、根结线虫病、流胶病、腐烂病、介壳虫等；无明显机械损伤；根系分布均匀、舒展、须根多；嫁接口部位愈合良好；根茎无干缩皱皮；品种纯度不低于 95.0%。苗木质量等级要求见表 2-4 至表 2-6。

表 2-4　桃芽苗的质量要求

项目				要求
根	侧根数量 （条）	实生砧木	普通桃、新疆桃、光核桃	≥5
			山桃、甘肃桃	≥4
		营养砧		≥4
	侧根粗度（cm）			≥0.5
	侧根长度（cm）			≥20
茎	砧段长度（cm）			10~15
	砧段粗度（cm）			≥1.2
芽	饱满，不萌发，接芽愈合良好，芽眼露出			

表 2-5　1 年生苗的质量要求

项目				级别	
				Ⅰ 级	Ⅱ 级
根	侧根数量 （条）	实生砧木	普通桃、新疆桃、光核桃	≥5	≥4
			山桃、甘肃桃	≥4	≥3
		营养砧		≥4	≥3
	侧根粗度（cm）			≥0.5	≥0.4
	侧根长度（cm）			≥15	
	砧段长度（cm）			10~15	
	苗木高度（cm）			≥90	≥80
	苗木粗度（cm）			≥1.0	≥0.8
	茎倾斜度（°）			≤15	
	整形带内饱满芽数（个）			≥8	≥6

表 2-6　2 年生苗的质量要求

项目				级别	
				Ⅰ 级	Ⅱ 级
根	侧根数量 （条）	实生砧木	普通桃、新疆桃、光核桃	≥5	≥4
			山桃、甘肃桃	≥4	≥3
		营养砧		≥4	≥3
	侧根粗度（cm）			≥0.5	≥0.4
	侧根长度（cm）			≥20	
	砧段长度（cm）			10~15	
	苗木高度（cm）			≥100	≥90
	苗木粗度（cm）			≥1.5	≥1.0
	茎倾斜度（°）			≤15	
	整形带内饱满芽数量（个）			≥10	≥8

2.3.5　建园特点

2.3.5.1　园址选择

桃树建园要根据当地的气候、交通、地形、土壤、水源等条件，结合桃树的适应性选择阳光充足、地势高燥、土层深厚、水源充足且排水良好的地块。桃树属浅根性根系，生长旺盛，需要通气性良好的土壤。地下水位最好在 1 m 以下，水位过高时，要起垄做高畦，地面的斜坡、低洼地要提前整理，使园地排水通畅。避免在易受大风侵袭的地段建园。桃枝叶密集，果柄短，遇风常出现"叶磨果"，降低或失去商品价值。此外，风口处气候条件相对不稳定，常会发生冻伤花和幼果的现象。忌重茬栽培桃树。重茬桃树表现生长弱，病害多，缺素症也明显增多，出现果实小，严重的会导致树体死亡。

2.3.5.2　栽植技术

（1）栽植方式和密度

桃树生长快、枝叶多、结果早、寿命短，具体栽植方式要根据气候、土壤、地势、品种特性、管理水平等确定。

①长方形栽植。行距大于株距，其优点是通风透光良好，便于耕作。树形采用三主枝自然开心形时，常用 3 m×5 m，4 m×5 m 或 4 m×6 m 的株行距；采用"Y"形时，常用 2 m×5 m 或 2 m×6 m 株行距。

②等高栽植。山地果园一般采用等高栽植，即桃树沿等高线栽植，相邻两行不在同一水平面上，但行内距离保持相等。

（2）品种选择和配置

桃品种较多，应根据当地实际情况正确确定品种。主要依据：

①对当地环境条件的适应性。每个品种只有在它的最适宜条件下才能表现其优良特性，产生最大效益。如'肥城桃''深州蜜桃'只有在当地才能表现出个大、味美、产量高的特点，在其他地方种植则表现不佳，而'白凤'在各地表现均好。

②市场销售状况。生产园所在地的人口、交通、加工条件等都影响果品的销售。城市、近郊可选用鲜食品种；在交通不便地区选用耐贮运品种。

③成熟期。首先要考虑与其他瓜果成熟期错开，进而确定桃品种间的早、中、晚熟品种搭配。作为生产品种不可过多，一般 2~3 个为好。栽培面积大时，要考虑成熟期搭配，品种可适当增多，具体的搭配比例要根据市场、劳动力等情况而定。

④授粉品种。桃多数品种自花结实能力强，但异花授粉可明显提高结实率。对于花粉败育的品种应配置授粉品种。授粉品种的开花期必须与主栽品种一致。

2.3.6　管理技术特点

2.3.6.1　土肥水管理

桃树的生长和结果依赖于根系不断从土壤中吸收必要的水分和养分，因此，合理的土肥水管理是桃树正常生长与结果的基本保障，是实现桃树早果、丰产、优质、高效栽培的基础。

（1）土壤管理

桃园土壤管理的根本任务是通过采用适宜的耕作制度与技术，为桃树根系的生长创造良好的水、肥、气、热条件。大量的试验研究和生产实践证明，丰产优质桃园的土壤一般具有土壤有机质含量高、土壤养分供应充足、土壤通透性好、土壤酸碱度适宜的基本特征。在建园前或桃树定植后，应通过土壤深翻熟化、增施有机肥等方式不断进行土壤改良，以维持和提高土壤肥力。我国桃园常用的土壤管理方法有以下几种：

①清耕。清耕是我国采用最多最广泛的桃园土壤管理方法。桃园经常性的中耕除草，能控制杂草、减少或避免杂草与桃树争夺肥水；能保持土壤疏松，改善土壤通透性，加速土壤有机质的矿化和矿质养分的有效化，增加土壤养分供给，以满足桃树生长发育的需要。但长期采用清耕法管理，会加速土壤有机质消耗，导致土壤有机质含量逐年降低，加重桃园土壤肥力退化。在这种情况下，就要求施用较多的肥料，才能维持树体生长和产量，这不仅会增加桃园投入，而且会引起果实品质下降。因此，在同一桃园不宜长期采用清耕管理。

②种植绿肥。桃园因地制宜合理种植和利用绿肥，对于防风固沙，保持水土，培肥土壤，提高树体营养水平，促进丰产，改善品质等方面均有良好作用。实践中主要选择适应性广、抗逆性强、耐割、耐践踏、再生力强的绿肥植物。如我国北方适宜种植毛叶苕子、沙打旺等，我国南方桃园适宜种植印度豇豆、印尼绿豆、紫云英、黑麦草等绿肥植物。绿肥在盛花期直接翻压效果好。

③生草。我国许多桃产区土壤有机质含量低，桃园有机肥的施用普遍不足，除了种植绿肥外，生草也是解决这一问题的有效途径。生草是在桃树行间或全园保持有草状况，并定期割刈覆盖于地面的一种土壤管理制度。生草有人工生草和自然生草 2 种方式，生产中需经常割刈控制草的生长高度。

（2）施肥

桃树施肥的目的是补充树体生长发育各个阶段营养元素的消耗，以实现各种营养元素的均衡、充足供应。

①桃树的营养特点。桃树对氮素反应敏感，氮素过剩则新梢旺长，氮素不足则叶片黄化。钾对桃产量和品质均有显著影响。钾素营养充足，果实个大，果面丰满，色泽艳丽，风味浓郁。桃树对磷肥的需要量相对较少，但缺磷会导致桃果面晦暗，肉质松软，味酸等。桃树吸收氮、磷、钾的比例大致为 10 : 4.5 : 15。

②桃树施肥。施肥的时间、种类与数量因桃树树龄、树势、品种、负载量、气候、土壤肥力等而异。桃园施肥要以有机肥为主。有机肥一般作为基肥在秋季施入。早、中熟品种一般在落叶前 30~50 d 施入，晚熟和极晚熟品种在果实采收后尽早施入。秋施基肥以条状沟施为主，一般施肥沟深度 30~40 cm。在秋施基肥的基础上，再根据桃树的年龄和各物候期生长发育对养分的需求状况决定追肥的时期、种类和数量。追肥以钾肥为主，对于土壤肥力较高的桃园，追肥一般在硬核后果实第 2 次迅速生长期进行。对于土壤肥力较差且保肥保水性也差的桃园，应该适当增加追肥的次数与数量，一般于萌芽前、硬核期和果实第 2 次迅速生长期追肥，且氮、磷、钾肥配合施用。

（3）灌水和排水

良好的桃园水分环境，不仅是树体正常生长的要求，而且直接影响果实的发育和品质的提高。在我国北方桃产区，春季干旱，此期正是桃树萌芽、开花、新梢营养生长和果实发育需水量大的关键时期，保墒提高地温和灌溉增加土壤水分含量对桃树生长发育和产量品质提高至关重要。桃树硬核期对水分敏感，缺水与水分过多都易引起落果，灌水量不宜多。秋季一般不灌水，使土壤保持适当干燥，但雨水少的年份，也可适当轻灌。

桃树怕涝，雨季必须注意排水。在平地、低洼地、黏重土壤所在地块易积水，可在树行间、园内路旁或四周开排水沟，排出积水。

2.3.6.2　整形修剪

（1）修剪时间

桃树的修剪分为生长季修剪和冬季修剪。生长季修剪可以及时调整树体和生长发育状况、树体及果园的通风透光状况、树体的枝类构成以及新梢的生长和果实发育的关系。因此，生长季修剪非常重要，生长季修剪常用的方法有抹芽、疏枝、摘心、拉枝。而冬季修剪主要采用疏枝、长放、短截和回缩的方法。

（2）主要树形

桃树喜光，自然生长时，中心干易消失而形成开心形树冠。幼树生长旺盛，发枝多，形成树冠快、结果早、丰产。目前生产上主要采用以下几种树形。

桃树修剪主要树形

①开心形。此树形是目前我国桃树主要应用的树形。干高 40~50 cm，有 3 个势力均衡的主枝，主枝间距离约 20 cm，基部角度为 40°~45°，在每个主枝外侧各留 1 个侧枝，作为第 1 侧枝。在第 1 侧枝的对侧选留第 2 侧枝，使两侧枝上下交错分布，每个主枝留 2~3 个侧枝。在选留侧枝的同时，多留枝组和结果枝。

②"Y"字形。适于较高密度栽培。干高 40~50 cm，每株留 2 个主枝，分别向东、西方向延伸，主枝呈半直立状态，与垂直方向夹角为 20°~30°。主枝上直接着生结果枝或小型结果枝组。

③主干形。适于密植栽培，干高 40~50 cm，树高约 2.5 m，有一个强健的中央领导干，其上直接着生 30~60 个结果枝。这些果枝的粗度与主干远远拉开，树冠直径<1.5 m，围绕主干结果，受光均匀。采用主干形密植桃园最好设立支架，扶直中心干，否则树冠易偏斜。

（3）不同年龄时期的修剪特点

①幼树期。幼树生长旺盛，形成大量发育枝，花芽数量少。修剪的任务是：尽快扩大树冠，基本完成整形任务，缓和树势，促使早成花、早结果，同时注意结果枝组的培养。定植后前 3 年，选出生长势较强、着生方位和角度适宜的新梢作为主枝进行培养。具体做法是通过抹芽、摘心、疏枝等修剪方法控制其他枝梢的长势。除主枝外，其他保留下来的新梢采取轻截，少疏。对过密枝和无利用价值的徒长枝从基部疏除。

②盛果期。桃树定植后 5~6 年进入盛果期，此期是桃树产量最高的时期。修剪的关键是维持树势，保持结果能力，延长盛果期年限和防止骨干枝下部光秃。盛果期桃树绝大

部分为果枝。长、中果枝所占比例较大，短果枝随着树势减弱逐渐增多。盛果期桃树夏季修剪主要采用疏枝的方法，通过疏除过密枝梢、徒长枝以及对光照影响严重的枝组，改善通风透光条件，促进果实着色和提高果实的内在品质。对于树体内膛等光秃部位长出的新梢，应保留一定长度进行短截。盛果期桃树冬季修剪采用长枝修剪的方式，果枝修剪以长放、疏剪、回缩为主，基本不短截。在下部枝条衰弱、数量很少的情况下，为了增强下部枝条的生长势，可少量短截部分过弱枝条。

2.3.6.3　花果管理

(1)疏果

①负载量。负载量要根据品种、树龄、树势确定。一般采取"以果定产"方式，每亩最终留果约 12 000 个。一般长果枝大型果留 2 个，中型果留 2~3 个，小型果留 3~4 个；中果枝大型果留 1~2 个，中型果留 1~3 个，小型果留 2~3 个；短果枝和花束状果枝均留 1 个果或 2~3 个枝留 1 个果。

②疏果时间和对象。不同品种按成熟期早晚，先疏早熟品种，最后疏晚熟、极晚熟品种。一般早熟品种在花后 15~20 d 疏果；中熟品种在花后 25 d 疏果；晚熟品种在花后 45 d 内疏果结束。疏果时先疏病虫果、畸形果、机械损伤果、萎缩果、表面污染果、小果，以及无生长空间的果实。

(2)果实套袋

套袋是提高果实外观品质的一项重要措施，在我国桃生产中广泛应用。桃果实套袋有利有弊，套袋的优点是：防止病虫对果实的危害；有效降低农药残留；使果面更干净、着色更均匀、色泽更鲜艳，果实的商品性更好。套袋的缺点是：费时、费力，增加了管理成本，降低了果实含糖量及耐贮运性。

①果袋选择。果袋类型主要有塑料膜袋和纸袋，纸袋又分单层和双层。纸袋对改善桃果实着色及品质的影响效果优于塑料膜袋。不同品种对纸袋的选择类型不同，一般早、中熟品种使用单层纸袋，晚熟和极晚熟品种使用双层纸袋。双层纸袋以外黑内黑、外黄内红和外红内黑纸袋效果好。

②套袋时间和方法。桃果套袋时间从疏果后开始到当地主要危害果实的病虫害发生前完成。早中熟品种在生理落果(硬核期)即谢花后 35~45 d 套袋，中晚熟桃可推迟到谢花后 45~55 d 套袋。套袋时间以晴天上午 9:00~11:00 和下午 15:00~18:00 为宜，避开中午强光时段和雨天。套袋前应彻底对树体及幼果喷施 1 次杀虫剂和保护性杀菌剂。套袋时，先撑开纸袋并使其膨起，果袋两底角的通气排水孔张开。果实套入果袋后，使幼果悬空于袋内中央，果柄或母枝对准袋口中央缝，用扎丝将果袋固定在果枝上，并扎紧袋口，以避免害虫、雨水和药水进入袋内。套袋顺序应先上后下，先里后外。

③除袋时间。易着色品种套单层纸袋，在采收前 5~7 d 除袋；难着色品种套单层纸袋在采收前 10~12 d 除袋；套双层纸袋在采收前 10~15 d 除去外层袋，采前 5~10 d 再去内层袋。摘袋过早或过晚都达不到预期效果。

(3)铺反光膜

桃树冠下部和内膛的果实往往因光照不足而着色差，果实着色期于地面铺反光膜对促进树下部及内膛果实着色和果实含糖量有显著效果。

①铺反光膜时间。铺反光膜的时间为果实着色期(采收前 15～20 d)。此期果实着色快，效果好，进行套袋的果园在除袋后立即进行。

②铺反光膜方法。铺膜方法是将反光膜顺树行平铺于树冠下的地面，范围以树冠投影处为主，边缘与树冠外缘齐，一般在树干两侧地面顺行向铺设宽 1.5 m 的长条幅反光膜。

2.3.6.4 果实采收

(1)采收前的准备

在果实采收前应准备采果工具，如采果篮、周转箱、梯凳等；采果篮大小以装果 10～15 kg 为宜。周转箱可用塑料周转箱最佳，轻便、牢固、耐用、内壁光滑。如用木箱作为周转箱时，其内壁一定要光滑干净，以免刺(碰)伤果实。采果梯宜选用双面梯，根据树体高大程度调节高度；结果部位较低时可使用高凳进行采收。

(2)采收时间

果实适宜的采收时间主要根据果实成熟度、采后的主要用途和市场需求来确定。果实远途运输或较长时间贮藏时，在果实七成熟时采收，此时的果实大小已基本定型，果皮绿色减退，开始呈现本品种固有的色泽和风味，但果肉硬度较大，食用品质稍差。果实就地销售鲜食、短距离运输和短期冷库贮藏时，在果实八成熟时采收，此时的果实呈现出该品种固有的色、香、味，食用品质最好。适宜的成熟采收时期确定后，具体的采收时间一般在晴天的上午 9:00 以前或者下午气温较低的情况下采收。

(3)采收方法

果实采摘从树顶由上往下、由外向里逐渐采摘，采摘时动作要轻，轻拿轻放。此外，注意要根据果实成熟度，分批采收。

小　结

桃为蔷薇科李属植物，是温带地区最重要的经济林树种之一。桃富含多种营养物质，也具有较高的药用价值，近年来桃的观赏价值也正被越来越多地开发利用。桃树为浅根性树种，多数根系集中分布在 0～40 cm 土层内。桃树的芽根据性质分为叶芽、花芽和潜伏芽，潜伏芽数量少且寿命短。桃树成花容易，大部分品种为完全花，能自花授粉结实。桃果实生长呈双"S"形生长曲线。桃树喜光、喜冷凉温和的气候条件，耐旱忌涝。桃以嫁接繁殖为主，山桃与毛桃是应用最广泛的砧木。桃树适宜在阳光充足、地势高燥、土层深厚、水源充足且排水良好的地块建园。科学、合理的土肥水管理、整形修剪和花果管理是桃树实现早果、丰产、优质、高效栽培的基础。桃树对氮素反应敏感，对钾的需要量较大，桃园施肥要以秋施基肥为主，再根据桃树的年龄时期和各物候期生长发育对养分的需求状况决定追肥的时期、种类和数量。桃树硬核期对水分敏感，缺水与水分过多都易引起落果。桃树怕涝，雨季必须注意排水。桃树主要采用自然开心形、"Y"字形、主干形等树形，生产中必须重视生长季修剪。疏果、套袋、铺反光膜是桃园常采用的改善桃果实品质的花果管理措施。桃果实适宜的采收时期根据果实成熟度、采后的主要用途和市场需求确定。

思考题

1. 普通桃的变种有哪些？其主要特性是什么？
2. 简述桃的生长结果特性。
3. 桃生产中常用的树形有哪些？简述其特点。
4. 桃园常用的土壤管理方法有哪些？简述其特点。
5. 提高桃果实品质的栽培技术措施主要有哪些？

2.4　樱桃栽培

2.4.1　概述

樱桃为温带落叶经济林树种，具有重要经济价值。主要包括中国樱桃［*Prunus pseudocerasus*（Lindl.）G. Don］、欧洲甜樱桃［*P. avium*（L.）Moench］和欧洲酸樱桃（*P. cerasus* L.）。其中欧洲甜樱桃，又称车厘子、甜樱桃，具有粒大、色艳、味美、营养丰富等特点，单果重是我国特有种樱桃（又称小樱桃）的 2~6 倍。甜樱桃目前已逐步取代了小樱桃，发展潜力较大，已成为助力我国农业产业结构调整的重要新型经济林树种之一。

（1）经济价值

樱桃是我国近 20 年来发展最快的经济林树种之一，由于其上市早，有"春果第一枝"的美誉，还具有单位面积产值高、市场需求量大的优势，故将其列为重要的新型经济林树种，其栽植区域已从环渤海地区扩展到渭河、黄河、淮河沿线以北和西南高海拔地区，樱桃产业已经成为一些重点农林产区的优势经济林产业。按投入产出效益计算，樱桃单位面积收益在水果中居于首位。此外，其果实色艳、味美、营养丰富（富含葡萄糖、果糖、苹果酸、维生素 C 等营养物质和铁、钙、钾、镁等矿质元素），深受消费者欢迎。我国目前生产的甜樱桃售价每千克可达 60 元，且在大城市周边的樱桃园，通过休闲观光采摘，获得的经济效益更高（如 2015 年北京甜樱桃观光采摘收入占全市甜樱桃生产总收入的 71.8%。盛果期樱桃亩产 1000~1300 kg，每千克批发价 10~20 元，果农每亩收入上万元）。种植樱桃不仅可以使农民增收，而且可以防风治沙，其经济、社会和生态效益均显著，发展前景广阔。

樱桃发展前景

（2）栽培历史和现状

中国樱桃又称小樱桃，为我国特有物种，原产于我国长江中下游地区，至今已有 3000 多年历史。古时称为莺桃、楔桃、荆桃、樱珠等。在《礼记·月令》《吕氏春秋》和《西京杂记》中均有记载，樱桃性喜温和而稍带湿润的气候，抗寒力较弱，春季开花早，最忌霜冻。据文献记载，我国樱桃种植主要分布在山东、江苏、安徽、浙江、河南、湖北、四川、重庆、云南、贵州、陕西及甘肃。

中国樱桃由于果粒小、不耐贮藏，逐渐被欧洲甜樱桃所代替，种质资源流失严重。但其果实成熟期比甜樱桃早上市 10~15 d，因此中国樱桃在我国陕西南部、江苏、浙江等地仍作为商品果栽培，科研人员也在持续开展中国樱桃新优品种选育及种质资源保护工作。

欧洲甜樱桃原产于高加索山脉的南部及里海、黑海邻近地区，后传到欧洲，其在我国的栽培始于 19 世纪 70 年代。据记载，1871 年，美国传教士尼维斯（J. L. Nevius）把首批甜樱桃苗木引入我国，种植在山东省烟台市东南山；1880—1885 年，烟台莱山村民王子玉从朝鲜引进'那翁（Napoleon）'品种；1890 年，烟台芝罘农民朱德悦通过美国船员引进'大紫（Black Tartarian）'品种。19 世纪末不断引入我国的欧洲甜樱桃，多种植于北方的寺庙和家庭院落，仅在胶东半岛和辽宁大连等地零星栽培。1887 年，从俄国引入欧洲酸樱桃，栽植到新疆塔城，后又发展到阿克苏、喀什等地区。欧洲甜樱桃在 20 世纪 80 年代逐渐开始了规模化商业栽培，20 世纪 90 年代大面积推广。2020 年，我国樱桃栽培面积约 26.67×10^4 hm^2，总产量约 170×10^4 t，其中甜樱桃露地栽培面积约 23.33×10^4 hm^2，甜樱桃温室种植面积约 1.3×10^4 hm^2，并在我国形成 2 个优势栽培区：一是以山东烟台、泰安，辽宁大连，北京和河北秦皇岛等地为主的环渤海湾地区；二是以陕西、山西、河南、甘肃、四川、云南、新疆为主的陇海铁路沿线及西部新发展地区。

2.4.2 主要种类和优良品种

（1）主要种类

樱桃是蔷薇科（Rosaceae）李亚科（Prunoideae）李属（Prunus）植物。李属植物约有 120 种，其中在我国栽培应用的主要有：中国樱桃、欧洲甜樱桃、欧洲酸樱桃、马哈利樱桃[正名为圆叶樱桃，P. mahaleb（L.）Mill.]和毛樱桃[P. tomentosa（Thunb.）Wall.]等种，最具栽培价值的是中国樱桃、欧洲甜樱桃和欧洲酸樱桃。

①中国樱桃。落叶乔木，原产我国云南、贵州、四川和陕西秦岭一带。在我国久经栽培、育种，品种颇多。为我国特有栽培种，在我国陕南、江苏、四川等偏南地区栽植较多。该种易分枝、嫩梢无毛或稍有毛。叶片呈卵圆形至阔卵圆形，柔软、表面无毛、叶背侧脉上或稍有短毛，顶端渐尖、基部圆形，叶缘有尖锐重锯齿，齿端有小腺体。花期 3~4 月，花白色，1 个花芽有 2~5 朵花，花萼有短毛。果期 4~5 月，果实小，呈圆球形，直径 1.2~1.8 cm，果梗长 0.9~1.9 cm，果皮一般为红色，也有呈淡黄色的。果实成熟期极早，在陕南约在 4 月中旬成熟。2N=32。

②欧洲甜樱桃。为主要鲜食栽培种。乔木，树势强，树龄长，可达 100 年。枝条直立，树皮暗灰褐色。叶片大，呈长卵形或卵形，先端渐尖；叶缘具重锯齿，齿端有褐色腺体。叶背有柔毛；叶柄长 2~7 cm，呈暗红色，有 1~3 个腺体（圆形或椭圆形，多为红色）。花期 3~4 月，花白色或白粉色，1 个花芽内有花 1~4 朵，雄蕊 34~36 枚。萼片红色，向外反转。果期 5~6 月，果实较大，直径 3~4 cm。果皮多呈红色、紫红色、黄色、黄底红晕色。果梗长约 4 cm。果肉与果皮不易分离。果肉呈黄色或红色，肉质柔软脆硬，味甜或酸甜，离核或黏核。2N=16，24，32。

③欧洲酸樱桃。为主要加工栽培种。原产亚洲西部以及欧洲东南部，是甜樱桃和草原樱桃的种间杂交种，经育种专家多年选育，已经形成较多栽培品种。灌木或小乔木，易生根蘖。树皮为灰色，枝条细长而密生。叶片呈短卵形或倒卵形，革质，叶缘有细密重锯

齿，叶背无毛。叶柄有腺体 1~4 个(有时发育不完全)。花期 4~5 月，花白色，每花芽内有花 1~4 朵，雄蕊约 39 枚。萼片红色，向外反转。果期 6~7 月，果实较欧洲甜樱桃稍小，圆球形或扁球形。果皮与果肉不易分离，味酸。2*N*=32。

④毛樱桃。为我国特有种，灌木或小乔木，原产于我国黑龙江、吉林、辽宁、内蒙古、河北、山西、陕西、甘肃、宁夏、青海、四川等地区。小枝紫褐色或灰褐色，嫩枝密被绒毛到无毛。叶片互生或 4~5 片簇生，叶呈倒卵形或椭圆形，长 3~6 cm，宽 1.0~3.5 cm，叶面暗绿色或深绿色，多皱，被疏柔毛，叶背灰绿色，密被灰色绒毛或以后变为稀疏，叶缘有粗锐锯齿，叶柄长 2~9 mm。花期 4~5 月，花多为白色，亦有粉色或桃红色。果期 6~8 月，果实小，呈圆形或椭圆形，直径约 1 cm。果皮多呈鲜红色，亦有白色或黄色，果皮上有短柔毛，果梗极短。果实味甜或酸甜，多用于加工。通常作为观赏树木，抗寒力强，对土壤适应性亦强，是优良育种材料。

⑤马哈利樱桃。乔木，原产于中欧、南欧、高加索地区，以及土耳其和伊朗一带，久经栽培，常用作樱桃砧木。叶革质，卵形、近圆形或椭圆形，先端骤尖或急尖，基部圆形，边缘有圆钝锯齿，齿端有小腺体，托叶卵状披针形，叶边有腺齿。花期 3~4 月，伞房总状花序，花瓣白色，膜质。果期 6~7 月，核果成熟后黑色，近圆形。抗根癌病、抗寒性、抗旱性强，生长旺盛。在我国主要推广的砧木品种是马哈利'CDR-1'和'CDR-2'，呈雄性不育特征。马哈利樱桃适宜于陕西渭北、关中、陕南及甘肃、山西、河南、河北、辽宁、新疆等干旱、半干旱同类地区栽植。2*N*=16。

(2)优良品种

①早熟品种。主要有'秦樱 1 号''红灯'和'桑提娜(Santina)'等品种。

'秦樱 1 号'：为法国'波兰特'的芽变品种，由西北农林科技大学选育，果实早熟、自花不育。在陕西西安花期为 3 月中下旬，果实发育期 35 d，果实成熟期为 5 月上旬，比'红灯'早 10 d。果形为心形，果实表面颜色为紫红色，有光泽，平均单果重 8 g，平均可溶性固形物含量约 16%，果实可食部分占果实及果柄总质量的 91.7%。果实酸甜适中，品质优。

甜樱桃部分
优良品种

'红灯'：早熟、大果型甜樱桃品种，自花不育，亲本为'那翁'×'黄玉'，由辽宁省大连市农业科学研究所选育，为我国自主选育品种。树势强、生长旺盛，幼树直立性强，进入结果期偏晚，一般 4 年生树开始结果。在陕西西安 5 月中上旬成熟，果实肾形，平均单果重 9.6 g，最大单果重 10.9 g，纵径 2.2 cm、横径 2.75 cm；果皮紫红色，有光泽，果肉较软，可食率达 92.9%，风味酸甜，平均可溶性固形物含量为 17.1%，总糖 14.48%，总酸 0.92%，维生素 C 含量 16.89 mg/100 g。

'桑提娜(Santina)'：为加拿大 1996 年选育的早熟品种，亲本为'Stella'×'Summit'。果实卵圆形，平均单果重 9.5 g，果皮黑色，果柄中长。果肉硬，味甜，平均可溶性固形物含量 17.0%。较抗裂果。果实较'先锋'早熟 8 d，丰产，果实成熟期比'秦樱 1 号'晚 2~10 d。

②中熟品种。主要有'布鲁克斯(Brooks)''含香''先锋(Van)''艳阳(Sunburst)''雷尼(Rainier)''萨米脱(Summit)'和'(凯美)Carmen'等品种。

'布鲁克斯(Brooks)'：为美国中早熟品种，父母本为'Rainier'×'Early Burlat'。果实成熟期比'秦樱 1 号'晚 10~17 d。果顶平、稍凹陷，果皮深红色，果实成熟度一致。果型中大，平均单果重 10.5 g，盛果期果实坐果过多时果实趋于变小。果实极甜，平均可溶性固形物含量 16.8%，糖酸比 15.54；肉质硬脆，总硬度（含皮）达 199.7 g/mm，为'红灯'的 2.3 倍，但易裂果；可食率达 96.10%，耐贮运，在 0~5 ℃下贮藏 30 d 以上风味不变。树势强，树冠扩大快，中、长果枝均可成花结果，初结果树以中、短枝结果为主，成龄树以短果枝结果为主。

'含香'：俄罗斯 1993 年育成，亲本为'尤里亚'ב瓦列里伊契卡洛夫'，引入我国辽宁，被命名为'含香'（又称'俄罗斯 8 号'），中早熟品种。成熟期比'红灯'晚 10~15 d。树势强健、生长旺盛，树姿开张；萌芽率高、成枝力强；易成花、短果枝结果能力强、坐果率较高，早产、极丰产，定植 3 年见果。果实宽心形，双肩凸起、宽大；梗洼宽广、较深；有顶洼，较窄小，靠腹面一侧有一小凸起；腹部上方有一道纵向隆起；背面有一纵沟，较宽；缝合线较宽，紫黑色、明显。果实完熟黑红色、硬度高，带皮硬度为 5.84 kg/cm²；果个大，平均单果重 12.9 g；果肉肥厚硬脆、深紫红色、风味佳，甜香味浓，甜带微酸，平均可溶性固形物含量 18.9%、总酸 0.69%，其中柠檬酸 0.40%；可食率 95.17%。

'先锋（Van）'：加拿大中熟品种，自花不育。树势强，枝条粗壮，萌芽率高，成枝力强；幼树易成花、早果性强、果实成熟度一致；抗寒性强，丰产性、稳产性强，也是优良的授粉品种。果实心形，平均单果重 7.5 g，最大果重 10 g；缝合线和背侧稍凹，对称，果肩明显；果柄短；果面底色白，极富光泽，完熟呈紫黑色，果肉黄至粉红色，肉质硬脆、多汁，酸甜可口，平均可溶性固形物含量 17.5%，半离核，果实可食率达 91.8%。果实发育期约 60 d，在陕西西安成熟期为 5 月中下旬。耐贮运，常温可贮藏 7 d。

'艳阳（Sunburst）'：加拿大中晚熟品种，自花结实。亲本为'Van'ב Stella'，1995 年由陕西省果树研究所从匈牙利引进。树势强旺，早果性、丰产性强。在陕西西安地区 3 月中旬萌芽，开花盛期为 3 月底。果形为心形，表面颜色为紫红色，有光泽，果实酸甜适中，果肉硬，耐贮运，品质优。果实发育期 56 d，成熟期比红灯晚 15 d。果实极大，平均单果重 12 g，最大 24.7 g。果实可溶性固形物含量 17.6%，可溶性总糖含量 14.39%，总酸 0.41%，糖酸比为 35.1，可溶性蛋白质含量 11.19%，果实维生素 C 含量 16.47 mg/100 g，果实可食率达 94.5%。适宜于我国樱桃主栽地区栽植。

'雷尼（Rainier）'：美国中熟品种，自花不育，亲本为'Bing'ב Van'。树势强健，萌芽率较高，成枝力强，自然坐果率高。果实宽心形、果皮底色黄色，向阳面具鲜红色晕，光照良好时可全色，鲜亮。果个大，平均纵径 2.35 cm、横径 2.93 cm、平均单果重 10.5 g，可溶性固形物含量可达 20.5%，肉质细脆、风味酸甜，可食率 93.8%。花粉量大、品质佳，是优良的授粉品种和鲜食品种。

'萨米脱（Summit）'：加拿大中晚熟品种，亲本为'Van'ב Sam'，自花不育。树势强旺，树姿半开张，早产性好，中短枝易形成腋花芽，坐果成串。果实长心形、果顶尖，缝合线明显，缝合线一面较平，并在中下部有明显的浅凹。果皮紫红色，果个大，平均单果重约 10 g，最大果重 18 g。果肉粉红色、较硬、肥厚多汁，平均可溶性固形物含量 18.5%。丰产性好，成熟期一致，耐贮运，是优良的甜樱桃品种。

'（凯美）Carmen'：匈牙利中晚熟品种，自花不育，由西北农林科技大学从匈牙利引进。树势中等，产量高。果个大，横径 26.2~31.22 cm，平均 28.68 cm；纵径 26.60~

28.48 cm,平均 25.13 cm;平均单果重 11.72 g,最大可达 15.22 g。果实宽心形,腹缝线凸,果皮深红、有光泽;果肉红色、硬脆,平均硬度 174.42 g/mm,最大硬度 243.00 g/mm;果核很小。成熟期比'Bigarreau Burlat'约晚 10 d。适宜授粉树有:'Katalin''Aida''Van''Vera''Sumburst''Germersdorfi''Krupnoplodnaja''Alex'等。

③晚熟品种主要有'吉美''Sylvia''柯迪亚(Kordia)''雷吉娜(Regina)'和'甜心(Sweetheart)'等品种。

'吉美':由西北农林科技大学实生选育,属'Germersdorfi'自然杂交种,自花不育。树势强旺,易形成花芽,开花晚。果实晚熟,早果性、丰产性强。果实发育期 61 d,成熟期在陕西西安地区为 5 月底至 6 月上旬,比红灯晚 25 d。果柄长(4.96 cm),果实心形,果个大,平均单果重 10.4 g,最大单果重 21.6 g;果实表面颜色为紫红色,果实酸甜适中,固酸比为 31.37,平均可溶性固形物含量 17.2%,可溶性总糖含量 13.1%,总酸度 0.42%。可溶性蛋白质含量 11%,果实维生素 C 含量 14.40 mg/100 g,果实可食率 93.1%。果肉硬脆、耐贮运、果实平均硬度为 213.47 g/mm。该品种抗寒、抗晚霜,适宜于我国樱桃主栽地区栽植。

'Sylvia':晚熟品种,由西北农林科技大学从匈牙利引进。果实心形,果形整齐端正;紫红色,有光泽,着色均匀一致,平均单果重 9.73 g。果肉红色,肉质细脆,平均可溶性固形物含量 16.7%,最高达 18%,微酸或无酸,可食率 92.5%,品质上等。果实硬脆、耐贮藏,平均硬度为 238.74 g/mm,硬度可达 297.7 g/mm;果实发育期 59~61 d;抗裂果。花期较耐低温和高温,果实成熟期在陕西铜川为 5 月中下旬,连续丰产性好。

'柯迪亚(Kordia)':捷克于 1981 年从不知名亲本杂交选育的晚熟樱桃品种,2000 年由西北农林科技大学从匈牙利引进。异花授粉,自交不亲和 S 基因型 S_3S_6。果实暗红色,光泽鲜亮,果肉紫红色,果汁红色,果梗长。平均单果重 12.45 g,纵径 25.26 cm,横径 29.03 cm;平均可溶性固形物含量 16.96%,总酸 1.20%,固酸比 14.8。果肉硬脆,平均硬度 187.42 g/mm,最大可达 235.20 g/mm。

'雷吉娜(Regina)':1957 年德国乔克研究所选育的晚熟品种,亲本为'Schneiders Spate Knorpel'דRube',由西北农林科技大学从匈牙利引进。树势旺盛,树冠金字塔状,树姿开展,下垂。生产力很强。花期晚,在陕西铜川 4 月上旬开花,异花授粉,自交不亲和 S 基因型 S_1S_3。果实扁圆或圆形,果皮暗红色,果个中大,平均单果重 9.4 g。品质佳,肉质硬脆、耐贮运,平均硬度为 244.31 g/mm,硬度最高可达 306.00 g/mm;平均可溶性固形物含量 17.24%,总酸 1.53%,固酸比 11.63,可食率 93.69%。果实成熟期比'Burlat'晚 28~35 d,在铜川 6 月中下旬采收。

'甜心(Sweetheart)':加拿大晚熟或极晚熟品种,亲本为'Van'×'New Star',后引入我国。生长势中庸,树姿开张,萌芽率高,成枝力中等,结果早,极丰产。花期晚,在铜川地区 4 月上旬开花,自花授粉。果实圆形或心形,果个中等,单果重 8.5~11.7 g,用马哈利'CDR-1'做砧木时,盛果期大果率较高。果皮红色,果肉极硬,平均硬度 252.61 g/mm,最高可达 273.50 g/mm;风味酸甜,平均可溶性固形物含量 15.89%,总酸 2.91%,固酸比为 5.68,可食率 92.88%。果实成熟期比'Burlat'晚 35~40 d,在陕西铜川采收期为 6 月中下旬。

2.4.3 生物学和生态学特性

2.4.3.1 生物学特性

(1)根系

樱桃为浅根性树种，其根系生长因樱桃种类、繁殖方式、土壤类型不同而有所差异。中国樱桃实生苗在种子萌发后有明显的主根，但当幼苗长到5~10片真叶时，主根发育减弱，由2~3条发育较粗的侧根代替，因此中国樱桃实生苗无明显的主根，须根发达，水平伸展范围广，一般集中分布在5~35 cm土层内，以20~35 cm土层最多。甜樱桃实生苗在第1年的前半期主要是主根发育，主根达一定长度时发生侧根，根系分布深、较发达。目前生产上常用的甜樱桃砧木主要有中国樱桃系列、酸樱桃系列、考特、马扎德、马哈利系列、吉塞拉系列等砧木品种，马哈利系列根系较发达，主根长4~5 m，其根系主要分布在20~80 cm深的土层里。欧洲酸樱桃和山樱桃实生苗根系比较发达，可发育3~5个粗壮的侧根。扦插、分株和压条等无性繁殖的苗木根系是由茎上产生的不定根发育而成，其特点是没有主根，都是侧生根，根量比实生苗大，分布范围广，且有两层以上根系。

土壤条件和管理水平对根系生长有重要影响。砂壤土透气性好，土层深厚，管理水平高时，樱桃根量大，分布广；而土壤黏重，透气性差，土壤贫瘠，管理水平差，则根系不发达。据调查，以中国樱桃为砧木的20年生大紫樱桃品种，在良好的土壤和管理条件下，其根系主要分布在40~60 cm的土层内，与土壤和管理条件较差的同龄树相比，根系数量几乎多一倍。

(2)芽

樱桃的芽按性质可分为花芽和叶芽2类。甜樱桃的顶芽都是叶芽；侧芽有叶芽，也有花芽，因树龄和枝条生长势不同而有差异。幼树或旺树上的侧芽多为叶芽，成龄树和生长中庸或偏弱枝上的侧芽多为花芽。一般中、短果枝下部5~10个芽多为花芽，上部侧芽多为叶芽。在休眠期，侧花芽比较肥圆，呈尖卵圆形；叶芽瘦长，呈尖圆锥形。花芽一般早于叶芽萌动。

樱桃的萌芽力较强，各种樱桃的成枝力有所不同。中国樱桃和酸樱桃成枝力较强；甜樱桃成枝力较弱，一般在剪口下抽生3~5个中、长发育枝，其余的芽抽生短枝或叶丛枝，基部极少数芽不萌发成为潜伏芽(隐芽)。在不同品种和不同年龄时期，甜樱桃的萌芽力和成枝力也有差异，'那翁''雷尼''宾库'等品种萌芽力较强，但成枝力较低。幼龄期樱桃，萌芽力和成枝力强，进入结果期后逐渐减弱。樱桃潜伏芽的寿命较长。中国樱桃70~80年生的大树，当主干或大枝受损或受到刺激后，潜伏芽便可萌发枝条更新原来的大枝或主干；甜樱桃20~30年生的大树其主枝也很容易更新，这是樱桃维持结果年龄、延长寿命的优良特性。

(3)枝条

樱桃的枝条按其性质可分为营养枝(也称发育枝)和结果枝2类。营养枝着生大量叶芽(无花芽)，主要形成树冠骨架和增加结果枝的数量，其中前部的芽抽枝展叶，扩大树冠，中后部的芽则抽生短枝和形成结果枝。结果枝主要着生花芽，也着生少量叶芽，第2年可以开花结果。樱桃的结果枝按其长度和特点分为混合枝、长果枝、中果枝、短果枝和花束状果枝 5 种类型。

(4) 花芽分化

甜樱桃花芽分化的特点是分化时间早、分化时期集中、分化速率快。一般在果实采收后约 10 d 花芽便大量分化,在山东,甜樱桃花芽分化一般在 6 月下旬至 7 月上旬,整个分化期需 40~45 d。分化时间与果枝类型、树龄、品种等因素有关。花束状果枝、短果枝比长果枝和混合枝早,成龄树比生长旺盛的幼树早,早熟品种比晚熟品种早。

(5) 开花坐果

樱桃对温度反应较敏感。当日平均气温约 10 ℃时,花芽便开始萌动。日平均气温约 15 ℃时开始开花,花期 7~14 d,长时 20 d,品种间相差 5 d。中国樱桃比欧洲甜樱桃开花早约 25 d,常在花期遇到晚霜危害,严重时绝收。因此,在开花期要密切注意天气变化,必要时采取防霜冻措施,以减轻危害。

不同樱桃种类自花结实能力差别很大。中国樱桃和酸樱桃自花授粉结实率很高,在生产中,无论是露地栽培还是保护地栽培,无须配置授粉品种和人工授粉,仍能实现高产。而甜樱桃大部分品种自花不实,若单栽一个品种或虽混栽几个花粉不亲和的品种,往往只开花不结实,因此在建甜樱桃园时,要特别注意搭配有亲和力的授粉品种,并进行花期放蜂或人工授粉。

(6) 果实生长发育

樱桃果实生长发育期较短。一般来说,中国樱桃从开花到果实成熟需 40~50 d;甜樱桃早熟品种 30~40 d,中熟品种约 50 d,晚熟品种约 60 d。甜樱桃的果实发育可分为 3 个阶段:第 1 阶段为第 1 次速长期,自坐果至硬核前,历时约 25 d,主要特征是果实迅速膨大,果核增长至果实成熟时的大小,胚乳发育迅速;第 2 阶段为硬核期,是核和胚发育,历时 10~15 d,主要特征是果核木质化,胚乳逐渐为胚发育吸收消耗;第 3 阶段自硬核到果实成熟,主要特点是果实第 2 次迅速膨大并开始着色,历时约 15 d 成熟。在果实成熟期,樱桃果实是光合产物的主要贮存器官,在采收期 24 h 内,摘去果实可使樱桃叶片光合效率下降 43%,叶内淀粉含量增加 59%。更为重要的是,果实总重量的 25% 是在采收前 7 d 增加的。因此,在采收期保持叶片健康及充分的土壤水分对于果实增大和内在品质的提高尤为重要。成熟期的果实遇雨容易裂果腐烂,要注意调节土壤湿度,防止干湿变化剧烈。

2.4.3.2　生态学特性

(1) 温度

樱桃喜温暖而不耐严寒,适宜种植在年平均气温 8~12 ℃的地区。樱桃的营养生长期较短(约 180 d),果实成熟早,新梢生长集中在前期,因此大部分地区生长季积温对樱桃影响不大。夏季高温对樱桃也没有直接伤害。高温虽能引起干旱,对樱桃生长不利,但在水分充足时,樱桃能耐高温。冬季低温是限制甜樱桃等向北分布的重要因子。对樱桃产量影响最严重的是早春霜冻和低温。在花芽萌动和开花期,短期降温到 -3.5~0.5 ℃会使樱桃发生冻害。但酸樱桃和杂交种的耐寒力较强,欧洲樱桃的抗寒力较中国樱桃强。一般品种在冬季气温降至 -25 ℃以下时,枝梢和根颈部有受冻害的可能(米邱林育成的抗寒杂种能抗-40~-30 ℃），所以在东北地区中部没有欧洲樱桃栽培，而均为毛樱桃。毛樱桃的抗寒力较强。

樱桃在开花期，气温不可过低。开花期如遇晚霜，花器易受冻害。樱桃花芽在不同发育阶段对低温抗性差异明显，休眠期花芽比发育期花芽抗性强，未开花前密集花序期花蕾抗冻性比盛花期花的抗冻性强。Salazar Gutierrez et al.（2014）通过热差异分析和冷冻试验，结合樱桃花芽显微解剖分析，揭示了甜樱桃品种花芽 10%（LT_{10}）、50%（LT_{50}）或者 90%（LT_{90}）的冻害致死温度。樱桃从秋季到春季开花，休眠期花芽的 LT_{10} 值大约为-20 ℃，而在春季密集花序阶段，花芽的 LT_{10} 值仅为-6 ℃。在春季开花前，10%（LT_{10}）和 90%（LT_{90}）值之间温度差异值仅为 1~3 ℃，而从上年 11 月至翌年 3 月，该差异值为 7~10 ℃，说明春季霜冻对樱桃花芽造成的冻害程度远大于冬季。Szabo et al.（1996）的研究发现，在盛花期，气温降至-2.5 ℃，80%~100%甜樱桃花芽受到冻害，而在铃铛花期、同样低温下，几乎没有发生冻害。Asanica et al.（2014）研究发现，不同甜樱桃品种抗冻性也有差异，甜樱桃品种'Rivan''波兰特'和'科迪亚'在气温降至-1.5 ℃经过 1 h，40%~50%的花芽受到冻害，而'卡特林'和'雷吉娜'仅有 17%~20%的花芽受冻。因此，樱桃在花期要注意防霜冻，低温、降雨、强风对授粉均有不利。

（2）光照

樱桃属喜光树种，年日照时数需 2300~2800 h，仅次于桃、杏。但中国樱桃的某些类型较耐阴，酸樱桃的耐阴程度较甜樱桃强。根据对光的需要程度，由小到大依次为：中国樱桃、毛樱桃、酸樱桃和甜樱桃。在光照较好的条件下，果实成熟期早，着色好，如陕西宝鸡岐山县凤鸣镇八角庙村樱桃树栽植在平地，光照较好，花期和果实成熟期均比位于该村东南方向（约 8.5 km）的雍川镇三家村蒲下组樱桃树（阴坡）早 7 d。

（3）水分

樱桃需水但对水分条件非常敏感，既不耐旱也不耐涝。当土壤水分含量过高时，往往会导致叶片生长过度，不利于结果。当土壤水分含量较低时，特别是夏季供水不足，新梢、果实生长受到抑制，导致严重落果。果实成熟期，久旱初雨常会引致裂果，降低果实品质。一般年降水量 500~1000 mm 适合甜樱桃生长发育。樱桃对缺氧非常敏感，若土壤黏重，积水过多且排水不良，会导致土壤中的氧气不足，影响根系的正常呼吸，严重时会出现地上部流胶和根腐烂等现象；在土层较薄时，积水会使根系分布较浅，树体易倒伏，因此应及时排除樱桃园积水。

（4）土壤

甜樱桃属于浅根性树种，主根不发达，适宜种植于土层较厚、土质疏松、不易积水的地块，以保肥保水良好的砂壤土或砂质壤土为好，土层深度为 80~100 cm。甜樱桃耐盐碱能力较差，适宜种植于微酸性至中性土壤中，pH 值为 6.0~7.5，含盐量不高于 0.1%。在水分渗透性差或地下水位高的土壤中，雨季地下水位不应高于 100 cm。

樱桃对重茬地反应较为敏感，樱桃园砍伐后，应种植其他作物至少 3 年后才能再植樱桃。

总体来看，由于樱桃种类不同，对气候和土壤条件的要求也不同。中国樱桃原产于长江流域，所以适应温和而稍湿润的气候，耐寒力较弱，在长江流域栽培最盛，黄河流域少见。欧洲樱桃原产于亚洲西部和欧洲中部的夏季干燥地带，喜干燥冷凉气候，原产地的降水量 4~9 月为 91~264 mm，全年为 391~833 mm，故适宜在我国华北地区及辽宁南部、陕西、甘肃南部等地栽培。

2.4.4　育苗特点

欧洲甜樱桃和欧洲酸樱桃栽培品种以嫁接繁殖为主。樱桃砧木繁殖主要有 3 种方式：实生繁殖、组织培养和自根繁殖（扦插繁殖、压条繁殖、分株繁殖）。

2.4.4.1　主要砧木

常用的樱桃砧木有以下几种。

（1）马哈利系列樱桃砧木

西北农林科技大学从 1990 年开始进行甜樱桃矮化砧木的育种工作，选育出马哈利系列砧木，主要有马哈利'CDR-1'和马哈利'CDR-2'。

马哈利'CDR-1'：为马哈利自然杂交种。在陕西西安 3 月上旬萌芽，展叶期在 3 月中旬。花期 3 月中旬，果实在 6 月下旬成熟。抗根癌病、耐盐碱、早果性强，是适宜的樱桃半矮化砧。

马哈利'CDR-2'：母本为马哈利原种（*Prunus mahaleb*），父本为草原樱桃（*P. fruticosa*）。萌芽力和成枝力强，是适宜的矮化砧木，常用作中间砧。

该系列砧木的特点是：根系发达、耐盐碱、抗旱、耐寒、耐瘠薄地，适应性强；对根癌病抗病性强；种子发芽率高，嫁接亲和力强；嫁接品种矮化、早果性好；根系易受蛴螬为害；在干旱、盐碱度偏高、较寒冷地区表现出较强的抗逆性，在肥沃砂质土壤上表现更优。

（2）吉塞拉（Gisela）系列樱桃砧木

原产德国，由德国贾斯特斯·里贝哥（Justus Liebig）大学果树研究所选育，共选育出吉塞拉（Gisela）系列砧木 25 个，主要是种间杂交种（*P. cerasus×P. canescens*），其中最有价值的砧木品种有'Gisela 5''Gisela 6''Gisela 7''Gisela 9'和'Gisela 12'。目前，我国应用最多的是'Gisela 5'和'Gisela 6'，其适应性广，矮化性强；为三倍体杂种，基本不结种子，繁殖困难。根系小，易早衰；易感樱桃根癌病。近年在我国应用较多的还有'Gisela 12'（半矮化砧）。此系列砧木多采用扦插和组培繁殖。

（3）酸樱桃（*P. cerasus*）

在辽宁大连和河南郑州多用其生长势较强的乔木类型或半矮化类型。主要砧木品种有：'CAB6P''Weiroot 158''Edabriz''Victor'等。其特点是：耐寒力强，抗旱、抗病虫能力较强，与甜樱桃嫁接亲和性高，对土壤要求不严格，在较黏性的土壤上也表现良好；但生长势不旺，易生根蘖，不便管理。

（4）野生甜樱桃（Mazzard）

为甜樱桃实生砧木。其特点是：乔化砧木，种子发芽率高，与甜樱桃和酸樱桃嫁接亲和力强；嫁接后，幼苗和幼树生长良好，根系较发达，对地上部无抑制作用。可在最适于甜樱桃生长的地区及较黏重的土壤上采用。

(5)中国樱桃

在山东烟台地区广泛用作甜樱桃的砧木，俗称"草樱桃"。其主要特点是：播种和无性繁殖容易，与甜樱桃嫁接亲和力强，对土壤的适应性强，较抗病虫害；但抗根癌病性较差，在碱性土壤上易发生黄叶病。我国中国樱桃资源丰富，类型极多，可加以选择和利用。

2.4.4.2 砧木苗培育

(1)实生繁殖

实生繁殖是利用种子播种培育成苗木的方法，在隔离条件下育成的实生苗不带病毒，因此实生繁殖是防止感染病毒的重要途径之一。马哈利'CDR-1'、Mazzard、毛樱桃和中国樱桃适于实生繁殖，实生苗繁育主要包括以下几个环节：

①种子采集。选择品种纯正、生长健壮、无病虫害的采种母树，在种子充分成熟时采集。采种后去除果肉，以防堆积腐烂后造成温度过高而损伤种胚。樱桃果实发育期短，种胚发育不充实，干燥后种子容易失去生命力，因此种子去皮、洗净后，放在通风地方充分阴干，在阴凉处或4℃冷库中贮藏至10月下旬，进行沙藏处理，使其在适宜的温度和湿度条件下自然休眠。

②种子层积处理。沙藏时，选择背阴、干燥的地方，挖一贮藏沟，长度以种子数量而定，深、宽为50 cm×80 cm。先在沟底铺层5~10 cm厚的沙子，将种沙按1∶(3~5)比例混合均匀，湿度以手捏成团、手松一触即散为度；将混合好的种子与沙均匀地撒入沙藏沟内，每隔约1 m立一把秸秆，以利通气，最上面盖一层10~15 cm厚的细沙。

③播种。一般于2月下旬至3月上旬，当土壤温度为10~15℃时即可播种。采用宽窄行双行开沟播种，沟宽20 cm、深5~10 cm。播种前先在沟内浇水，采用点播，株距10 cm。播后覆2~3 cm细土，盖上地膜。

④苗期管理。播种后适时灌水、追肥、防虫，马哈利'CDR-1'当年秋季径粗为0.5~1.2 cm，在陕西关中地区一般于8月下旬至9月下旬即可进行嫁接。

(2)组织培养

根据外植体材料的不同，经济林木组织培养可分为茎尖培养、茎段培养、叶片培养和胚胎培养等。组织培养繁殖包括初代培养、继代培养、生根培养3个阶段。

①初代培养。属于组织培养前期接种阶段。樱桃组培常用的外植体材料主要为茎尖和茎段，四季均可接种培养。采集外植体时期以芽萌动前后取材料接种分化率最高、生长速率快；生长期取材，则以旺盛生长新梢的先端2~3 cm为宜；休眠期取材，要采成熟1年生枝上的饱满芽为外植体。以MS培养基为基本培养基，再添加适宜的6-BA、NAA、IBA、GA$_3$等生长调节剂，不同砧木品种添加生长素的种类和含量有差异。徐世彦等(2016)以'Gisela 5'茎尖为外植体进行组织培养，研究出适宜的初代培养基为：MS+0.5 mg/L 6-BA+0.2 mg/L IBA。

②继代培养。将已分化的丛生芽生长30~50 d转换至新的培养基，同时对丛生芽切割分苗，进行继代培养和扩大繁殖。培养基成分与初代培养基基本相同。

③生根培养。生根培养即切取继代培养中生长约30 d、长约2 cm的组培嫩梢，接种在生根培养基上，放置在培养室培养。生根培养基多采用1/2 MS培养基。徐世彦等(2016)发现'Gisela 5'最适宜的生根培养基为1/2 MS+0.2 mg/L IBA+0.4 mg/L IAA，生根率可达97.2%。

（3）自根繁殖

自根繁殖主要是利用经济林木营养器官的再生能力，发生新根或新芽而长成一个独立的植株。樱桃自根繁殖主要采取以下 3 种方法：

①扦插繁殖。是樱桃砧木繁殖的主要方法，采用硬枝扦插和嫩枝扦插均可。常用的生根剂主要有 IBA、NAA、ABT 等，扦插基质为河沙、珍珠岩、蛭石等。枝插是 Gisela 系列砧木、马哈利'CDR-2'的主要繁殖方法之一。

硬枝扦插：是用充分成熟的 1 年生枝条进行扦插，樱桃扦插在早春休眠期进行，可结合冬剪采集插条。扦插前将砧木剪成长 10～20 cm、具有 2～4 个芽的插穗，插穗最下面芽下方呈 45°～60°角斜剪，最上面芽的上方约 2 cm 处平剪。

嫩枝扦插：又称绿枝扦插，是利用半木质化的新梢在生长期进行带叶扦插。相对而言，嫩枝比硬枝易发根，但是嫩枝扦插对空气和土壤湿度要求严格，因此多用扦插棚或温室迷雾，控制温度在 25～30 ℃、空气相对湿度 85%～95%。嫩枝扦插主要在 6～9 月进行。插穗长度以 12～15 cm 为宜，剪去基部叶片，保留上部 2～4 片叶。插条上端剪成平口，下端剪成马蹄形斜口，注意下切口要靠近腋芽。插条随采随插，夏季气温高时，从大田剪的嫩枝要迅速浸泡在自来水中。

②压条繁殖。压条繁殖是在枝条不与母体分离的状态下，将枝条压入土中，促使压入部位发根，然后剪离母体成为独立新植株的繁殖方法。樱桃水平压多在 7～8 月雨季进行。压条时把靠近地面、有多个侧枝的 2 年生萌条水平横压于圃地浅沟内，然后覆土，覆土厚度以使侧枝顶部露出地面为宜。次年春季，将生根的压条分段剪开、移栽，供嫁接用。大青叶、兰丁系列及中国樱桃砧木可采用压条繁殖。

③分株繁殖。樱桃采用根蘖分株法繁殖，适用于'ZY-1'酸樱桃砧木和毛樱桃。根蘖分株繁殖适用于根系容易发生不定芽的树种。生产上多利用自然根蘖进行分株，为促使多发根蘖，可于休眠期或发芽前，将母株树冠外围部分枝干切断或造伤，并施以肥水，促使发生根蘖和旺盛生长，秋季或翌年春季挖出，分离栽植。

2.4.4.3　嫁接苗繁育

嫁接是繁殖樱桃苗木的主要方法，生产上通常采用带木质芽接（嵌芽接）和枝接。带木质芽接可在春、秋季进行，一般春季在 2～3 月、秋季在 9～10 月。枝接主要采用皮下枝接和双舌接法，于砧木树液流动期至旺盛生长期前进行。

樱桃苗木嫁接
视频

2.4.5　建园特点

2.4.5.1　园址选择

甜樱桃喜温暖、喜光、喜水、不耐涝、怕黏土及盐碱地，适宜种植在年平均气温 8～12 ℃的地区，中国樱桃作基砧要求的极端最低气温在-15 ℃以上，马哈利樱桃作基砧要求极端最低气温在-30 ℃以上，樱桃春化作用要求 7.2 ℃以下的低温为 1000～1400 h；年日照时长 2300 h 以上，其中 5～7 月不少于 300 h；年均降水量 500～1000 mm，其中 1～4 月约占全年降水总量的 50%。并且园地地形开阔、光照充足，土层较厚、疏松、不易积水，以保肥保水良好的砂壤土或砂质壤土为好，适宜种植的土壤 pH 值为 6.0~7.5，土壤含盐量低于 0.1%，雨季地下水位不超过 100 cm。如是坡地，宜选择背风向阳、坡度为 15°以下的南向或西南向缓坡地或台地。

樱桃对重茬地反应较为敏感，切忌在前植果树为核果类的果园建樱桃园。

2.4.5.2 栽植技术

(1)栽植方式和密度

平地、滩地和 6°以下的缓坡地采用长方形栽植，6°~15°的坡地采用等高栽植。矮化樱桃园采用(1.0~2.0)m×(3.5~4.5)m 的株行距；乔化樱桃园采用(3.5~4.0)m×(4.0~5.0)m 的株行距；"V"字形高密度设施栽培采用宽窄行栽植，株距 2.0~2.5 m，窄行行距 0.6~1.2 m、宽行行距 3~5 m。

(2)品种选择和授粉树配置

在海拔 800~1300 m 的地区宜选择晚熟品种，海拔 400~800 m 地区宜选择早、中、晚熟品种和专用加工果品种。欧洲甜樱桃仅少数品种有自花结实能力，绝大多数品种自交不亲和(self-incompatibility，SI)，自交后不结实或结实能力很低(0~5%)，因此建园时必须配置适宜的授粉品种。甜樱桃的自交不亲和性，会妨碍自花受精，也会阻止具有相同 S 基因型的品种间的异花授粉受精，因此在栽植前需预先知道品种的 S 基因型，以利于授粉树配置。当主栽品种与授粉品种果实的经济价值相近时，可采用等量成行配置，否则实行差量成行配置，配置比例为(4~6)：1。

甜樱桃的自交不亲和性及授粉品种配置

(3)栽植时间和方法

①栽植时间。春季在土壤解冻后(2 月底至 3 月初)栽植，秋季在土壤上冻前 10 月下旬至 11 月栽植。

②栽植方法。挖 50~80 cm 见方(或见圆)的栽植坑，将苗木放入坑中央，舒展根系，扶正苗木，边填土边提苗、踏实；栽植深度以嫁接口略高于地面为宜，但不同砧木要求不同；栽后浇 1~2 次透水，之后覆膜保墒；春栽苗木在栽植后要立即定干，秋栽苗木在翌年春季萌芽前定干；定干后用果树伤口愈合剂涂抹封剪口，若在风大、寒冷地区，要给苗木套防风袋。

2.4.6 管理技术特点

樱桃是浅根性树种，大部分根系分布在土壤表层，既不抗旱，也不耐涝，还不抗风。同时，要求土质肥沃，水分适宜，透气性良好。这些特点说明樱桃对土肥水管理要求较高。

2.4.6.1 土肥水管理

(1)土壤管理

①深翻改土。对樱桃园进行扩穴深翻或全园深翻。土壤回填时混以有机肥，表土填在底层，底土覆在上层，然后灌足水，使根与土密切接触。

②果园间作。栽植 1~3 年的幼树，可间作西瓜、大蒜等作物以增加前期收益。也可间作芥菜，具有驱虫作用，待樱桃开花后用机械割除，覆盖在园地保墒。为了减少金龟子

和蛴螬危害，在樱桃树行间，不提倡间作三叶草、黄豆等豆科作物。

③生草覆盖。栽植后，春季在树行间播种黑麦草 0.5~0.7 kg/亩，幼苗期及时清除杂草，当黑麦草长到 30 cm 以上时，割草覆盖保墒。

④果园中耕。生长季节，在降雨或灌水后及时中耕，保持土壤疏松、无杂草。中耕深度 5~10 cm，以利于调温保墒。

（2）施肥

①施肥原则。以有机肥为主，化肥为辅；早施重施基肥，适时适量追肥，加强叶面喷肥。提倡以樱桃营养诊断（叶片分析和土壤分析等）结果为指导进行配方施肥，不断提高土壤肥力，增加土壤微生物活性。要求所施用的肥料不应对果园环境和果实品质产生不良影响。

②允许使用的肥料种类。农家肥料：包括厩厕肥、沼气肥、绿肥、作物秸秆肥、泥肥、饼肥等。除沼气肥、绿肥外，其他肥要堆沤腐熟后使用，有害元素含量不得超标。商品肥料：包括有机复合肥、腐殖酸类肥、微生物肥、无机矿质肥（化学肥料）、叶面肥等经农业部门登记允许使用的商品肥料。

③禁止使用的肥料。未经无害化处理的城市垃圾或含有重金属、橡胶、塑料等有害物质的垃圾，硝态氮肥和未经腐熟的人粪尿，国家或省级主管部门明文规定禁止使用的肥料和未获准登记的肥料产品。

④施肥量和施肥方法。现代化高标准樱桃园，应根据叶片营养分析（表 2-7）结果确定营养元素的丰缺状况，结合树体形态表现、需肥特点、土壤的供肥能力和肥料有效养分等进行配方施肥。一般每生产 100 kg 樱桃需纯氮 1.0~1.1 kg、纯磷 0.6~0.8 kg、纯钾 0.8~1.0 kg（按有效成分折算），并配入适量钙、镁、锌、铁、硼肥及其它微量肥料，以充分发挥肥力和起到以肥调水的作用。

基肥：按照"早、饱、全、深、匀"的原则，以中熟品种采收后到晚熟品种采收前施入效果最好。基肥以农家肥为主，混入少量速效氮肥和磷肥。施肥量：按每生产 1 kg 樱桃鲜

表 2-7　樱桃叶片营养诊断标准

元素名称	不足	适宜	过量
氮（%）	<1.7	2.33~3.27	>3.4
磷（%）	<0.08	0.23~0.32	>0.4
钾（%）	<1.0	1.0~1.92	>3.0
钙（%）	—	1.62~3.0	
镁（%）	<0.24	0.49~0.9	>0.9
硫（%）	—	0.13~0.8	—
锰（mg/kg）	<20	44~60	—
铁（mg/kg）	—	119~250	—
锌（mg/kg）	<10	15~50	—
铜（mg/kg）	—	8~28	—
硼（mg/kg）	<20	25~60	>80

注：引自蒋锦标等，2019。

果加施 1.5~2.0 kg 优质农家肥计算有机肥施用量，按全年应施氮、磷肥总量的 1/3~2/5 值计算复合肥施用量，多年生草的果园可适当减少。将肥料尽可能施在根系集中分布区 20~50 cm 土层中。施肥方法：幼树结合扩盘采用环状沟施或撒施，结果期树采用放射沟或条沟深施，沟宽 40~50 cm，深 50~60 cm。

追肥：按照"适、浅、巧、匀"的原则，一般每年施 2 次。第 1 次土壤解冻后到萌芽前，以氮肥为主，磷钾肥为辅；第 2 次在花芽分化及果实膨大期，以钾肥为主，氮磷肥为辅，混合使用。施肥量根据当地土壤条件和施肥特点来确定。西北农林科技大学营养诊断平衡施肥的研究表明，一般樱桃园产量控制在 1000~1500 kg/亩，全年宜追施纯氮 10~15 kg，磷 6~8 kg，钾 8~12 kg。幼树生长期，需要充足的肥水，以促进枝叶生长，迅速扩大树冠，增加枝量，早日挂果。一般在春季发芽前每株追施氮磷钾复合肥 0.5~1.0 kg。在施足基肥的基础上，花、果期每株追施硫酸钾复合肥 1.5 kg，开沟施肥后浇水。3 月中旬叶面追施 0.3%尿素溶液，3 月下旬追施 0.2%磷酸二氢钾。5 月上旬追施 0.4%尿素与 0.4%磷酸二氢钾混合液，5 月中旬追施 0.4%尿素与 500 倍光合微肥混合液。施肥方法：在树冠下开浅放射沟或穴施，沟宽、深各 15~20 cm。目前，国内樱桃园普遍采用的施肥方法是在树冠下撒施基肥和追肥，翻入 10 cm 以下的土壤中，以利根系吸收。追肥后要及时灌水。

樱桃也可进行叶面喷肥和灌溉施肥。叶面喷肥主要是补充磷、钾大量元素，钙、镁中量元素和硼、铁、锰、锌等微量元素。在采果前 7~14 d，喷 0.4%~0.5%的磷酸二氢钾，可促进果实着色，提高品质，全年进行 6~8 次。灌溉施肥是将一定量的肥料（包括沼液）溶于灌溉水中，随水一起施入樱桃根域。

(3) 水分管理

①灌水时间。根据樱桃树的需水规律，如有灌溉条件每年应灌水 2~3 次。灌水时间主要是萌芽期（或花后幼果膨大期）、采果后至封冻前。

②灌水量。灌水后要求樱桃根际范围的土壤全部湿润，以田间最大持水量的 60%作为灌溉指标。喷灌和滴灌可节水 3/5~4/5，应大力推广。

③灌水、保墒方法。具体方法如下：

穴贮肥水：在树冠投影边缘向内约 40 cm 处，均匀挖 4~6 个直径 30~40 cm、深 30~40 cm 的圆穴，穴内放入用杂草或麦草等捆绑成长约 40 cm、直径 20~30 cm 的草捆，每穴施入过磷酸钙 100 g，硫酸钾 50~100 g，尿素 50 g 或硫酸铵 75 g，将肥和土充分搅拌均匀后，填入草捆周围，然后灌水。穴口用农膜覆盖，中间留一小孔，用瓦片盖住，坑周围修成浅盘状，每次灌水 3.5~5.0 kg。旱地果园也可在穴贮肥水的位置埋入 4 个节水瓶，确保每次灌水直接渗入果树根域集中分布区，最大限度地利用水资源。

微灌：通过低压管道系统，以微小的水流量直接将水输送到果树根部土壤表面进行灌溉。主要有微喷、滴灌等方式。有水源条件的果园，可以安装小管节流灌溉系统。

渗灌：通过埋入地下的管道，将水分通过渗漏孔直接输送到樱桃的根系周围的土中。

地面覆盖：包括秸秆覆盖和地膜覆盖，其主要作用是减少土壤水分蒸发。

2.4.6.2　整形修剪

(1) 修剪时间

全年主要集中在 3 个时间：第 1 个时间是在萌芽前后和春梢生长期（早春修剪），此时适宜刻芽、1 年生枝修剪和拉枝；第 2 个时间是在采果后至 9 月(夏秋季修剪)，此期树体光合作用产物主要用于枝条生长，易出现树体生长过旺现象，结果期树的修剪主要在这一时期进行；第 3 个时间是在休眠期(冬季修剪)，此时适宜去除强旺枝，避免营养大量损失。

(2) 主要树形和整形要点

目前，生产上主要采用细长纺锤形、超细长纺锤形、自由纺锤形(或中心主干形)，高密度栽植或设施栽培采用"V"字形整形修剪技术。

樱桃整形技术要点

①细长纺锤形。干高 50 cm，树高 3.5~4.0 m。在中央领导干上均匀分布 10~12 个主枝，主枝开张角度 90°，螺旋上升，主枝间距 20~30 cm；中央领导干占绝对优势，不保留永久主枝；幼树期修剪多采用双芽修剪技术，延长头以短截为主，生长期多采用摘心的办法控制枝条生长；结果期树以长放和回缩修剪为主；对基部粗度超过该部位主干粗度 1/2 的主枝进行留桩修剪。

②超细长纺锤形。不定干，采用刻芽、抹芽促发主枝，中央领导干上着生 20~25 个角度开张的主枝，螺旋上升，主枝间距 10~20 cm，对结果期树以长放修剪为主，树冠高度控制在 3.0~4.0 m。产量 1200~1800 kg/亩。

③"V"字形。"V"字形树形栽植密度大，采用宽窄行栽植，呈双行式"V"字形，每亩栽植 120~138 株。采用"V"字形栽培模式，盛果期甜樱桃产量 1500~1800 kg/亩。

(3) 樱桃生长结果习性和不同年龄时期的修剪特点

樱桃枝条生长旺盛，特别是欧洲樱桃幼树，生长尤为旺盛。樱桃枝条分枝较少，樱桃萌芽力强，成枝力弱。樱桃花芽为腋花芽，通常新梢在良好的生长条件下，新梢基部的 5~6 个腋芽在夏季即可分化为花芽，次年春季开花结果。结果后，该新梢基部的原 5~6 个腋芽位置往往成为盲芽状态，同时在盲芽部位以上的腋芽即形成了极短的短果枝(约 1 cm)，亦即"花束状果枝"。这些短果枝的顶芽为叶芽，其腋芽成为花芽，到翌春再开花结果。但在营养不良的情况下，有时其腋芽亦有形成叶芽的。一般而言，樱桃短果枝结果率高、结果好，所以修剪时要尽量保留短果枝，但因种类和品种有所不同，如欧洲甜樱桃较欧洲酸樱桃易形成短果枝。

樱桃短果枝的寿命通常 3~4 年，在营养条件较好的情况下也可维持 8~9 年，但因种类、品种、外界环境条件、栽培技术等不同而有所不同。短果枝每年生长量很小，8~9 年生短果枝其生长长度不到 5 cm。

针对樱桃生长结果习性，不同生长时期的修剪原则如下：

①幼树期。把各主枝和侧枝根据枝条生长的强弱，稍加短截，促使分枝。欧洲樱桃枝条生长极旺，因此幼树修剪程度必须从轻，不能重剪。一般除必要的轻剪外，其他可顺其自然，促使形成大量果枝；不能利用的徒长枝要早疏除；对过密枝条也需修剪疏除。

②成年期。成年大树修剪主要以适当疏枝为主，且要轻剪，每年疏除的大枝数量不超过 2 个。

樱桃修剪一般要注意下面几点：枯死枝、病虫害枝自基部剪去；不能利用的徒长枝自基部剪去或留桩修剪；对有影响树形的枝条自基部剪去；密生枝适当疏剪一部分；衰老的大枝可以适当地短截；去除大枝可在采果后进行，这样伤口愈合快、不流胶；注意树冠整个枝条的分配，使树体各方向平衡。

（4）不同季节的修剪特点

①早春修剪。早春修剪即萌芽前后修剪，以刻芽、抹芽和短截为主。

刻芽：在萌芽初期叶芽露绿前进行刻芽。1~2年生树，刻芽促形成枝，每隔3~5个芽刻芽；3~4年生幼树在中心干上需要枝条的部位进行芽上刻伤生枝。刻芽部位为芽上1~2 cm处。

不同季节的樱桃修剪方法

抹芽：配合刻芽进行。主要针对1~2年生树，主干留顶芽，顶芽下3~5抹芽，留5个芽，继续抹芽3~5个，留5个，重复进行，直到主干距地面50 cm处。

短截：幼树期修剪时对延长枝进行短截，促进樱桃树早成形。

②夏季修剪。以摘心、拉枝为主。

摘心：夏季除延长头外，新梢生长长度30 cm时进行第1次摘心。以后新梢生长长度为20~25 cm时进行第2次摘心。控制旺长，促其分枝，为早形成花芽创造条件。

拉枝：在生长季，将主枝角度拉至与垂直方向呈85°~110°角。

修剪：留延长枝，短截疏枝，促花芽形成，通风透光。

落头：中心干延长枝超高、过强者，弯下拉平或回缩到弱枝部位。

③冬季修剪。包括抬干、疏枝、落头、长放和留桩修剪。一般在1~2月进行。

抬干：对主干低的树，按照不同树形要求，每年疏除1~2个近地面的主枝，直到达到高度要求。

疏枝：对盛果期树，疏除弱花枝、竞争枝、轮生枝、重叠枝和对生枝，控制中心干上强旺大枝（接近中心干粗度的1/3~1/2）和侧生强枝。

长放：不短截侧枝，结果期树以长放为主。

留桩修剪：剪除背上新梢时，要求留桩长10~15 cm，以促进花芽形成。

2.4.6.3　花果管理

包括提高坐果率、早春防霜冻和疏花疏果。

（1）提高坐果率

①喷肥补养。初花、盛花期各喷1次0.3%硼砂（酸）加0.1%尿素和1%糖（蜂蜜最好）混合液，增补营养，促进授粉坐果。

②放蜂授粉。开花前1~2 d，在果园相距500 m放置1箱蜜蜂，可满足5~10亩果园授粉。还可引进熊蜂、凹唇壁蜂、角额壁蜂进行授粉。

③人工授粉。采用鸡毛掸授粉；花序分离后结合疏蕾采集花粉，然后在花开的当天上午进行人工点授粉或机械喷粉。

（2）早春防霜冻

①喷施防护剂。在大花蕾期、幼果期喷防护剂，如天达2116、鱼蛋白防冻液、云大120、复硝酸钠、果树花芽防冻剂等，对抵御霜冻有一定作用。

②常遇春季晚霜冻害的地方，可建立温室保护。在遇到-2 ℃以下霜冻时，采取以下措施预防。

熏烟：遇到-2 ℃以下霜冻时，在接近降霜时熏烟防霜，持续到日出为止，燃料用锯末、碎柴草等，以暗火浓烟为宜，每亩不少于4个燃烟点。

果园放防霜冻烟幕弹：遇到 -2 ℃ 以下霜冻时，果园点燃防霜冻烟幕弹，每 5 亩放置 1~2 枚烟幕弹，可设置温度。达到设置的温度时，烟幕弹自动点燃，防霜冻效果好。

果园喷水：遇到 -2 ℃ 以下霜冻时，通过果园喷水，提高果园气温，防霜冻。

果园防霜风机：遇到 -2 ℃ 以下霜冻时，在果园开动安装的防霜风机，通过高空风扇加快冷热空气交换，预防霜冻。

(3) 疏花疏果

①疏花芽。疏除过密花芽，确保生产出优质樱桃。

②疏花枝。在气候较正常的情况下，结合夏剪按叶果比(3~5)∶1 疏除过多过弱花枝，注意保留中、长果枝。

2.4.6.4　果实采收和采后处理

根据果实成熟度、生长期及用途确定采收时期。一般根据品种的外观性状和可溶性固形物含量判断果实成熟度。品种的外观性状(果实颜色、硬度等)要能反映其本身特性，平均可溶性固形物含量达 15%。果实颜色是判断果实成熟的最常用指标。紫黑色樱桃商业化采摘的高峰期是果实颜色由浅红向中等深红色转变的时期；黄色品种，如'那翁''雷尼尔'，成熟的标志是果皮及果肉发育成黄色，而有些黄色品种在果皮及果肉出现红晕时采收最佳。采收方法是带果柄、分部位、分批采收，边采收边分级。果实采收后迅速冷链运输，冷库低温贮藏或气调贮藏，最大限度地提高果实商品价值。

小　结

樱桃在我国已有 3000 多年的栽培历史，分布有 45 个种。甜樱桃是我国最主要的栽培种，其次是中国樱桃。甜樱桃具有粒大、色艳、脆甜、味美、肉质厚、耐贮运等特点，其果实营养含量丰富，富含铁、钙、锌等矿质营养。目前，我国甜樱桃栽培总面积约 23.33×10^4 hm²，产量约 150×10^4 t；温室种植面积约 1.3×10^4 hm²，产量约 10×10^4 t。我国主要有两大优势栽培区：一是以山东烟台和泰安，辽宁大连、北京和河北秦皇岛等地为主的环渤海湾地区；二是以陕西、山西、河南、甘肃、四川、云南、新疆为主的陇海铁路沿线及西北新发展地区。甜樱桃的主要栽培品种有'红灯''红蜜''早大果''秦樱 1 号''美早''布鲁克斯''先锋''雷尼''萨米脱''艳阳''吉美、拉宾斯''雷吉娜''柯迪亚'等 20 多个品种，还有 50 多个品种处于区试阶段。甜樱桃的主要砧木有中国樱桃、马哈利樱桃、酸樱桃和山樱桃以及种间杂交后代，如马哈利'CDR-2'和'Gisela 6'，在我国均有较好的应用前景。樱桃为浅根性树种；芽有花芽、叶芽之分；樱桃结果枝按长度和特点分为混合枝、长果枝、中果枝、短果枝和花束状果枝 5 种，以短果枝和花束状果枝结果为主。樱桃果实生长发育期较短，春天最早成熟，被誉为春果第一枝。一般中国樱桃从开花到果实成熟需 40~50 d；甜樱桃早熟品种 30~40 d，中熟品种约 50 d，晚熟品种约 60 d。甜樱桃多为异花授粉品种，需配置授粉树，主栽品种和授粉品种的栽植比例为(4~6)∶1，其配套的栽培模式主要有细长纺锤形、超细长纺锤形、"V"字形等。樱桃果实成熟比较一致，成熟的果实要及时采收、贮运，以提高果实的商品价值。

思考题

　　1. 我国主要栽培的甜樱桃品种有哪些？简要说明早、中、晚熟甜樱桃的品种特性。

　　2. 简述樱桃的生物学和生态学特性。

　　3. 简述樱桃的主要砧木及繁殖技术。

　　4. 简要说明樱桃建园应该注意的方面。

　　5. 简述樱桃主要栽培模式和整形修剪技术。

　　6. 简述樱桃土肥水主要管理技术特点。

2.5　葡萄栽培

2.5.1　概述

(1) 经济价值

　　葡萄(*Vitis vinifera* L.)是世界上的重要水果之一，在各类水果中，其栽培面积和产量均居于世界前列。葡萄栽培非常广泛，遍及各大洲。葡萄浆果产量高，营养丰富，美味可口，含有多种糖类、有机酸、蛋白质、氨基酸、维生素、矿物质和类黄酮等营养物质，果实广泛用于鲜果食用。另外，葡萄是一种加工品性好、加工量占总产量比例高、加工品种多样、加工产品附加值较高的水果。目前，全世界葡萄的加工品种主要用于酿酒、制干和制汁等；此外，还可用来制作果脯、果醋、葡萄酱、葡萄冻、糖水罐头等特色产品。葡萄酒是最重要的葡萄加工品，是一种集享受、营养、保健三种功能于一体的饮料，营养丰富，风味醇美，适量饮用能减少心血管疾病的发生，深受人们的欢迎。

(2) 栽培历史和现状

　　葡萄既是起源最为古老的植物之一，也是世界上人工驯化栽培最早的果树种类之一。南高加索、中亚的南部地区，以及阿富汗、伊朗、土耳其邻近地区是栽培葡萄的原产地。5000~7000年以前，葡萄就广泛地栽培在高加索、中亚、西亚两河流域和古埃及。约3000年以前，葡萄栽培在古希腊已相当盛行，以后向北沿地中海传播至欧洲各地，向东沿古丝绸之路传至我国新疆等地，再传到东亚各国。据联合国粮食及农业组织统计，2020年，世界葡萄园栽培面积为 $695×10^4 \, hm^2$，葡萄总产量为 $7803×10^4 \, t$。产量最高的前五国依次为中国、意大利、西班牙、法国和美国，而栽培面积最大的前五国依次为西班牙、中国、法国、意大利和土耳其。我国自2010年后已跃居世界葡萄产量的首位，栽培面积居第2位。

　　葡萄在我国的栽培历史悠久，葡萄酒文化源远流长。与其他经济林树种相比，葡萄具有结果早、丰产性好和经济效益高等特点，另外其茎蔓柔软，对环境、土壤和水分条件适应能力强，可以有效利用空间而不受根部范围的局限，在全国各地均有栽培。葡萄为我国四大水果之一，产量仅次于苹果、柑橘和梨。鲜食葡萄是我国葡萄主要类型，约占总面积的85%。栽培面积较多的省份主要有新疆、河北、陕西、云南、山东、广西、辽宁、浙江、江苏、河南。酿酒葡萄约占全国葡萄栽培面积的10%，栽培面积较多的省份主要有河北、甘肃、宁夏、山东、新疆，这5个省份酿酒葡萄均为欧亚种品种，占全国酿酒葡萄栽培面积的 60% 以上；而广西、湖南、吉林等地是毛葡萄、刺葡萄、山葡萄及山欧杂种葡萄的主要种植区，栽培面积约占全国酿酒葡萄栽培面积的 20%。制干葡萄栽培主要集中在新疆，占全国葡萄栽培总面积的 5%。目前基本形成西北干旱产区、黄土高原干旱半干旱产区、环渤海湾产区、黄河中下游产区、长江三角洲为核心的南方产区和西南产区及以吉林长白山为核心的山葡萄产区等相对集中的栽培区域。

2.5.2　主要种类和优良品种

(1) 主要种类

葡萄隶属葡萄科(Vitacea)的葡萄属(*Vitis*)。葡萄属又分为 2 个亚属：圆叶葡萄亚属(*Muscadinia* Planch.)和真葡萄亚属(*Euvitis* Planch.)。圆叶葡萄亚属有 2 个种，分布在北美洲热带、亚热带森林中，已选育出若干品种并小面积栽培。真葡萄亚属内的植物种较多，约有 70 多个种。按照原产地，真葡萄亚属可分为 3 大种群：欧亚种群、北美种群和东亚种群。

①欧亚种群。该种群目前仅存 1 个种，即欧洲种或欧亚种，起源于欧洲及亚洲。该种栽培价值最高，世界上著名的鲜食、加工、制干品种大多属于本种。该种的品种极多(5000 多个)，其产量占世界葡萄产量的 90% 以上。本种群可划分为 3 个生态地理品种群：东方品种群、西欧品种群和黑海品种群。

②北美种群。该种群包括 28 个种，大多分布在北美洲的东部，主要用于抗性砧木育种和欧美杂种培育。在栽培和育种上有利用价值的种主要有美洲葡萄(*V. labrusca* L.)、河岸葡萄(*V. riparia* Michwax)、沙地葡萄(*V. rupestris* Scheels)等。

③东亚种群。主要分布在中国、朝鲜、日本和俄罗斯远东地区，现有 39 个种，我国约 35 种或变种。东亚种群数量较多，类型丰富，是育种的重要材料。山葡萄(*Vitaceae amurensis* Rupr.)、毛葡萄(*V. quinquangularis* Rehd.)、刺葡萄[*V. davidii* (Roman.) Foex.]有纯种的栽培品种，也有与欧亚种杂交选育的品种。其他重要种有华东葡萄(*V. pseudoreticulata* W. T. Wang)、燕山葡萄(*V. yeshanensis* J. X. Chen)、秋葡萄(*V. romanetii* Roman.)、变叶葡萄(*V. piasezkii* Maxim.)等。

另外，在长期栽培中，也形成不同种间进行杂交培育而成的杂交后代。如欧洲种和美洲种的杂交后代称欧美杂种，欧洲种和山葡萄的杂交后代称欧山杂种。其中欧美杂种在栽培品种中占有相当的数量，这些品种的显著特点是：浆果具有美洲种的草莓香味，具良好的抗病性、抗寒性、抗潮湿性和丰产性。这些特性扩大了欧美杂种的栽植范围。目前在中国、日本和东南亚地区，欧美杂种已成为当地的主栽品种。它主要用作鲜食，但品质不及欧洲葡萄。我国和日本目前栽培较多的欧美杂种有'巨峰''京亚''藤稔''康拜尔早生''玫瑰露'等品种。

(2) 优良品种

葡萄品种根据用途可分为鲜食品种、酿酒品种、制汁品种、制干品种、制罐品种、砧木品种等；据成熟期分为极早熟品种、早熟品种、中熟品种、中晚熟品种、极晚熟品种；按照品种来源分为的纯种性品种和杂种性品种。

①优良鲜食品种。主要有'巨峰''玫瑰香''夏黑''阳光玫瑰''红地球'

葡萄品种分类
和优良品种

'火焰无核''克瑞森'等品种。

'巨峰'：欧美杂交种，原产日本。果穗圆锥形带副穗，平均穗重 400 g，果穗大小整齐，果粒着生中等紧密。果粒椭圆形，紫黑色，大，平均粒重 8.3 g。果粉厚，果皮较厚而韧，有涩味。果肉软，有肉囊，汁多，绿黄色，味酸甜，有草莓香味。每果粒含种子 1～3 粒，种子果与肉易分离。平均可溶性固形物含量为 16%。可滴定酸含量为 0.66%～0.71%。鲜食品质中上等。

'玫瑰香'：欧亚种，原产英国。树势中等、果穗圆锥形或带副穗、平均穗重 368.9 g。果粒椭圆形，平均粒重约 5 g，完熟时呈紫黑色。有浓郁的玫瑰香味，平均可溶性固形物含量 18%～20%。鲜食品质极佳，产量高。

'夏黑'：欧美杂种，三倍体，原产日本。果穗圆锥形间或有双歧肩，平均穗重 415 g，果穗大小整齐，果粒着生紧密或极紧密。果粒近圆形，紫黑色或蓝黑色，粒重 3.0～3.5 g。果粉厚。果皮厚而脆，无涩味。果肉硬脆，无肉囊，无种子。可溶性固形物含量为 20%～22%。鲜食品质上等。

'阳光玫瑰'：二倍体，欧美杂种。果穗圆锥形，平均穗重 500 g，果粒为短椭圆形，果粒大。果粉少，果皮色呈黄绿或黄白，果皮厚，不易剥离，幼果到成熟果粒都发亮。果肉硬，有香味，含糖量约为 20%，酸味少，无涩味，果实品质好。无核化处理容易，不裂果，不脱粒，耐贮运。

'红地球'：欧亚种，原产美国。果穗短圆锥形，极大，平均穗重 880 g。穗梗细长。果穗大小较整齐，果粒着生较紧密。果粒近圆形或卵圆形，红色或紫红色，特大，平均粒重 12 g。果粉中等厚。果皮薄而韧，与果肉较易分离。果肉硬脆，可切片，汁多，味甜，爽口，无香味。果刷粗、长。每果含种子 3～4 粒，种子与果肉易分离。总糖含量为 16.3%，可滴定酸含量为 0.5%～0.6%。鲜食品质上等。

'火焰无核'：欧亚种，原产美国。果穗长圆锥形，穗重 580～890 g。果粒着生紧密，果粒圆形，鲜红色，中等大，平均粒重 4 g，最大粒重 6 g。果粉少，果皮薄。果肉硬而脆，味甜。不裂果。可溶性固形物含量为 18%～20%，品质优良。

'克瑞森'：欧亚种，果穗圆锥形，有歧肩，平均穗重 500 g。果粒着生中等紧，果粒亮红色，充分成熟时为紫红色，中等大，平均粒重 4 g，最大粒重 6 g，无核。果粉较厚，果皮中等厚。果肉较硬、浅黄色，半透明，味甜，果皮与果肉不易分离。平均可溶性固形物含量为 19%，可滴定酸含量低，糖酸比达 20 以上。品质极佳。

另外，在我国葡萄生产中的常见鲜食品种还有：'户太八号''巨玫瑰''腾稔''维多利亚''摩尔多瓦''早夏无核''红宝石无核''森田尼无核''京亚''金手指''美人指''甜蜜蓝宝石''黑巴拉多''红巴拉多''圣诞玫瑰''里扎马特''黑色甜菜''早黑宝''醉金香''早巨选''早玫瑰''奥古斯特''乍娜''紫甜无核''京秀''粉红亚都蜜''蜜光''关口葡萄''水晶葡萄''甬优 1 号''白罗莎里奥''意大利''魏可''红富士''京早晶''大紫王''香妃''香悦''茉莉香''碧香无核'等；地方品种'牛奶''龙眼''木纳格'仍有大面积栽培。

②优良酿酒品种。主要有'赤霞珠''蛇龙珠''霞多丽'等品种。

'赤霞珠'：欧亚种，1892 年引入我国，为我国第一大酿酒葡萄品种。树势中等。果穗圆锥形，平均穗重 175 g。果粒着生中等密度，平均粒重 1.85 g，圆形，完熟时呈紫黑色, 有青草味, 平均可溶性固形物含量 19.3%, 含酸量 0.56%, 出汁率 62%。酿制的葡萄酒星红宝石色, 酒质极佳, 是世界著名的优良酿酒品种。

'蛇龙珠': 欧亚种, 其起源一直有争议。花两性。果穗中等大, 平均穗重 232 g, 圆锥形。果粒着生中等紧密, 平均粒重 2.01 g, 圆形, 紫黑色, 平均可溶性固形物含量 20%, 含酸量 0.61%, 出汁率 76%。由它酿成的酒, 宝石红色, 澄清发亮, 柔和爽口, 具解百纳酒的典型性, 酒质上等。目前为我国第二大红葡萄酒酿酒葡萄品种, 主要分布于我国胶东、东北南部、华北和西北地区, 国外基本无栽培。

'霞多丽': 欧亚种, 花两性。果穗小, 平均穗重 142 g, 圆柱圆锥形, 有副穗。果粒着生较紧密, 平均粒重 1.38 g, 圆形, 绿黄色, 汁多, 平均可溶性固形物含量 20.1%, 含酸量 0.75%, 出汁率 72.5%。中熟, 多用于酿造白葡萄酒, 由它酿成的酒, 淡黄色, 澄清透明, 具悦人的果香, 醇和润口, 酸恰当, 回味好, 有独特的风味, 酒质上等。

其他优良品种有'品丽珠''黑比诺''西拉''梅洛''马瑟兰''法国蓝''佳利酿''长相思''白玉霓''赛美容''雷司令''白雅''威戴尔''双优''北冰红'等。

③优良制干、制汁和砧木品种。主要有'无核白''康可'等品种。

'无核白': 欧亚种, 原产中亚和近东一带, 新疆吐鲁番、塔里木盆地主栽品种, 约占新疆葡萄面积 40%。树势强。果穗呈双歧肩圆柱或圆锥形。平均穗重 210~360 g。果粒椭圆形, 粒重 1.4~1.8 g。含糖(质量分数)23%。制干率 23%~25%。种子败育。本品种为世界著名的制干品种, 适于高温、干燥和生长季节较长的地区栽培。

'康可': 美洲种, 1986 年引入我国, 树势强。果穗双歧肩圆锥形, 重 200~220 g。果粒近圆形, 平均粒重 3 g, 完熟时紫红色, 种子与果肉不易分离, 肉软多汁、果汁红色, 味酸。本品种抗寒、抗湿、适应性强, 是世界有名制汁品种。

我国葡萄生产中栽培的制干品种通常包括'无核白''马奶子''酸奶子''梭梭葡萄干'等, 包括有籽、无籽、绿的、红的、金黄的、黑红、紫的、黑的各种各样。根据口味不同有香甜、酸甜、特甜等各种口味。栽培的制汁品种有'康可''康贝尔''康太''紫玫康''着色香''玫瑰露''黑贝蒂''尼加拉''白香蕉'等, 这些品种大部分是鲜食和制汁兼用的优良品种。砧木品种'贝达''山葡萄''5BB''SO4'等, 近年也选育出一些砧木品种如'抗砧 3 号'等。

2.5.3　生物学和生态学特性

2.5.3.1　生物学特性

(1)根系

葡萄的根系非常发达, 贮藏有大量的营养物质, 包括维生素、淀粉、糖等各种有机和无机成分。葡萄根系在土壤中的分布状况随气候、土壤类型、地下水位、栽培管理方法的不同而发生变化。在大多数情况下, 根系垂直分布最密集的范围是在 20~80 m 的深度内, 在经常灌溉和施肥浅的葡萄园, 则根系常靠近地表。棚架栽培的葡萄, 架下根系常比架后多, 表现出不对称性。

葡萄根系的生长随季节、气候(温度、光照、降水)、地域、土壤和品种的不同而有差异。根系年生长期比较长, 如果土温常年保持在 13 ℃ 以上、水分适宜的条件下, 可终年生长。在一般情况下, 每年春、夏季和秋季各有 1 次发根高峰, 而且以春、夏季发根量最大。

研究表明，'巨峰'葡萄当土温达5℃以上时，根系开始活动，地上部进入伤流物候期；当土温上升至12~14℃，根系开始生长；土温达20℃时，根系进入活动旺盛期，土温超过28℃，根系生长受到抑制；9~10月气候较凉，当土壤的温湿度适宜时，根系再次进入活动期，形成第2次发根高峰，随着冬季土壤温度不断降低，根系生长缓慢，逐渐停止活动。

(2)芽

葡萄新梢叶腋中着生2种类型的芽：冬芽和夏芽。冬芽为复合芽，外被鳞片，形成当年一般不萌发，具晚熟性。发育良好的冬芽，其内包含3~8个新梢原始体，位于中心的一个最发达，称为主芽，主芽四周的芽称为副芽(预备芽)。在一般情况下，只有主芽萌发，当主芽受伤或在修剪的刺激下，副芽也能萌发抽梢，2个或3个副芽可同时萌发。不能萌发的副芽第2年变成潜伏芽，又称隐芽。葡萄隐芽寿命长，有利于树冠更新。

夏芽在冬芽的一边，为裸芽，无鳞片，不能越冬。具有早熟性，在形成当年即可萌发，长出的新梢称为副梢。夏芽抽生的副梢同主梢一样，每节都能形成冬芽和夏芽。副梢上的夏芽也同样能萌发成2次副梢，2次副梢又能抽生3次副梢，这是葡萄枝梢具有1年多次生长多次结果的原因。

(3)茎

葡萄地上部的茎主要包括主干、主蔓、侧蔓、结果母蔓、新梢和副梢。从地面上发出的单一树干称主干，主干上的分枝称主蔓，主蔓上的多年生分枝称侧蔓。结果母蔓是上一年成熟的枝蔓经过冬季修剪而成的。带有叶片的当年生枝称为新梢，新梢叶腋中由夏芽发出的2次梢称为夏芽副梢，由冬芽发出的称为冬芽二次梢。

新梢生长是由单轴生长和假轴(合轴)生长交替进行的。单轴生长由新梢顶芽向前生长延长；假轴生长是新梢顶端侧芽生长点抽生新梢，将顶芽挤向一边，并代替顶芽向前延伸，此时顶芽即成为卷须或者花序。最初的生长是顶芽抽生枝条，即单轴生长模式；随着节数增加，形成层不断分裂，促使茎不断加粗，当新梢长到3~6节时，开始假轴生长。由于两者交替生长，使得新梢上的卷须呈现规律性分布。

当昼夜平均气温稳定在10℃左右时，欧洲种葡萄开始萌芽。开始时生长缓慢，随着气温升高，生长加快。到开花前后，由于器官之间出现对营养物质的竞争，新梢的生长逐渐减缓。葡萄的新梢不形成顶芽，只要气候适宜，可继续生长至晚秋。

(4)叶

葡萄的叶为单叶，通常有5裂片，形成2个上侧裂、3个下侧裂和1个叶柄凹。裂片的深浅、裂刻的深浅与形状、叶柄凹的形状，都是鉴别品种的重要标志。叶在不同新梢部位的生长期不相同，持续30~45 d，第6~8节的叶生长量最大，叶从梢尖分离后的6~9 d内生长缓慢，15~18 d叶片可达正常叶片大小的50%以上。幼叶长到正常叶片1/3大小时，光合产物才能满足自身需求，展叶后约30 d光合作用进入最佳期。

(5)花芽分化

葡萄花芽是混合芽。一般品种大约在开花前后从主梢下部3~4节的冬芽先开始花芽分化，随着新梢的延长，新梢上各节的冬芽一般是从下而上逐渐开始分化。但基部1~3节上的冬芽开始分化稍迟，这可能与该处营养积累开始较晚有关。冬芽内花序原基突状体出现后，进一步形成各级分轴。至当年秋季冬芽开始进入休眠时，末级分轴顶端单花的原基可分化出花托原基。一直到翌年春季萌芽展叶后，随着新梢和花序的生长，花萼、花冠、雄蕊和雌蕊各器官陆续分化完成。花器官分化阶段集中且时间短，如果条件不适，还可能退化为卷须。葡萄的花芽分化具有可塑性，葡萄枝蔓经过剪梢或强摘心处理，可有效促进剪口下若干个冬芽的花芽分化，8~12 d 后萌发冬芽副梢并开花结果。

(6) 花和花序

葡萄花序为圆锥花序，由花穗梗、花穗轴、花梗及花朵组成。葡萄的卷须和花序均着生在叶片的对面，是同源器官。在葡萄园里可以找到从典型花序到典型卷须的各种过渡形态。欧亚种葡萄的第 1 花序通常着生在新梢的第 4 或第 5 节上，一般 1 个结果枝着生 1~2 个花序。美洲种葡萄的第 1 花序通常着生在新梢的第 3 或第 4 节上，1 个结果枝上连续着生花序 3~4 个或更多。欧美杂交种葡萄花序着生情况则介于二者之间。在同一花序上，中部花先开放，先端及基部的花后开放。

葡萄的单花很小，完全花由花梗、花托、花萼、蜜腺、雄蕊、雌蕊等组成。大部分葡萄品种是完全花，通过自花授粉可以正常授粉、受精与坐果，但有少数品种仅具雌花，需异花授粉才能获得产量。开花初期，花冠基部开裂，萼片向外翻卷，通过雄蕊生长产生向上顶的压力，把花冠顶起而脱落。

从萌芽到开花一般需经历 6~9 周。间隔时间的长短与气候条件，尤其是与气温有密切关系。一般气温达 20 ℃时，葡萄开始开花。葡萄开花期间的气温对花的开放影响很大，在 15.5 ℃以下时开花很少，气温升高到 18~21 ℃时开花量迅速增加，气温 35~38 ℃时开花又受到抑制。在 26.7~32.2 ℃的情况下，花粉发芽率最高，花粉管的伸长也快，在数小时内即可进入胚珠；而在 15.5 ℃的情况下，则需 5~7 d 才能进入胚珠。葡萄开花期的长短随品种及气候而变化，但大多数为 6~10 d。

一个葡萄花序的花朵数量一般有 200~1500 朵。落花落果较严重，花期低温或阴雨天气、生长前期树体内贮藏营养不足、新梢过旺生长均加剧花果脱落。通过合理施肥、保持树势健壮，以及采取喷施植物生长调节剂和微量元素、结果枝花前摘心、疏花序、控制副梢等技术措施均可提高坐果率。

(7) 果实生长发育

葡萄坐果后，浆果生长发育曲线呈双"S"形，其生长发育可划分为 3 个时期。

第 1 期：幼果膨大期，果皮与种子迅速生长，但胚较小。纵向生长明显大于横向生长，从而使幼果最初普遍呈椭圆形。此期浆果绿色，果肉硬，含酸度达最高水平，含糖很低。此期一般持续 5~7 周。

第 2 期：缓慢生长期，也叫硬核期。浆果生长减慢，外观大小有停滞之感，但种皮硬化，胚各部分迅速发育和分化。此期结束的标志是果实不再绿硬，而开始褪绿变软，酸度开始下降，糖分开始积累。此期一般持续 2~4 周。

第 3 期：浆果最后膨大期。果实褪绿这个转折点也叫转色期，这是果实发育进入果实成熟期的标志。此期浆果重又迅速增加，浆果组织变软，糖的积累增加，酸度降低，表现出品种固有的色泽与香味。此期持续 5~8 周。

在果实生长发育过程中，3 个时期的长短因品种类型而异。早熟品种以第 1 期为主，第 2 期极短，成熟进程很快，晚熟品种第 1、2 期持续时间明显比早、中熟品种长。

2.5.3.2　生态学特性

葡萄为喜温植物，在不同的生长期对温度的要求不同。欧洲葡萄开花、新梢生长和花芽分化的最适温度25~30 ℃，成熟期最适温度25~32 ℃。葡萄耐寒性一般，一般认为冬季−17 ℃的极端低温等温线是冬季不埋土的界限。葡萄适宜栽培地区，≥10 ℃的有效积温一般不低于2500 ℃。

葡萄是喜光树种，对光照要求极高，光照充足，叶厚色绿，花芽分化好，产量高，品质好。

葡萄耐旱性强，一般认为在年降水量600~800 mm地区最适宜栽培。但在雨量少、气温高、昼夜温差大、有良好灌溉条件的地区，萄萄的产量更高，品质好，如新疆吐鲁番。

葡萄对土壤要求不严，除强碱土、沼泽地、地下水位不足1 m的地方外，在各类土壤上均能栽培，但最适宜的是疏松肥沃的砾质壤土和砂质壤土。

2.5.4　育苗特点

生产中葡萄采用无性繁殖方法，主要采用扦插繁殖、压条繁殖和嫁接繁殖。

大多数葡萄品种的枝蔓上都容易产生不定根，因此栽培上以扦插繁殖为主。葡萄扦插繁殖方法：截取一段葡萄枝蔓，插入疏松润湿的土壤或细沙中，利用其再生能力，使之生根抽枝，成为新植株。根据枝条类型不同，扦插育苗可分为硬枝扦插和绿枝扦插2类，生产上常采用硬枝扦插。结合冬季修剪，选择已结果、品种纯正的优良植株(母树)采集插条，第2年春季扦插。

葡萄压条繁殖成活率高，生长快，结果早，方法简单，容易掌握，在生产中已广泛应用于繁殖苗木、葡萄园更新和补植缺株。

嫁接苗利用砧木的抗逆性增强品种的抗寒、抗旱、抗涝、抗盐碱和抗病虫能力，扩大葡萄栽植范围。葡萄嫁接方法有芽接法和枝接法2种，生产中一般采用枝接法。枝接法分劈接和舌接2种，以劈接法多用。以嫁接材料不同，葡萄枝接法又分为硬枝嫁接、嫩枝嫁接和绿枝砧接硬枝3种。绿枝嫁接育苗方法操作简单，取材容易，繁殖系数高，接口牢固，而且适宜嫁接时间较长，成活率高，是我国葡萄嫁接的主要方法。绿枝嫁接育苗在砧木和接穗均达半木质化时即可开始嫁接，黄河流域可从5月上旬至6月中旬嫁接，适宜嫁接时间长达1个月之久，如与保护地相配合，嫁接时间就更长。

2.5.5　建园特点

2.5.5.1　园址选择

根据葡萄生长发育对光照、温度等自然环境条件的需求，选择生态条件最适宜的地区建设葡萄园。建园前着重评估园地的小气候及灾害性气候发生情况；重视对土质、地势等选择，葡萄在土壤肥沃、土层深厚、含有机质丰富的地块上生长良好；注意周边污染源，避免在环境污染地块建园；葡萄对水分缺乏比较敏感，注意灌溉水源，河水、水库水或地下水均可以作为灌溉水源，但要避免选用含盐量高和pH值高的水源灌溉；葡萄浆果不耐贮运，葡萄园应建在交通方便的地方，尤其是鲜食品种，一般应在城镇郊区及公路沿线建园，以便外运。

葡萄园地规划应充分利用当地有利的自然条件和资源，科学合理进行栽植区的划分和道路设置、排灌系统设计、品种的选择与搭配、葡萄架式设计，以及确定栽植密度、定植时期和方法等栽植计划。

葡萄的枝蔓比较柔软，栽培时需要搭架。架式决定了葡萄枝蔓管理方式和叶幕形状，也是栽植葡萄时首先应考虑的问题之一。

2.5.5.2　栽植技术

(1) 栽植行向和密度

篱壁架葡萄的行向在平地大多采用南北行，倾斜式棚架或水平式棚架宜采用东西行向。葡萄枝蔓由南向北上架，植株日照时间长，受光面积大，光照强，光合产物多。葡萄栽植密度主要根据品种生长势、架式、整形方式、水肥条件、气候条件以及越冬防寒与否而定。目前生产上常用的株行距：篱架株距一般为 1~2 m，行距 2~3 m；棚架株距 1~2 m，行距 4~6 m。在温暖多雨、肥水条件好的地区，为了改善光照条件，株行距可大些；而气候冷凉、干旱、肥水较差的地区，株行距可小些。生长势强的品种，行距可大些；生长势弱的品种，株距可小些。

(2) 栽植沟和准备苗木

在栽植前挖好栽植沟。株距小时，挖深、宽各 0.8~1.0 m 的带状沟；株距较大时可挖坑，直径和深度均为 0.8~1.0 m。回填土时，先将表土填入沟底，上面再放底土。在沟底先将腐熟的有机肥料和表土混匀填入沟内，或者采用一层肥料一层土的方法填土。在填到沟满时，可浇 1 次透水，以沉实土壤。栽苗之前，按园区规划和株行距在定植行上用白灰标出定植点，以定植点为中心挖直径 40 cm 的定植坑。检查苗木质量，并核对品种。

(3) 栽植时间和方法

①栽植时间。北方各地以春栽为主，当昼夜平均气温约为 10 ℃ 时即可栽植。假植苗木取出后，放入水中浸泡 1~2 d，然后根据栽植深度与苗木质量进行修剪，地上部剪留长度以栽植后地表上露出 2~3 个芽为宜。早春干冷地区注意防冻。

②栽植方法。栽植深度以苗木的根颈部与地面相平为准。在冬季严寒的东北和西北地区，根部易受冻，采用深沟浅坑或深坑栽植是防止根部受冻的有效措施。在沙地和砂砾地，因土壤干旱，土温变化剧烈，冬季结冻深而夏季表层温度过高，也应适当深栽。在地下水位高，特别是在盐渍化的土壤，则应适当浅栽。嫁接苗的接口要高出地面 3~5 cm，以防接穗品种生根。干旱地区定植时，为防根系抽干，定植后充分灌水，并将苗茎培土全部埋在馒头形的土堆中，土高于顶芽 2 cm。待其芽眼开始萌动时，扒开堆土。

2.5.6　管理技术特点

2.5.6.1　土肥水管理

(1) 土壤管理

①土壤表层管理。土壤表层管理方法有清耕法、生草法、覆盖法。由于除草剂对葡萄根系影响较大，免耕法在葡萄园应用较少。

清耕法：每年在葡萄行间和株间多次中耕除草，能及时消灭杂草，增加土壤通气性。但长期清耕，会破坏土壤的物理性质，必须注意进行土壤改良。

覆盖法：对葡萄根区土壤表面进行覆盖（地膜或覆草），可防止土壤水分蒸发，减小土壤温度变化，有利于微生物活动，可避免中耕除草，土壤不板结。

生草法：葡萄园行间种草（人工或自然）、生长季人工割草、保持地面有一定厚度的草皮，可增加土壤有机质，促其形成团粒结构，防止土壤侵蚀。对肥力过高的土壤，可采取生草消耗过剩的养分。夏季生草可防止土温过高，保持较稳定的地温。但长期生草，易受晚霜危害，高温、干燥期易受旱害。

②土壤深翻。土壤深翻可以改善土壤的通气性、透水性，促进好气性微生物活动，加速土壤有机质腐熟和分解，为根系生长创造良好条件，促进新根生长，增强树势。深翻多在秋季结合施基肥进行。

深翻的范围和深度要根据葡萄的树龄、架式、根系分布状况和土壤黏重程度等来确定。如篱架行距小，可在行间全面深翻；棚架行距大，或者土壤黏重时，要结合施肥逐年向外深耕。深耕改土的效果一般约能维持 3 年。所以，至少间隔 1~2 年进行 1 次深耕施肥，向外扩展 40~50 cm。结合秋季施肥深挖 40~50 cm。深耕时挖断少量细根影响不大，而且能在断根处发生大量新根，增加吸收能力。

③中耕除草。中耕是在葡萄生长期中进行的土壤耕作，其作用是保持土壤疏松，改善通气条件，防止土壤水分蒸发，促进微生物活动，增加有效营养物质和减少病虫害，还可减少盐碱地盐碱上升，保持土壤水分和肥力。中耕除草正值根系活动旺盛季节，为防止伤根，中耕宜浅，一般为 3~4 cm。在灌水或降雨后应及时中耕松土，防止土壤板结和水分蒸发。全年中耕 6~8 次即可。

（2）施肥

①需肥特点和施肥量。葡萄在生长过程中要及时补充足量的养分才能满足其生长发育的需要。据分析，每生产 100 kg 果实，需从土壤中吸收氮 0.3~0.55 kg、磷 0.13~0.28 kg、钾 0.28~0.64 kg。通常情况下，葡萄施用氮、磷、钾的比例以 1∶0.5∶1.5 或 1∶1∶1.5 为宜。生产中，可以根据葡萄生长结果状况，判断植株的营养状况，进而指导施肥。

葡萄施肥量应根据葡萄植株需要吸收的营养元素量、天然供给量、肥料中养分含量和当季利用率来确定。天然供给量，氮一般约占吸收量的 1/3，磷、钾各占 1/2。葡萄植株对肥料的利用率，氮为 50%、磷为 30%、钾为 40%。我国北方中等产量的葡萄园，施肥量：氮为 12.5~15.0 kg/亩、磷（P_2O_5）10.0~12.5 kg/亩、钾（K_2O）10.0~15.0 kg/亩。

②施肥时期和方法。具体方法如下：

基肥：秋季施基肥，以有机肥料等长效肥料为主，添加部分化肥（氮肥、磷肥、钾肥等）。施基肥的深度应达根系主要分布层，施肥位置一般在树冠垂直投影外缘线内外、地表下深约 40 cm 处。有机肥在土壤里逐渐分解，可供来年植株生长发育需要。施肥方法为沟施或穴施，全园撒施常常引起葡萄根系上浮，不利于根系向深层土壤伸展。

追肥：应根据葡萄不同生长发育阶段需要，及时补给速效性肥料，以调节生长和结果的关系。葡萄追肥一般 4 次：萌芽前进行第 1 次追肥。主要是提高萌芽率，增大花序，促使新梢生长健壮，以速效性氮肥为主。开花前进行第 2 次追肥。这次追肥对于葡萄的开花、授粉、受精和坐果都有良好影响，并为花芽分化创造条件。以速效性氮、磷肥为主，可适量配合钾肥。幼果膨大期进行第 3 次追肥。目的是促进浆果迅速增大，促进花芽分化。此期以氮、磷、钾配合，注意控制氮肥用量，适当增施钾肥。果实着色初期进行第 4 次追肥。在浆果开始上色时，以钾、磷肥为主，对果粒迅速增大和提高含糖量有显著效果。

追肥采用穴施或沟施。可以结合灌水或雨天直接施入植株根部土壤。近年来推广水肥一体化管理，通过液体肥料滴灌或微喷灌进行。另外，也可进行根外追施，以利于叶片吸收。但根外追肥只是补充葡萄植株营养的一种方法，不能代替基肥和追肥。

（3）葡萄园灌水

葡萄在不同季节和不同发育阶段对水分的需要有很大差异，如能根据气候变化和植株需水规律及时灌溉，对葡萄产量和质量的提高有极显著作用。一般可参考下列几个主要的时期进行灌水。

①出土后至萌芽前。此次灌催芽水可促使植株萌芽整齐，有利新梢早期的迅速生长。

②开花前。若干旱严重，应在花前约 10 d 灌 1 次水。花期要控制灌水，控水对提高授粉率、受精率和坐果率有明显作用。如遇降雨，要注意排水。

③幼果膨大期至浆果着色期。可根据降水量和土壤类型灌水 2~4 次，这一时期灌水有利于浆果迅速膨大，对增产有显著效果。

④成熟期。注意控水，以免降低含糖量和引起裂果。

⑤防寒期。灌 1 次封冻水，有利于减轻根系越冬冻害和下一年春季干旱。

葡萄园灌水的方法有沟灌、畦灌、盘灌、穴灌、喷灌、滴灌、微量喷灌和渗灌等。一般采用沟灌方法，即在葡萄行间开灌溉沟，深 25~30 cm，与配水道垂直。沟灌的优点是水经沟底和沟壁渗入土中，因此全园土壤浸湿较均匀，水分蒸发和流失较少，有利于保持良好的土壤结构和通气性能，还有利于土壤微生物活动，减少葡萄园平整土地的工作量，因此沟灌是一种较合理的地面灌溉方法。如有条件安装喷灌、滴灌的管道设备，进行喷灌或滴灌更好，既省水，又不影响土壤结构。

2.5.6.2　整形修剪

葡萄的架式、整形和修剪三者之间是密切联系的。架式的形状影响生长季叶幕的形状，一定的架式要求一定的树形，而一定的树形又要求一定的修剪方式，三者必须相互协调，才能取得良好效果。葡萄的架式可分为柱架、篱架和棚架。整形主要有头状整枝、扇形整枝、龙干整枝 3 大类。修剪方式可分为短梢修剪、中梢修剪、长梢修剪。事实上，因架式不同，同一树形可能形成不同的叶幕形状。如单干双臂的"T"字树形，可以形成单篱壁架垂直叶幕、双十字"V"形架的"V"形叶幕、单十字飞鸟架的"V"形水平叶幕和宽顶篱架的自然下垂叶幕等，而同样的叶幕形状又可由不同的树体骨干来形成，如水平叶幕的"X"形、"H"形、"一"字形等树形。在栽培中如何合理选择确定三者最佳配合方式，与品种特性、气候条件、物质条件、管理水平等因素有密切关系，必须综合考虑。

（1）架式

生产中采用的主要架式类型有篱架、棚架和柱架 3 类。

①篱架。沿行向每隔 8~10 m 竖一支柱，柱高 2.1~2.5 m，入土 50 cm，支柱上分布 3 道铁丝。生产中常在支柱上增加横梁，铁丝固定在两端，增加叶幕面积。这种架式是生产

中应用比较广泛的一种架式，植株受光良好，果实品质好。常见有单篱架、双篱架、宽顶单篱架、双十字"V"形架和单十字飞鸟架等(图2-4)。

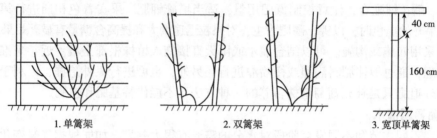

1. 单篱架　　　　　　2. 双篱架　　　　　　3. 宽顶单篱架

图2-4　各种篱架的型式

②棚架。在立柱上设横杆和铁丝，架面与地面平行或略倾斜，葡萄枝蔓分布在离地面较高的架面上形成棚面，枝蔓水平生长，植株旺长得到一定控制，结果面积增大，坐果率和果实品质也明显提高。常见有小棚架、大棚架、篱棚架、水平式棚架、屋脊式棚架、漏斗式棚架等(图2-5)。

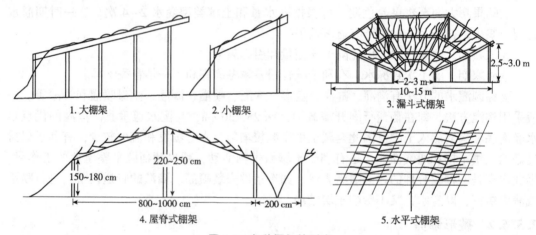

1. 大棚架　　　　　　2. 小棚架　　　　　　3. 漏斗式棚架

4. 屋脊式棚架　　　　　　5. 水平式棚架

图2-5　各种棚架的型式

③柱架。在每株葡萄边立1根短木柱或水泥柱，给葡萄枝蔓以支持，使其能在离地面一定高度的空间内生长。它与前述的篱架和棚架不同，不用铁丝，没有固定的架面。当主干变得粗壮坚挺时，可除去支柱，进行无架栽培。适应冬季温暖不需要埋土防寒的地区。这种架式节省架材，适于密植，但管理不当时，易造成通风透光不良。

（2）树形

葡萄的整枝形式非常多样，分类方法也不完全统一。按主干的有无和结果母枝在枝蔓上分布的相对位置，葡萄树形可分为头状、扇形和龙干形3大类。

①头状整枝。植株具有1个直立的主干，在主干的顶端着生枝组和结果母枝。枝组着生部位比较集中而呈头状，故称为头状整枝。本树形的植株负载量小，不利于充分利用空间结果，单位面积产量较低，主干直立，不适于防寒地区采用。

葡萄主要树形整形技术要点

②扇形整枝。植株具有多个主蔓，主蔓上分生侧蔓或直接着生结果枝组，在架面上呈

扇形分布，故称扇形整枝。植株具有主干或没有主干，没有主干的称为无主干扇形整枝，是从地上直接培养主蔓，以便于下架防寒。无主干多主蔓扇形，因植株结构和整形修剪要求不同，可分为无主干多主蔓自然扇形和无主干多主蔓规则扇形(图2-6)。

③龙干形整枝。植株具有一到数个较大龙干，在龙干上均匀分布许多结果单位，初期为1年生枝短剪(留1~2芽)构成，后期因多年短剪而形成多个短梢，形似"龙爪"，每年由龙爪上生出结果枝。常见类型有3种：第1种为1条龙或2条龙整枝，1条龙植株只有1条龙干，2条龙干是从地面或主干上分生出2条龙蔓(龙干)，长度3m以上，主蔓上着生短枝组，多采用极短梢修剪和棚架(图2-7)。第2种是在篱架或水平棚架上采用的单干单臂或单干双臂水平整枝，在不防寒地区可以具有较高而直立的主干，埋土防寒区为倾斜主干(图2-8)。第3种是在水平架上采用的"H"形等整枝，主蔓上生出较长的侧蔓，在侧蔓上着生结果枝组，即龙干为侧蔓(图2-9)。

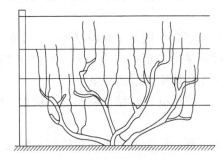

图2-6　无主干多主蔓扇形

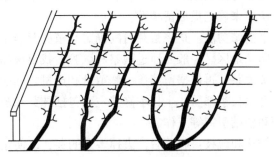

图2-7　单龙干、双龙干和多龙干形

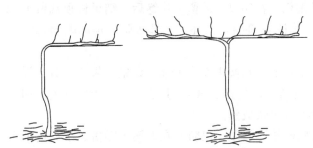

图2-8　单干单臂和单干双臂水平形

图2-9　水平架"H"形

目前葡萄生产上应用较多的树形有无主干多主蔓自然扇形、龙干形(独龙干和双龙干)、单干单臂水平形("厂"字形)、单干双臂水平形("T"字形)、"X"形和"H"形等。常见篱架水平形、龙干形和水平棚架"H"形树形整形各有其特点。

(3)修剪

修剪的目的在于维持植株合理的枝蔓结构，使生长和结果处于动态平衡状态，实现稳产、高产和优质。

①冬季修剪。葡萄冬季修剪在落叶后进行。冬季较温暖、不需要埋土防寒的地区，可在落叶后休眠期进行，在落叶后30d到伤流期前15d修剪最好，即一般在12月至翌年1月相对最冷期进行。修剪过早，树体耐寒性降低；修剪过晚，剪口不能及时愈合，容易引起伤流。冬季寒冷的北方地区，需要给植株埋土防寒，在土壤封冻前就要结束修剪。一般

埋土前先进行 1 次预剪，适当多留枝蔓，待翌年早春葡萄出土上架时，再进行 1 次补充修剪。

葡萄冬季修剪的基本方法有短截、缩剪、疏剪等，其中短截是最主要的修剪方法。根据母枝截留长度(留芽数)通常可分为极短梢(留 1 个芽或仅留母枝基芽，也称为超短梢)、短梢(留 2~4 芽)、中梢(留 5~7 芽)、长梢(留 8~12 芽)和极长梢修剪(留 12 芽以上)。具体运用时，应根据树势、枝条长势、品种特性、架形、树龄、气候情况等因素而异。

剪后保留的芽眼数、结果母枝的数量和质量，对植株的生长与结果有重要影响，因此，冬剪时要保证修剪后具有充足适宜的留芽量。常用的留芽数和留梢数确定方法如下：

经验法：根据当地的经验和具体条件，确定 1 个大致的留芽数。在防寒地区，一般冬季剪后的留芽数比架面第 2 年实际能容纳的新梢数多 1 倍左右，以防由于机械损伤、霉烂、冻害等原因造成的损失。春季萌芽后，根据架面大小、树势的强弱和萌芽情况，用抹芽、疏枝来确定最后留梢数。

平衡修剪法：是将留芽量的确定与植株营养生长相结合，适用于芽眼越冬死亡率很低的不防寒地区。一般先通过观察和试验，找出该品种留芽量与新梢(1 年生枝)生长量之间的相关关系，再根据留芽量、修剪量和产量之间的关系，确定最适留芽量。

②生长季修剪。生长季修剪主要包括抹芽和疏枝、副梢处理、结果枝摘心和剪梢、除卷须和新梢引缚等工作。

抹芽和疏枝：萌芽后，去掉多余的芽，以便集中营养，使保留下来的芽能够更好地生长发育；同时根据树势和架面大小疏掉一部分无用的新梢，以保证架面通风透光良好。

副梢处理：抹除结果枝花序以下的副梢，花序以上的留 1 片绝后，结果枝顶端留 1~2 个副梢，每次留 3~4 片叶反复摘心。营养枝除顶端副梢外，全部去除。顶端副梢每次留 3~4 片叶多次摘心。

结果枝摘心和剪梢：在开花前将结果枝的顶端摘去 5~10 cm，以集中供应养分，提高结果率和产量；剪梢是于 7~8 月将过长的新梢顶端剪去 30 cm 以上，以改善植株内部和下部的光照和通风条件，促进新梢和果穗更好更快成熟。

除卷须和新梢引缚：结合夏季修剪随时摘除卷须，以防其在架面上随机缠绕。新梢引缚主要是使新梢在架面上分布均匀，并防止风折。

2.5.6.3 花果管理

(1)疏花序和定穗

花序完全展露后，根据花序的分布密度决定留花序量，生长势强的结果新梢留 1~2 个花序，生长势中庸的结果新梢留 1 个花序，生长势弱的结果新梢不留花序；在疏花序的基础上进行定穗，以减少营养消耗、控制产量、提高品质、增强抗病能力、促进枝条发育。定穗应根据品种特性、目标产量、负载能力及管理技术来决定。

(2)花序整形

葡萄花序形状不一，其开花结果后的果穗形状各异，为使果实的商品性达到理想形状，需要进行花穗整形。一般在开花前约 7 d，将花序顶端约掐去全长的 1/4 或 1/5，并疏除副穗和较长分支，防止果穗过长，使穗较紧凑，果粒大小整齐。

(3) 无核化处理

有核葡萄品种果粒大，品种类型多样，但消费者食用不便。无核葡萄食用方便，现有无核品种不能完全满足生产要求。一些有核品种可以通过化学药剂处理形成无籽果实。无核化是用赤霉素等药剂处理花，促使其刺激性单性结实。处理时期是在花帽刚脱落的末花期进行，在晴天无风时使用。无核化处理后果刷发育差，成熟果实易脱粒，应用中注意其副作用。近年来，有核葡萄通过无核化栽培能生产出大粒无核葡萄，成为无核葡萄生产的一项重要技术。

葡萄无核化栽培技术简介

(4) 疏粒和果穗整形

葡萄果穗形状各异，鲜食品种果实要达到理想的商品形状，就需要整形。在花穗整形基础上，进一步通过疏粒进行果穗整形。疏粒是为了控制果穗的大小，使果穗外形整齐一致、松紧适度，果粒在穗轴上排布均匀，防止裂果、落粒，提高果实品质。一般进行两次疏粒：第 1 次是在果实呈绿豆大小时进行；第 2 次是在果实膨大后，主要目的是疏除内层过密、外层较小果、畸形果、小粒果、裂果等。

(5) 果实套袋

果实套袋可以防止各种病虫危害果穗和日灼果发生，并且可以防止鸟类的啄食和药害。套袋应在疏粒后进行，并且全园喷 1 次杀虫剂和杀菌剂。套袋时要注意通气口要撑开，使内部可以进行空气流通。还应注意要把果袋套牢，以防风吹掉果袋。套完袋后，定期检查袋内情况，发现病虫果、烂果时要及时进行处理。

2.5.6.4　果实采收

(1) 采收时间

鲜食葡萄一般在浆果接近或达到生理成熟时采收。采收过早，色泽和风味差，且会使产量受到损失；采收过迟会降低浆果的贮运性。酿造用葡萄一般根据不同酒类所要求的含糖量进行采收。酿造普通葡萄酒要求含糖量(质量分数)为 17%~22%，酿造甜葡萄酒要求含糖量达(质量分数)23%以上。制果汁用葡萄要求含糖量为(质量分数)17%~20%，含酸量(质量分数)0.5%~0.7%。制干用品种要求含糖量达(质量分数)23%或更高时才能采收。

(2) 采收方法

采收时用手指捏住穗梗，用疏果剪(果穗留梗 3~5 cm)剪断，随即放入果筐运送，然后进行分级包装。

采收鲜食用葡萄应小心细致，轻拿轻放，时间最好在晴朗的上午或傍晚。在露水未干的清晨、雾天、雨后或烈日暴晒下均不宜采收，以免降低浆果的贮运性。采收酿造用葡萄后可直接就地装箱或装罐，尽快运往酒厂进行加工。

2.5.6.5　葡萄冬季防寒

葡萄原产暖温带地区，抗寒能力不强，因此在我国北方大部分地区葡萄越冬需埋土防寒。

(1) 防寒时间和方法

埋土防寒通常在冬剪后至土壤冻结前进行。防寒方法如下：

①地上埋土防寒法。将枝蔓压倒顺行向平放地面上，用草绳捆成 1 束，然后直接用土覆盖。在比较寒冷的地区可在枝蔓上盖 1 层有机物，然后覆土。覆土时一定要打碎土块盖严，不透风，取土部分尽可能离植株远些，以避免造成根系冻害。

②地下埋土防寒法。在株间或行间挖临时沟，沟的大小以放入枝蔓为度，将捆好的枝蔓放入沟内，然后覆土。

(2) 出土

葡萄在树液开始流动后至芽眼膨大前，必须撤除防寒土并及时上架。出土过早根系未开始活动，枝芽易抽干，过晚则芽眼萌发，出土上架时很容易伤害主芽。

葡萄撤土一般可分为 2 次完成。第 1 次先撤去约一半左右，几天后再撤去另一半，以使植株逐步适应外界条件。

小　结

葡萄是世界上的重要水果之一，其栽培历史悠久，分布广泛。世界葡萄属植物有 70 多种，主要栽培种为欧亚种，在长期栽培中形成了不同种间杂交培育成的种间杂种品种。葡萄品种很多，根据用途分为鲜食品种、酿酒品种、制汁品种、制干品种、制罐品种、砧木品种等。葡萄新梢叶腋着生有冬芽和夏芽。夏芽为裸芽，不能越冬，具有早熟性，在形成当年即可萌发，称为副梢。冬芽外被鳞片，为晚熟性芽，内有主芽和副芽之分。葡萄有攀缘的卷须，与花序为同源器官。生产上栽培的品种基本为两性花，可自花结实。浆果生长曲线呈双"S"形。我国葡萄苗木主要采用扦插繁殖，但嫁接苗可利用砧木的抗逆性，嫁接繁殖是发展方向。葡萄的枝蔓比较柔软，栽培时需要搭架。生产中采用的主要架式有篱架和棚架，与架式相应的树形在生产上应用较多的有无主干多主蔓自然扇形、独龙干、双龙干、单臂水平龙干形、双臂水平龙干形、"X"形、"H"形等。葡萄冬季基本修剪方法有短截、缩剪、疏剪等，其中短截是最主要修剪方法，可分为极短梢、短梢、中梢、长梢和极长梢修剪。葡萄鲜食品种果穗要达到理想的商品形状，就要进行果穗整形。无核果实食用方便，可以采用无核品种，也可通过有核品种无核化栽培达到无核效果。在我国北方大部分地区葡萄越冬需埋土防寒，南方地区生产期长，可进行一年两熟两季栽培。北方地区可通过采取设施促早栽培等技术手段调节市场鲜果供应期。

思考题

1. 目前我国生产上栽培推广的葡萄主要优良品种有哪些？
2. 简述葡萄枝芽特性。
3. 以葡萄为例，说明结果母枝在结果中的重要性。
4. 简述葡萄施肥的时期、种类及其作用。
5. 分析葡萄架形、树形和修剪之间的关系。

2.6　猕猴桃栽培

2.6.1　概述

猕猴桃指猕猴桃科(Actinidiaceae)猕猴桃属(*Actinidia*)植物，绝大多数猕猴桃属植物原产于我国。猕猴桃既是 20 世纪初开始人工驯化栽培的水果，也是近现代果树史上由野生到人工商品化栽培最成功的植物驯化范例。

(1)经济价值

猕猴桃果实味美可口，营养丰富，维生素 C 含量是柑橘、苹果、梨、葡萄等水果的几倍至几十倍，含有人体所需的多种氨基酸，还含有蛋白质分解酶及微量元素硒和锗等，具有很好的保健作用，被誉为"水果之王""果中珍品"。猕猴桃浑身是宝，具有很好的综合利用价值。猕猴桃果实除可鲜食外，还可加工成饮料和其他多种产品。

(2)栽培历史和现状

猕猴桃属植物自然分布区南北跨度大，从热带赤道至温带北纬 50°左右，纵跨泛北极植物区和古热带植物区。我国是猕猴桃属植物的分布中心，除青海、宁夏、新疆、内蒙古等尚未发现外，其余省份均有分布。我国对猕猴桃的记载描述可追溯至 2000 年以前，20世纪 70 年代末，国家组织资源普查后，各地才开始正规人工建园栽培，并在优良品系选育、栽培、贮藏和加工等方面进行了系统研究，至 20 世纪 90 年代开始大规模人工栽培。

目前，全世界有 24 个国家、地区栽培猕猴桃，主产地包括中国、意大利、新西兰、伊朗、智利等。2020 年世界猕猴桃栽培面积 $27.05×10^4$ hm²，产量 $440.74×10^4$ t，而中国猕猴桃栽培面积达 $18.46×10^4$ hm²，产量 $223.01×10^4$ t，分别占世界猕猴桃面积、产量的68.24%和50.60%，栽培面积和产量均居世界之首。

2.6.2　主要种类和优良品种

猕猴桃属全世界有 54 个种，21 变种，原产我国的有 52 个种。目前，我国人工栽培的猕猴桃种有 4 个：中华猕猴桃(*Actinidia chinensis* Planch. var. *chinensis*)、美味猕猴桃(*Actinidia chinensis* Planch. var. *deliciosa* A. Chevalier)、软枣猕猴桃[*Actinidia arguta* (Sieb. & Zucc.)Planch. ex Miq.]和毛花猕猴桃(*Actinidia eriantha* Benth.)，但栽培以中华猕猴桃和美味猕猴桃为主。

(1)主要种类

①中华猕猴桃。为中华猕猴桃原变种，俗名猕猴桃、藤梨、羊桃藤、羊桃、阳桃、奇异果、几维果等，植株染色体倍性有二倍体和四倍体，是我国栽培广泛的种之一。雌花多为单生，间或聚伞花序，雄花为聚伞花序，子房退化，密被褐色绒毛。果实多为椭圆形，或卵形，大多具突起果喙，果面密被褐色绒毛，果实成熟后易脱落。果皮暗黄色至褐色，果肉以黄色为主。在年平均气温 11~20 ℃的地区均有分布，抗逆性较美味猕猴桃差。

②美味猕猴桃。为中华猕猴桃变种，又名硬毛猕猴桃、毛梨子、毛杨桃、木杨桃等，植株染色体倍性大多为六倍体，少数为四倍体，也是我国栽培广泛的种之一。该物种大果型植株或株系多，也是目前广泛使用的砧木材料。雌花多为单生，白色，花药黄色、多为箭头

状，雄花为聚伞花序，子房退化，呈小锥体状。果实圆形至圆柱形，密被黄褐色长绒毛，不易脱落。果皮绿色至黄褐色，果肉以绿色为主。在年平均气温 11~18 ℃ 的地区均有分布。

③软枣猕猴桃。又名软枣子、圆枣子、藤枣、紫果猕猴桃、心叶猕猴桃等，植株染色体倍性有二倍体、四倍体、六倍体和八倍体。雌花聚伞花序，每序花 1~3 朵，白色至淡绿色，花药暗紫色，雄花为聚伞花序，多花，花药黑褐色或紫黑色，子房退化。果实卵圆形或近圆形，光滑无毛。未成熟果浅绿色、绿色、黄绿色，近成熟果绿色、黄绿色、紫红色、浅红色。果肉绿色、翠绿色、紫红色。本种抗寒性强，果实光滑无毛，食用方便。在我国东北地区有较广泛的栽培。

④毛花猕猴桃。又名白藤梨、毛花杨桃、毛冬瓜、绵毛猕猴桃、白布冬子等，植株染色体倍性多为二倍体。主要分布于我国长江以南的南部地区，目前有少量人工栽培。雌花聚伞花序，花粉红色，雄花为聚伞花序，子房退化。果实长圆柱形，密被白色长绒毛。果肉深绿色。果实维生素 C 含量较高，具有较高的利用价值。

（2）优良品种

①中华猕猴桃。主要优良品种有'红阳''脐红''金桃''农大金猕''早鲜''翠玉''桂海 4 号''早金（Hort16A）'。

'红阳'：四川省自然资源科学研究院等单位合作育成。果实柱形或倒卵形，果顶下凹，果皮绿色或绿褐色。果肉黄绿色，果心周围呈放射状红色。单果重 68.8~92.5 g，每 100 g 猕猴桃果实含可溶性固形物 16.0%~19.6%、总糖 8.79%~13.45%、总酸 0.11%~0.49%、维生素 C 135.8~250.0 mg。果实 9 月中旬成熟。抗溃疡病能力较差。

'脐红'：西北农林科技大学等单位合作选育。果实倒卵形，果顶凹处有"肚脐"状凸起，果皮褐绿色，被黄褐色稀茸毛。果肉黄色，果心周围呈放射状红色。平均单果重 97.7 g，每 100 g 猕猴桃果实含可溶性固形物 19.9%、总糖 12.56%、总酸 1.14%、维生素 C 188.1 mg。果实 9 月中下旬成熟。

'金桃'：中国科学院武汉植物园选育。果实长圆柱形，果皮黄褐色。果肉金黄色，肉质细腻、脆、多汁，酸甜适中。平均单果重 90 g，每 100 g 猕猴桃果实含可溶性固形物 15.0%~18.0%、总糖 7.8%~9.71%、总酸 1.19%~1.69%、维生素 C 180~246 mg。果实 10 月中旬成熟。

'农大金猕'：西北农林科技大学选育。果实近圆柱形，果顶微凹，果皮褐绿色，被稀疏茸毛。果肉黄色或绿黄色，肉质细腻、多汁，酸甜适中。平均单果重 82.1 g，每 100 g 猕猴桃果实含可溶性固形物 20.2%、总糖 14.2%、总酸 1.42%、维生素 C 204.5 mg。果实 8 月下旬至 9 月上旬成熟。

'早鲜'：江西省农业科学院园艺研究所选育。果实圆柱形，果顶微凹，果皮绿褐色，密被短茸毛。果肉绿黄色或黄色，果心小，肉质细腻，汁液多，酸甜可口，有清香味。单果重 75~94 g，每 100 g 猕猴桃果实含可溶性固形物 16.5%、总糖 7.02%、总酸 1.25%、维生素 C 73.5~128.8 mg。果实 9 月中旬成熟。

'翠玉'：湖南省农业科学院园艺研究所选育。果实圆锥形或倒卵形，果顶凸起，果皮绿褐色，密被短茸毛。果肉绿色，肉质致密，细嫩多汁，风味浓郁，甜度大。单果重 85~95 g，每 100 g 猕猴桃果实含可溶性固形物 16.2%、总糖 13.25%、总酸 1.27%、维生素 C 119.2 mg。果实 10 月中上旬成熟。

　　'桂海 4 号'：中国科学院广西植物研究所选育。果实椭圆形，果皮黄绿色。果肉黄色，肉细汁多，味酸甜。平均单果重 74 g，每 100 g 猕猴桃果实含可溶性固形物 15% ~ 19%、总糖 9.3%、总酸 1.4%、维生素 C 53 ~ 58 mg。果实 9 月中下旬成熟。

　　'早金（Hort16A）'：新西兰选育。果实长卵圆形，果顶凸起呈鸭嘴状。果皮黄褐色，果皮细嫩，易受伤。果肉黄色至金黄色，质细汁多，味甜，香气浓。单果重 80 ~ 140 g，每 100 g 猕猴桃果实含可溶性固形物 15% ~ 19%、维生素 C 120 ~ 150 mg。果实 10 月中上旬成熟。

　　②美味猕猴桃。主要优良品种有'秦美''徐香''金魁''米良 1 号''海沃德''翠香''贵长''农大郁香'等。

　　'秦美'：陕西省果树研究所与陕西省周至县猕猴桃试验站合作选育。果实椭圆形，果皮褐绿色，密被黄褐色硬毛。果肉绿色，汁多、芳香。平均单果重 106 g，每 100 g 猕猴桃果实含可溶性固形物 14% ~ 15%、总糖 8.7%、总酸 1.58%、维生素 C 190 ~ 354 mg。果实 10 月上旬成熟。该品种抗旱、耐寒、抗风、耐贮藏，丰产性强，鲜食、加工兼用。

　　'徐香'：江苏徐州果园选育。果实椭圆形，或卵圆形，果皮黄绿色，被褐色硬刺毛。果肉黄绿，汁多，酸甜适口，有浓香。单果重 75 ~ 137 g，每 100 g 猕猴桃果实含可溶性固形物 15.3% ~ 19.8%、总糖 12.1%、总酸 1.42%、维生素 C 99.4 ~ 123 mg。果实 9 月中下旬成熟。

　　'金魁'：湖北省农业科学院果树茶叶研究所选育。果实阔椭圆，果皮黄褐色，被棕褐色绒毛。果肉翠绿，汁多味浓。平均单果重 103 g，每 100 g 猕猴桃果实含可溶性固形物 18.5% ~ 21.5%、总糖 13.24%、总酸 1.64%、维生素 C 120 ~ 420 mg。果实 10 月上、中旬成熟，耐贮藏，丰产。

　　'米良 1 号'：吉首大学选育。果实长圆柱形，果皮棕褐色，密被黄褐色硬毛。果肉绿色，汁液较多，酸甜适度，有芳香。平均单果重 95 g，每 100 g 猕猴桃果实含可溶性固形物 15.0%、总糖 7.4%、总酸 1.25%、维生素 C 188 ~ 207 mg。果实 10 月上旬成熟，极丰产、稳产，抗逆性较强，是鲜食、加工兼用的优良品种。

　　'海沃德'：新西兰选育。果实椭圆形至长圆形，果皮褐绿色，被褐色毛。果肉绿色，汁多，风味好。单果重 80 ~ 100 g，每 100 g 猕猴桃果实含可溶性固形物 14.6%、总糖 7.4%、总酸 1.5%、维生素 C 48 ~ 120 mg。果实 10 月中下旬成熟，耐贮藏，货架期长。

　　'翠香'：西安市猕猴桃研究所等单位合作选育。果实长卵圆形，果皮褐绿色，皮薄、易剥离。果肉翠绿色，汁液多，芳香味极浓，风味香甜。平均单果重 82 g，每 100 g 猕猴桃果实含可溶性固形物 17.0%以上、总糖 5.5%、总酸 1.3%、维生素 C 185 mg。果实 9 月上成熟。

　　'贵长'：贵州省果树研究所选育。果实长圆柱形，果皮棕褐色，被灰褐色长毛。果肉绿色，肉质细，汁液较多，酸甜适度，清香可口。平均单果重 85 g，每 100 g 猕猴桃果实含可溶性固形物 16.2%、总糖 8.5%、总酸 1.45%、维生素 C 110 mg。果实 10 月中下旬成熟。

　　'农大郁香'：西北农林科技大学选育。果实长圆柱形，果皮褐色，果面被有粗糙茸毛。果肉为黄绿色，果心较小，果肉质细，风味香甜爽口。平均单果质量 110 g，每 100 g 猕猴桃果实含可溶性固形物 18.8%、总糖 11.2%、总酸 1.04%、维生素 C 252 mg。果实 10 月中上旬成熟。

　　③软枣猕猴桃。主要优良品种有'魁绿''红宝石星''猕枣 2 号'等。

　　'魁绿'：中国农业科学院特产研究所选育。果实扁卵圆形，果皮绿色，光滑。果肉绿色，质细多汁，风味酸甜。平均单果重 18.1 g，最大单果重 32 g，每 100 g 猕猴桃果实含可溶性固形物 15%、总糖 8.8%、总酸 1.5%。在吉林，果实于 9 月初成熟。

'红宝石星'：中国农业科学院郑州果树研究所选育。果实长椭圆形，果皮玫瑰红色，光滑无毛，分布有稀疏的黑色小果点。果肉玫瑰红色，多汁。平均单果重 18.5 g，最大果重 34.2 g，每 100 g 猕猴桃果实含可溶性固形物 16.0%、总糖 12.1%、总酸 1.12%、维生素 C 430 mg。在郑州，果实于 8 月下旬至 9 月上旬成熟。

'猕枣 2 号'：中国科学院武汉植物园选育。果实短圆柱形，果皮绿色，有光泽。果肉绿色，风味佳。单果重 10~16 g，每 100 g 猕猴桃果实含可溶性固形物 24%~27%、总糖 11%、总酸 1.1%、维生素 C 300 mg。在武汉，果实 7 月底至 8 月初成熟。

④毛花猕猴桃。主要优良品种有'华特'和'赣猕 6 号'等。

'华特'：浙江省农业科学院园艺研究所选育。果实圆柱形，果皮绿褐色，密被灰白色茸毛。果肉绿色，肉质细腻、微香。单果重 82~94 g，每 100 g 猕猴桃果实含可溶性固形物 14.7%、总糖 9.0%、总酸 1.24%、维生素 C 628.3 mg。在浙江南部，果实于 10 月下旬成熟。

'赣猕 6 号'：江西农业大学选育。果实长圆柱形，果皮绿褐色，密被白色短茸毛。果肉墨绿色，果心淡黄色，肉质细嫩、清香，风味酸甜适度。平均单果重 72.5 g，每 100 g 猕猴桃果实含可溶性固形物 13.6%、总糖 6.30%、总酸 0.87%、维生素 C 723 mg。鲜食加工兼用。在江西，果实于 10 月下旬成熟。

⑤种间杂交。主要优良品种有'华优'和'金艳'等。

'华优'：陕西省中华猕猴桃科技开发公司等选育，为中华猕猴桃与美味猕猴桃的自然杂交后代。果实椭圆形，果面棕褐色或绿褐色。果肉黄色，质细、汁多，香气浓郁，风味香甜，质佳爽口。单果重 80~120 g，每 100 g 猕猴桃果实含可溶性固形物 18%、总糖 10.2%、总酸 1.03%、维生素 C 150.6 mg。果实 10 月上旬成熟。

'金艳'：中国科学院武汉植物园选育，为毛花猕猴桃与中华猕猴桃的杂交后代。果实长圆柱形，果顶微凹，果皮黄褐色，密被短茸毛。果肉黄色，果心小，肉质细，汁多，有香气，酸甜适宜。单果重 101~110 g，每 100 g 猕猴桃果实含可溶性固形物 14%~16%、总糖 8.55%、总酸 0.86%、维生素 C 105 mg。果实 10 月中旬成熟。

另外，各地选育的优良品种还有：'秦翠''秋香''金香''哑特''瑞玉''中猕 2 号''华美 1 号''华美 2 号''红美''实美''沁香''金硕''皖翠''魁蜜''金丰''庐山香''东红''楚红''琼露''太上皇''香绿''丰绿''佳绿''馨绿''宝贝星''沙农 18 号'等。

2.6.3　生物学和生态学特性

2.6.3.1　生物学特性

(1)根系

猕猴桃根为肉质根，初生时为白色，后变为浅褐色。老根外皮呈黄褐色、黑褐色或灰褐色，内皮层暗红色。猕猴桃主根不发达，侧根和支根多而密集。根部导管发达，根压大。猕猴桃根系分布广而浅，人工栽培条件下根系集中垂直分布在 20~60 cm 深的土层中，水平根分布范围为冠径的 2~3 倍。

根系在土壤温度 8 ℃时开始活动，20 ℃时进入生长高峰期，30 ℃时新根生长基本停止。对秦岭北麓'秦美'猕猴桃根系生长观察发现：根系的生长一年有 3 个高峰期，第 1 次在萌芽前(2~3 月)，有 1 个很弱的生长高峰，第 2 次生长高峰期出现在新梢迅速生长后(6 月)，第 3 次高峰期在果实发育后期(9 月)。

(2) 芽

猕猴桃的芽着生在叶腋间隆起的海绵状芽座中，芽外包裹有 3~5 层黄褐色鳞片，呈半裸或裸露状态。每叶腋处有 3 个芽，中间稍大的为主芽，两边的是副芽。通常主芽萌发成枝，副芽处于潜伏状态，当主芽受伤损害时，副芽便可萌发。芽分为叶芽和混合芽，叶芽和混合芽从外形上较难区别，叶芽萌发后只抽枝长叶而无花蕾，混合芽不仅萌发枝蔓且有花蕾。混合芽多处于发育良好枝和结果枝的中上部。开花、结果部位的叶腋间不再形成芽而成为盲节。

猕猴桃的
芽和花

(3) 枝条

猕猴桃的枝具蔓生性，由节和节间组成，髓部较大。猕猴桃的枝可分为营养枝和结果枝(雄株称为花枝)。

营养枝：也叫生长枝，只生长不开花结果。根据枝条生长势可分为发育枝、徒长枝和衰弱枝。

结果枝(花枝)：指开花结果的枝条。根据枝条的长度，结果枝可分为徒长性结果枝(>150 cm)、长果枝(50~150 cm)、中果枝(30~50 cm)、短果枝(10~30 cm)和短缩果枝(<10 cm)。

(4) 叶

猕猴桃的叶片大而薄，纸质、半革质或革质，厚度约 1 mm。形状有卵形、圆形、矩形、扇形等。叶面颜色为黄绿色、绿色或深绿色，具有光泽，背面淡绿色。叶缘有锯齿或全缘，叶脉多数有毛。正常叶从展叶到形成最终叶面需 35~40 d。展叶后的第 10~25 d 是叶片面积扩大最快的时期，叶面积约达最终叶面面积的 90%。

(5) 花芽分化

猕猴桃为雌雄异株植物，雌花和雄花分别着生于不同植株上。雌花和雄花都是形态上的两性花，生理上的单性花。雌花子房发育正常，雄蕊退化发育，花丝明显矮于柱头，花药干瘪，花粉量少，无活力。雄花雄蕊发达，明显高于子房，花药饱满，花粉量大，活力强，子房退化变小。

猕猴桃花芽为混合芽，花芽分化有生理分化期和形态分化期 2 个阶段。

①生理分化期。猕猴桃花芽的生理分化在越冬前就已完成，以 7 月中下旬至 9 月中上旬集中进行生理分化，分化形成花芽原基后，直到翌年春季形态分化开始前，花器原基只是数量增加，体积变肥大，外观上无法与叶芽相区别。

②形态分化期。从芽萌动前约 10 d 开始，到开花前 1~2 d 结束。结果母枝下部节位的腋芽原基首先分化出花序原基，再进一步分化出顶花及侧花的花原基。花原基形成后，花的各部位便按照向心顺序，先外后内依次分化，花前 1~2 d 完成形态分化。

(6) 开花坐果

花蕾在新梢开始伸长时即可在叶腋间观察到，随枝条的生长花蕾发育变大。雌花从显蕾到花瓣开裂需 35~40 d，雄花则需 30~35 d。雌株花期多为 5~7 d，雄株花期 7~12 d，有的可达 15 d。猕猴桃花大多在早晨 5:00~6:00 开放，初开花花瓣白色，2~3 d 后变为黄色。雌花一般于开花后 3~6 d 落瓣，雄花为 2~4 d。但遇到高温、干旱花期明显缩短。就一株而言，开花顺序常为先内膛后外围，先树冠中下部后树冠上部；同一果枝或花枝，枝条中部花先开；同一花序中，中心花先开，两侧花后开。正常的气候条件下，雌花开放 1~3 d 是适宜授粉期。

猕猴桃属虫媒花，主要依靠蜜蜂进行授粉。猕猴桃授粉后 1~2 h，花粉粒开始在雌蕊柱头上萌发，8~10 h 花粉管到达胚珠，30~72 h 多数花粉管进入胚囊，释放精子与卵子结合，完成受精。猕猴桃坐果率可达 90% 以上，一般情况下无自然落果现象。

（7）果实生长发育

猕猴桃从落花后果实开始生长到果实成熟需 120~200 d。果实生长发育曲线呈双"S"形，大致分为 3 个阶段：

①迅速生长期。花后 50~60 d，果实细胞分裂和扩大，果实的体积和鲜重均迅速增加，生长量可达总生长量的 80%，种子白色。内含物主要是碳水化合物和有机酸的增加。

②缓慢生长期。在迅速生长期后 40~50 d，果实生长缓慢。外果皮细胞扩大基本停滞，内果皮细胞继续扩大，果心细胞继续分裂和扩大，果皮颜色由淡黄绿转变为浅褐色，种子变为褐色。内含物淀粉及柠檬酸迅速积累，糖的含量则处于较低水平。

③生长后期。缓慢生长期后 40~50 d，内果皮和果心细胞继续增大，果皮变为褐色，种子更加饱满，颜色变的更深。果实果汁增多，淀粉含量下降，糖分增加，风味增浓，显现品种固有的品质。

2.6.3.2　生态学特性

（1）温度

猕猴桃不同种类对温度适应范围不同，我国猕猴桃主要产区年平均气温 11.3~16.9 ℃，极端最高气温 42.6 ℃，极端最低气温 -20.3 ℃，≥10 ℃ 的有效积温为 4500~5200 ℃，无霜期 160~270 d。

据北京、四川等地观察：中华猕猴桃和美味猕猴桃在早春气温 6 ℃ 以上时树液流动，8.5 ℃ 以上时萌芽，15 ℃ 以上才能开花，新梢生长和果实发育多在 20~25 ℃ 条件下，当 11 月中上旬气温降至 12 ℃ 左右时开始落叶进入冬季休眠。

早霜和晚霜会影响猕猴桃的生长和发育，晚霜使新梢和花芽受冻，而早霜又常常影响果实成熟、品质和风味。

（2）光照

猕猴桃喜光耐阴，多生长在半阴坡的环境，对强光照敏感。幼苗和幼树喜阴，忌强光直射，成年树则喜光，需要良好的光照条件。枝叶郁蔽的果园因为通风透光能力差而影响枝条生长，进而导致落叶落果和枝条枯死现象的发生。

（3）土壤

适合猕猴桃生长的土壤类型很多，但以土层深厚、有机质含量高、疏松肥沃、pH 值在 6.5~7.5 的砂质壤土最好。瘠薄干燥、黏重板结和盐碱地植株生长不良，需要有效改良，才能建园。

（4）水分

猕猴桃喜湿润，不耐干旱，不耐积水。猕猴桃自然分布区年降水量在 740~1860 mm，空气相对湿度在 70%~85%。一般来说，年降水量在 1000 mm 以上、空气相对湿度在 75%以上的地区，均能满足猕猴桃生长发育对水分的要求。

猕猴桃在轻度缺水状态下生长受到影响，但是一旦解除水分胁迫，即可恢复正常。缺水时，根系最先受害，根毛停止生长，根系吸水能力下降，地上部表现为新梢生长缓慢或停止，出现枯梢，叶面出现不规则褐变，叶缘出现褐色斑点焦枯或水烫状坏死。缺水严重时出现叶片萎蔫或落叶，根系死亡。

猕猴桃忌旱怕涝，水分过多同样有害。由于猕猴桃为肉质根，对土壤通气不良的缺氧状态十分敏感。猕猴桃树对夏季水淹缺氧更加敏感，排水不良或积水时，大约 7 d 即可出现死树现象。

（5）风

微风有利于果园空气流通，增强光合作用，减轻病害发生，有利于有益昆虫活动，提高授粉效果。但强风往往会使叶片受损、枝梢萎蔫甚至折断，开花季节的干热风常影响授粉受精。成熟期的大风会造成果实损伤和落果，影响果实商品性。因此，在多风地区建园，应建立防风林。

2.6.4　育苗特点

生产上主要采用嫁接法繁殖苗木。嫁接用砧木采用实生繁殖。

2.6.4.1　主要砧木

目前，猕猴桃生产上所用砧木主要为美味猕猴桃，通常以播种方式繁殖砧木苗。

2.6.4.2　砧木苗的培育

（1）种子采集和贮藏

选择生长健壮，无病害虫危害的植株，待果实充分成熟后进行采收。果实采收后放在室温下，使其后熟变软，放入容器内捣烂，加入清水搅动，漂洗去除果皮、果肉残渣，洗出种子，放在室内阴干。阴干的种子装入透气的袋内，贮藏于通风干燥、无鼠害的地方。

（2）种子播前处理

贮藏的猕猴桃种子处于休眠状态，即使在适宜的温度、湿度等条件下，也基本不发芽或极少发芽，种子播前要经过层积催芽处理，才能达到出苗率高而整齐。催芽处理主要有以下几种方法：

①沙藏处理。将猕猴桃种子与河沙按 1∶（5~10）的比例混合，河沙的湿度以"手握成团、放开即散"为宜。将混合种子的河沙装入编织袋、细孔网袋等内，埋在排水良好、背风向阳、没有鼠害的地方。以后每 2~3 周检查 1 次，确保河沙的湿度。沙藏时间以 60 d 左右为宜。

②激素处理。未能沙藏的种子可用浓度为 2.5~5.0 g/mL 的赤霉素溶液浸润 24 h 后直接播种。

（3）播种

猕猴桃种子很小，千粒重仅 1.2~1.3 g，萌发后长出的幼苗也细小，因此，播种的各个环节都应严格控制。

①播种时间。一般在日平均气温 11~12 ℃时播种为宜。北方地区一般在 3 月下旬至 4 月上旬，南方地区一般在 2 月上旬至 3 月上旬。

②播种方法。为了管理方便，苗圃内以条播为宜，条播行距 25~30 cm，沟宽 10 cm，沟深 2~3 cm。播前先浇透水，使床面填实压平，待播种沟内水下渗完后，将种子和层积的河沙一起均匀撒于沟内，播后用筛过的细粪土或沙土覆盖 2~3 mm。猕猴桃每亩播种量 1.5~2.0 kg。播种后用麦秸、稻草或草帘等覆盖，再在其上搭薄膜小拱棚，保持温度、湿度。

(4)砧苗管理

当出苗率达 30%以上时，在下午天凉时及时去除覆盖的稻草、草帘等覆盖物，在小拱棚上搭盖遮阳网，经常注意床面洒水，防止小苗晒死。当幼苗长到 4~6 片叶时移苗或间苗，保持幼苗株距 8~10 cm，行距 25~30 cm，注意浇水、施肥和中耕除草。

2.6.4.3 嫁接繁殖

(1)接穗和砧木的选择

①砧木。目前我国猕猴桃嫁接所用砧木主要为美味猕猴桃。一般要求其生长健壮、无病虫危害，嫁接部位直径应在 0.6 cm 以上。

②接穗。要求品种纯正、健壮、芽眼充实，无病虫危害。

(2)嫁接时间

猕猴桃在春、夏、秋季均可进行嫁接。春季嫁接可从伤流之前 2 月中上旬开始直至 4 月中下旬。伤流期嫁接注意砧木放水，以控制伤流；夏季嫁接应在枝条半木质化后进行，一般在 5 月下旬至 7 月上旬进行；秋季嫁接一般在 8 月下旬至 9 月中旬进行。

(3)嫁接方法

猕猴桃苗木嫁接方法包括单芽枝腹接、舌接、劈接等。

①单芽枝腹接。在接穗上选取一个芽，在芽的背面或侧面，削长 4~5 cm、深度以露出木质部为宜的削面，在削口对应面的下端呈 50°角削成短斜面，接穗顶端在芽的上方 1.5 cm 处平剪，整个接穗长 3.5~4.0 cm。在砧木距地面 5~10 cm 处选择端正光滑面，从上向下切削，以露出木质部为度，削面长度略长于接穗切面，将砧木削口外皮切去 2/3，插入接穗，使接穗和砧木的纵向削面相对，二者的形成层对齐或至少使一侧的形成层对齐，将嫁接部位用塑料薄膜条包扎严密，春季嫁接露出芽眼，夏、秋嫁接露出芽眼和叶柄。

猕猴桃苗木嫁接方法

②舌接。在接穗和砧木的粗度相近时采用。将砧木在距地面 5~10 cm 处选择端正光滑面斜削成一舌形斜面，斜面长 3~4 cm，在斜面上部 1/3 处下切约 1 cm 深的切口。然后选一接穗，留 1~2 个芽，削同样大小的一个斜面和切口，使接穗和砧木的两斜面相对，各自分别插入对方的切口。如果砧穗的粗度不完全一致，使一边的形成层对齐，将嫁接部位与整个接穗全部用塑料薄膜条包扎严密，只露出芽眼或芽眼和叶柄，尤其注意将接穗顶端包扎严密，以免失水抽干。

③劈接。在接穗粗度小于砧木时采用。将砧木在离地面约 10 cm 的端正光滑处平剪断，在剪断面中间或稍偏离中间部位向下纵切 3 cm 长的切口，将接穗的下端削成斜面长

2~3 cm 的楔形，楔形一侧的厚度较另一侧厚，接穗上留 2 个饱满芽，接穗的楔形插入砧木的切口中，楔形较厚一侧的形成层与砧木的形成层对齐，将伤口部位用塑料薄膜条包扎严密，接穗顶端用蜡封或用薄膜条包扎严密。

（4）嫁接苗管理

为保证嫁接苗健壮生长，嫁接后应加强管理，包括检查成活情况、除萌、设立支柱、剪砧、解绑、肥水管理和病虫害防治等。

（5）苗木出圃和分级

①苗木出圃。在秋季落叶后到土壤结冻前或春季土壤解冻后至萌芽前起苗。起苗前要将苗木的分枝进行适当修剪，剪去细弱枝，剪短过长枝，以免起苗时伤及枝条。起苗后应对苗木根系进行修剪，剪去过长或受伤的根端。

②苗木分级。苗木挖出后要按照苗木分级标准进行分级，猕猴桃苗木质量等级标准见表 2-8。

表 2-8　猕猴桃苗木质量等级

项目			Ⅰ级	Ⅱ级	Ⅲ级
品种与砧木			品种与砧木纯正；与雌株品种配套的雄株品种花期应与雌株品种基本同步，最好是同步；实生苗和嫁接苗砧木应是美味猕猴桃		
根	侧根形态		侧根没有缺失和劈裂伤		
	侧根分布		均匀、舒展而不卷曲		
	侧根数量（条）		≥4		
	侧根长度（cm）		当年生苗≥20.0，2 年生苗≥30.0		
	侧根粗度（cm）		≥0.5	≥0.4	≥0.3
苗干	苗干直曲度（°）		≤15.0		
	高度	当年生实生苗（cm）	≥100.0	≥80.0	≥60.0
		当年生嫁接苗（cm）	≥90.0	≥70.0	≥50.0
		当年生自根营养系苗（cm）	≥100.0	≥80.0	≥60.0
		2 年生实生苗（cm）	≥200.0	≥185.0	≥170.0
		2 年生嫁接苗（cm）	≥190.0	≥180.0	≥170.0
		2 年生自根营养系苗（cm）	≥200.0	≥185.0	≥170.0
	苗木粗度（cm）		≥0.8	≥0.7	≥0.6
根皮与茎皮			无干缩皱皮，无新损伤，老损伤处总面积不超过 1.0 cm²		
嫁接苗品种部饱满芽数（个）			≥5	≥4	≥3
接合部愈合情况			愈合良好。枝接要求接口部位砧穗粗细一致，没有大脚(砧木粗、接穗细)、小脚(砧木细、接穗粗)或嫁接部位凸起臃肿现象；芽接要求接口愈合完整，没有空、翘现象		
木质化程度			完全木质化		
病虫害			除国家规定的检疫对象外，还不应携带以下病虫害：根结线虫、介壳虫、根腐病、溃疡病、飞虱、螨类		

注：引自《猕猴桃苗木》(GB 19174—2010)。

2.6.5　建园特点

猕猴桃为多年生经济林木，其喜光怕暴晒，喜水怕积水，喜温暖怕霜冻和高温，且雌雄异株，因此，建园时，要以适地适栽为原则，从园址选择、规划设计、苗木定植、雌雄搭配等方面进行综合评价和选择。

2.6.5.1　园址选择

园地应选择在气候温暖而湿润，年平均气温在 11.3~16.9 ℃，≥10 ℃有效积温为 4500~5200 ℃，年日照时数在 1500~2300 h，降水量充沛(<800 mm 要有灌溉条件)，无霜期 160~270 d，土层深厚，肥沃疏松，pH 值 6.5~7.5，地下水位应在 1.0 m 以下，地势较平坦的地区。

选择园地时，同时还要考虑当地社会经济、交通、市场及贮藏和加工等条件。

2.6.5.2　栽植技术

(1)品种选择

根据市场需要及当地环境条件选择适宜的优良品种。主栽品种应经过政府品种审定部门审定、登记。品种构成应以晚熟品种为主，中早熟品种搭配。

(2)雌、雄株搭配

猕猴桃为雌雄异株，良好的授粉是优质丰产的保证，因此在选好主栽品种的同时，应合理配置授粉树。雌雄株搭配比例为(5~8)∶1(图 2-10)。

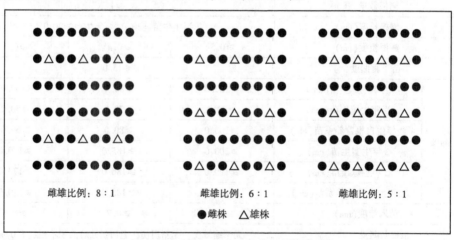

图 2-10　猕猴桃不同雌雄株比例定植图

(3)栽植密度

定植的株行距应根据品种的生长势、土壤条件、架形、管理水平、立地条件而定，株行距可采用(2~3)m×(3~4)m。

(4)栽植时间和方法

①栽植时间。猕猴桃栽植时间分春栽和秋栽，以秋栽为好。春栽时间为土壤解冻后至发芽前，秋栽时间为落叶后至土壤封冻前。在北方较寒冷地区进行秋季栽植时，要注意冬季埋土防寒。

②栽植方法。栽植前要对土壤进行改良。根据立地条件，进行顺行开槽或挖定植穴，宽度、深度至少 60 cm。栽植前，每株施入腐熟农家肥 20 kg，并拌入 1 kg 过磷酸钙，将农家肥等与挖出的土壤充分混匀后回填于穴内，灌水。待栽植穴墒情适宜时，将整理好的苗木栽于定植穴内，苗木栽植深度以根颈部略高于地面为宜。栽后，及时灌透水。

2.6.6　管理技术特点

2.6.6.1　土肥水管理

(1) 土壤管理

猕猴桃园建园前期每年可结合施基肥进行深翻，深度 30~50 cm。全园深翻一遍后，每年可结合施基肥进行浅耕，深度 15~20 cm。生长季采用果园覆盖与果园生草相结合，也是果园土壤管理的一项十分有效的技术措施。

(2) 施肥

猕猴桃生长和发育需要大量多种营养元素，并且对各类元素的供给失调特别敏感，缺素会明显影响其生长发育。因此，只有每年施入足够的肥料，才能保证树体正常生长并获得较高的产量。不同树龄猕猴桃园的施肥量可参考表 2-9。

表 2-9　不同树龄猕猴桃园参考施肥量

树龄(年)	产量(kg/亩)	优质农家肥	年施用化肥总量(kg/亩)		
			N	P_2O_5	K_2O
1	—	1500	4	2.8~3.2	3.2~3.6
2~3	—	2000	8	5.6~6.4	6.4~7.2
4~5	1000	3000	12	8.4~9.6	9.6~10.8
6~7	1500	4000	16	11.2~12.8	12.8~14.4
成龄园	2000	5000	20	14.0~16.0	16.0~18.0

基肥在秋季采果后施入，以腐熟的农家肥和其他有机肥为主，并混合施入氮磷钾化肥及微量元素肥。基肥施用可结合秋季深翻进行，施肥量要充足，可施入全部的有机肥及全年氮磷钾施肥总量的 30%~60%。基肥宜早施，以增加树体吸收和贮藏，提高花芽分化的质量和促进第 2 年春季的萌芽、新梢生长和开花。

成龄树一般一年追肥 3 次：第 1 次为萌芽肥，发芽时施入，以氮肥为主；第 2 次膨果肥，在 5 月中旬至 6 月中旬施入，氮磷钾肥配合，起到壮果促梢、提高当年产量和花芽分化质量的作用；第 3 次优果肥，在 7 月下旬至 8 月中旬施入，以磷钾肥为主，可提高果实品质。

叶面喷肥一般可选用尿素、磷酸二氢钾、硝酸钙、有机铁、硼酸、微量元素肥等，要及时补充氮、磷、钾等大量元素和其他微量元素。喷施时间可选在开花前、新梢迅速生长期、花芽分化期和果实发育期等。

(3) 灌水和排水

猕猴桃不抗旱也不耐涝，保持一定的土壤湿度对猕猴桃的生长、开花和结果十分重要。灌水时间、次数和灌水量，应根据土壤水分状况和树体发育情况而定。猕猴桃每年一般有 4 个关键灌水期：萌芽前后、开花前后、果实迅速膨大期、夏季高温期。另外，猕猴桃喜湿但不耐涝，雨季应注意排水。

2.6.6.2 整形修剪

(1) 架形

猕猴桃为多年生木质藤本果树，其本身不能直立生长，需要搭架支撑保证其正常生长结果。生产上常用的支架类型主要有"T"形架和大棚架。

猕猴桃整形修剪

①"T"形架。在立柱上架设一横梁，形成"T"形支架，顺树行每 6 m 设置一个支架。立柱高 2.5~2.6 m，埋入土内 70~80 cm，地面以上 1.8 m。横梁长 1.5~2.0 m，顺行向在其上拉 4~5 根铁丝。

②大棚架。所用立柱规格、设立距离同"T"形架，但在立柱上采用较长的横梁或钢绞线将行与行连接起来，横梁上间隔 50~60 cm 顺行向拉一根铁丝，架面呈纵横的网格结构，架面与地面平行。

(2) 树形

目前，生产上推广应用较为广泛的猕猴桃树形为单干双蔓形。树体结构主要包括主干、主蔓和侧蔓。整形时，在主干上接近架面以下的部位选留 2 个主蔓，分别沿中心铁丝向相反方向延伸，主蔓的两侧每隔 25~30 cm 选留一强旺结果母枝，与行向呈直角固定在架面上，呈羽状排列。

(3) 修剪

当猕猴桃植株生长势较强时，需通过修剪来维持其良好的生长与结果状态，以形成稳定良好的骨架，调节植株和枝蔓的生长势，确定合理的留枝量，改善光照条件，提高果实质量，达到高产、稳产和优质的目的。

猕猴桃修剪分冬季修剪和夏季修剪。冬季修剪一般在秋季落叶后至翌春伤流期前进行，夏季修剪主要在生长期进行。

①冬季修剪。冬季修剪主要通过采取短截、回缩、疏枝等方法，调节枝芽数量和树势，进行枝组更新。

初结果树冬季修剪的主要任务是继续扩大树冠，适量结果。冬剪时，对着生在主蔓上的细弱枝剪留 2~3 芽，促使翌年萌发成旺盛枝条；长势中庸的枝条修剪到饱满芽处，增加长势，适当结果；对结果母枝，可在母枝上选择距中心主蔓较近的健壮发育枝或健壮结果枝作更新枝，将该结果母枝回缩到健壮发育枝或健壮结果枝处。

盛果期树以结果、维持树势并重。冬剪的主要任务是选留合适的结果母枝、确定有效芽留量并将其合理地分布在架面上，实现优质丰产，维持健壮树势，延长经济寿命。结果母枝首选健壮的发育枝，其次为健壮的结果枝及中庸的发育枝和结果枝。盛果期树冬季修剪单株留芽量与品种特性(萌芽率、结果枝率、单枝结果能力等)、目标产量等有关，而目标产量的确定则要考虑品种特性、果园管理水平、株行距等因素。不同品种、不同密度盛果期猕猴桃园单株冬季修剪留芽量有所不同。

$$单株留芽量(个) = 单株目标产量(kg) \div 萌芽率(\%) \div 果枝率(\%) \div$$
$$每果枝结果数(个) \div 平均单果重(kg)$$

(2-1)

如'海沃德'品种，在陕西关中地区的萌芽率在 50%～55%，果枝率在 75%～80%，每结果枝结果 3.0～3.3 个，单果重 93～95 g；成龄园(株行距 3 m×4 m)单株目标产量为 50 kg 时，冬季修剪单株留芽量应为 416 个(50÷52.5%÷77.5%÷3.15÷0.094＝416)。

衰老树的修剪任务主要是及时、逐步进行枝组更新，延长生产结果期。

②夏季修剪。夏季修剪的方法有抹芽、疏梢、摘心、捏尖和绑蔓等。通过及时抹除或疏除位置不当的芽和枝，对发育强旺的枝条适当进行捏尖、摘心，控制其生长，从而减少养分的无效消耗，再结合绑蔓，使新梢均匀地分布在架面上，避免枝蔓无序重叠，实现调节树体通风透光条件，提高果实品质，减少病虫害发生的目的。

2.6.6.3　花果管理

猕猴桃易形成花芽，且花量大、坐果率高，除因授粉不良、机械损伤、病虫害等落果外，一般不存在生理落果现象。为了实现优质丰产，防止大小年发生，需要进行疏蕾、授粉、疏果、套袋等工作。

(1)疏蕾

疏蕾通常在侧花蕾与中花蕾分离后约 15 d 即可开始进行。首先疏除发育较差的侧花蕾、畸形蕾、病虫危害花蕾，再根据花蕾量疏除结果枝基部和顶部的花蕾，保留发育良好的中心花蕾。通过疏花蕾，强旺的长果枝留花蕾 5～6 个，中庸的结果枝留花蕾 3～4 个，短果枝留花蕾 1～2 个。

(2)授粉

猕猴桃为雌雄异株植物，良好的授粉是确保其优质、丰产的关键技术之一。

①昆虫授粉。可用于猕猴桃授粉的昆虫很多，包括蜜蜂、土蜂、熊蜂、壁蜂、黑蜂等，但最主要靠蜜蜂授粉。在雌雄花有 10%～15%花开放时，就可以将蜂箱搬进果园，放置在向阳温暖并稍有遮阴的地方。每公顷放置 3～8 蜂箱，每箱至少有 3 万头活力旺盛的蜜蜂。放蜂前一周及放蜂期间严禁果园喷洒农药，同时注意果园及其附近不能留有与猕猴桃花期相同的植物。

②人工辅助授粉。在雄株和传粉昆虫缺乏、气候不良不利于传粉昆虫活动的情况下，需要进行人工辅助授粉。在正常天气状况下，人工辅助授粉以上午 8:00～11:00，下午 15:00～18:00 为宜。雌花开放后 7 d 内均可授粉，但随开花时间的延长，坐果率、果实大小等逐渐下降，以花开后 1～3 d 的授粉效果最好。人工辅助授粉的方法包括花对花、人工点授、喷粉、液体授粉等。

(3)疏果

猕猴桃疏果工作可在盛花后约 2 周开始。首先疏除发育不良的畸形果、扁平果、伤残果、病虫危害果等，再疏除小果、过密果。1 个月左右进行定果，根据不同品种、树龄、树体生长状况、肥水条件等确定留果量。对于大果型品种，如'海沃德''秦美''金魁'等，强旺的长果枝留果 4～5 个，中庸的结果枝留果 2～3 个，短果枝留果 1 个，盛果期猕猴桃果园按每平方米留果 40 个左右即可达到亩产 2500 kg 的目标。

(4)套袋

猕猴桃果实套袋工作一般在花后 40～60 d 进行，果袋主要以单层褐色、底部不封口的纸袋为主。套袋前一天，将纸袋口用水蘸湿约 3 cm，以便套袋时容易折叠。套袋时先将纸袋撑开，把果子放入袋中间，果柄置于袋子开缝处，然后将袋口从两侧折叠到果柄部位，利用其上铅丝轻轻扎紧袋口于折叠处。

2.6.6.4 果实采收和采后处理

猕猴桃果实达生理成熟时即可采收。适宜采收期的确定可参考表 2-10。

表 2-10 猕猴桃适宜采收期参考指标

参考指标	范围
可溶性固形物	≥6.2%
果实生长发育期	各产区可根据调查和实验数据，确定适合当地各猕猴桃品种采收的平均发育时间
果实硬度	80%以上果实的硬度开始下降
果柄与果实分离的难度	80%以上果实果柄基部形成离层，果实容易采收
果面特征变化	80%以上果实果面特征如颜色发生变化、茸毛部分或全部脱落等
种子颜色	呈现黄褐色，或黑褐色
干物质含量	≥15%
果肉色度角	对于黄肉品种，果肉色角度≤103°

注：引自《猕猴桃采收与贮运技术规范》(NY/T 1392—2015)。

于晴天早晚天气凉爽时进行采收，雨天及雨后 3 d 内、有露水时不宜采收。采果人员身体健康并经培训，进园前应剪短指甲，戴上干净手套，穿戴合适的衣帽。从树体下部到上部，由外围到内膛采收果实。采收时应轻拿轻放，减少果实压伤、挤伤、碰伤，并随时将装满果的果筐转移到阴凉处待运，避免风吹日晒。

果实采后要及时运往目的地，剔除小果、病虫果、畸形果等，进行愈伤、预冷、分级、包装、入库贮藏等处理。冷库贮藏时，库温应控制在 (0±0.5)℃ (美味猕猴桃)，或 (1±0.5)℃ (中华猕猴桃)，库内空气相对湿度保持在 90%~95%。气调贮藏时，温度与冷库贮藏相同，氧气和二氧化碳浓度分别控制在 2%~3% 和 3%~5%。

小　结

猕猴桃主要起源于我国，具有良好的经济价值和保健功能。生产栽培的猕猴桃种有 4 个：中华猕猴桃、美味猕猴桃、软枣猕猴桃和毛花猕猴桃，但以中华猕猴桃和美味猕猴桃栽培为主。猕猴桃根系一年有 3 个生长高峰。猕猴桃的芽藏于海绵状叶座内，一般 3 个芽，芽分为叶芽和混合芽。花分为雌花和雄花，花芽分化有生理分化和形态分化 2 个阶段。猕猴桃为多年生木质藤本果树，枝条分为营养枝和结果枝 (雄株称为花枝)，营养枝可分为发育枝、徒长枝和衰弱枝，而结果枝可分为徒长性结果枝、长果枝、中果枝、短果枝和短缩果枝。果实生长发育曲线呈双"S"形。猕猴桃为雌雄异株植物，建园时必须注意雌雄株的合理搭配。土肥水管理、整形修剪、花果管理等是猕猴桃优质丰产的保障。基肥在果实采收后施入，追肥包括萌芽肥、膨果肥和优果肥，施肥后要及时灌水。花果管理主要包括疏花蕾、授粉、疏果和果实套袋等。猕猴桃架型以"T"形架和大棚架为主，树形采用单主干上架，双主蔓延伸，羽状整枝。冬季修剪要避开伤流期，一般在秋季落叶后至第 2 年春伤流期前进行。抹芽、疏枝、摘心、捏尖等夏季修剪，是冬季修剪的延续和补充。总之，选择良种建园、加强树体综合管理是猕猴桃优质高效的重要保证。

思考题

1. 目前我国猕猴桃生产上推广的主要优良品种有哪些？分别有哪些特性？
2. 简述猕猴桃花芽分化特性。
3. 猕猴桃嫁接主要有哪些方法？
4. 简述猕猴桃施肥的时期、种类及其作用。
5. 简述猕猴桃花果管理的主要内容。
6. 猕猴桃目前推广的架形、树形有哪些？

2.7　树莓栽培

2.7.1　概述

树莓属于蔷薇科悬钩子属半灌木，是适应性和抗寒性较强的浆果树种。

(1)经济价值

树莓全身是宝，其根、茎、叶、种子均可入药，果实甜酸适口，有香气，营养丰富，富含维生素 E、花青素、氨基丁酸、超氧化物歧化酶(SOD)、水杨酸、鞣花酸等物质，具有抗氧化、抗炎、抗癌等作用，深受消费者喜爱，被联合国粮食及农业组织定为第三代"黄金水果"。除鲜食外，树莓还广泛用于生产高档食品、美容、医疗保健方面。树莓结果早，夏果型树莓第 1 年春季萌发新枝条，进行营养生长，定植第 2 年即可结果，第 3 年进入盛果期；秋果型树莓定植当年即可结果，盛果期一般 3~8 年，最佳产果期在第 3~6 年，寿命 15~20 年。树莓适应性强，营养价值高，经济效益好，是调整农业产业结构、实现农民快速致富的重要浆果树种，具有广阔的市场前景。

(2)栽培历史和现状

树莓野生资源在我国 27 个省份均有分布，资源十分丰富，但以西南地区和东北地区分布最为集中。我国的树莓品种主要由俄罗斯侨民于 20 世纪初引入到黑龙江，目前在我国东北、华北、西北、西南等地区均有栽培，主要栽培区集中在黑龙江树莓基地，以尚志市的石头河子分布最为集中。据联合国粮食及农业组织统计，2017 年，我国树莓栽培面积为 5421 hm^2，年产量约 6×10^4 t。辽宁、黑龙江、吉林为我国红树莓的主要生产地，河北、河南、山东、北京等地近年开始发展。

2.7.2　主要种类和优良品种

(1)主要种类

全世界已经鉴定的悬钩子属植物有 400 种以上。我国著名植物学家俞德浚先生在《中国植物志》第 37 卷中将悬钩子属植物划分为 8 个组、24 个亚组、194 种、88 个变种，其中特有种 138 种。栽培上根据果实成熟时花托是否与果实分离分为空心莓亚属（subg. *Ideobatus*）和实心莓亚属（subg. *Eubatus*）。其中空心莓根据果实成熟时的颜色可将其划分为欧洲红树莓、黑树莓和紫树莓等；实心莓根据茎的特点划分为黑莓、无刺黑莓和匍匐形黑莓 3 个种群。主要种类如下：

欧洲红树莓：又名托盘、覆盆子、马林，原产欧洲。小灌木，高 1~2 m。枝上有紫色细皮刺，枝条开张。奇数羽状复叶，小叶 3~5 枚。浆果较大，红色、橙色或紫红色。果实色暗，长圆锥形。果肉柔软多汁，味酸甜，有芳香。栽培的红树莓品种均来自本种及其杂交种。

美洲红树莓：果实与欧洲红树莓相似，圆形、浅红、多腺毛；枝较硬，细长直立，皮刺较少，抗逆性和丰产性强。

黑树莓：又名黑马林。枝条紫红色，其表皮被有白蜡，茎上有硬刺。枝条下垂，顶芽触到地面时容易生根，并发出新植株。浆果圆头形，黑红色、黑色或橙黄色，果汁深红色，适于加工。果实成熟期较红树莓晚。

紫树莓：为黑树莓和红树莓的自然杂交种。生长势强，丰产性强，浆果数多、果大，汁液较多，浆果有黄红和暗紫色。枝条针刺较少而小，类似于黑树莓。

蓬蘽悬钩子：又名三月泡。小灌木，高 1~2 m，茎上有刺，细而带红色。单叶，3~5 掌状分裂，叶柄及叶背面的全部叶脉上有硬刺。花序密集下垂。浆果暗红色或鲜红色，有光泽，果实甜而有涩味，果实稍小于欧洲红树莓，分布于东北、西北和华北山地。

茅莓：又名草莓子、蕨田藨。复叶先端钝，小叶三枚，椭圆形，花梗长 5~10 cm。浆果红色，分布于江西、四川、山东以及东北地区。

悬钩子：高 1~2 m，茎上有散生直刺，枝条柔软，扩展。单叶，3~5 深裂，叶缘有锐锯齿，浆果红色。野生于广西、广东、浙江和江苏等地。

（2）优良品种

全世界树莓栽培品种多达 200 个以上，有一定栽培规模的品种近 30 个，国际市场的商用栽培品种不超过 20 个。我国引进的树莓品种已有 50 多个，经过引种试验适应性较好的品种如下：

树莓部分优良品种

'海尔特兹（Heritage）'：美国纽约州农业试验站选育，由'米藤（Milton）'×'达奔（Durbam）'杂交而成。果实品质优良，果实硬度大，色香味俱佳，平均单果重 3 g，冷冻果质量高。该品种适应性强，茎直立向上，通常不需要很多支架，对疫霉病、根腐病有一定的抗性。可忍耐较黏重土壤，但在排水不良地区易发生根腐病。根蘖繁殖力强，是商业化栽培的优良品种。其缺点是成熟迟，不宜种植在 9 月底以前有霜冻的地区。

'托拉蜜（Tulameen）'：引自加拿大，1980 年由'奴卡（Nootka）'×'金普森（Glenprosen）'杂交而成。晚熟，平均单果重 5.4 g，果实硬度大，亮红色，香味适宜，采果期可长达 50 d，是鲜食佳品。货架期长，在 4 ℃条件下可保存 8 d。非常适宜速冻。该品种根蘖很少，耐寒力较差，但在辽宁地区表现良好，在我国河北、河南、山东等地肥沃砂壤土生长表现良好，是设施栽培的首选品种。

　　'秋来斯（Autumn Bliss）'：引自英国，由多种树莓杂交而成。果早熟，味佳。平均单果重 3.5 g，果托大。耐寒，也能耐热。在北京地区较'海尔特兹'早成熟 14 d。不抗叶斑病。

　　'波尔卡（Polka）'：在红树莓品种中果个大，含糖量在 10%以上，果质坚硬，聚合果紧凑，果实呈圆锥形，平均单果重 5.0 g。在河北中部地区，露天栽培果实 6 月中下旬成熟，可持续结果到霜降。直立生长，抗病性强，适合鲜食采摘，是目前市场上受欢迎的品种之一。

　　'秋英（Autumn Britten）'：引自英国，1995 年开始推广栽培。平均单果重 3.5 g，果形整齐，味佳。茎稀疏，需密植。果实成熟期较'海尔特兹'早 10 d。

　　'紫树莓（Royalty）'：紫树莓是红树莓和黑树莓的杂交种，引自美国纽约，由'卡波地（Cumberland）'ב'纽奔（Newburgh）'ב夏印第安'杂交而成。平均单果重 5.1 g，果成熟迟。茎高而强壮，产量高，抗大红莓蚜虫，从而降低了被花叶病毒侵染的可能性。

　　'黑水晶（Bristol）'：即黑树莓，引自美国纽约。平均单果重仅 1.8 g，果实成熟早，但果实硬度大，风味极佳，是做果酱的最佳原料之一，也是鲜食佳品。植株强壮而高产，抗寒，抗白粉病，但易感染茎腐病。适宜种植在我国华北、东北南部地区。

2.7.3　生物学和生态学特性

2.7.3.1　生物学特性

（1）根系

　　树莓根系由茎的基部（红树莓）或茎的顶端（黑莓）所抽生的不定根形成，为浅根性树种，70%的根系垂直分布在 0~25 cm 的土层内，20%分布在 25~50 cm 的土层内，30~50 cm 水平分布范围内根系密度最大。据观察，树莓根系在北京地区表现为"快—慢—快"的变化趋势：3 月上旬至 4 月中旬为根系的快速生长期；4 月中旬至 9 月中旬因茎的生长及开花结果，根系处于缓慢生长期或停止生长；9 月下旬至 11 月，根系开始第 2 次旺盛生长期，在植株基部 50 cm 范围内的根上长出白色根芽，即翌年萌发形成的根蘖苗。

树莓的生物学特性

（2）芽

　　树莓的芽为裸芽，互生。芽的种类有未成熟芽、花芽、主芽和根芽。

　　①未成熟芽。着生在茎和侧枝的顶部，一般为叶芽。生长季的末期，由于气温逐渐降低，使这部分芽不能成熟，在越冬后自然枯死。

　　②花芽。着生于茎或侧枝的叶腋间，为混合花芽。通常每一节有 2 个芽，上方的芽发育良好，芽体较大，萌发后形成结果枝，开花结果。

　　③主芽（基生芽）。是树莓当年生枝条基部的 1~3 个芽，当年形成后不萌发，经过越冬休眠后翌年春季萌发长出地面形成初生茎（primocane，基生枝）。

　　④根芽。为形成于根系上的芽。红树莓的根系可在任何部位产生根芽，又称不定芽。不定芽多形成于气候凉爽的秋季，春季萌发长出地面。

（3）枝条

　　主芽和根芽第 2 年发出强壮的 1 年生新梢，称为初生茎。

树莓依其生长和结果习性分为 2 种类型：夏果型（summer bearing）和秋果型（fall bearing）（东北地区习惯称为单季莓和双季莓）。

①夏果型初生茎和花茎的生长发育。初生茎第 1 年通常是营养体生长，第 2 年初生茎形成生殖体（结果母枝），抽出结果枝开花结果，此时的茎称为花茎（floricane）。初生茎以春季和夏季生长量最大，占全年生长量的 60%~70%。北京地区 3 月末至 4 月上旬萌芽。初生茎 5 月上旬至 6 月上旬新梢生长最快，6 月中旬以后，由于花茎的结果枝生长和开花结果，初生茎的日生长降至最低。7 月下旬果实采收后，初生茎生长加快。9 月中旬后生长减缓直至停止生长。第 2 年初生茎成为花茎。在管理和土壤水肥好的条件下，茎的营养生长高 200~250 cm。由于树莓茎的次生生长十分微弱，茎粗一般不超过 2 cm。一般花茎顶端距离地面 3/5 部位的芽萌发率和成枝率最高，形成的结果枝质量好，其中下部的芽萌发率低或不萌发，在花茎顶端遭受破坏情况下可促使基部芽萌发形成结果枝。结果枝上的每个腋芽均可形成花序，但结果枝的节数和每节上花序的花朵数与花茎的强壮程度相关，适宜的株高和粗壮的花茎结果枝多。

②秋果型初生茎和花茎的生长发育。初生茎既存在营养生长又存在花芽分化，于当年秋季开花结果的树莓，称为秋果型树莓。结果后老茎不枯死，将结果的老茎中下部留下来越冬，春季茎中下部的腋芽即萌发抽生结果枝再次结果。初生茎的营养生长期一般为 65~75 d，在北京密云，当初生茎达到 35~45 片叶时高生长基本停止，茎顶端生长组织从营养生长状态转化到生殖生长状态，多数秋果型树莓品种花芽位于初生茎（节数或叶片）顶端的1/3，最上端的花序最小，向下花序逐渐增大，花朵数增加。

(4) 叶

叶多为单数羽状或三出羽状复叶。新梢叶 40~45 片，每片叶平均生长 30~35 d。茎下部的叶片生长 30~60 d 即衰老枯黄，上部叶片在正常生长情况下寿命为 150~180 d，结果枝上的叶片随果实成熟而衰老枯萎，寿命一般为 50~90 d。砂壤、中性土壤，水肥充足，栽培管理好的树莓生长繁茂，叶片宽大，叶色深绿，寿命长，果实大，品质好，丰产。对'托拉蜜'的观察表明，如叶片寿命缩短 1/3，第 2 年花茎形成结果枝的能力降低至 40%~50%；叶寿命缩短 1/2，花茎丧失结果能力。

(5) 花芽分化

单季莓的花芽分化主要集中在第 2 年春季生长开始期，具有生长和分化同时进行，单花分化期短，分化速率快，全株分化持续期长等特点。

当年 6~10 月，出现原基凸起，这种状态一直持续到翌年 4 月下旬的芽萌动初期。5 月初~5 月中旬产生雌蕊原基，5 月下旬至 6 月上旬，开花前为雌、雄性器官形成期。6 月上旬开花前性器官分化完成。

(6) 开花坐果

树莓为两性完全花，圆锥状花序，少为伞房状花序，花茎上的花芽萌发成结果枝，花序由结果枝叶腋内的花芽发育而成。结果枝顶部 7~8 朵花最先开放，然后向下依次开放。秋果型红树莓在正常生长情况下，初生茎生长到 35~45 节或 35~45 片叶时，即在茎上部的叶腋内形成花芽，当年秋季温度适宜时抽生花序开花结果。初生茎结果型品种的高生长到开花前基本停止，其节数和单株的花序数是比较稳定的品种特征。如'秋来斯'初生茎平均 36 个节、11 个花序，'波拉娜'初生茎平均 45 个节、20 个花序。

树莓可自花或异花授粉，有蜜蜂授粉时坐果率为 90% ~ 95%，授粉不良会形成"碎果"。树莓为典型的聚合果，有小浆果 75 ~ 85 个。

(7) 果实生长发育

果实生长发育过程前期缓慢，生长过程较长；后期生长期短，生长速率快。果实成熟时，由绿色转变为淡绿、黄白、红、暗红、紫红、黑红等色。果实合成积累的芳香物质散发出特有的浓香味，同时果实的有机酸减少，糖分增多，口感佳。因后期果实增长速率快，在充分成熟之前 4 ~ 5 d 果实继续增大。试验表明，单株产量与花茎粗呈正相关，因此，采取促使花茎粗壮的栽培措施是维持树莓高产的关键。

树莓栽植当年即可少量结实，栽后第 2 年可结一定数量果实，第 3 年进入盛果期，亩产量 750 ~ 1200 kg。

2.7.3.2　生态学特性

(1) 温度

树莓多分布于年平均气温 13 ~ 15 ℃的地区，适宜生长在夏季凉爽湿润、收获季节少雨、冬季无严寒的地区。据观察，夏果型树莓日平均气温 7 ℃开始出土，19 ℃现蕾、20 ~ 24 ℃开花，果实成熟期日平均气温为 22 ~ 27 ℃。秋季日平均气温约 16 ℃时茎停止生长。若树莓生长期空气干燥，日平均气温超过 28 ℃，花、果和新梢的叶片会受日灼伤害，果实发育不良。

树莓的生态学特性

树莓在休眠期需要一定的低温量（需冷量）才能进入萌发状态。红树莓需冷量达 800 ~ 1600 h 才能充分休眠，南方由于冬季不能满足低温休眠的要求，往往造成树势衰弱，甚至死亡。黑莓需冷量 300 ~ 600 h。树莓休眠期在 15 ~ 21 ℃的气温条件下，翌年不能正常发芽、开花和结果。我国除福建、广东、广西、海南和台湾外，其他绝大多数地区栽植树莓都可以满足休眠期的需冷量。冬季气候湿润或积雪的条件下，红树莓可以忍耐大约 -29 ℃的低温，紫树莓可忍耐 -23.3 ℃，黑树莓 -20.6 ℃，而黑莓是 -17 ℃。我国华北和西北地区栽植的夏果型树莓，冬季必须覆土以保墒防冻害。

(2) 光照

树莓属喜光树种，秋果型树莓花芽分化每天需日照 6 ~ 9 h，气温为 4 ~ 14 ℃。树莓在果实膨大期至成熟期光照不宜太强，尤其是 7 月果实成熟时，高温、强光照对树莓生长有抑制作用，甚至导致果实发生日灼，通风、散射光是树莓生长的适宜条件。

(3) 土壤

树莓喜欢土层深厚、质地疏松、富含有机质的土壤。土壤 pH 值 6.5 ~ 7.0 利于树莓生长，pH 值超过 7.5 会发生缺铁褪绿病。在黏土生长的树莓根系易腐烂，且不能忍耐高钙或高盐分土壤。

(4) 水分

树莓栽培区适宜的年降水量为 500 ~ 1000 mm，且分布均匀。低于 500 mm 或生长季节干旱应及时灌溉，而年降水量超过 1000 mm 的地区应设有排水设施。研究表明，红树莓苗期可忍耐持续干旱胁迫 15 d，复水后可恢复正常，但不同品种间有区别。树莓花期、果期多雨，不利于开花授粉和果实发育，容易导致授粉不良、果实变软腐烂。

2.7.4 育苗特点

树莓苗木繁育有组培育苗、埋根促萌嫩梢扦插育苗、压顶育苗等方法。

(1) 组培育苗

组培方法繁殖树莓苗木生产条件严格，可快速大量供应树莓苗木。'海尔特兹'红树莓组培育苗的研究表明，外植体最佳消毒方法为 30%NaClO$_4$ 5 min→洗洁精 5 min→流水 30 min→75%酒精 30 s→0.1%升汞 8 min→无菌水 5 次；最适初代培养基为 MS+6-BA 0.2 mg/L+GA$_3$ 0.1 mg/L+蔗糖 30 g/L+琼脂 5 g/L；最适继代培养基为 MS+6-BA 2.0 mg/L+NAA 0.05 mg/L+蔗糖 30 g/L+琼脂 5 g/L，继代培养最适宜光源为 LED 白光；瓶内最适生根培养基为 1/2MS+IBA 0.05 mg/L+NAA 0.05 mg/L+蔗糖 20 g/L+琼脂 5 g/L。当组培苗长出 5~6 条根、4~6 片叶子时，将组培苗转移至室温约 25 ℃、空气相对湿度 65%~70% 条件下，打开组培瓶瓶盖 1 d，然后将组培苗根部培养基清洗干净，用 0.1%多菌灵清洗 1 遍后蘸生根液移栽至泥炭∶珍珠岩＝4∶6 的基质中，在日平均气温 20~25 ℃、空气相对湿度 90%、光照强度 10 000 lx 下炼苗 10 d 后撤去遮阳网，在容器内生长 35~40 d 即可出圃。

(2) 埋根促萌嫩梢扦插育苗

秋季落叶前或早春萌芽前，选幼龄健壮苗的根系于−1~0 ℃下贮藏。用高 15~20 cm 的育苗托盘填充基质(珍珠岩∶草炭土＝2∶1)，混合均匀。埋根前 1 d 用 0.1%多菌灵或 0.1%高锰酸钾对基质消毒 7 h 以上，基质含水率为 50%~60%。定植前 2 个月埋根，埋根后 2~3 d 喷水 1 次。当嫩梢长至 10 cm 时，于基质表面下 4~5 cm 切割，扦插于 70%珍珠岩与 30%草炭土混合基质中。环境条件及其他管理同常规嫩枝扦插。

(3) 压顶繁殖育苗

黑莓具有茎尖入土生根的特性。初生茎生长到夏季末或初秋中期，茎顶尖变成"鼠尾巴"状态，新形成很小的叶片紧贴在茎尖上。此时茎尖最容易触地生根，并抽生新梢长成新植株。

2.7.5 建园特点

2.7.5.1 园址选择

树莓栽培分布范围较广，宜选择坡度 25°以下、土层深厚、排水良好、pH 值为 6.5~7.0 的阳坡或半阳坡山地、丘陵地和平地建园。平缓坡地应随坡就势，无须整理成梯田，可建立适合机械化作业的树莓园。山地和丘陵地以隔坡沟状梯田整地为佳，整地时要施足有机肥。树莓建园最好采用组培苗，以保证苗木整齐。

2.7.5.2 栽植技术

(1) 栽植密度

根据品种特性、坡度、坡向、土壤肥力状况，机械化作业建园株行距可分别采用 0.3 m×2.8 m、0.5 m×2.8 m、1.0 m×2.8 m 等密度；非机械化作业采用窄带(35~40 cm 宽)、小行距(1.8~2.0 m)，产量较高。

（2）品种配置

树莓为自花或异花授粉树种。研究表明，配置适宜的授粉品种，可使树莓单果重和聚合果数量明显增加，因此，树莓栽培获得高质量的果实与配置适宜的授粉品种密不可分。

（3）栽植时间和方法

①栽植时间。一般春季选择生长健壮的组培苗或 1 年生根蘖苗建园成活率高，无缓苗期，生长迅速。

②栽植方法。栽植前于栽植行对土壤进行深、宽各 40~50 cm 的深耕，山地、丘陵需先修梯田，贫瘠土壤首先要进行改良，施足基肥。栽植时开深、宽各约 20 cm 的栽植沟，组培苗带营养土栽植，根蘖苗将苗木受伤的根系以及断根剪除后蘸生根粉栽植以利于成活。栽植后充分灌水。

2.7.6　管理技术特点

2.7.6.1　土肥水管理

（1）土壤管理

树莓年生长量大，土壤肥力消耗大，根系需氧量高，容易造成土壤板结和肥力不足，而树莓最忌土壤板结不透气，必须重视土壤管理和改良，确保树莓健壮生长。树莓栽植 5~6 年后，需要逐年将上移露出地面的根系

树莓管理技术

培土覆盖。在冬季埋土防寒地区，可在春季去防寒土时对种植行内深 30 cm、宽 70 cm 的老根进行清理，以解决多年生树莓产量低、树势弱的问题。

树莓园内的最大敌害是杂草，防治杂草危害坚持"除小、除了"的原则，可以铺除草布，省工省力效果好。

（2）施肥

①基肥。以秋施基肥效果好。于栽植行两侧离植株 20~25 cm，开深、宽各 20 cm 的沟，根据土壤肥力情况每亩施入完全腐熟的有机肥 2~4 t。

②追肥。夏果型品种分别于春季萌芽前、花序出现时施用。亩施氮肥量 15~20 kg，其中，春季萌芽前施入氮肥总量的 2/3，结果枝生长和花序出现期施入氮肥总量的 1/3；秋果型品种分别于春季新梢生初生茎长约 10 cm、花序出现时施用，每亩施氮肥量 20~30 kg，其中春季在初生茎高生长约 10 cm 时施入氮肥总量的 1/2，其余 1/2 在花序出现时施入。以上 2 种类型树莓的磷、钾肥均在果实膨大期施用，亩施用量为 20 kg。施肥方法为栽植行两侧开沟施肥，施肥后立即灌水。

③叶面肥。为在现蕾期、果实膨大期及时补充树体营养，可补施叶面肥。

（3）灌水和排水

树莓营养生长及开花结果耗水量大，要及时灌水，保持土壤含水量达田间持水量的 60%~80%。根据树莓需水量特点和降水量确定灌水时期，在北京地区一般一年需灌水 4 次：

①返青水。在春季土壤解冻后，树体开始萌动，此时灌水尤为重要。

②开花水。当年初生茎现蕾时灌水，为促进树莓开花，增加花量，创造良好的坐果条件，并确保第2年有足够的初生茎打下基础。

③丰收水。在6月果实迅速膨大时。

④封冻水。入冬落叶后，在越冬埋土防寒之前，此时灌水可提高树体越冬能力。

2.7.6.2　整形修剪

第1年初生茎长约60 cm易弯曲伏地，需立架绑缚。

秋果型红树莓架形以"T"形架或网架为主。秋果型树莓修剪的适宜时期在休眠期至翌年2月开始生长前，每年在休眠期进行一次性平茬。生长季苗高长到约20 cm时需间苗，栽植行内每米选留初生茎约10根；设施栽培可于初生茎长至50 cm时剪留10 cm平茬，可实现延迟采果2个月。

树莓网架

夏果型红树莓以"V"形架为宜，该架形可将初生茎与花茎分开。为使当年初生茎充分生长，当年的结果枝应去除。第1年秋季对初生茎剪去总长的1/6。第2年花茎结果量增加，同时初生茎数量也增加。结果后将结果枝剪除，初生茎修剪方法同第1年。第3年以后的盛果期修剪：首先春季对花茎（2年生茎）于中上部剪去花茎长的1/4~1/3，以抽生强壮结果枝。第2次修剪于花芽萌芽后，当结果枝新梢长3~4 cm时定留结果枝。原则上留高去低，留强去弱，留稀去密。盛果期树花茎粗壮的多留结果枝，细弱的少留或贴地面剪除。留下的花茎，先将距离地面50~60 cm高的萌芽或分枝全部清除，再将花茎和结果枝均匀地绑缚在棚架线上，第3次是在初生茎生长期选定初生茎。第4次修剪清除结果后的花茎。一般应每米栽植行选留初生茎约10根。

入冬前，对夏果型红莓和黑莓的初生茎埋土防寒。埋土前灌透水1次，翌年春季待晚霜过后即可去土上架。

2.7.6.3　果实采收和包装

鲜食树莓最佳采收期应在果实完全变红并向暗红色转变之前。同一株树莓早熟果和晚熟果成熟时间相差约20 d，通常需要1~2 d采收1次。采前不要触摸果实，只采收未受伤害、外观完好的果实，收获果实的容器容量最好是200~300 g，不要使用多于4层的采摘容器，避免底部浆果压伤。用于销售冻果或加工的果实采后应立即冷冻处理。应及时摘除腐烂果实，并运出种植区销毁。

小　结

树莓是我国重要的浆果树种，具有很高的经济价值和医疗保健功效，是我国近年发展的第3代"黄金水果"。树莓根据结果特性分为单季莓（夏果型）和双季莓（秋果型）2种类型。树莓是浅根性半灌木树种。根系在一年中有2次生长高峰，分别为3~4月和9~11月（北京地区）。芽按部位分为未成熟芽、花芽、主芽和根芽4种。枝条可分为初生茎和花茎。树莓可自花结实，配置授粉品种坐果更好。树莓喜温、喜光、喜土层深厚，宜在微酸至中性土壤生长。树莓繁殖以根蘖、组培育苗为主。基肥在果实采收后施用，追肥在初生茎速长期、现蕾期、果实迅速膨大期。树莓冬剪在秋季落叶后至春季萌芽前进行。秋果型架形有"T"形架、网架，夏果型为"V"形架。果实成熟后根据用途及时采收，以免影响浆果品质和商品价值。

思考题

1. 目前我国栽培的树莓主要包括哪些种类？优良品种有哪些？
2. 简述树莓生长结果及生态学特性。
3. 树莓苗木繁育方法包括哪几种？
4. 不同类型树莓冬季修剪应注意哪些问题？

2.8　石榴栽培

2.8.1　概述

(1)经济价值

石榴果实外形独特，色彩绚丽，果内百籽同房，籽粒晶莹，是集经济、生态、文化、营养、观赏、药用、保健等功能于一身的经济林树种。石榴果实营养价值很高，可食部分含水（质量分数）79%，蛋白质 0.6%~1.6%，脂肪 0.6%~1.0%，碳水化合物 17%以上，糖 17%，酸 0.4%~1.0%，粗纤维 2.5%。每 100 g 可食部分含磷 11~16 mg，钙 11~13 mg，铁 0.4~0.6 mg。籽粒中维生素 C 含量超过苹果、梨的 1~2 倍。除鲜食外，还可加工成果汁、果酒等优质饮料。石榴种子平均含油量为 13.7%，其籽油和提取物可开发为功能保健品。石榴叶含有丰富的维生素、矿物质和多种药效成分，可制成石榴保健茶。石榴根、果皮、种子等富含黄酮、鞣质、生物碱、甾类等物质，均可入药。石榴果皮含鞣质较多，可提取鞣料和染料。此外，石榴还具有一定的药用价值，果实性味甘酸，具有杀虫收敛、涩肠止痢等功效，可治疗久泻、便血、脱肛、带下等症；根皮中含石榴碱，有驱绦虫的作用；果皮为治痢良药。石榴对二氧化硫、氯气、硫化氢、二氧化碳等气体具有较强的吸收能力，因而在绿化的同时还可起到净化空气的作用。石榴根系发达，须根较多，耐盐能力达 0.4%，是目前落叶经济林树种中最耐盐的树种之一。因此，石榴既可用于山坡地防止水土流失，又可在盐碱地种植利用。

(2)栽培历史和现状

石榴原产伊朗、阿富汗、格鲁吉亚等地，现世界各大洲均有栽培，近 40 多个国家存在商业化种植。石榴的主要生产国有印度、中国、伊朗、土耳其和美国，这 5 个国家石榴产量占世界总产量的 75%。我国的石榴是由汉代张骞出使西域引入，至今有 2100 多年的栽培历史。在《博物志》《广群芳谱》《齐民要术》等古籍中均有关于石榴的记载。石榴在西汉中期被作为奇树珍果，首先在都城长安的御花园栽植，唐代达到栽植盛期，出现了长安城"榴花遍近郊"的盛况，以后传到河南、安徽、山东等地。目前我国石榴栽培面积超过 10×10^4 hm^2，年产量约 170×10^4 t，种植面积和产量仅次于印度，均居世界第二位。石榴栽种范围覆盖大半个中国，北至河北，南至海南，东至辽宁、山东、江苏、上海、浙江、西到新疆，跨越热带、亚热带、温带 3 个气候带。产量较高的有四川、云南、陕西、河南、山东、安徽、新疆等地，这些地区的石榴栽培总面积约占全国石榴栽培总面积的 88%，总产量占全国石榴总产量的 90% 以上。形成陕西临潼、山东枣庄、安徽怀远、河南荥阳和淅川、四川会理、云南蒙自、新疆叶城等著名石榴产区。

中国石榴主要
产区

2.8.2　主要种类和优良品种

(1) 主要种类

石榴为石榴科（Punicaceae）石榴属（*Punica*）植物，作为栽培的只有 1 个种，即石榴（*Punica granatum* L.）。石榴为落叶小乔木或灌木，但在热带地区为常绿树。枝条末端常有刺。小枝具棱，无毛；叶对生或簇生，倒卵形至长圆形、披针形，先端急尖，全缘，无毛；叶柄短，无托叶。花两性，单生叶腋或在新梢先端成束状，萼筒钟状或筒状，萼片 5~8，镊合状排列；花瓣 5~8 覆瓦状排列，红色多皱，有白色或黄色变种；花常有 2 类，具短花柱的钟状花和具长花柱的筒状花。果实为果皮革质的特殊浆果。

(2) 优良品种

我国有较为丰富的石榴种质资源。截至 2016 年，山东枣庄市石榴国家林木种质资源库保存的国内外石榴种质有 298 份，其中，国内种质 270 份，国外种质 28 份，观赏种质 45 份。根据用途不同，石榴分为食用和观赏 2 类；根据花色分为红花、白花、黄花、粉色花、花纹色花、镶嵌色花 6 类；根据口味分为甜、酸、苦 3 类；根据果实成熟期分为早、中、晚熟 3 类；根据果皮颜色分为红皮、青皮和白皮 3 类；根据籽粒的软硬口感分为软籽、半软籽和硬籽 3 类。主要优良品种如下：

'突尼斯软籽'：该品种 1986 年由突尼斯引进，在全国广泛栽培。树形紧凑，枝条柔软；幼枝青绿色，老枝浅褐色；幼叶浅绿，叶片较宽。花瓣红色，萼片 5~7，总花量大；果实近圆形，平均单果重 350 g，最大单果重 900 g，果皮薄，果皮黄绿色，向阳面鲜红色至玫瑰红色；果皮光滑洁亮；籽粒玛瑙色，种子特软，百粒重 49.5 g，可溶性固形物含量 15.1%，味纯甜，品质极优，适合鲜食。8 月上旬果实开始着色，9 月中旬即可食，9 月底至 10 月初充分成熟时，80%~100% 的果面着色。该品种抗旱，耐瘠薄，成熟早，基本不裂果，品质极优，适生范围较广。该品种幼树期树体易受冻，抗病性稍差，注意加强防冻和防病管理。

'天红蛋'：又名大红袍、大红甜。主产陕西临潼。树冠较大，树势强健；枝粗壮，多年生枝灰褐色；叶大，长椭圆或阔卵形，浓绿色；萼片、花瓣朱红色；果大，圆球形，平均单果重 400 g，最大单果重 750 g；果皮较薄，果面光洁，底色黄白，阳面浓红、鲜红色或浓红，汁多味甜香，品质极佳、丰产。耐寒、耐旱、抗病。9 月中上旬成熟，可贮藏至翌年 4 月。

'粉红甜'：又名净皮甜石榴。主产陕西临潼，是临潼栽培最多的品种。树势强健，树冠较大，枝条粗壮，灰褐色；叶大，长披针形或长卵圆形；萼筒及花瓣红色；果大，圆球形，单果重 250~350 g，最大单果重 605 g；果皮薄，果面光洁，底色黄白，果面具粉红或红色彩霞，汁多味甜，品质佳。耐寒、耐旱、耐瘠薄。9 月中上旬成熟，为主要出口品种之一。

'叶城大籽'：产于新疆叶城。树势强健，枝直立；萼片花瓣均为鲜红色；果极大，最大果重 1000 g；皮薄，平滑，黄绿色，籽粒大；汁多味甜，品质极佳。9 月中下旬成熟，丰产。

'玉石籽'：产于安徽怀远。树势弱，果形中等，单果重 250~300 g，果皮黄白，阳面红色，皮薄，较粗；籽粒玉白色，大，百粒重 60 g 以上，品质极佳。9 月上旬成熟，不耐贮藏。

'玛瑙籽'：为安徽怀远的优良品种。树势中等；果球形，多偏斜，有棱，单果重 250 g，最大单果重 500 g；果皮黄橙色，阳面有红色斑点，有褐色锈斑；皮薄，软而粗糙；籽粒大，玉白色，内有淡红色玛瑙光泽，汁多味甜。9 月下旬至 10 月上旬成熟，不耐贮藏。

'大红皮'：又名软籽石榴。在山东枣庄及陕西临潼等产区均有栽培。树势中等；适应性强，坐果率高，易丰产，适于密植及山坡庭园栽植。单果重 350~500 g，最大单果重 810 g；果面光亮，黄绿色，阳面粉红色；果粒晶莹透亮，排列紧密，含糖量（质量分数）10%~13%，品质极佳。9 月中旬成熟，籽仁柔软，便于食用。

'礼泉御石榴'：主产陕西乾县、礼泉一带，因唐太宗和长孙皇后喜食而得名。树势强健，枝条直立，树冠半圆形；主干、主枝多瘤状物；叶较小，长椭圆形，浓绿；果圆球形，单果重 750 g，最大单果重 1500。果面光洁，底色黄白，阳面浓红，皮厚；籽粒大，汁多味甜酸，品质佳。

'青皮软籽'：主产四川会理。树冠半开张，树势强健，根粗壮；茎刺和萌蘖少；叶大，狭长，椭圆形，浓绿；花粉红色；果大，球形，单果重 600~750 g，最大单果重 1050 g。果皮薄，底色黄绿，阳面有红色彩霞，果面光滑；汁多味甜。8 月中下旬成熟。

目前，我国石榴生产中栽培品种超过 100 多个，各产区均有适宜本地区的主栽特色品种和选育的新品种。如河南的'河阴软籽''中农红软籽''中农黑籽''豫大籽''大白甜''大红甜'和'大红袍'，四川的'青皮软籽'和'红皮软籽'，山东的'大青皮甜''大马牙'和'泰山红'，陕西的'陕西大籽''净皮甜'和'三白甜'，安徽的'玉石籽'和'玛瑙籽'，云南的'红玛瑙''红珍珠'和'突尼斯软籽'，山西的'江石榴'，新疆的'叶城大籽''皮阿曼''千籽红'等品种。

2.8.3　生物学和生态学特性

2.8.3.1　生物学特性

(1)根系

石榴根系发达，须根多，近地表的根易生萌蘖。根系分布较浅，垂直分布集中在 20~70 cm 范围内，水平分布范围大于树冠直径的 1~2 倍。

石榴根系在一年内有 3 次生长高峰：第 1 次在 5 月 10 日前后，此时地上部进入初花期，枝条生长高峰期刚过，处在叶片增大期，需要消耗大量的养分，根系快速生长有利于扩大营养面积，吸收更多营养供地上所需，为大量开花坐果做好物质准备；第 2 次在 6 月 25 日前后，此时大量开花结束进入幼果期，主要供果实生长；第 3 次生长高峰出现在 9 月 5 日前后，正值果实成熟前期，此生长高峰与保证果实成熟、果实采收后树体积累更多养分及安全越冬有关。

（2）芽

石榴芽有顶芽、腋芽、潜伏芽和不定芽。腋芽瘦小，扁三角形，位于叶腋间。1 年生中长枝和徒长枝先端多自枯或呈针状刺，没有真正的顶芽，翌年由侧芽代替顶芽生长；常没有明显腋芽，先端有一顶芽。潜伏芽与不定芽一般不萌发，只有当枝条折断或受到修剪等刺激后才萌发，多长成徒长性枝条。根据芽的性质，石榴芽有叶芽和混合芽之分。叶芽大部分着生在 1 年生枝的叶腋间，萌发后抽生出枝叶；混合芽能抽生结果新梢，多着生在发育健壮的极短枝顶部或近顶部；石榴花芽为混合芽，如果当年营养充足，条件适宜，顶芽或腋芽可形成混合芽，翌年即抽生结果枝。

（3）枝条

石榴的枝条可分为营养枝、结果母枝和结果枝。营养枝也称生长枝，根据枝条生长势又可分为发育枝、徒长枝、叶丛枝和萌蘖枝 4 种。生长强的徒长枝长度一年可达 1 m 以上，并发生 2、3 次枝，这些 2、3 次枝与母枝几乎呈直角沿水平方向生长，但 2、3 次枝生长并不旺盛，当年成为短枝，发生较早的 2 次短枝，如当年营养充足，顶端也能形成混合芽。石榴枝条一年有 2 次生长高峰，分为春梢和夏梢，幼树、旺树有的会抽生秋梢。春梢上的结果枝最多，结果率高；夏梢或秋梢上的结果枝开花较晚，果实发育不良或只开花不结实。着生混合芽的 1 年生枝称为结果母枝。第 2 年结果母枝的顶芽或腋芽中抽生出着生花果的新梢，称为结果枝。当年结果枝以长度不同分为长果枝（大于 20 cm）、中果枝（5~20 cm）、短果枝（1~5 cm）和极短梢。极短梢由上年叶丛枝的顶芽发育而来，发梢后仅生长 0.2~0.5 cm，1~3 对叶；花顶生，开花最早，多数是正常花，是当年的主要着果花。中长果枝正常花也多，为当年的次要着果花。

（4）叶

石榴叶片质厚，叶脉网状。叶片着生方式随着品种、树龄、枝条的类型、着生部位等因素的不同而不同。1 年生枝条叶片多对生，叶腋间有 1 个瘦小腋芽，偶有叶片互生现象。强旺徒长枝上 3 片叶多轮生；也有 9 片叶轮生现象，每 3 片叶一组包围 1 个芽，其中间位叶较大，两侧叶较小。2 年生及多年生枝条上的叶片生长不规则，多 3~4 片叶包围 1 个芽轮生，芽较饱满，轮生的叶片大小不同，一般有 1~2 片较小。

（5）花芽分化

石榴花芽为混合芽，主要由上年生短枝的顶芽、健壮发育枝顶部或近顶部的芽发育而成。多年生短枝的顶芽、老茎上的隐芽也能发育成花芽。花芽形态分化从 6 月上旬开始，直到翌年末茬花开放结束，历时 2~10 个月不等，分化连续并有 3 个高峰期，即当年 7 月上旬、9 月下旬和翌年 4 月上中旬。与之对应的花期也有 3 个高峰期。头茬花蕾由较早停止生长的春梢顶芽的中心花蕾组成，花芽分化至花瓣原基时越冬，翌年 5 月上中旬开花；第 2 茬花蕾由夏梢顶芽的中心花蕾和头茬花芽的腋花蕾组成，花芽分化至萼片原基越冬，翌年 5 月下旬至 6 月上旬开花；此两茬花结实较可靠，决定石榴的产量和质量。第 3 茬花主要由秋梢于翌年 4 月中上旬开始形态分化的顶生花蕾、头茬花芽的侧花蕾和第 2 茬花芽的腋花蕾组成，越冬时处于花序原基或开始萼片原基初期，翌年一般不足 2 个月即可完成花芽分化，于 6 月中下旬，直到 7 月中旬开完最后一茬花，此茬花因发育时间短，完全花比例低，果实也小，在生产上应加以适当控制。

（6）开花结果

石榴花从现蕾到开放需 5~20 d，花瓣展开到凋萎 20~50 d，整个花期 2~3 个月。根据开花先后可分为头花、二花、三花和末花。头花占 24.6%，二花占 46%，三花占 18.6%，末花占 10.8%。头花坐果率为 4.3%~6.1%；二、三花坐果率为 10.5%~53.7%，末花坐果率为 7.5%~33.3%。春梢开花

石榴花的败育

结果可靠，果实发育好，夏、秋梢上的花，在北方常发育不到完熟程度。因此，头花的果大，二、三花的果逐渐变小或败育。

石榴的花为子房下位，两性花，根据雌蕊发育状况分为完全花与不完全花。完全花是葫芦状花或筒状花，雌蕊柱头高于雄蕊花药或与雄蕊花药相平；不完全花的萼筒呈喇叭形，又称钟状花，雌蕊低于雄蕊花药或完全退化，有不完全退化和完全退化 2 种。不完全花花内虽可见雌蕊，但已明显退化，子房瘦小，胚珠发育不良，雌蕊萎缩，虽可开花但不结实或结实很少，并且雄蕊过度发育导致坐果极低。不完全退化花胚珠数少，但经授粉受精能坐果。完全退化花无胚珠。

石榴花为虫媒花，自花、异花都可授粉结果，以异花授粉结果为主。自交结实率为 33.3%，异花授粉结实率为 83.9%，其中授以败育花的花粉结实率为 81.0%，授以完全花花粉的结实率为 85.4%，完全花和败育花的花粉发育都是正常的。

（7）果实生长发育

果实发育大致可分为幼果速生期、果实缓慢生长期及硬核期和转色成熟期 3 个阶段，果实生长曲线呈单"S"形。从坐果后到 5~6 周为幼果速生期，此期果实膨大最快，体积增长迅速。坐果后的 6~9 周为果实缓慢生长期及硬核期，历时约 20 d，此期果实膨大较慢，体积增长速度减缓。转色成熟期即果实生长后期、着色期，出现在采前 4~5 周，此期果实体积膨大再次加快。

2.8.3.2　生态学特性

石榴喜光，喜温暖气候，冬季耐一定低温，生长期大于 10 ℃以上积温需在 3000 ℃以上。冬季最低气温在-17 ℃时出现冻害，-20 ℃时地上部大部分冻死。

石榴的冻害
及其预防

石榴较耐旱，在年降水量 500 mm 以上的地区，只要保墒措施适当，不需灌水即可丰产，但在干旱地区应具备灌溉条件。石榴生长期应有充足的水分，现蕾至初花期间，干旱会导致落花、落蕾，水分充足则开花整齐；花期遇阴雨低温，影响昆虫传粉，并易造成枝叶陡长，造成大量落花落果。果实膨大期干旱会抑制果实发育，引起落果。采收前后雨水过多(尤其是先旱后涝)，会导致裂果或果实霉烂而减产。

石榴对土壤要求不严，以质地疏松、透水性强、富含有机质的砂壤土为宜。石榴对酸碱度适应范围较大，在 pH 值 4.5~8.2 均可生长，而 pH 值 6.5~7.5 最适宜于生长和结果。

2.8.4　育苗特点

石榴繁殖方法很多，有实生、扦插、分株、压条、嫁接等方法，生产上主要采用硬枝扦插繁殖，但嫁接育苗是发展方向。

石榴枝条易生根，扦插容易成活，而且变异小，结果早。扦插可以采用硬枝扦插和绿枝扦插，也可采用长枝扦插直接建园。硬枝扦插繁殖是以品种优良、树势健壮的成年结果树为母树，落叶后结合冬剪从母树上采集灰白色、直径 0.5~1.0 cm 的 1~2 年生枝作插穗，将茎刺剪除后按 50~100 根打捆并标明品种，用湿沙埋入贮藏沟内。第 2 年萌芽前(2~3 月)，将沙藏的或刚采下的插穗剪截成 15~20 cm 长的枝段作插条。插条要求有 3~5 节，上剪口剪平(芽上留 0.5~1.0 cm)，下剪口剪成马耳形斜面。为提高成活率，扦插前最好将剪好的插条下端剪口用生根粉浸泡。按 10 cm×40 cm 的株行距，将插条斜面向下插入苗圃土中。灌透水后覆以碎草、谷壳或地膜保墒。苗期加强管理，当年即可出圃。

石榴嫁接育苗可以在春季萌芽前用 1 年生砧木苗进行枝接，也可在夏季采用芽接。大树高接换头时采用劈接、双舌接和皮下枝接。生长季芽接可采用带木质芽接。为了快速成苗，也可在扦插前利用砧木枝条先嫁接品种接穗，然后扦插使砧木生根和接口愈合。

2.8.5 建园特点

(1)园址选择

石榴喜温，抗低温能力差，园地应选在极端最低气温不低于−17 ℃的地方。以砂质壤土为好，地下水位在 1 m 以下，pH 值 4.5~8.2，不能过酸过碱。交通运输要方便。干旱地区要具备灌溉条件。最低气温低于−17 ℃的地区冬季需埋土防寒。

(2)栽植技术

建园应选丰产、优质、色泽鲜艳、市场销路好、售价高的优良品种。石榴虽为两性花，但同花、同品种的自花授粉不能受精结实或结实率不高，定植时须配置授粉树。最好选择几个优良品种，按一定比例和栽植方式配置，株行距 2 m×3 m 或 3 m×4 m 为宜。石榴 2~3 年结果，早期密植利于丰产，可采用计划密植，株行距 1.0 m×1.5 m 或 1.5 m×2.0 m，5 年后将临时株移走。石榴在北方春、秋两季栽植，冬季寒冷地区以春栽为宜。

2.8.6 管理技术特点

2.8.6.1 土肥水管理

石榴园应有计划进行秋季深翻，夏季浅耕，种植绿肥，合理施用除草剂，保持土壤疏松无杂草。在此基础上进行合理施肥，采果后施有机肥，每株幼树施 7~10 kg 厩肥或人粪尿，每株初果期树施 25 kg，每株盛果期树施 50 kg。花前追尿素，果实膨大期追磷钾复合肥。在树冠垂直投影边缘施入，不可离树干太近或太远。降水少、有灌溉条件的地区，除了注意冬灌和春灌外，在幼果生长期应保证水分供应。

2.8.6.2 整形修剪

(1)整形

石榴整形的原则是要做到"三疏三密"，就是大小枝的分布做到上稀下密、外稀内密、大枝稀小枝密，以实现通风透光，立体结果。整形时采用的树形有自然开心形、"Y"字形和自由纺锤形。

①自然开心形。主干高 50~70 cm，3 个主枝之间夹角 120°，主枝与主干的夹角 50°~

60°，每个主枝有 1~2 个大型侧枝，在主枝和副主枝上再配置大、中、小型结果枝组。树高控制在 2.0~2.5 m。

②"Y"字形。干高 50 cm，全树有 2 个主枝，主枝间夹角为 45°。每个主枝上配置 5~7 个大、中型结果枝组。树高 2.5~3.0 m。这种树形树冠透光均匀，果实分布合理，利于优质丰产。

③自由纺锤形。树高 3 m，冠径 2.5~3.5 m，干高 60~70 cm，中心干直立健壮，其上均匀着生 10~15 个小主枝，基角 70°~90°，同方位上下小主枝的间距约 60 cm，中心干与小主枝的直径比为 1∶0.5。由于石榴顶端生长势弱，注意维持主干强的生长势。

（2）修剪

冬剪可在落叶后至萌芽前进行。冬剪后剪口容易遭受冻害，干旱寒冷地区一般可推迟到春季萌芽前修剪。

冬剪要疏除病虫枝、下垂枝、直立大枝、细弱枝和所有枝组顶端的不充实枝、过密枝。下垂枝、平生枝在抬头分枝处缩剪，无抬头分枝的要疏除；过长的丛生枝适当短截或疏除；疏除枝组角度大于 75°的背下枝。如结果母枝过多，可疏除一些，使结果母枝与营养枝的比例大致为 1∶（5~15）。由于石榴混合芽着生在健壮的短枝顶部或靠近顶部处，短枝短截时要注意，切勿剪掉混合芽。

生长季修剪可于春季萌芽时开始，进行刻芽、抹芽、除萌、疏枝，使枝组、枝条分布均匀，稀密适度。通过短截、摘心使小枝丛生，通过捋枝、扭枝变向，开张角度，缓和树势。对旺枝中部环割、环剥，促使其下部枝条光腿处萌发枝条。

2.8.6.3　花果管理

（1）人工辅助授粉

初花期至盛花期是人工辅助授粉的最佳时期。授粉的完全花要求即将开放或刚刚开放，此时柱头分泌黏液多，容易粘上花粉，授粉受精能力强。完全花和败育花的花粉均可用于授粉，也可在花期放蜂提高坐果率。

（2）疏花疏果

疏花疏果可以集中养分，提高坐果率和单果重，提高产量和果实品质。疏花是指从现蕾到盛花期应将所有钟状花蕾和已开放的钟状花抹去，留下筒状和葫芦状正常花，此项工作在花期要进行 2~3 次。6~7 月进行疏果，要求多留头茬果，选留二茬果，疏三茬果、末花果、小果、病虫果和畸形果。簇生花序中只留 1 个顶生完全花，其余摘除。定果后两果至少间隔 20 cm。

（3）果实套袋

石榴套袋栽培改变了果实生长的微域环境，从而改善果实外观品质、减少裂果、防治蛀果害虫和果实病害。但石榴开花时间不一致，可分批、分期进行。套袋时间在坐果后果实颜色由深绿变白绿色时进行。红色品种一般在采摘前 15~20 d 摘袋为宜，为减少日灼果发生，摘袋最好选在下午 16:00 以后。摘袋方法是先将纸袋下边撕裂，袋口完全张开，等果实适应环境 3~4 d 后再除去果袋，并摘除果实附近的遮光叶。为促进树冠内膛和下部的果实着色，在摘袋前约 20 d 时可在树冠下铺银色反光膜。

2.8.6.4 果实采收

石榴花期长，果实成熟不一致，应根据品种特性、果实成熟程度、各年气候条件，甚至市场需要分期采收。石榴适期采收的主要标志是：果皮由绿变黄，有色品种充分着色，果面出现光泽；果棱显现；果肉细胞中的红色或银白针芒充分显现；籽粒饱满，且果实汁液可溶性固形物含量达到该品种的固有指标水平，如'新疆甜石榴'18%~20%、'净皮甜'16%~17%、'天红蛋'14%~16%。采收过早风味欠佳，采收过晚果皮开裂，籽粒外漏，易感病害。

小　结

石榴是集经济、生态、文化、营养、观赏、药用、保健等功能于一身的优良经济林树种。根据用途不同，石榴分为食用和观赏 2 类；根据籽粒的软硬口感分为软籽、半软籽和硬籽石榴 3 类。石榴的芽有顶芽、腋芽、潜伏芽和不定芽；枝条可分为营养枝和结果枝，营养枝根据生长势又可分为发育枝、徒长枝、叶丛枝和萌蘖枝 4 种。结果枝以长度分为长果枝、中果枝、短果枝和极短梢。石榴枝条一年有 2 次生长高峰，形成春梢和夏梢，幼树、旺树有的可抽生秋梢。石榴的花芽为混合芽，着生于发育健壮的枝条顶部或近顶部。花芽形态分化从 6 月上旬开始，直到翌年末茬花开放结束，历时 2~10 个月不等，分化连续并有 3 个高峰期，即当年 7 月上旬、9 月下旬和翌年 4 月上、中旬。石榴花为两性，虫媒花，分为完全花和不完全花。石榴花自花、异花都可授粉结果，以异花授粉结果为主。果实生长曲线呈单"S"形。石榴繁殖现主要采用硬枝扦插，但嫁接育苗是发展方向。良好的土肥水管理是石榴丰产优质的基础。石榴常见树形有自然开心形、"Y"形。石榴冬季修剪后剪口易遭冻害，干旱寒冷地区可推迟到春季萌芽前修剪。冻害是北方石榴产区存在的主要问题，应注意防冻，同时要注意裂果、日灼等生理性病害和其他病虫危害。

思考题

1. 简述石榴生长结果及生态学特性。
2. 石榴育苗的主要方法有哪些？
3. 简述提高石榴坐果率的技术措施。
4. 现代集约化栽培中石榴适宜于采用哪些树形？

第 3 章

木本药材及饮料类树种栽培

3.1 杜仲栽培

杜仲(*Eucommia ulmoides* Oliv.)别名丝棉木,为杜仲科落叶乔木,是我国特有的经济树种,其集药用、胶用、保健功能于一体。

3.1.1 概述

(1)经济价值

杜仲以干燥树皮及叶入药。树皮含糖甙、生物碱、树脂、鞣质、有机酸及维生素等成分,种子油脂含量达 35.5%,含 11 种脂肪酸(不饱和脂肪酸含量占 91.26%,其中亚麻酸含量最高),还含有丰富的氨基酸;种皮和叶中均含木脂素、环烯醚萜甙类及绿原酸等成分;皮和叶的提取物(药用有效成分)具有降低血压、镇静镇痛、抗炎、利尿等作用,并对结核杆菌有一定的抑制作用。杜仲性味甘,微辛、温、无毒,有补肝肾、强筋骨、益腰膝、除酸痛的效能。

除药用价值外,杜仲的皮、叶、果实、种子均含有硬性橡胶,即杜仲胶。树皮中含杜仲胶 5%~10%,根皮中含 10%~12%,叶中含 3%,果实中含 15.0%~27.5%。杜仲胶是良好的绝缘材料,特别是具有耐碱耐腐的特点,是制造海底电缆的良好绝缘材料。

(2)栽培历史和现状

我国对杜仲的认识和利用至少已有 2000 多年历史。有关杜仲的最早记载见于汉代的《医药木简》和《神农本草经》。《医药木简》记载有杜仲等中药配伍的古医方。《神农本草经》记载"杜仲味辛平,主治腰膝痛,补中,益精气,坚筋骨,强志。除阴下痒湿,小便余沥;久服轻身耐老。"《名医别录》《唐书·地理志》《蜀本草》《本草图经》《陕境汉江流域贸易表》等资料均有对杜仲的相关记载。据记载,杜仲分布区域和范围大致以川东、陕南、鄂西及其邻近地区为中心,包括今山西、陕西、四川、湖北、甘肃、贵州、广西、浙江 8 个省份,说明我国历史上有着丰富的杜仲资源。

杜仲适应性极强,经过引种驯化,在我国亚热带至温带的 27 个省(自治区、直辖市)均可种植。目前我国杜仲栽培的地理分布在北纬 24.5°~41.5°、东经 76°~126°,南北横跨约 2000 km，东西横跨约 4000 km；垂直分布范围在海拔 50~2500 m。北自吉林，南至广东、广西，东达浙江、江苏，西抵新疆。其中，贵州、河南、陕西、四川、湖南、湖北、江西等地为目前我国的杜仲中心产区。

3.1.2 主要类型和优良品种

(1) 主要类型

杜仲在我国栽培历史悠久，分布地区广泛且环境条件相差很大，在长期的演化过程中，由于天然杂交、自然诱变及人工选择而出现了一些变异类型。

从杜仲树皮的形态特征上，可以将杜仲划分为粗皮杜仲、光皮杜仲及介于粗、光皮之间的中间类型，从叶片颜色来看，有绿叶杜仲和红叶杜仲之分。

杜仲树皮有 4 个变异类型：深纵裂型、浅纵裂型、龟裂型和光皮型。

①深纵裂型。树皮灰色，干皮粗糙，具有较深的纵裂纹；横生皮孔极不明显，韧皮部占总皮厚的 62%~68%。

②龟裂型。树皮暗灰色，干皮较粗糙，呈龟背状开裂；横生皮孔不明显，韧皮部占整个皮厚的 65%~70%。

③浅纵裂型。树皮浅灰色，干皮只有很浅的纵裂纹，可见明显的横生皮孔；木栓层很薄，韧皮部占整个皮厚的 92%~98.6%。

④光皮型。树皮灰白色，干皮光滑，横生皮孔明显且多；只在主干基部可见很浅的裂纹，韧皮部占整个皮厚的 93%~99%。

(2) 优良品种

我国于 20 世纪 80 年代初开始进行杜仲良种选育。先后选育出'秦仲 1 号''秦仲 2 号''秦仲 3 号''秦仲 4 号''华仲 1 号''华仲 2 号''华仲 3 号''华仲 4 号''华仲 5 号'等品种。这些品种的特点是生长迅速，遗传增益明显，有效成分含量高，抗逆性强，产叶量比普通杜仲提高 151.8%~214.8%，树皮、树叶的有效成分也明显高于普通杜仲。此外，北京林业大学选育的'京仲'1~8 号 3 倍体杜仲新品种在生产中有很好的应用前景。

'秦仲 1 号'：高胶、高药型优良品种。树干通直，冠形紧凑，呈圆锥形，分枝角度为 50°~62°。该品种的药用成分和杜仲胶含量都很高，为胶、药两用型和花用型优良品种。抗寒性强，抗旱性较强，速生。适宜于浅山区、丘陵和平原地区栽培。

'秦仲 2 号'：高胶、高药型优良品种。树干通直，冠型紧凑，呈窄圆锥形，分枝角度 30°~35°。该品种的药用成分和杜仲胶含量都很高，为药、胶两用型和果用型优良品种。抗寒性强，抗旱性较强，速生。适宜于雨量充沛或有灌溉条件的山地、丘陵和平原地区栽培。

'秦仲 3 号'：高药型优良品种。树干直，冠形紧凑，阔锥形，分枝角度 55°~65°，芽圆锥形。该品种的药用成分含量高，为药用型和果用型优良品种。抗旱性较强，抗寒性较弱，较速生。适于雨量充沛的地区栽培。

'秦仲 4 号'：高药、防护林型优良品种。树干通直，冠形紧凑，圆锥形，分枝角度 45°~55°。该品种药用成分含量高，为药用型和花用型优良品种。抗旱性和抗寒性都强，速生。适合于山区、丘陵地区营造防护林和水土保持林。

'华仲1号'：树势强，树冠紧凑呈宽圆锥形，分枝角度35°～47°，主干通直。耐寒冷、干旱，–27 ℃低温不受冻害。萌芽力强，4年生伐桩可萌芽27～34个。叶片较密集。5年生植株树高达7.0 m，胸径10.4 cm，每年每公顷平均产皮4.50 t，产叶6.4 t。适于各产区营造速生丰产林。

'华仲2号'：树冠开张呈圆头形，分枝角度43°～64°，主干通直，耐干旱，喜水湿。芽长圆锥形，3月上旬萌动。嫁接苗3年结果，每年每公顷平均产皮4.2 t，产叶6.2 t，产种2.3 t。适于各产区建立良种种子园、果园和速生林。

'华仲3号'：树冠开放，分枝角度44°～82°，主干通直。耐盐碱、干旱。嫁接苗3年结果，每年每公顷平均产皮4.8 t，产叶5.9 t，产种2.5 t。适于各产区，尤其适合干旱、盐碱地区营造速生林和种子园。

'华仲4号'：冠形紧凑，呈卵形，分枝角度39°～53°，主干通直，苗期靠顶端侧芽易萌发分叉，侧芽生长旺盛，树冠易成形。耐寒冷、干旱，–27 ℃低温不受冻害。嫁接苗3年结果，5年生植株树高达7.4 m，胸径9.2 cm，每年每公顷平均产皮5.0 t，产叶6.3 t，产种2.3 t。适于各产区，尤其适合北方产区营建丰产园。

'华仲5号'：雄株，幼树树皮光滑，成年树树皮纵裂。树冠卵圆形，分枝角度37°～49°。在河南商丘，嫁接苗建园第2年开始开花，第4年进入盛花期，盛花期可产鲜花3.0～4.8 t/hm^2。适于营建杜仲雄花茶园，对土壤酸碱度要求不严，抗干旱、寒冷能力强，在长江中下游和黄河中下游杜仲适生区均可栽培推广。

'中林大果1号'：此品种为从大果杜仲中选育出的高产胶优良无性系。嫁接苗2～3年开花，第5年进入盛果期，每公顷年平均产果达4.5 t，产叶5.3 t。适于各产区建立高产胶果园、良种种子园。

'中林大叶1号'：树冠较稀疏，树冠呈圆头形。芽宽圆锥形，3月上旬萌动。嫁接苗2～3年结果，每公顷平均产皮4.8 t，产叶6.5 t，盛果期每公顷年平均产种4.1 t。适于各产区建立高产胶果园、采叶园和优质药材基地。

3.1.3　生物学和生态学特性

3.1.3.1　生物学特性

(1)根系

杜仲有明显的主根(垂直根)和侧根。在主根和侧根上密布着小支根，支根顶端有大量的根毛。主根最长达1.35 m，侧根、支根分布面积最大可达9 m^2。根系分布深度可达90 cm。杜仲根系较为庞大，侧根主要分布在土壤表层，深度5～30 cm；支根从上到下、从主根到侧根均有分布。

(2)芽和叶

杜仲萌芽力很强。根际或枝干一旦受创伤(如采伐、机械损伤等)，休眠芽即萌动抽出枝条。一根伐桩一般可发10～20根枝条，有的可达40根。杜仲萌生枝形成的幼树生长迅速，叶片一般长20 cm，宽9.5 cm，较实生树的叶片大1.0～1.5倍。老龄杜仲采伐后，其根的萌芽力弱，壮年树、幼年树萌芽力强。冬季采伐，开春萌芽，当年秋季即可木质化；春夏采伐，亦能萌芽。此外，生长在光照充足、田坎边的杜仲侧根露出、靠近土表或受机械损伤也可萌发出根蘖条。一株成年杜仲，一般可由侧根萌生 1~2 株根蘖苗，最多 4~5 株。据研究，由 25 年生杜仲冬季伐桩萌发的枝长成的幼树，4 年生树高达 5.5 m，胸径达 8.5 cm，超过同一生态环境条件下 12 年实生树的生长速率。湖南江垭林场以采叶为主的杜仲矮化林种植便是利用这一原理，即在春季杜仲萌芽前，离地面 30~100 cm 处呈斜面截干，在截面涂抹伤口愈合剂防止腐烂长霉，清理杂树、灌木和杂草等，萌芽后留取 5~6 个健壮枝培育成幼树。杜仲极强的萌芽力特性对实行无性繁殖和矮林作业有重要意义。

（3）茎

杜仲茎生长包括高生长和粗生长 2 个方面。

①茎高生长。杜仲茎高生长在 1~10 年内较慢，特别在播种后的 2~3 年内，树高仅 1.5~2.5 m。因其树干的直立性强，这段时间只有主干，基本不分枝。4 年后茎高生长开始加快，主干出现分枝。生长最快的时期为播种后的 10~20 年，称为速生期，年均生长量 40~50 cm。20~30 年生树生长速率逐渐下降，年均生长量 30 cm。30 年生以后，生长速率急剧下降，30~40 年生树，年均生长量 10 cm，50 年生以后，基本上处于停滞状态，生长量趋于零。在年生长期中，成年植株春季返青，初夏进入旺盛生长期，入秋后生长逐渐停止。

②茎粗生长。10 年生以前，树径生长较慢，其生长速率大大低于树高的生长速率。2~3 年生树，高 1.5~2.5 m，树径仅约 2 cm。8 年生树，高 3 m 以上，树径约 6 cm。直到进入速生期后（10 年生以后），树径增长开始加快。根据对树干的解剖分析，25 年时为杜仲树径生长高峰期，树径达 15 cm。树皮厚度与树龄和树径有一定的相关性，树皮厚度年均生长量在树龄为 2 年以前较小，仅为 0.1 mm；2~4 年时树皮厚度年均生长量逐渐加快，达 0.2 mm；4 年生以后树皮厚度年均生长量迅速增加，4~6 年时达 0.3 mm，10~12 年时达 0.4 mm。杜仲树皮在 6 年生以前没有明显的木栓层，木栓层在 6 年生以后才逐步形成，木栓层厚度基本呈匀速增加趋势。

杜仲树皮产量随树龄变化而异，但与环境条件和栽培管理技术有一定的相关性。例如，22 年生杜仲树，生长在土层深厚、肥沃和光照充足的环境条件下，单株树皮（所收获的树干皮和树枝皮）鲜重为 34.93 kg，生长在土壤干燥、含石多和光照条件差的环境下，单株树皮鲜重只有 8.15 kg，两者相差很大。杜仲树干大面积环状剥皮后能迅速愈合再生新皮，3 年后即可恢复到原来的树皮厚度，这一特性可用于采收药材。

（4）开花

杜仲为风媒花，雌雄异株。一般定植约 10 年才能开花。雄株花芽萌动早于雌株，雄花先叶开放，花期较长，雌花与叶同放，花期较短。由于分布的地理位置不同，不同地区的杜仲花芽萌动早晚及花期长短略有区别。如陕西西安地区，杜仲雄株花芽在 3 月底萌动，雌株花芽在 4 月初萌动，相差 3~5 d，4 月 10 日前后与叶同放；在河南，杜仲雄株花芽萌动期比雌株提前 10~15 d，雄花期约 30 d（3 月中下旬至 4 月中下旬），散粉期 3 d，雌花期约 12 d；在湖南，一般雄花期为 3 月中旬至 4 月中旬，雌花开花时间比雄花约晚 10 d，持续时间近 30 d。在杜仲林中，一般雄株数量约占林分总株数的 10%，即可保证雌株授粉。

3.1.3.2　生态学特性

(1) 光照

杜仲为喜光树种。研究表明,生长环境内光照时间长短和光照强弱,对杜仲生长发育影响较明显。随环境中光照强度减弱,其叶绿素含量增加,叶绿素 a/b 比例增高,生长在弱光环境中的杜仲幼苗株高受到抑制,叶面积减小,二氧化碳补偿点降低,固定同化二氧化碳能力减弱,净光合速率降低,导致生物产量和桃叶珊瑚苷含量降低。在树龄相同、生态环境(海拔、土壤、气候、坡向)基本一致的地方,散生木树高、树径、冠幅等方面优于林缘木,而林缘木又优于林内木。

(2) 温度

杜仲产区分布横跨中亚热带和北亚热带,属温暖湿润气候类型。杜仲对气温适应性较强,在年平均气温 11.7~17.1 ℃、1 月平均气温 0.2~5.5 ℃、7 月平均气温 19.9~28.9 ℃、极端最高气温 33.5~43.6 ℃、极端最低气温-19.1~4.1 ℃的一些地区均能正常生长发育。成年树更耐严寒,在新引种地区能耐-22.8 ℃的低温,根部能耐-33.7 ℃低温。如俄罗斯一些地区引种栽培的杜仲,在气温低至-40 ℃时仍能存活。

(3) 水分

杜仲具有较强的耐旱能力,一般自然降水就能满足其需水要求,但在幼龄树期,因根系尚未发育成熟,在干旱时吸收不到较深土层的水分,此时若缺水,将影响幼树生长发育。黄河中下游及其以北地区,降水主要集中在 7~8 月,春、秋季易发生干旱,使幼树缺水,必须进行灌溉。一般 3 月土壤解冻后要进行一次灌水,可促进树体萌芽、抽枝、生长。入冬前进行一次灌溉,以促使树体进入冬眠,安全越冬。

(4) 土壤和地势

杜仲对土壤的适应性较强,酸性土壤(红壤、黄壤、黄红壤、黄棕壤及酸性紫色土)、中性土、微碱性土和钙质土(石灰土、钙质紫色土)均适合杜仲生长。但在不同土壤中,其生长发育状况不同,如土层过薄、肥力过低、土壤过干、pH 值过小或过大均不利于杜仲生长,主要表现为顶芽、主梢枯萎,叶片凋落、早落,生长停滞,最终导致全株死亡。最适宜杜仲生长的土壤条件为:土层深厚、肥沃、湿润、排水良好、pH 值 5.0~7.5。过于黏着、贫瘠或干燥的土壤都不适合杜仲生长。适宜在山麓、山体中下部种植,缓坡地优于平原和陡坡,土层深厚的阳坡优于阴坡。

3.1.4　育苗特点

杜仲苗木繁殖方法有播种、扦插、压条、根蘖分株、嫁接等方法,目前生产上以种子繁殖为主,但实现杜仲良种化栽培必须进行无性繁殖。

3.1.4.1　播种育苗

(1) 育苗地选择

杜仲育苗地以地势平坦、光照充足、排水及灌溉方便的地方为宜。土壤宜为富含有机质的壤土或砂壤土。pH 值以 6.0~8.5 为宜。育苗地前茬不为蔬菜、西瓜、地瓜、花生及牡丹等病虫害严重的植物。重茬地育苗会明显降低种子发芽率,苗木根腐病发病率较高。

（2）种子选择

杜仲种子在常温下只能贮存半年，超过1年即会丧失发芽能力。因此，杜仲种子宜趁鲜播种。以未剥皮利用的10年生以上树作为采种母株，10~11月采种，此时果实呈灰褐色或黄褐色。一般优质的种子种皮新鲜，有光泽，颜色为棕黄色或者棕褐色，种仁饱满、充实，在种皮上可以看到明显的突起，剥出的胚乳为米黄色。

（3）种子催芽

播前要进行种子催芽，目前杜仲种子常用的催芽方法有以下几种：

①混湿沙层积催芽法。12月初，种子采收后，在阴凉通风处晾干，将种子与沙按1∶3的比例混合、拌匀或分层放置，即1层种子1层湿沙，湿沙厚度为种子厚度的3倍，促使其发芽。

②温水浸种、混沙增温催芽法。如果采收后未能及时处理种子，可在2月临近播种时先用40~50℃温水浸泡种子3~4 d，每天换水1次；然后将种子与湿沙按1∶3的比例混匀，在室外堆成厚度为30~40 cm的平堆，并覆盖透光性能好的新塑料薄膜，利用太阳辐射增温，每天上下翻动1次，翻动时检查其湿度情况，适度喷水保持种子和湿沙的湿度，观察种子的发芽情况，待约30%的种子露白时即可播种。

③赤霉素处理催芽法。赤霉素能快速催芽，用40~50℃温水浸泡杜仲种子20~30 min，注意保持水温并不断搅拌，然后捞出种子，滤干水。把温水处理过的种子浸泡在0.2 mg/g的赤霉素溶液中48 h，期间每隔3~5 h搅拌1次，使种子充分吸收溶液。最后将种子捞出，滤尽水，即可播种。

④剪截种翅法。杜仲种翅含有杜仲胶和纤维组织，会阻碍种子吸水和萌发。用种量较小时，可采用此法促进发芽。具体方法：将风干种子的种翅剪除，以不损伤胚根和子叶为标准，然后用20℃温水浸种24 h，捞出后在18~20℃条件下保湿催芽6~8 d。

以上各种催芽方法各有优缺点。混湿沙层积催芽法与温水浸种法方法简单，便于操作，但需要较长时间，且发芽慢、发芽率低；赤霉素处理方法简便易行，发芽率高，但药剂配制浓度不易掌握；剪截种翅法可提高发芽率，但操作费工费时。各地可根据生产需要选择适宜的种子催芽方法。

（4）播种时间

杜仲的播种时间分为春季播种和秋季播种，南方部分地区还可以采用冬季播种。杜仲播种以春季播种为主，在气温稳定在约10℃时进行。一般北方寒冷地区在3月下旬至4月上旬春播为宜，长江流域播种时间以2月中上旬为宜，黄河流域以3月中上旬为宜。在长江流域，为省去种子催芽，一般选择秋季随采随播或冬季播种，但该方法易导致种子萌发时间不一致，出苗不整齐，不利于培育壮苗。

（5）播种量

杜仲种子大小和播种方式不同，播种量差异很大。一般情况下，点播用种量每亩6~8 kg，开沟条播用种量每亩10~12 kg，畦面撒播用种量每亩30~40 kg，播种后待长出2对真叶时再进行移栽。

（6）播种方法

杜仲播种有点播、条播和撒播3种方法。

①点播。点播前在整好的苗床内先灌 1 次透水，挑选已经发芽、露白的种子在畦面按照行距 25~30 cm、株距 3~5 cm 进行播种，每催芽一批、播种一批。种子以立放为宜，种柄向上，如种子平放，则以发芽、露白的一面向下为宜。覆土厚度约 2 cm。覆土后需用木板将覆土轻轻压实。

②条播。在畦内按 25~30 cm 行距开沟，根据墒情顺沟灌水，水渗下后，将经过催芽的种子按株距 2~3 cm 撒入沟内，然后覆土，轻轻压实。该方法适于春季降水多、土壤质地为壤土或砂壤土的地区。

③撒播。分为畦面撒播和深沟撒播。畦面撒播是对已整好的畦先灌 1 次透水，水渗下后随即撒种，撒种量约 1000 粒/m²。撒完后随即覆土、刮平、稍压实。深沟撒播多用于西北干旱多风的地区，为提高播种后幼苗根际土壤保水能力，提高苗木存活率，播种时开 12~15 cm 的深沟，将沟底踏实，沟内浇水，待水渗下后随即在沟底撒种，覆土厚 2~3 cm。待苗木出土后逐渐将沟填平。

(7) 苗期管理

杜仲苗期应做好灌排水、施肥、中耕除草、去顶、防寒等工作。

杜仲幼苗喜湿但怕涝，在春季干旱的北方应及时浇水，在春天多雨的南方应及时排水。

于 6 月中旬在苗木速生期到来前，对苗木追肥 1 次，以硝酸铵、硫酸铵或尿素为宜。施肥量 150~225 kg/hm²，尿素量应减半。如土壤基肥不足，应于 8 月中旬再追施肥 1 次，9 月以后不可再追施肥料。生长季还可适时进行叶面施肥。每次灌溉或降水后，均应及时结合除草进行中耕。

9 月中旬以后，应把苗木顶芽剪去(去顶)，控制高生长，促进粗生长，以利于培养壮苗。

杜仲 1~2 年生苗木，在我国北方寒冷地区常遭冻害。为避免冻害发生，可于苗木落叶后将苗木顺行朝同一方向压倒，随即用土掩埋，埋土高度 35~40 cm，将苗木能完全埋入土内，翌年 3 月初撤除埋土，将苗木扶正，随后浇透水 1 次。

3.1.4.2　扦插繁殖

杜仲一般采用嫩枝扦插繁殖，也可采用硬枝扦插繁殖。

(1) 嫩枝扦插

于 6~7 月选用发育充实的半木质化程度枝条作插穗。为使插穗多积累养分，在剪取插条前 5 d，剪去插条顶芽，促使其生长粗壮，扦插后容易生根。将插穗剪成长 8~10 cm、最少带 3 个节的枝段，上剪口在距芽 1.0~1.5 cm 处、下剪口在侧芽基部或节 2~3 mm 处平剪。每根插穗留叶 3~4 片，为减少水分蒸发，叶片要剪去 1/2。为了促使生根，可用 50 mg/L 的吲哚丁酸或萘乙酸浸泡插穗基部 24 h，可使扦插成活率提高至 70%。此外，插穗下剪口浸蘸 0.01%的生根剂，可以促进生根。

(2) 硬枝扦插

硬枝扦插是在秋冬季杜仲进入休眠期或春季芽萌发之前(入冬后 11 月至翌年 2~3 月)进行。落叶后选取成熟、节间短而粗壮的 1 年生枝作为插条，插穗剪取方法基本同嫩枝扦插。插穗上的芽冬季和早春处于休眠状态，因此插穗必须经过一段时间的低温贮存才能萌发，低温贮存能使抑制物转化，促进生根。贮存方法：挖 40 cm 的深坑，坑底先铺 2 cm 厚的稻秸，再并排放杜仲插穗约 12 cm 厚，在其上面铺 2 cm 厚的稻秸和 10 cm 厚的土，然后上面再重复排放 1 层稻秸、1 层插穗、1 层稻秸和土。最后将上面的培土踏实，周围修好排水沟，以防雨水浸入。从 11 月贮存到翌年 3 月，取出扦插。如果插穗量少，可贮存在 4 ℃ 冰箱中，注意将插穗用塑料袋包好，防止失水。

3.1.4.3 压条繁殖

由于压条是一种不脱离母体的繁殖方法，所以适宜压条繁殖的时间比较长，在整个生长期都可以进行，但在 4 月下旬气温回升、稳定后进行比较适宜，可以一直延续到7~8 月。在母树周围，以 1~2 年生萌蘖枝作为压条材料。将所压部位枝条节下刻伤或环状剥皮，然后弯曲枝条压入土中，枝条顶端露出地面，以"V"形钩或砖石将埋入土中的部位固定，以免枝条弹出。覆土 10~20 cm，把土压紧压实，待生根后，压条第 2 年根系较为发达时，即可与母体切离，挖出移栽，成为新的植株。

3.1.4.4 根蘖繁殖

杜仲树根蘖能力很强，所以生产上可利用根蘖繁育苗木。

杜仲根蘖能力的大小，与树龄及立地条件有关，一般树龄在 15~40 年且立地条件好、水肥充足的植株根蘖能力强，故生产上应选择立地条件好、生长旺盛的 15~30 年生植株进行根蘖育苗。

早春土壤解冻以后，先在树干基部周围 1~2 m 的范围内撒施土杂肥，疏松土壤，使树木根系受到轻微创伤，以刺激生根。最后在树冠下灌 1 次透水。经过刺激的浅层根系会萌发许多根蘖苗，但这些根蘖苗的生长情况有差异。5 月中旬按照去密留稀的原则，疏除弱小的根蘖苗，留下健壮的优质苗木，以保证苗木有足够的生长空间和营养，利于培育壮苗，提高苗木移栽成活率。

根蘖苗的移栽一般选择在秋末或翌年春季发芽之前，逐棵将根蘖苗连同所生根系刨出，刨苗断根时需带一小片母根的根皮。如苗木基部生根很少，可对基部进行刻伤，促其生根，第 2 年再将其刨出移栽。刨苗后应重新盖土，并施肥浇水，第 2 年仍可长出许多根蘖苗。如连续多年用同一植株繁育根蘖苗，往往会因过多损伤母树根系而影响母树生长发育。生产上有时采取带根埋条繁育苗木，效果也较好。

3.1.4.5 嫁接育苗

利用良种植株的枝条或芽作接穗，实生苗作砧木，可以大量繁育遗传品质好的良种苗木。嫁接育苗是实现杜仲栽培良种化的必由之路。

(1)接穗采集和保存

①接穗采集。用于嫁接的接穗必须从良种的幼龄树或壮龄树上采集的生长健壮、芽体饱满、无病虫害的 1 年生枝条。如营造良种种子丰产园，则应从已开始结果的植株上采集接穗，以利于提前结果。接穗采集时间为早晨或傍晚。如进行夏秋嫩枝嫁接，应随采随接，接穗采下后应立即用湿布包好或把接穗基部浸入清水放在阴凉处，以防失水；如进行春季嫁接，可在树木发芽前约 15 d 采条。

②接穗保存。接穗采下后，若 3 d 内不能嫁接应妥善保存。生产上多采用以下 3 种方法临时保存接穗。

水井悬挂保存法：将接穗捆成捆，用湿布包好（露出两头）放在筐内，用绳子悬吊放入井内水面以上。此方法可保存 5~10 d，适用于嫩枝接穗保存。

沙埋法：春天将接穗放在室内通风处，上用湿沙埋好，使接穗与湿沙充分接触并保持河沙湿度。此法可保存 6~10 d，适用于硬枝接穗保存。

冰箱或冷库保管法：把捆好的接穗放入冰箱或冷库进行低温保存，温度控制在 3~5 ℃，一般可保存 15~20 d，适用于硬枝接穗保存。

(2)嫁接方法

可采用芽接和枝接。一般嫁接温度宜为 20~25 ℃，嫁接时间以下午、傍晚较好。大田相同砧木嫁接采用不同接穗时，应及时标明所接品种并做好记录，以防品种混淆。

除上述繁殖方法外，杜仲还可以利用离体快繁等方法繁殖，特别是在良种繁育和新品种选育时可用该法。

3.1.5　建园特点

3.1.5.1　园址选择

杜仲喜光，对气温适应性较强，建园地应选择在避风的缓坡、山坡中下部的阳坡、山麓及山谷台地，年平均气温为 11.7~17.1 ℃的地方。杜仲具有较强的耐旱性，自然降水能满足其需水要求，但在幼树期，干旱时必须有灌溉条件。杜仲对土壤的适应性较强，但以土壤深厚肥沃、有机质丰富的壤土或砂壤土为宜，pH 值以 5.0~7.5 为宜。

3.1.5.2　栽植技术

(1)品种选择

结合不同栽培目的和栽培条件选择适宜的杜仲品种，如杜仲叶用林可选用'中林大叶 1 号''京仲' 1~8 号等，皮用杜仲可选'秦仲' 1~2 号、'华仲' 1~5 号，果用林可选用'中林大果 1 号'。

(2)栽植密度

杜仲栽植密度应根据经营目的、作业方式及立地条件确定。矮林作业要求的集约化程度较高，多为平原或浅山区立地条件较好的地方，目的是早期丰产，提早收获，该方法初植密度较大，株行距为 1 m×(1~2) m。杜仲茶园式经营采用行距 3 m，穴距 2 m，每穴呈五星状栽植 5 株。胶用采叶林可采用 2 万~6 万株/hm² 的密度。平原区可营造经济型杜仲防护林带，株行距(2~4) m×(2~3) m，初植林网密度视各地具体情况而定，一般 120~180 株/hm²，带间距离采用 50~100 m 不等，以后根据杜仲林带生长情况进行隔带间伐，形成带间距 100~200 m 的林网。

(3)栽植时间

杜仲栽植时间应根据各地气候条件和当时的土壤水分状况而定。长江以南各产区冬季土壤一般不上冻，从落叶后至春季萌芽前（休眠期）都可栽植。秋栽的苗木经冬季根系活动，断根后伤口愈合早，春季萌芽后植株生长旺盛，缓苗期短。若秋季来不及栽种，冬、春季栽植也可。黄河中下游地区可在秋末冬初和春季栽植，该地区秋冬季节雨雪少，有灌溉条件的地块或墒情较好的年份宜在秋末栽植，时间为 10 月下旬至 12 月上旬；无灌溉条件、土壤干燥的地区，宜在春季栽植。

北京以北地区冬季寒冷、干燥、多风，且初冬土壤上冻早，不具备秋末造林条件，若秋季栽植，冬季会出现"抽条"现象，成活率较低。因此，该地区宜在春季栽植造林，一般在 4 月 5 日至 5 月 1 日。

（4）栽植方法

栽植前将混好肥料的表土大部分填入沟、穴内，填土高度以距离地面 5 cm 为宜。有灌溉条件的地区在栽植前 1 周将整好的园地浇 1 遍水。栽植时将苗木放于栽植沟或栽植穴中间，纵横对直。如果是嫁接苗，首先要尽量使嫁接口对准主风方向，舒展根系，使其均匀分布于四周，再将剩余的混合土轻轻从上向下撒在根上，边填土，边提苗，边踏实，使根系与土壤密接，最后将表土填入沟穴内，直到略高出地面。苗木入土深度一般与在圃地的深度相当，不可过深。栽植过深，苗木生长不良，如江西宁岗栽植的部分杜仲，3 年生苗木树高不足 1 m，除管理因素外，栽植过深也是造成幼树生长不良的主要原因。栽植后应及时浇透水 1 次，扶正苗干。

旱地栽植可采取随挖沟、穴随栽的办法，于秋末或早春在土壤墒情较好时栽植。栽植后在苗干四周做一半径约 50 cm 的蓄水埂，尽可能人工担水浇苗。旱地建园时，只要栽植后土壤墒情较好，成活率也可达 95% 以上。在多风、干旱地区，可采用深挖浅埋法。栽植后定植穴填土到离地面 20 cm 处。这样既不影响幼树生长，又有利于蓄积降水，同时在距坑沿约 15 cm 的西北面修挡风埂，可显著提高坑内土温，有利于幼树生长，减少抽条等现象的发生。

在盐碱地可采用低畦高埂躲盐栽植法。把树栽在高埂低畦内，低畦内保持土壤疏松，畦埂要踏实；也可使定植穴埋土稍低于地面，并保持穴内土壤疏松，穴沿踏实并筑土埂。

在营建杜仲果园、种子园、采穗圃等时，可采用砧木建园法，即在定植点先栽植砧木苗，苗木可以是 1 年生苗，也可以是 2~3 年生大苗，采用定植砧木就地嫁接的方法。嫁接后萌条生长快，缓苗期短，树冠成形早，成本较低。但嫁接后需要加强各项管理，保证接芽成活，避免机械损伤。

3.1.6 管理技术特点

3.1.6.1 土肥水管理

（1）中耕除草

中耕除草可使表层土壤疏松，有效提高土壤保水、蓄水能力，并减少杂草对土壤水分、养分的竞争吸收。幼龄林每年中耕除草 2 次，中、成龄林每年冬季或早春进行 1 次中耕除草和林地清理。

（2）追肥

结合中耕除草每年施肥 1~3 次，春季追施农家肥或者尿素，秋季主要追施氮磷钾复合肥或者埋施有机肥。通常 5 年生以下幼树每株施尿素 50~150 g，5 年生以上植株尿素量施用量增至 150~300 g，并配合埋施农家肥。

(3) 排灌水

杜仲较耐旱。一般而言，苗圃地适当灌水保持土壤湿润，幼龄林干旱少雨时浇水，成龄林一般不需要人工灌溉。雨水较多的季节注意排水，防止病虫害发生。

3.1.6.2　整形修剪

通过整形修剪，将树体形成某种合理树形，使树体平衡生长，稳定产量，保证质量。杜仲整形修剪因造林和经营目的不同而采取不同的修剪方法。下面分别对以采皮、采叶、采雄花为主的杜仲修剪进行介绍。

(1) 以采皮为主的杜仲修剪

以采皮为主的杜仲修剪主要是为培养 1 个健壮、笔直的主干，在前 10 年左右可以适当采集叶、雄花或果实。采皮为主的杜仲修剪分为 3 个阶段。

第 1 阶段：是栽植后 1~2 年进行的修剪，以平茬为主。平茬虽较为简单，但是对后续树体的生长很关键。第 1 阶段平茬又分 2 种情况：一是在土地肥沃、水源充足的园地，于栽植后至春季萌芽前，在苗木离地面 2~3 cm 处剪掉苗木，即平茬。待春季萌芽发后，留 1 个生长最旺盛的新枝梢作为主干，其余的全部疏除。新梢生长过程中抽生的部分新枝也及时剪去，以促进主干生长。第 2 年春季，及时抹去主干高度 1/3 以下的萌芽，并剪掉生长势强于主干的枝条，春夏旺盛生长时期及时疏剪过密枝条。二是对土地贫瘠、降水不充足、灌溉条件一般的园地，在栽植后第 2 年苗木茎粗 2.0~2.5 cm 时，在地面 2~4 cm 以上平茬，其他管理方法参照第 1 种情况。平茬需要注意的是，剪口部位不宜过低，若剪口低于原苗木根茎部，会在伤口处先形成愈伤组织，芽再从愈伤组织中萌发，萌芽速率慢，枝梢生长势相对较弱，不利于主干培养。

第 2 阶段：是栽植后 3~5 年进行的修剪，以疏枝和抹芽为主。主干的高度一般为树高的 1/3~1/2，因此 1/2 以下的萌芽应及时抹去，以上的过密枝和生长势过强的枝条疏除约 20%，一次不宜疏除太多，否则会降低光合作用，影响树体生长。春、夏生长季节，及时抹去主干上面的萌芽，主干以上留生长势强的枝条，短截生长相对弱的枝条，并及时抹去新萌发的芽，促进枝干增粗及整个树体健壮生长。

第 3 阶段：是对栽植 6 年以上的杜仲进行的修剪，以短截为主。经过前几年的修剪，杜仲的主干和树形已基本固定，生长逐渐变慢，修剪量相对较小。主要是冬季对于中下部过密、生长竞争较强的枝条进行短截，保证树的顶端优势，改善郁闭现象，增强光合作用，促使树高生长、树径增大，从而提高产皮量。10 年生以上的成熟杜仲可以开始采皮，在适当短截的同时，要注意疏除一些虫枝、病枝和干枯枝条，以保证叶片质量，保持树体活力。

(2) 以采叶为主的杜仲修剪

对于以采叶为主的杜仲，为便于采收和增加产量，一般采用低干型或无主干型，树形为圆柱形或圆锥形。修剪方法是：于春季杜仲萌芽前按照设计的高度平茬，主干高 30~100 cm，平茬后萌芽数 5~15 个，分别于 5~6 月多次对枝梢进行修剪，保留 5~6 个健壮枝条。杜仲不修剪只采叶，会造成植株长势弱，发芽慢，产叶量低。因此，采叶林应在生长季节进行多次修剪结合采叶，每次修剪将所有萌条留 3~5 cm 短截，在短截的枝条上采叶，一般每年修剪结合采叶 2~3 次。最后一次采叶在霜降后，将植株上面的叶片全部采摘。

（3）以采雄花为主的杜仲修剪

单纯采集雄花容易伤到萌发的幼芽，从而影响树体的生长，因此雄花的采集一般配合修剪一起进行。采集雄花的植株可以修剪成圆头形、自然开心形或者圆柱形。栽植后的杜仲留 4~6 个萌条，生长季节将萌条拉枝，角度为 20°~30°。冬季对萌条短截，留 1/3~1/2 培养成开花主枝。第 2 年春季，对主枝上萌发的长 30 cm 的枝条进行拉枝，如此反复，直到进入盛花期。开花后于每年春季，在开花枝条基部以上第 4~6 个芽处短截，疏除过密和生长势弱的枝条，在剪除的枝条上采集雄花。

3.1.6.3 树皮采收和采后处理

（1）树皮采收与管护

杜仲栽植后，树龄 15~20 年时开始剥皮。剥皮以在 4~7 月树木生长旺盛期进行为宜，这时树皮容易剥脱，也易于愈合再生。采收树皮主要有 3 种方法：部分剥皮法、砍树剥皮法、大面积环状剥皮法。剥皮后要及时管护。

①部分剥皮法。又称局部剥皮法，即在树干离地面 10~20 cm 以上部位，交错剥去树干外围面积 1/4~1/3 的树皮，使养分运输不致中断，待伤口愈合后，又可依前法继续取皮。每年可更换剥皮部位，如此陆续局部剥皮。

②砍树剥皮法。此法多在老树砍伐时使用。具体方法：先在齐地面处绕树干锯一环状切口，按商品规格所需长度向上量，再锯第 2 道切口，在两道切口之间纵割 1 刀，再环剥树皮，上下左右轻轻剥动，使树皮与木质部分离。剥下第 1 筒树皮后把树砍倒，照此法按需要的长度依次在主枝上剥取第 2 筒、第 3 筒皮，直至剥完。

③大面积环状剥皮法。即将主干上杜仲皮全部剥下来的方法，在很多地方已广泛应用。研究发现，2~3 年长成的新树皮（即再生树皮），其有效成分和药理作用与原来树皮（称原生树皮）完全相同，新树皮与原生树皮的结构基本相同。大面积环状剥皮的优点是：采收的树皮多，为部分剥皮量的 3~4 倍；避免了资源缺乏时的砍树剥皮。

杜仲环剥技术要点和注意事项：

①要掌握好环剥的适宜时期。山东是在 6 月 20 日至 7 月 20 日，贵州遵义在 4 月中旬至 8 月下旬，湖南慈利在 6 月。这时高温多湿，气温 25~36 ℃，空气相对湿度 80% 以上，昼夜温差小，树木生长旺盛，体内汁液多，容易剥皮，成活率高，环剥应在阴天或多云天进行，如果是晴天，应在下午 4 点以后进行。

②操作方法是先在树干分枝处的下面横割一刀，再与之垂直呈"T"字形纵割一刀，割断韧皮部，但不伤及木质部；然后撬起树皮，沿横割的刀痕把树皮向两侧撕离，随撕随割断残连的韧皮部，待绕树干一周全部割断后，向下撕到离地面约 10 cm 处割下树皮，环剥完毕。

③注意选择生长势强壮的杜仲进行环剥，新树皮易于再生。环剥后 3~4 d，一般表面呈现黄绿色，表示已形成愈伤组织，逐渐长出新皮。实践表明，剥皮 3~4 年后，新树皮能长到正常厚度，可再次环剥。如环剥后表面呈现黑色，表示该处不能形成愈伤组织并长

成新树皮。如环绕树干 1 周均呈黑色，则表示环剥失败，植株死亡。

④环剥时如气候干燥，则在剥前 3~4 d 适当浇水，以增加树液，利于剥皮。剥皮后 24 h 严禁日光直射、雨淋和喷农药，否则会造成死亡。

⑤剥皮的手法要轻、快、准(不伤木质部)，将树皮整体剥下，不要零撕碎剥，更不要使用剥皮工具或指甲等戳伤木质部外层的幼嫩部分，也不要用手触摸，因为这些部分只要稍受到损伤，就会影响该部分愈伤组织的形成，进而变黑死亡。

剥皮后要采取的管护措施有以下几个方面：

①保持空气相对湿度达 80% 以上。在北京，杜仲剥皮时间正是雨季来临之际，空气相对湿度已达 80%；进入秋季后，树干周围空气相对湿度低于 80%，用网眼塑料薄膜包裹树干，可增大树干周围的空气相对湿度，还可在一定程度上保证树体与外界进行气体交换。

②暂停喷洒农药。杜仲剥皮后树势减弱，各种病虫害会乘虚而入。此时喷洒农药会抑制树皮再生。因此，这时的病虫防治工作以人工摘除病叶、病枝或采用生物防治方法为主，暂停使用化学农药。

③加强灌水。剥皮后，树体内部的水分通过暴露的细胞大量散失，特别在干旱季节，失水现象更为严重。而水分是树木原生质的重要成分，是植物细胞进行各种生理活动的必要条件。因此剥皮后必须加强灌溉，增加植物水分，以维持植株水分代谢的平衡。若杜仲被剥皮时适逢雨季，则不需灌水。

④防寒。剥皮后，杜仲抗性有所下降，正常情况下，杜仲能够露地越冬。但剥皮后杜仲越冬必须考虑防寒。具体措施是：在秋季加塑料薄膜(网眼塑料薄膜)，于 11 月底再加一层牛皮纸或草席，这样既能保持温湿度，又能防止树木落叶后太阳直射树干，发生灼伤。此外，应重视浇冻水和春水(解冻水)。解除防寒的时间视第 2 年春季天气情况而定。

(2)叶采收和处理

叶采收比较简单，根据采叶的用途不同，采收方法略有区别。如果采叶作药用，一般定植 3~4 年后的杜仲即可开始采叶。如幼树采叶过早，有碍植株生长，因此要把握好采叶时间，一般在 10~11 月落叶前采摘。供药用的叶，去掉叶柄，剔除枯叶，晒干后即可。如果采叶是提取杜仲胶，采叶时间在 11 月落叶后为好。

(3)种子采收和处理

为保证种子质量，要选择生长健壮、叶大、皮厚、无病虫害、未剥过皮的适龄雌株作为采种母树。采集时间一般在 10 月下旬至 11 月，采收过早，种子未成熟会影响播种质量，采种过晚会使种子自然落地后发生霉烂或者因温度过低受冻影响种子发芽。采种选在晴天用手采摘或在树下铺塑料布用竹竿轻轻打落。收集的种子置于室外阴凉、通风、干燥处晾干，以免种子因含水量过高导致霉变。

(4)雄花采收和处理

采收时间根据杜仲雄花开花期而定，因各产区气候条件不同而存在有差异。长江以南地区为 3 月 10 日至 4 月 15 日；黄河、淮河流域在 3 月下旬至 4 月中旬；河北石家庄及其以北地区在 4 月上旬至 4 月下旬。

采花时，根据修剪要求在剪下的雄花枝上采收。采摘时先将雄蕊与萌芽分开放置，然后将丛状雄花的每个雄蕊分开，以便于杀青，并使雄花外形美观。经过细致筛选的杜仲雄花放于洁净、干燥、通风处，摊晾 12~24 h，摊晾后的杜仲雄花可加工为雄花茶。

如果采花量大来不及加工，可低温贮藏保鲜，保鲜温度为 20~50 ℃，准备保鲜的杜仲雄花不进行筛选和初加工。保鲜的雄花可用塑料袋或纸箱包装，每袋(箱)2~3 kg。保鲜过程中要防止堆积发热及雄花失水，雄花贮藏时最好不要与其他物品放在一起，避免雄花被污染或串味。

小　结

杜仲为我国特有的经济树种，其树皮及叶有重要的药用价值，皮、叶、种子均含有杜仲胶。杜仲适宜性极强，在我国分布范围广。杜仲为雌雄异株，异花授粉，长期采用天然杂交的种子进行繁殖，容易出现形态改变和地理生态变异。我国 20 世纪 80 年代初开始对杜仲进行良种选育，目前已培育出适宜不同栽培目的的杜仲新品种，为杜仲的良种化栽培奠定了基础。杜仲有明显主根(垂直根)和庞大的侧根、支根、须根系；萌芽力特强；杜仲为风媒花，雌雄异株。杜仲可用播种、扦插、根蘖分株、压条、嫁接等方法繁殖。杜仲建园要选好园址、做好规划，栽培技术主要包括：品种选择、栽植密度确定、栽植时间和方法。根据杜仲不同的栽培目的(皮用、叶用、花用等)，分别采用相应的管理技术措施，以达到优质丰产的目的。杜仲树龄 15~20 年时开始剥皮，剥皮以 4~7 月树木生长旺盛期进行为好。杜仲不同器官采收期不同，应根据用途确定。若采叶做药用，一般在 10~11 月落叶前采摘；采叶提取杜仲胶用，采叶时间在 11 月落叶后为好；采雄花茶用则根据不同地区杜仲开花物候期确定采雄花时间。

思考题

1. 杜仲的主要种类和优良品种有哪些？
2. 杜仲育苗方法有哪些？
3. 简述杜仲的生物学特性。
4. 简述杜仲的主要栽培技术。
5. 杜仲树皮采收的方法有哪些？
6. 杜仲树剥皮后的养护要注意哪些方面？
7. 杜仲不同器官分别在什么时间采收？

3.2　枸杞栽培

3.2.1　概述

(1)经济价值

枸杞为茄科(Solanaceae)枸杞属(*Lycium*)植物，属多分枝灌木。枸杞全身都是宝，其根、茎、叶、花、果均可利用，是名贵的药食同源植物，在医学上可配成各种良药，也可加工成保健食品，如枸杞水晶软糖、枸杞罐头、枸杞豆浆精、枸杞茶等。枸杞果实含有丰富的枸杞多糖、多种维生素和人体所需的稀有氨基酸及微量元素等，具有抗衰老、抗疲劳、抗肿瘤、降血糖、降血脂、安神明目等重要功效，对癌细胞有抑制作用，可增强人体免疫力，在传统和现代医学领域具有广阔的应用前景。枸杞果实色泽鲜艳，既可以盆栽，也可作为篱墙在庭院栽植。

（2）栽培历史及现状

我国枸杞栽培历史悠久，由野生进行人工驯化目前虽尚无准确的文献考证，但据文献记载，唐朝以后枸杞的人工栽培技术已趋于成熟。明清时期宁夏已经开始了大规模枸杞种植，并逐步形成了宁夏枸杞特色产区。枸杞的集约化栽培始于 20 世纪 60 年代，规范化栽培始于 20 世纪末。随着科技进步和市场需求的提高，20 世纪 90 年代，根据产品质量要求，枸杞工作者围绕品种选育、规范建园、良种繁育、水肥管理、整形修剪、生物防控、采收制干、分级包装、品牌打造、市场营销等生产环节，创建了枸杞规范化种植技术体系。1999 年开始，枸杞实现了无公害生产，2002 年实现了绿色生产，2008 年至今已实现了枸杞的有机生产。

从 20 世纪 60 年代开始，随着历史的变迁、气候条件的变化、栽培技术的提高以及品种的多样化发展，枸杞的适宜栽培区从宁夏辐射到内蒙古、青海、新疆、河北、山东、陕西、湖北等 12 个省份。

3.2.2　主要种类和优良品种

（1）主要种类

欧亚大陆枸杞约有 10 种，我国有 7 个种和 3 个变种，多数分布在西北地区和华北地区。我国枸杞属的主要栽培种有中华枸杞（*Lycium chinense* Mill. var. *chinense*）、宁夏枸杞（*Lycium barbarum* L.）、黑果枸杞（*Lycium ruthenicum* Murr.）等。

我国枸杞主要栽培种和品种

①中华枸杞。中华枸杞是枸杞原变种的俗称，因其果大、子少、皮薄、肉厚等特点，在许多地方引种栽培，具有较好的经济价值。果实甜而后味带微苦；种子较大，长约 3 mm。分布在我国东北地区及河北、山西、陕西等省份。常规扦插繁殖存在材料来源有限，成活率低等问题，因此常用种子繁殖。

②宁夏枸杞。宁夏枸杞喜光、耐严寒、耐盐碱、较抗旱，不耐积水，对土壤的适应性强，能在砂质壤土、壤土、沙荒地或轻盐碱地，以及土壤瘠薄、肥力差的土壤上生长。在宁夏银川 4 月 22 日萌芽，4 月 24 日 1 年生枝现蕾、5 月 15 日当年生枝现蕾，6 月 15 日进入成熟期，7 月 25 日发秋梢。

③黑果枸杞。别名"苏枸杞"。果实呈紫黑色，主要分布于我国陕西北部、甘肃、宁夏、青海、新疆、西藏等地，尤其在青海都兰、香日德、诺木洪、德令哈、格尔木等地分布广泛。黑果枸杞生命力极强，耐高温、耐严寒、耐干旱，光合效率高，具有极强的耐盐碱能力，属于我国西北地区特有的抗盐、耐旱野生植物种，常以灌丛状生长于盐碱荒地、盐化沙地、盐湖岸边、路旁等各种盐渍化土壤中。果实结实量大，丰产性能好，多数分布区的黑果枸杞一年有 2 次果实集中成熟期：第 1 次在 6~8 月，在这期间的黑果枸杞产量高、质量好；第 2 次在 9~10 月，但产量较低，品质也相对欠佳。黑果枸杞的药用保健价

值远高于普通红枸杞，果实富含黑色素和天然原花青素，是迄今为止发现的花青素含量最高的天然野生植物，被誉为"软黄金"，又被誉为野生的'蓝色妖姬'。在民间常被用作野果生食或榨汁做饮料，果实中所含的色素可作染料染色。

（2）优良品种

①'宁杞1号'。'宁杞1号'是宁夏农林科学院从当地传统品种'麻叶'系列中通过自然单株选优培育而成，是我国枸杞主栽优良品种。树势强壮，生长快，树冠开张，树皮灰褐色，当年生枝条灰白色，多年生枝灰褐色。果枝细长而柔软，棘刺较少。具有丰产、稳产、果粒均匀、品质优、易制干、抗性强的优势，幼果粗壮，果实成熟后呈鲜红色，果表面光亮，果形为椭圆柱状，单果鲜重0.56 g，千粒重586.3 g。

②'宁杞5号'。树势健壮，树体较大，枝条柔软，生长快，结果枝细、弱、长，多下垂，树体较紧凑，幼树期营养生长势强，需通过两级摘心才能促使其向生殖生长转化，70%的有效结果枝长度集中在40~70 cm，成熟枝条基部1/3处偶有细弱小针刺，第一着果距离8~15 cm，节间1.13 cm；叶色深绿，披针形，老熟叶片青灰绿色。该品种具有丰产、稳产、果粒大、口感好、采摘省工、种植收益高等特点。青果尖端平，无果尖，鲜果橙红色，平均单果重1.1 g，果实腰部平直，果身多五棱，干果色泽红润。该品种自花不育，栽植需配置授粉树。

③'宁杞7号'。树势健壮，自交亲和力高，抗逆性和适应性较强，具有丰产、稳产、果粒大等特点。幼果粗直，成熟后呈长圆柱形，鲜果深红色，口感甜味淡。与'宁杞1号'相比，单果重（0.72 g）、果实多糖（3.97 g/100 g）、甜菜碱（1.08 g/100 g）、胡萝卜素（1.385 g/100 kg）含量，分别增加约30%、10.9%、29.2%、12.6%，干果等级率（250~290粒/50 g）高1个等级。宁夏固原头营镇以北的清水河流域、中宁、中卫、同心红寺堡、盐池中部干旱带地区、银川平原、贺兰山东麓等年降水量500 mm以下的地区均可种植。种植当年挂果，第4年达到盛果期。

④'宁杞10号'。由宁夏杞鑫种业有限公司通过人工授粉杂交培育而成，又名'杞鑫1号'，是以'宁杞4号'为父本、'宁杞5号'为母本的杂交子一代优良单株无性系。树势强健，枝条柔软，自然成枝力强。在宁夏、青海、甘肃经过5年试栽和观测，表现出生长快、抗逆性强、性能稳定、自花结实率高、早实、丰产，果粒整齐、较抗根腐病，遇雨不易裂果，果蒂不易脱落等特点。果形有长果形、圆果形，长果形较受客户欢迎。鲜食、制干均可。单果鲜重1.91 g，鲜干比（4.0~4.3）∶1。该品种可单一建园，也可作为授粉树混栽建园。

3.2.3　生物学和生态学特性

3.2.3.1　生物学特性

（1）根系

野生枸杞根系较为发达，主根深度可达1 m多，栽培种多采用扦插繁殖，根系分布层主要在10~60 cm（因土质而异），侧根、须根垂直分布在树冠外缘距地表30~40 cm土层内。水平根系发达，成年树水平根可延伸到10 m以外。0~20 cm的土层温

枸杞的生
物学特性

度达 1 ℃时根系开始活动，7 ℃时新根开始生长，15~25 ℃根系生长量最大，根系在一年内出现 2 个生长高峰期，分别在 4 月中上旬和 7 月下旬至 8 月上旬。

(2) 芽、枝条和叶

枸杞的芽有叶芽和混合芽，萌芽力强，1 年生枝萌芽率达 76%，成枝率约 6%。在西北地区 4 月初开始萌芽展叶，10 d 左右开始新梢生长，当年生枝条生长曲线呈"S"形，6 月初进入快速生长期，9 月初进入缓慢生长期。

(3) 花芽分化

枸杞花芽分化为当年分化型，春、夏枝花芽分化后，接着是秋枝花芽分化开始，到 9 月上旬止，具有单花分化期短、速率快、分化持续期长的特点。

(4) 开花特性

枸杞的花为两性花，无限花序，花期长，可持续 4~5 个月，花在当年生新枝上有 1~5 朵生于叶腋，老枝上有 5~8 朵簇生，通常在平均气温达 14 ℃以上时开始开花；花期可以持续 4~5 个月，一年的开放次数多、花期长。

(5) 果实生长发育

枸杞果实生长发育一般包括青果期、变色期、成熟期 3 个阶段。绿色幼果为青果期，一般持续 20~30 d，气温低，则青果期长。随青果纵径、横径增大，果实颜色由绿色逐渐变为黄绿色，进入变色期。此时果肉致密，胚乳饱满，幼胚已经形成，种子白色，持续时间约 5 d。进入成熟期的果实生长快，体积迅速增大，色泽鲜红，果肉变软，汁多，含糖量高，种子成熟，持续 3~5 d。从现蕾到果实成熟约需 45 d。枸杞果实根据成熟时期可划分为夏果和秋果 2 类。6~8 月成熟的果实称为夏果，9~10 月成熟的果实称为秋果。实践证明，夏果产量较高，质量好；秋果因气候条件差、产量低，品质不及夏果。

3.2.3.2　生态学特性

枸杞喜冷凉气候，耐寒力强。当气温稳定在约 7 ℃时，种子即可萌发，幼苗可抵抗 -3 ℃低温。春季气温在 6 ℃以上时，春芽开始萌动。枸杞能在 -25 ℃下越冬，而不发生冻害。

枸杞根系发达，抗旱能力强，在干旱荒漠地仍能生长。不耐水湿，在长期积水的低洼地生长不良，甚至引起烂根或死亡。

枸杞较耐盐碱，可在碱性土和砂质壤土生长。高产优质栽培枸杞宜选择土层深厚、肥沃的壤土，并确保有充足水分供给，特别是花果期对水分需求与要求高。

枸杞喜光，光照充足利于枝条生长，果多、粒大，产量高，品质也好。

3.2.4　育苗特点

3.2.4.1　播种育苗

选优良大果母树采种。把选好的果实用凉水泡 24 h，然后搓洗，捞出浮在水面上的果肉，再洗净种子，摊放在室内阴干。3 月中旬至 5 月中旬均可播种，春播的种子不催芽，5 月播种前最好进行催芽。催芽的方法是将种子与湿细沙 1∶10 混合，拌匀后放在约 20 ℃的室内催芽，有半数种子露白时便可进行播种。选择上一年秋季整好的砂壤土地播种，按

40 cm 的行距开沟，沟深约 1 cm，播后覆土镇压。播种量每亩 0.2 kg。春季播种的枸杞育苗期可灌水 4~6 次，每次灌水后都要中耕除草。追肥应与灌水相结合。当苗高达 5 cm 时间苗，苗高达 10 cm 时定苗，株距 10~15 cm，亩留苗量 15 000~20 000 株。苗木根颈达 0.7 cm 以上时可出圃移栽。

该方法生产的苗木变异性极大，不易保持母树的优良特性，结果迟，品质差。因此，生产上很少利用此方法繁育苗木。

3.2.4.2 扦插育苗

生产中多采用扦插繁殖，该方法能保持母树的优良特性，结果早，产量高，生产上应用广泛。主要有硬枝扦插和嫩枝扦插，其育苗技术要领如下。

(1)硬枝扦插

①扦插时间。北方地区硬枝扦插时间为 3 月下旬至 4 月中上旬。

②采条与制穗。自健壮枸杞优良品种植株上采集徒长枝、基部萌条或中间枝条作为插条(基部直径 0.6 cm 以上)，截成长 10~15 cm 插穗，下剪口靠近芽(节)基部，上剪口距芽(节)约 1.0 cm，每捆 50 或 100 根备用。

③插穗处理。用 100~200 mg/kg 的 α-萘乙酸溶液浸泡插穗基部 24 h 或 800~1000 mg/kg 的 α-萘乙酸溶液浸泡插穗基部 5~10 min(处理前插穗基部用水浸泡 24 h)；也可用 ABT 生根粉或国光生根粉处理插穗基部。若土壤黏重，可将激素或生根粉按浓度配置后加入滑石粉、多菌灵杀菌剂，将插穗基部挂浆后扦插，可防止插穗腐烂。

④整地与扦插。选用砂壤土平整、消毒后做苗床(用多菌灵或百菌清消毒)，覆地膜；按行距 25~40 cm、株距 10~20 cm 直接扦插于苗床(采用宽窄行扦插便于操作)，覆盖湿润土踏实，插条上端露出地面约 1 cm。

⑤插后管理。扦插后立即灌水、覆膜。扦插约 20 d 插穗生根，要及时去除多余萌发枝条，留 1 个条。定期追肥、灌水，以培育壮苗。

(2)嫩枝扦插

5 月下旬至 8 月，自健壮植株采集当年生半木质化新梢(基部直径 0.5 cm 以上)，剪截成 5~10 cm 长的插穗，去除下端节上的叶片，留 1~2 片小叶(叶片大的需剪去一半)，将插穗基部速蘸 800~1000 mg/kg 的 α-萘乙酸溶液或 ABT 生根粉和滑石粉调制成的生根剂，按 5 cm×10 cm 的株行距插入苗床，深度 1.5~2.0 cm。扦插后喷多菌灵或代森锰锌杀菌剂，盖塑料拱棚保湿(可采用内挂弥雾喷头使空气相对湿度保持在 90% 以上；棚外覆盖遮阳网遮阴，气温最好不高于 35 ℃)。有条件的可在智能控制温室内进行嫩枝扦插繁殖。

3.2.5 建园特点

3.2.5.1 园址选择

枸杞适应性强，对土壤要求不严，能在各种质地土壤上生长。但要建立优质高产枸杞园，最好选择土壤深厚、通气良好的轻壤土、壤土或砂壤土，以灌淤砂壤土为佳。在北方地区建园，要选择地势平坦、有灌溉条件、地下水位在 1.5 m 以下的地段。

3.2.5.2　栽植技术

(1) 苗木选择

应选择 2 年生以上无病虫害、苗高 0.5 m 以上、根颈 0.8 m 以上的苗木栽植。

(2) 栽植方式和密度

人工栽植株行距为 1 m×(2.0~2.5)m，也可采用带状栽植，带内株行距为 1.4 m×1.6 m，带间距 2.0 m，每亩栽植 264~333 株。机械栽植密度为 1.5 m×3.5 m，每亩栽植 127 株。

(3) 品种选择和配置

应根据栽培目的选择品种。每个品种授粉特性也有区别，一般叶用枸杞和大多果用枸杞具高度自交亲和能力，可纯系栽培。果用型枸杞'宁杞 5 号'属雄性不育，无花粉，需配置授粉树，授粉树可选择'宁杞 1 号'和'宁杞 4 号'，采用株间混栽方式，混栽比例为 1∶(1~2)，生产园需放养蜜蜂。'宁杞 10 号'可单一品种建园，也可作为'宁杞 5 号'的授粉树。

(4) 栽植时间和方法

①栽植时间。一般在 3 月下旬至 4 月中旬栽植。

②栽植方法。采用挖穴栽植(穴直径 40~60 cm)或开沟栽植(沟深 40~60 cm，宽 30~40 cm)。在坑内或沟底先施入有机肥(2 kg/株)和适量秸秆，先填入少量土，然后将苗木放入栽植穴或栽植沟中，按照"三埋两踩一提苗"操作，做到"根伸、苗正、行直"，使苗木舒展根系，分层填土踏实，随后及时浇水，提高苗木成活率。为便于机械化作业，一般采用宽行窄株方式定植，株、行距为(1~2)m×(3~4)m。在干旱地区采用覆膜栽植，或栽前用清水浸泡苗木根系 24 h，用保水剂或生根粉蘸根处理苗木，有利于提高栽植成活率。

3.2.6　管理技术特点

3.2.6.1　土肥水管理

(1) 土壤管理

5~8 月每月中旬进行 1 次除草松土，深度 10~15 cm。也可行间生草(自然生草或种植黑麦草、三叶草、小冠花等)，秋季进行割草、压埋，但树盘两侧各 50 cm 要定期除草清耕。土壤黏重的枸杞园，用碎秸秆或绿肥作物翻入土壤，以增加土壤有机质，改良土壤。

枸杞园管理

(2) 施肥

秋季或早春深翻施腐熟优质有机肥 1500~2000 kg 或油饼渣 500~800 kg 加多元复合肥约 150 kg。6~8 月追肥 2~3 次，施入氮、磷、钾复合肥加锌、硼微肥，成龄树每株施 0.5 kg，幼龄树每株施 0.25 kg，拌土、封沟后灌水。也可叶面喷施 0.3%~0.5% 的尿素或磷酸二氢钾，也可喷施微量元素复合液肥，每亩喷液肥 50~70 L。

(3) 水分管理

枸杞常采用畦灌、沟灌方式浇水。在北方地区，萌芽前和休眠越冬前分别灌萌芽水和封冻水；整个生长季根据土壤干湿情况，灌水 5~8 次；砂壤土、壤土多在 5 月、6 月、9 月各灌水 1 次，7~8 月灌水 3 次，通常壤土全年灌水 7 次、沙土地 8 次，夏季高温阶段灌水以"跑马水"为主，宜少量多次。提倡采用地表滴灌、地埋式滴灌、渗灌等节水灌溉结合施用水溶性肥料的水肥一体化技术供肥供水。

3.2.6.2　整形修剪

(1) 常用树形

枸杞多采用自然半圆形、二层楼或三层楼树形。三层楼树形的枝组在垂直方向分为 3 个层次，第 1 层枝组分布高度为 60~80 cm、第 2 层枝组分布高度约 120 cm、第 3 层枝组分布高度约 160 cm，各层间距约 40 cm。

(2) 整形修剪

幼树修剪以培养树形为主。开始大量结果的成年枸杞植株，其修剪的基本要求是：去直留斜，去旧留新；枝条密集处要疏剪，缺空处留油条(徒长枝)，清膛截底，树冠丰满。2 月至 3 月中旬进行休眠期修剪，夏季修剪的主要任务是疏密枝、去油条。

不同品种的枸杞，修剪方法差异较大。'宁杞 5 号'春季抹芽要早、勤，当新梢抽枝大于 5 cm 时需剪除，切忌掰除，以免伤流发生；幼树期需 2 次摘心，促使营养生长向生殖生长转化；成龄树选用圆锥形或自然半圆形树形，1 年生枝留 1/3 短截较为适宜。春秋两季徒长枝要随时清除，1 年生枝成枝力过强，须在萌芽时疏除 50%，确保单株果枝留枝量约 250 条。'宁杞 7 号'老眼枝花量极少，休眠期修剪可简化为"疏、截"二字法，对成龄树 2 年生 2 级侧枝进行选留和短截，其余枝条全疏除；视枝条强弱和长度，留枝长度为 20~40 cm，幼龄树留枝量根据树体生长量而定，成龄树单株适宜留枝量 250 条。'宁杞 10 号'春季萌芽后 7~10 d 抹芽 1 次，一龄枝夏季摘心 2~3 次，二龄以后夏季摘心 1~2 次，冬季修剪，疏、留、截比例各占 1/3，截留长度 10~12 cm。

3.2.6.3　果实采收

枸杞属于无限花序，自 5 月下旬开始开花，至 10 月结束；自开花至果实成熟 35~60 d (因气温高低有差异)，夏季气温偏高，成熟期较短，秋季气温降低，成熟期延长。成熟的红果类枸杞，果实鲜红色，表面明亮，果肉增厚，质地变软，富有弹性，果蒂松动、易脱落，通常自 6~10 月果实分批成熟，每 5~7 d 采摘 1 次。秋季采果时，因北方降雨增多，果实表面雨水未干时不宜采果，否则制干(日晒)时容易引起霉烂。采果多为手工，应轻采、轻拿、轻放，采果严禁将青果、叶片损伤。

小　结

枸杞是我国分布广泛的灌木经济林树种，枝多有棘刺，稀无刺。喜冷凉气候，耐寒，较耐干旱、盐碱，在我国云南、河北、内蒙古、山西、陕西、宁夏、甘肃、青海、新疆等地均有分布与引种栽培，主产区在我国西北部。枸杞的芽有叶芽和混合芽，萌芽力强。花两性，无限花序，花期约 4 个月，落花落果严重。枸杞垂直根延伸较深，1 年生实生苗主根深可达 1 m，水平根发达，主要分布在 20~40 cm 土层中，根系生长一年中有 2 次高峰期，第 1 次高峰在 4 月中上旬，第 2 次高峰在 7 月下旬至 8 月上旬。枝条生长和根系相似，一年有 2 次高峰，但枝条的生长高峰滞后于根系，枝条与根系的生长高峰相互错开。果实生长发育旺盛期与根系生长高峰期也相互错开，根系在第 1 次生长高峰时，树上无果实，当进入第 2 次生长高峰时，花果量大减。果实生长发育分为青果期、色变期、红果期 3 个阶段。枸杞繁育苗木主要采用扦插繁殖。建园后，在加强土肥水管理的基础上进行合理修剪。枸杞常用树形有自然半圆形、二层楼或三层楼 3 种。修剪时要注意枝条及时更新和去旧留新。

思考题

1. 简述枸杞的营养保健价值与功效。
2. 简述枸杞的栽培现状和分布。
3. 我国枸杞主要有哪些栽培种？主要栽培品种有哪些？
4. 简述枸杞生物生态学特性。
5. 枸杞目前栽培中主要采用哪些树形？修剪的关键技术有哪些？

3.3　沙棘栽培

3.3.1　概述

沙棘为胡颓子科（Elaeagnaceae）沙棘属（*Hippophae*）植物，落叶灌木或小乔木，又名酸柳果、沙枣、酸柳。沙棘生态适应性广，是干旱、盐碱及风沙地区造林的先锋树种和水土保持树种。沙棘为非豆科固氮植物，固氮能力强，对土壤有很好的改良作用，属经济、生态两用树种。

沙棘营养物质丰富，含有糖类、脂类、蛋白质、维生素类、有机酸、脂肪酸及鞣质类、类胡萝卜素、生物碱、黄酮类等物质。每 100 g 沙棘果中含蛋白质 16~20 g、脂肪 6.8~9.1 g、糖 1.4~2.7 g，还含有维生素 C 800~1600 mg（最高可达 2100 mg，为猕猴桃的 3~7 倍）、维生素 E 47~220 mg。在中医药学上，沙棘有利肺、升阳、养胃、健脾、活血化瘀等功效。现代医学认为从沙棘中提取的黄酮可以用来治疗心血管疾病，沙棘果中的维生素 C 和维生素 E 具有抗氧化作用，沙棘籽油有保肝、抗癌、治疗胃病、抗辐射，以及治疗烧伤、烫伤、冻伤、褥疮等皮肤性疾病的作用。沙棘中的酚类物质主要包括乌索酸、香豆素、β-香豆素、酚酸等，其中的香豆素是抗艾滋病病毒（HIV）的天然药物。

沙棘原为野生植物，广泛分布在亚欧大陆的温带地区。我国是世界上沙棘属植物分布最多的国家，沙棘资源丰富。20 世纪 60 年代起，沙棘被列为薪炭林和防护林树种之一，逐步开始人工种植。到 20 世纪 80 年代，沙棘开始受到人们的重视，人工林有了很大发展，我国沙棘面积占世界沙棘总面积 90% 以上。沙棘在我国主要分布在东北、西北、华北、西南地区，其中三北地区有 100×10^4 hm²，占全国的 90%。

3.3.2　主要种类和优良品种

（1）主要种类

1996 年，我国学者廉永善和陈学林将沙棘属植物分为 2 组 6 种 12 亚种，即无皮组和有皮组：无皮组主要包括柳叶沙棘和鼠李沙棘；有皮组主要包括棱果沙棘、江孜沙棘、肋果沙棘和西藏沙棘。

①无皮组（Sect. 1, *Hippophae*）。种皮与果皮分离，果实成熟后果皮易脱离种皮，且种子表面有光泽。本组分布广泛，主要分布于海拔 3000 m 以下的中低海拔地区。有向耐旱性进化的趋势，是较原始的 1 个群，包括柳叶沙棘和鼠李沙棘。

柳叶沙棘（*H. salicifolia* D. Don）：小乔木，高约 5 m，有时高达 10 m 以上。叶缘反卷，叶背面密被星状鳞毛和少量鳞片状鳞毛，外观呈毡绒状；少刺或无刺；种子表面有光泽。分布在我国西藏以及不丹、尼泊尔、锡金、印度和巴基斯坦等国。

鼠李沙棘（*H. rhamnoides* L.）：果实成熟后其果皮易脱离种皮，种子表面具光泽，叶片下面密被鳞片状鳞毛或稀生星状鳞毛。包括中国沙棘、云南沙棘、中亚沙棘、卧龙沙棘、蒙古沙棘等亚种。"

②有皮组（Sect 2. *Gyantsenses* Lian）。种皮与果皮相互结合，果实成熟后果皮紧包种子，种子表面无光泽。集中分布于 3000 m 以上的中高海拔地区。从生态角度看，有向矮小、耐寒进化的趋势，是较进化的 1 个群，包括棱果沙棘、江孜沙棘、肋果沙棘和西藏沙棘。

棱果沙棘（*H. goniocarpa* Lian, X. L. Chen et K. Sun）：高 3~7 m，1 年生枝条柔软，淡褐色，常呈镰状弯曲，密布鳞片状鳞毛，老枝黑褐色或深褐色。叶片窄披针形、近条形或窄条形，先端渐尖，嫩时被白色鳞毛。果实圆柱状或者短圆柱状，常具 5~7 条纵棱。包括理塘沙棘亚种和棱果沙棘亚种，主要分布在我国四川、青海、西藏等地。

江孜沙棘［*H. gyantasensis*（Rousi）Lian］：小乔木；高 5~8 m，枝条柔软，当年生枝黄褐色。叶片上面疏生星状毛和鳞毛，下面密被鳞片或散生少量鳞毛。花芽卵形，2 裂。果实黄色，纵棱发达，几成翅状，种子平凸，具 6 条棱，近两面体形。分布在我国西藏江孜，锡金等国也有分布。

肋果沙棘（*H. neutrocarpa* S. W. Liu et T. N. He）：高 1.0~4.5 m，当年生枝灰白色，幼枝密布鳞毛，枝条坚挺密集，成年树冠顶端呈平台状，枝刺粗硬。叶互生，条形或近条形，果皮与种皮相互贴生，不易分离。种子圆柱形，黄褐色，果实成熟期 9~10 月。包括密毛肋果沙棘和肋果沙棘 2 个亚种，主要分布在我国四川、西藏、青海、甘肃等地。

西藏沙棘（*Hippophae. tibetana* Schlechtendal）：植株矮小，高 7~60（80）cm；枝条上指，常呈扫帚状。叶轮生，条形。果实暗橘红色，顶端有 6 条棕黑色星芒状纹饰，果实和种子无纵棱。分布于我国四川、西藏、青海、甘肃，锡金、尼泊尔、印度等国也有分布。

（2）优良品种

目前沙棘的栽培品种主要有大果沙棘和中国沙棘 2 类。

①大果沙棘。大果沙棘的栽培品种主要有'壮圆黄''无刺丰''深秋红''辽阜 1 号''乌兰沙林''金色''优胜''楚伊''绥棘 1 号'及雄株品种'阿列伊'等。

我国沙棘主要栽培品种

'无刺丰'：属主枝披散型，冠幅较大，枝条较长，略下垂，自然分布，疏密适中，果实紧密，圆柱形，橘黄色，两端有红晕，抗病性强，整体植株无刺，果大柄长，方便采摘，盛果期单株产量可达 30 kg 以上，亩产 2 t 以上。

'壮圆黄'：植株健壮，果实圆球形，橘黄色，树形属主干型，枝繁叶茂，枝条顶部有少量棘刺，既有水平根，又有深层根，耐旱性好，抗病性强，亩产 1.5 t 以上。

'深秋红'：主干直立性，植株特别健壮，4 年生高度可达 4 m，有少量棘刺，果实密集，圆柱形，橘红色，果实鲜亮，皮厚柄长。优点是主干通直，侧枝分层，果实着色期长，经久不落，可以冬季采果，果实变色后极具观赏价值，既可作为经济树种，也可作为观赏树种。

'辽阜 1 号'：为灌丛型灌木，在形态上表现为蒙古沙棘亚种的性状特征。造林后第 3 年开始结实，5 年达盛果期，盛果期树高达 2.0 m，树冠直径 1.5~1.9 m，分枝角约 60°。枝条暗绿色，枝顶有刺。其含油量和品质均较理想。

'乌兰沙林'：灌木状，萌蘖力强，耐干旱，耐瘠薄，无刺或稍有刺。适宜内蒙古、宁夏、黑龙江、辽宁、山西、陕西、新疆等地区种植。

'阿列伊'：雄株品种，植株长势强，无刺，每个花序有 17~24 朵花，花粉产量特别高，花粉生命力强，花期与部分雌性品种花期重合。

②中国沙棘。中国沙棘的栽培品种主要有'红霞''橘丰''橘大''森森'等。

'红霞'：为主干型亚乔木，生长势旺，萌蘖力强，棘刺中等，果橘红色。栽植后第 3 年开始结果，果实密集，满树挂果，挂果期长。

'橘黄丰产'：简称'橘丰'，为亚乔木，萌蘖能力极强，果实密集。栽植后 3 年开始结果。棘刺数中等。属丰产型品种。

'森森'：具有耐干旱、耐瘠薄、果实产量高的优点，果实橘黄色，果实扁圆形，比中国沙棘野生种枝刺减少 30%~50%，属生态经济型品种。

3.3.3　生物学和生态学特性

3.3.3.1　生物学特性

(1)根系

沙棘根系发达，须根多，喜水湿，但又有较强的干旱适应性。在水分充足的生境，其根系主要分布于 20~30 cm 的土层；在较干旱且土层深厚的地区，则其垂直根系发达，根深 5~7 m。沙棘水平根发达，分布范围为冠幅的 1.3~4.8 倍。沙棘根系与弗兰克氏菌共生形成固氮效率较高的根瘤，成年沙棘根瘤的固氮能力通常高于大豆。沙棘根的萌芽能力极强，从 3 年生开始产生根蘖苗。

(2)芽

沙棘的芽分为叶芽和花芽 2 种类型，均着生在 1 年生枝条的叶腋间。叶芽为单芽，较花芽小，多由 2~3 片鳞片包被，当年很少萌发形成二次枝；花芽为混合芽，在 1 年生枝条上形成。雌、雄花芽外部形态差异较大，雌花芽比雄花芽小，通常 1 个叶腋产生 1 个花芽，沿枝条呈螺旋状排列。芽为闭合形，由肉质鳞片保护。在沙棘幼年期，雌、雄个体形态差异不明显，而 3~4 年生植株随着花芽分化，雌、雄花芽外部形态差异较明显。

（3）枝条

沙棘新梢一年中有 2 次生长高峰，沙棘 4 月初萌芽，5 月上旬开始展叶，5 月中下旬进入第 1 次生长高峰，6 月中旬至 7 月上旬进入第 2 次生长高峰，8 月枝条进入缓慢生长期。

（4）叶

沙棘单叶互生，无托叶，叶面角质层较厚，叶面及叶柄上被有表皮毛，具有调节叶面蒸腾、抵御干旱、减轻风害的作用。

（5）花芽分化

沙棘花芽当年夏秋季分化，第 2 年开花结果。沙棘花芽分化分为开始分化期、花序分化期、花蕾分化期、花萼分化期、雄蕊分化期、雌蕊分化期 6 个阶段。雌花芽形成晚于雄花芽。

（6）开花坐果

沙棘花单性，雌雄异株，风媒花，短总状花序。雌株上花序轴常变为小枝或刺，雌花花序瘦小、扁平状，下部为 2~3 个圆形或长圆形的褐色肉质鳞片，每个花序通常由 2~8 朵小花组成；雄花序为多枝短柱状，长约 6 mm，小花 4~10 朵。

雄花比雌花早开放 2~4 d，当春季气温高于 10 ℃时开放，花期 6~10 d，在华北地区花期为 4 月中下旬，东北地区花期为 5 月中上旬。授粉后沙棘的坐果率较高，但在果实发育期间落果现象较为严重。研究表明，在花后 15~30 d，大部分植株的坐果率在 70% 以上，但 50%~80% 的果实在 6~8 月间陆续脱落，果实发育中期是沙棘的集中落果期。

（7）果实生长发育

沙棘果实为假果，果实并非仅由子房发育而成，而是由花萼筒肉质化发育成可食部分，通常只含 1 粒种子，种皮坚硬，所以又可归为核类果。果实为圆形、近扁圆形或圆柱形。中国沙棘果实颜色有红色、橙色、黄色以及杂合型颜色。大果沙棘果实以橙色、黄色为主。

果实生长曲线呈 "S" 形。5 月下旬至 6 月中旬是果实的第 1 次生长高峰期，6 月中旬至 7 月上旬是果实的第 2 次生长高峰期，此阶段大果沙棘的果实生长速率远高于中国沙棘，果实 8 月中旬至 9 月中旬成熟。从开花到果实成熟约需 110 d，大部分类型果实成熟后不脱落。

3.3.3.2 生态学特性

（1）温度

沙棘耐高温、抗严寒，能耐 40 ℃的高温和 -40 ℃低温。对温度的适应性因品种不同而异，芽萌动期日平均气温不低于 5 ℃，开花期平均气温不低于 11 ℃，坐果期平均气温不低于 13 ℃，沙棘枝条快速生长期最适气温为 10~20 ℃，芽萌动至果实成熟需 2700 ℃的积温（≥0 ℃）。

（2）水分

沙棘耐大气干旱，但要求土壤湿润，适宜年降水量为 500~600 mm，但过干过湿都不利于其正常生长。萌芽期干旱少雨常会导致萌芽延迟，并影响新梢初期生长和新形成芽的质量；花期干旱或湿度太大则影响授粉受精和坐果；生长前期干旱，易导致大量落花落果。

(3)光照

沙棘喜光性强，不耐阴。光照条件好时植株生长健壮、结果多，光照条件差则会导致内膛枝叶生长不良，坐果率低，枝条衰老快，果实发育不良。要求年日照时数 2000～3000 h。

(4)土壤

沙棘对土壤适应能力强，耐盐碱、耐瘠薄，在含盐量(质量分数)达 1.1% 的重碱土上也能存活，但不耐过于黏重土壤。

(5)地形、地势

在海拔 700～4000 m、中高纬度地区均可生长，阴坡、阳坡、山顶也可生长。在较干旱地区，以坡中下部沙棘生长较好。

3.3.4　育苗特点

沙棘育苗技术要点

沙棘的育苗分为播种育苗和营养繁殖育苗。大果、无刺、长果柄等性状优良的品种宜采用无性繁殖法。无性繁殖又分为硬枝扦插、嫩枝扦插、根蘖繁殖、组培繁殖、压条繁殖、嫁接繁殖等方法。播种育苗和扦插育苗是沙棘常用的育苗方式。

(1)播种育苗

沙棘果实 8～10 月成熟，果实长期不落，采种期长。应选择抗性强，生长旺盛，无病虫害，果大，产量高的优良母树采种。果实采回后用木棒捣碎，去除果肉，加水搅拌，过滤净种，去除杂质，晒干，装袋入库以备用，也可带果肉晒干贮藏。沙棘播种分秋播和春播，秋播不需处理种子，春播必须催芽。催芽的方法是：用 40 ℃温水将种子浸泡 20 h，捞出控干，堆放于室温 18～22 ℃的室内催芽，应常洒水保持湿润，待种子大部分吐白即可播种。春播可在 3 月下旬至 4 月中上旬进行，播前灌足底水。播种方式为条播，行距 60 cm，沟深 2 cm，每米播种量 0.6～0.9 g，覆土厚度 1.5 cm，略加镇压。

(2)扦插育苗

沙棘可以采用嫩枝扦插或硬枝扦插育苗。嫩枝扦插通常在 6 月中旬前后进行，方法是：于枝条半木质化时采集插穗，插穗长约 10 cm，粗度在 0.4 cm 以上，浸蘸促进生根激素后扦插，生根前设置定时喷雾装置以保持叶片湿润。硬枝扦插可于 3 月中旬至 4 月上旬从 2～3 年生健壮枝条上剪取插穗，插穗长约 20 cm，粗 0.5～1.0 cm，在流水中浸泡 4～5 d 后进行扦插。

3.3.5　建园特点

沙棘根据用途可分为经济型沙棘和生态型沙棘。经济型沙棘园建园时要选择光照充足、土壤肥沃、地势平缓、土壤通透性好、排水良好的砂壤土，应在迎风面设置防护林带。生态型沙棘园建园时要选择水分条件较好的平缓沙滩和湿润的低地及坡地下部。果用经济型沙棘园株行距为(2.0～2.5) m×(3.0～4.0) m，生态型沙棘园株行距一般为(1.0～1.5) m×2.0 m，采用南北行向。经济型沙棘园要注意雌雄株搭配，雌雄株比例为(5～8)：1。雄株配置间距为 10～12 m，采用点状配置。为克服风向对授粉产生的不利影响，在沙棘园四周或花期主风向栽植 1~2 行雄株，使雌株充分授粉。沙棘多在春季栽植，栽植时间为春季土壤解冻后，起苗后应立即栽植。栽植穴长、宽、深各 30 cm 或 40 cm。若用秋季假植苗栽植，栽前苗木先用水浸泡。

3.3.6 管理技术特点

3.3.6.1 土肥水管理

经济型沙棘林要集约经营，搞好抚育管理。生长季除草 3~4 次，深度 8~10 cm，同时清除根蘖苗，也可进行树盘覆盖。施肥应从栽植后 2~3 年开始，每隔 2~3 年施 1 次有机肥，施肥量为 20~30 t/hm^2，春末夏初结合灌水施入化肥 225~300 kg/hm^2，以氮磷肥为主，秋季结合培土深施肥 1 次，成龄树施肥量为氮肥 75 kg/hm^2、磷酸二胺 50 kg/hm^2、硫酸钾 50 kg/hm^2。水分管理一般在栽植后浇水 1 次，此后 10~15 d 若无有效降水，可再浇水 1 次。一般当砂壤土含水量小于 60%、中黏土小于 70% 时需灌水。在芽苞开放、枝条快速生长期和果实成熟前灌水尤为重要，在干旱季节灌水 2~3 次。在秋季降水少的年份，要对经济型沙棘林灌封冻水、树干涂白，幼树可在树基部培土 20~30 cm 防寒。生态型沙棘林一般实行封山育林，可结合生长情况有计划地平茬采果。

3.3.6.2 整形修剪

沙棘整形修剪分休眠季修剪和生长季修剪，树形可采用自然圆头型、灌丛型、低干主干分层型和三层楼型。初果期只对延长枝进行短截修剪，使其萌生分枝，当定植 4~6 年大量结果后，可采取疏剪、短截、摘心等方法修剪，来调节树体生长与结果的关系。在盛果期，冬季修剪要去除徒长枝、干枯枝、下垂枝、病虫枝、三次枝、内膛过密枝和外围细弱结果枝，使树冠通风透光。对外围 1 年生枝进行缓放或轻短截，注意小枝的更新复壮。夏季修剪要疏除过密枝、对徒长枝摘心。在衰老期，复壮修剪回缩衰老枝，缓放或重剪结果枝下部的徒长枝，促发新枝更新。

3.3.6.3 病虫害防治

沙棘的主要虫害有沙棘木蠹蛾、沙棘象、沙棘食蝇、柳干木蠹蛾、沙枣尺蛾、华北蝼蛄等。沙棘的主要病害有沙棘干枯病、沙棘叶斑病、沙棘锈病。主要通过采取加强抚育管理、合理密植、保持通风透光等栽培措施来提高植株的抗病性。在病害发生时，可用化学药剂防治。此外，在沙棘成熟时还要注意防止鸟类的啄食。

3.3.6.4 果实采收

目前主要采用剪枝采收，结合整形修剪，把需要修剪的部分连枝带果一起剪下，带回摔打或冷冻后敲打使果实脱离。在寒冷地区，利用工具敲打枝条，将果实振落。还可以采用手工采收法，但采收速度慢，平均每人每天只能采收 8~10 kg。也可借助沙棘采收机械，各地已开发出一些沙棘采收机械，如山西的手轮式沙棘采收器、黑龙江带岭 4J-40 型沙棘采收器、山西 4SJ-2 沙棘采收器、宁夏固原齿板式沙棘采收器，每天可采果 30~40 kg。另外，在中国沙棘果实由绿变黄时，喷布 8000~10 000 mg/kg 的 40% 乙烯利进行促熟采收，7 d 后果实开始脱落。

小　结

　　沙棘在我国西北、西南和东北地区广泛分布，果实营养丰富，维生素 C、维生素 E、黄酮等成分含量高，是我国干旱半干旱地区重要的经济、生态树种，近年来有较大规模发展。沙棘根系主要分布于 20~30 cm 土层，水平根发达，根蘖能力强；花芽为混合芽；花芽分化主要部位为 1 年生枝条，当年夏秋季花芽分化，第 2 年结果；总状花序，风媒花，华北地区花期 4 月中下旬；果实 8 月中旬至 9 月中旬成熟，果实发育期约 110 d，大部分果实成熟后不脱落。沙棘喜光、耐高温、抗严寒、耐盐碱、耐瘠薄、耐大气干旱，但要求土壤湿润。沙棘苗木繁育以播种育苗和扦插育苗为主。经济型沙棘园建园要选择光照充足、土壤肥沃、地势平缓、土壤通透性好、排水良好的砂壤土。沙棘为雌雄异株，故栽植时需配置授粉树，雄株比例为(5~8)：1。沙棘建园后要注重肥水管理和整形修剪，以促进树体生长，保证通风透光，提高产量。目前沙棘采收以人工剪取结果枝条为主，机械采收应用范围较小。沙棘栽培生态和经济效益并重，实现沙棘良种化、栽培管理的规范化及省力化采收，将是未来沙棘栽培的主要方向。

思考题

1. 中国沙棘和大果沙棘的主要品种有哪些？
2. 沙棘的主要繁殖方法有哪些？
3. 简述沙棘的生长结果特性。

第 4 章

木本粮食类树种栽培

4.1 板栗栽培

4.1.1 概述

板栗(*Castanea mollissima* Bl.)正名栗,俗名毛栗、栗子、油栗,是壳斗科栗属植物,原产于中国,分布于中国、越南,生长于海拔 370~2800 m 的地区,已广泛人工栽培,是我国栽培历史悠久、种类品种极为丰富的古老经济林树种之一,也是我国重要的木本粮食树种,与桃、杏、李、枣并称为"五果"。

(1)经济价值

板栗的坚果营养丰富,是一种重要干果。据分析,板栗果实中含糖 6.30%~21.10%,淀粉 41%~70%,蛋白质 5.7%~10.7%,脂肪 2.0%~7.4%;每 100 g 可食果肉中含有维生素 C 36 mg,维生素 B_1 0.19 mg,维生素 B_2 0.13 mg,维生素 B_5 1.2 mg,维生素 A 0.24 mg,钙 15 mg,磷 81 mg,钾 1.7 mg,粗纤维 1.2 g,有机酸 1.1 g,热量 875 kJ。其中糖、淀粉、蛋白质、脂肪的含量与面粉、大米的含量相近。板栗粉质地细腻、支链淀粉含量高,品质远非一般米面所能相比。在我国有灾年救荒和战争年代充当军粮的历史记载。

板栗有养胃健脾、补肾强筋的功用。果实中的淀粉可提供高热量,钾有助于维持正常心律,纤维素则能强化肠道、保持排泄系统正常运作,经常生食可治腰腿无力。鲜叶外用可治皮肤炎症。花能治疗颈淋巴结核和腹泻。板栗耐瘠薄,适应性强,枝干挺秀,树高叶茂,是山川绿化、保护环境的优良树种。

(2)栽培历史和现状

我国是世界上最早栽培板栗的国家,据记载,板栗在我国已有 2500 多年的栽培历史。1954 年,在西安半坡遗址发掘中,发现有大量栗的坚果,说明远在 6000 多年以前的新石器时代,人们已利用栗实作食物了。《诗经》中也有多处关于种植栗树的记载:"东门之栗,有践家室""栗在东门之外,不在园圃之间,则是行道树也"。西汉时期,《史记·货殖列传》中有"安邑千树枣;燕、秦千树栗……此其人皆与千户侯"等的描述,可见当时板栗的栽培已颇具规模,经营千株板栗的农户其富裕程度可与千户侯相比。北魏的《齐民要术》对板栗的种子保管和栽培管理都有记载。

目前，全国各地还保存有不少古栗树。陕西、河北、河南、山东等地，都有 500 年以上的栗树，至今枝叶繁茂。陕西西安内苑村在清朝咸丰年间栽种的成片栗园至今保存完好，仍能结实。

板栗的分布几乎遍及全国各地，北起吉林永吉马鞍山，南至海南岛，东抵台湾及沿海各省(自治区、直辖市)，西至雅鲁藏布江河谷，跨寒温带、温带、亚热带；其垂直分布从海拔不足 50 m 的山东郯城、江苏沭阳等地至海拔达 2800 m 的云南维西。板栗在我国分布多达 26 个省份，其中 24 个省份作为经济树种进行栽培，基本形成了以黄河流域的华北地区和长江流域为集中栽培地，向东北、西北、西南、东南各方向辐射延伸，再形成地域性产区的地理分布格局。

国际食用栗市场主要为欧亚两大洲国家占领。意大利是欧洲栗产量最高的国家，葡萄牙和西班牙次之，法国也有较高的产量，欧洲栗约占世界板栗总产量的 15%。我国 2018 年板栗种植面积 183.24×10^4 hm^2，产量达 214.91×10^4 t。但我国大部分栗园管理水平低下，仍停留在粗放经营水平。因此解决栗园单位面积产量低、品种良莠不齐等问题，是今后板栗栽培的重要任务。

4.1.2　主要种类和优良品种

板栗为壳斗科(Fagaceae)栗属(*Castanea*)树种。栗属植物全球约 12 种，分布于北温带与北亚热带，我国有 3 种，引入 1 种。其中经济价值较高的有板栗、欧洲栗(*C. sativa* Mill.)、日本栗(*C. crenata* Sieb. et Zucc.)和美洲栗(*C. dentata* Borkh.)等。

(1)主要种类

①板栗。落叶乔木，小枝密被灰色绒毛；单叶互生，叶背被灰白色星状毛及绒毛；花单性，雌雄同序，雌花生于雄花序基部，每 3 朵集生于一总苞内；壳斗呈囊状有刺，全包坚果；每一壳斗内有坚果 2~3 个。坚果可食，经济价值高。

②茅栗(*C. seguinii* Dode)。与板栗的差异为其叶下面有黄色腺鳞，无毛或仅幼嫩时在叶脉上有稀疏单毛。坚果可食，可作砧木。

③锥栗[*C. henryi* (Skan) Rehd. et Wils.]。与板栗的差异为其小枝无毛，叶下面微有星状毛或无毛，雌花单独形成花序，坚果单生于壳斗。坚果可食。

④丹东栗。丹东栗分 2 种：一种是日本栗，与板栗的区别为其叶背既有腺鳞同时又有单毛。从日本引进，并集中大面积栽培。该栗果实大，涩皮不易剥离，口感差。另一种为中国板栗，或称油栗，个头小，涩皮易剥离，品质优良。

(2)优良品种

根据生态条件差异，将板栗划分为两大品种群，即北方栗和南方栗。北方栗主要分布在华北地区的燕山、太行山山区及其邻近地区，包括河北、北京、河南北部、山东、陕西、甘肃部分地区及江苏北部。其特点是果形小，单粒平均重 10 g；肉质糯性，含糖量达 20%；果肉淀粉含量低，蛋白质含量高；果皮色泽较深，有光泽；香味浓，涩皮易剥离，适于炒食，称糖炒栗子。南方栗主要分布在江苏、浙江、安徽、湖北、湖南、河南南部。这一地区高温多雨，板栗坚果果形大，单粒平均重 15 g，最大可达 25 g，含糖量低，淀粉含量较高，肉质偏粳性，多用作菜用栗。

①北方栗。目前，在生产上推广栽培的主要是由我国选育的板栗新品种。

'镇安1号'：系西北农林科技大学从板栗实生群体中选育出的大果型优良品种，2006年通过国家级良种审定。树势强健，自然分枝良好，平均每总苞坚果2.5个，坚果大，扁圆形，平均单果重13.15 g，果皮红褐色，有光泽，品质优良，抗病力强。

'柞板11号'：坚果扁圆形，棕红色，油光发亮，色泽美观，平均单果重10.9 g，每千克约92粒，种皮易剥离，品质优良，果实病虫害率为4.0%，抗病虫能力较强。

'长安明拣栗'：产于陕西西安内苑、鸭池口一带。植株高大，树冠为自然圆头形，结果枝较多，9月中上旬成熟。该品种喜阴凉、耐瘠薄，能在阴湿的山区发展，也可在砂质土上栽培，幼树生长快，易形成树冠，提早结果。

'燕山早丰'：又称3113。于1973年在河北迁西杨家峪村选出。总苞小，皮薄，坚果皮褐色，茸毛少，平均单果重8 g，果肉黄色，质地细腻，味香甜。果实9月上旬成熟。树势健壮，半开张，结果枝比例高。本品种早熟、早实、丰产、抗病、耐干旱瘠薄。

'燕山短枝'：于1973年在河北迁西后韩庄村从实生栗树中选出。树体矮小，树冠紧凑，枝条短粗，叶片肥大，树势健壮，极抗病虫。坚果重9~10 g，果粒整齐均匀，果肉质地细腻，味香甜，糯性强，涩皮易剥离。该品种具有较强的丰产性和适应性，坚果适于炒食，品质极佳。

'莱西大板栗'：母树是自然杂交种。坚果均重25 g，果皮浅褐色，油光发亮，果顶生短茸毛，涩皮易剥离。坚果炒熟后质糯，风味香甜可口。该品种较耐瘠薄，具较强的抗病虫能力。

'华丰板栗'：为杂交选育的新品种。幼树生长势强，成龄后树势渐趋缓和。适于短截更新修剪，萌芽率较高，成枝力较强，细弱枝较少。连续结果能力强，丰产稳产性能好。坚果质地细糯，风味香甜，是优良的炒食栗。

此外，北方栗还有'燕昌''燕山魁栗''沂蒙短枝''矮丰''泰栗1号''泰安薄壳''金丰''石丰''上丰'等品种。

②南方栗。主要品种有'粘底板栗''安徽处暑红''九家种''青皮软刺''桂花香'等。

'粘底板栗'：原产于安徽舒城。树势中等，树形较为开张。坚果椭圆形，平均单果重12.5 g，红褐色，光泽一般，茸毛少，底座较大。坚果耐贮藏，病虫害较少。

'安徽处暑红'：又名'头黄早'。树形中等，树冠紧密，圆头形，枝节间短，分枝角度较小。坚果均重16.5 g，紫褐色，光泽中等，果面茸毛较多，果顶处密集。幼树生长较旺，进入结果期早，盛果期产量高而稳定。果肉细腻，味香。坚果8月下旬至9月上旬成熟。

'九家种'：原产于江苏苏州洞庭西山。优质、丰产、果实耐贮藏，当地有"十家中有九家种"说法。树势中等，树形小而直立，树冠紧凑，枝粗短，节间较短。坚果圆形，中等大，均重10.2 g，果皮赤褐色，有光泽。该品种宜在海拔700 m以上、土层深厚的地方种植。适于密植，丰产，品质较佳，适于炒食。

'青皮软刺'：又名青扎、软毛蒲、软毛头。原产于江苏宜兴、溧阳两地。树势强旺，分枝性强。树冠圆锥形。坚果均重13 g，果皮紫红色。坚果质糯、味甜、有微香，含蛋白质7.31%，脂肪1.68%，淀粉36.5%，可溶性糖3.5%。该品种在红壤丘陵地栽植表现丰产，品质较佳，较耐贮藏，适宜菜食和炒食。

'桂花香'：原产于湖北罗田。坚果椭圆形，均重 12.4 g，果皮红褐色，色泽光亮，茸毛少，坚果底座小。病虫害极少，坚果耐贮藏，品质好。

此外，南方栗还有'大果中迟栗''节节红''大底青''短毛焦扎''上虞魁栗''毛板红''双季栗''浅刺大板栗''中果红油栗'等品种。

4.1.3　生物学和生态学特性

4.1.3.1　生物学特性

板栗的生物学特性

(1)根系

板栗为深根性树种，但多数根系分布于 20～80 cm 土层内，尤其在山地栽培，主根难以向下伸展时分布更浅。栽培中要注意深耕改土和防风，如管理不善易发生风倒。

板栗根系再生能力较差。试验证明，板栗断根后需长时间才能萌出新根，根系年龄越大，这种再生能力越差。因此，在栽植、中耕松土、施肥等作业中，应尽量避免伤及根系，尤其是大根系。

板栗根系可与 27 种真菌共生形成外生菌根。板栗菌根扩大了根系吸收面积，增强了根系的吸收能力。菌根的形成和活动与土壤综合肥力状况有关。一般有机质含量高、pH 值 5.5～7.0、氧气充足、土壤含水量 20%～50%、土温 13～32 ℃时，最有利菌根形成，对板栗生长发育有显著促进作用。

(2)芽

板栗的芽有花芽、叶芽和隐芽(潜伏芽)。

①花芽。为混合芽，着生在枝条的顶端及其以下 2～3 节，芽体肥大、饱满，扁圆形或短三角形，萌发成结果枝或雄花枝。一般比较粗壮的枝条上的花芽，可以形成结果枝和雄花枝，而生长在较弱枝条上的只能形成雄花枝。

②叶芽。芽体萌发后能抽生营养枝的芽为叶芽。幼旺树着生在旺盛枝条的顶部及中下部；进入结果期的树，着生在各类枝条的中下部，芽体小，芽顶尖，萌发后抽生发育枝和纤细枝。

③隐芽。着生在枝条的最基部或多年生枝及树干上，芽体极小，一般不萌发呈休眠状态，寿命长。遇到刺激时，萌发抽生徒长枝，有利于板栗老树更新。

(3)枝条

板栗的枝条分为营养枝、结果母枝、结果枝和雄花枝。

①营养枝。由 1 年生枝上的叶芽或成年树中年龄较小的多年生枝上的隐芽萌发而成，不着生雌花和雄花。发育枝是形成树冠骨架的主要枝条，根据枝条生长势不同，又分为徒长枝、发育枝和细弱枝。

徒长枝：由枝干上的潜伏芽萌发而成。着生在主干或靠近主干的骨干枝上，生长旺，节间长，生长不充实，年生长量 50～100 cm，通过合理修剪，可形成结果母枝。

发育枝：由叶芽萌发而成，年生长量 20～40 cm，生长健壮，是扩大树冠的主要枝条。

细弱枝：由枝条基部的叶芽萌发而成，生长较弱（又称鸡爪码、鱼刺码），长度在 10 cm 以内，不能形成混合芽，只发生雄花枝，徒然消耗养分。

②结果母枝。结果母枝是着生完全混合芽的 1 年生枝，是由生长健壮的发育枝和结果枝转化而来。此外，有的雄花枝也可形成结果母枝。根据结果母枝根据生长状况和形态特征又分 3 类：强壮结果母枝、弱结果母枝和更新结果母枝。强壮结果母枝的长度在 15 cm 以上，生长粗壮，有较长的尾枝，上有 3~5 个花芽，翌年萌发抽生 1~3 个结果枝，结实能力最强，下一年能继续抽生结果枝；弱结果母枝的长度不到 15 cm，生长细而弱，尾枝短，着生 1~2 个较小的完全混合芽，翌年抽生结果枝较少，结实力差，一般不能连续结果，使结果部位外移；更新结果母枝有的没有尾枝，翌年由枝条下部的芽抽生结果枝及雄花枝，母枝的上部自然干枯。

③结果枝。着生栗苞的枝条叫结果枝。着生在上一年生粗壮枝条的先端，由花芽发育而成。结果枝自下而上分为 4 段：基部数节着生叶片，落叶后在叶腋间留下几个小芽；中部 10 节左右着生雄花序，雄花序脱落后形成空节，不能再形成芽；上部为雄花节，前端 1~3 节着生的混合花序，果实采收后，这些节上留下果柄的痕迹（称果痕或果台），没有芽；顶部是混合花序前端抽生的枝条（尾枝），尾枝叶腋间都有芽，芽的数量与结果枝的强弱有关。

④雄花枝。由分化较差的混合芽形成，大多比较细弱，枝条上只有雄花序和叶片，不结果。

观测表明，板栗枝条加长生长一般成龄树只有 1 次生长高峰，幼旺树有 2 次生长高峰，雄花枝新梢和发育枝新梢只有 1 个生长高峰，时间在 4 月底至 5 月上旬。结果枝新梢有 3 个生长高峰。枝条的加粗生长有 3 个生长高峰，以第 1 次高峰最大，在 4 月 29 日至 5 月 3 日，第 2 次高峰在 6 月 7 日至 6 月 22 日，第 3 次高峰在 7 月 12 日。

(4)叶

板栗为单叶，每节除 1 个叶片外，并着生 2 个托叶，叶片生长停滞后，托叶脱落。一般叶片长 18~20 cm，宽 7~8 cm，为椭圆形或长椭圆形。基部圆形，先端渐尖，叶缘呈锯齿状，表面叶色浓绿，背面散生星状毛，灰绿色，叶片大小、形状因品种不同有一定变化。

板栗的叶片根据生长部位和动态状况可分为 3 段：下部叶（盲节以下的叶）、中部叶（盲节段的叶）和上部叶（尾枝叶）。板栗叶序有 2 种：1/2 和 2/5。

(5)花芽分化

完全混合花芽中雄花序在冬季休眠前基本分化结束，而雌花簇的分化一般在春季芽萌动时开始分化。

采取春季抹去结果母枝中下部的芽、除去刚长出的雄花、剪去果枝的尾枝等措施能够降低营养的消耗，会引起雌花簇数量的增加。加强上一年树的营养生长，秋施基肥，萌芽前后增施速效氮肥增加营养和进行修剪减少养分的消耗等措施，都是提高雌花簇数量的有效方法。

(6)开花坐果

花单性，雌雄同株。雄花为直立柔荑花序，生于新枝下部的叶腋；雌花生于雄花序下部，雌花外有壳斗状总苞，雌花单独或 2~5 朵生于总苞内，子房 6 室。雄花序长 20 cm，花序轴被毛；雄花 3~9 朵簇生，雌花 1~3(5) 朵发育结实，花柱下部被毛。

雄花序在枝上、小花在花序上的开花顺序是自下而上的。成熟花序的散粉主要出现在上午 9:00~12:00，因此采集花粉应在散粉之前进行。据报道，板栗花粉传播的最大距离约为 300 m，以 50 m 内花粉最多。

雌花没有花瓣，其开花过程可分为 5 个阶段：雌花出现、柱头出现、柱头分叉、柱头展开、柱头反卷。整个过程需 20~30 d。从柱头分叉到柱头展开期间，柱头绒毛分泌黏液，持续约 15 d，这是板栗雌花授粉的主要时期，也是人工授粉的最佳时期。

板栗一般异花授粉比自花授粉结实率高，各品种对不同花粉的亲和性有明显的差异。在花期除需要大量的碳水化合物和含氮有机物外，还需要某些微量元素(如硼和锰)，在花期喷施，对坐果有很大好处。

板栗为风媒花，借助自然风力进行传粉和授粉。自花授粉坐果率较低，异花授粉坐果率较高，故栽植时需配置授粉树。

(7)果实生长发育

板栗果实由果顶、果肩、胴部及果座(底座)4 部分组成。果顶处有一小孔，是胚根和胚芽与外界联系的通道。果肩位于果顶之下，果座在果实基部，果座在果实发育期间吸收养分。果肩与果座(底座)之间称为胴部。

板栗果实外面包有一个带刺的外壳，称为总苞、栗蓬或球苞。总苞有保护果实的作用。球果为坚果和总苞的总称。

总苞皮的厚薄和刺束的稀密、长短、颜色、硬度、着生的角度是识别品种的重要特点之一。总苞含有叶绿素，是进行光合作用的器官，是果实的营养转给体。1 个总苞中通常有 3 个栗实(2 个边栗，1 个中栗)。

板栗的球果从 6 月中下旬开始发育，到坚果充分成熟大约需要 3 个月时间。7 月上旬至 8 月上旬是幼果体积和重量的迅速增长期。此期，坚果果肉含水量极高，干物质含量较少。8 月中旬以后，球果体积增长逐渐缓慢，果肉含水量降低，糖分迅速转化成淀粉。果肉重量增加，干物质大量积累，坚果在成熟前 3 周增重最快。据报道，坚果 85% 的干物质在采前约 20 d 内形成，50% 的干物质于采前 10 d 内形成。所以，在坚果充分成熟后才可采收，这对产量和品质提高十分重要。

4.1.3.2　生态学特性

(1)温度

板栗在年平均气温 10.5~21.8 ℃ 的地区都能正常生长和结果。北方栗主产区年平均气温 8.5~10.0 ℃，生长发育期平均气温 18~22 ℃，1 月平均气温约 -10 ℃。该地区气候冷凉，昼夜温差大，日照充足，所产果实含糖量高、风味香甜、品质优良，是我国外贸出口的主要基地。南方栗较耐湿、耐热，主产区年平均气温 15~17 ℃，生长发育期平均气温 22~24 ℃，最低气温约 0 ℃。该地区气温高，生长期长，板栗树势旺，坚果大，产量高。

(2)光照

板栗为喜光树种，生长发育需充足的光照。板栗密植园郁闭后，通风透光不良可导致产量下降，结果部位外移，内膛枝枯死比较严重，间伐后产量开始回升。因此，在板栗建园时，应选择地势比较开阔的地带，海拔超过1000 m时，应选择阳坡。

(3)土壤

板栗对各类土壤适应性强，但不适宜在土质黏重、板结的地块上栽植，最适宜的土壤种植类型是砂石山地的褐色轻壤土，该类土壤有机质丰富，质地疏松，透气性好，有利于共生菌根发育。

板栗对土壤酸碱度的适应范围为pH值4.0~7.0，最适宜pH值5.0~6.0的微酸性土壤。原因在于酸性土壤能满足其对锰和钙的需要。板栗是高锰植物，叶片中锰含量达0.2%以上，明显超过其他经济林树种。当pH值高时，锰元素处于不可吸收状态，叶片锰含量低于0.12%时，叶色失绿，代谢机能紊乱，影响结实。山区石灰岩风化后形成的土壤为碱性，一般不适于板栗栽培，而花岗岩、片麻岩风化形成的土壤为微酸性，适宜于板栗生长。

(4)降水

板栗属暖温带树种，喜暖湿。我国板栗经济产区南缘的广西百色、玉林等地区，年降水量1200~1800 mm；经济产区北缘的河北兴隆、宽城一带，年降水量400~700 mm。板栗产区南北跨度2000 km，从南北产区的分布可看出，板栗对温暖、湿润气候条件的适应范围相当广，对干旱、寒冷气候条件也有相当的耐受性。北方栗产区年降水量多在500~800 mm，板栗一般生长良好。由于产区多在山区，故易受干旱影响。地方有"旱枣涝栗"之说，在雨水较好的年份产量比较高。

4.1.4 育苗特点

板栗繁殖的主要方法是实生繁殖与嫁接繁殖。板栗传统产区主要采用实生苗建园，而集约化板栗产区则采用嫁接苗建园。

4.1.4.1 主要砧木

板栗嫁接繁殖对砧木种类要求严格，一般要求本砧嫁接或采用与其亲缘关系较近的野生板栗(板栗的原始种)作砧木。以野生板栗为砧木嫁接的栗树，树冠小、树势弱、产量低、寿命短。若以茅栗、锥栗、日本栗作砧木，亦可嫁接成活甚至保存数年，但最终会因后期不亲和而死亡，不宜用作砧木。

4.1.4.2 砧木苗培育

(1)种子的选择和采收

采收时挑选充实、饱满、整齐、无碰伤、无病虫害的栗实作种用。采收后的种子必须进行妥善贮藏。

(2)种子贮藏

①种子贮藏前处理。从栗苞中脱离出来的栗果有一定的温度和湿度，需要摊开在自然状态下降低温度和湿度，俗称"发汗"。经过"发汗"的栗果呼吸强度、温湿度都降低，一般"发汗"2~3 d后即可进行贮藏。

种子在贮藏前应进行杀虫处理。处理方法通常有熏蒸和浸水2种。熏蒸灭虫一般根据种子的数量在密闭的容器或熏蒸库房进行，常用的药剂有二硫化碳、溴甲烷等。使用二硫化碳熏蒸时，每立方米用药 40~50 g，熏蒸时间一般为 18~24 h；用溴甲烷熏蒸时，每立方米用药 60 g，熏蒸时间短，4 h 后杀虫率可达 96% 以上。

②沙藏。春播的种子需要进行沙藏处理。

北方栗多在室外挖沟贮藏。选择排水良好的地方，挖 1.0~1.5 m 宽的沟，沟的深度、长度依种子的数量而定。先在沟底铺 10 cm 厚的湿沙，栗果可与湿沙按 1∶3 的比例混合拌匀后放入沟内；或一层湿沙一层栗果多层埋放，直至放置到离地面 20 cm 为宜。其上培土，盖土厚度随气温下降逐渐增加。每隔约 1.0 m 插一束直径 10 cm 的秸秆，以通风换气。

南方多采用室内湿沙贮藏，即在室内地板上铺上 1 层秸秆或稻草，其上再铺 1 层 5~6 cm 厚的湿沙，沙的湿度以手捏成团，松之能散为宜。沙层上堆放栗果，1 层栗果覆 1 层湿沙，每层厚 3~6 cm，堆放至高 50~60 cm、宽 1 m（长度不限）时，上面用稻草覆盖。约隔 20 d 检查 1 次，注意保持沙的湿度。

带栗苞沙藏：在阴凉通风的室内，地面先铺上 10 cm 厚的湿沙，堆上栗苞，高度 1.0~1.3 m，每 15~20 d 翻动 1 次，保持上下湿度均匀。干燥或受热时要洒水保湿降温，待农闲时脱壳。用此法贮藏 96 d 后，栗果色泽新鲜，霉烂率仅 2%。

③冷藏。冷藏条件为温度 -2~2 ℃，空气相对湿度 90%~95%。一般在种子入库前，用内衬浸湿的麻袋或内衬打孔的塑料袋包装，确保低温时的湿度；也可用聚乙烯塑膜保鲜袋盛入种子（不扎口），置入冷库贮藏。

(3) 播种

①播前催芽。冷藏的种子在播种前必须催芽。在苗圃地附近温暖向阳处，做东西向半地下式的苗畦，苗畦深度 30~40 cm，宽度 70~80 cm，长度依种量而定。播前 5~7 d 将种子从冷库中移入向阳面的苗畦，按约 25 cm 厚均匀摊开，上覆塑料膜增温，使气温保持在 20~25 ℃，夜间覆草帘保温，3~5 d 后，拣出发芽的种子进行播种。

②播种时间。可采用春播和秋播。春播适于华北、西北等较寒冷地区，多在 3 月下旬至 4 月上旬进行。温暖地区适于秋播，在秋末冬初气温降至 5~10 ℃ 时进行。

③播种方法。播前 2~3 d 灌水，每畦开沟 4 条，将经过催芽处理的发芽种子平放沟内，株距 15 cm，切不可使底座向上或向下，亦可剪去 1 cm 长的根尖。播后覆土 2~3 cm。

春季直播建园也采用催芽、断根的方法，每穴 3 粒，相距 10 cm，呈三角形。播种株行距一般为 15 cm×30 cm，每亩播种量 70 kg，出苗率 70%，每亩出苗约 1 万株。

(4) 砧苗管理

春季播种 10~15 d 后种子陆续破土而出，苗木约在 30 d 后出齐。苗木出齐后要及时灌水和施肥。6 月下旬（进入雨季前）视墒情灌水 2~3 次。灌后及时松土保墒、防止土壤板结。生长后期（8~9 月）若遇秋旱要视墒情及时灌水。雨季要及时排水，防止圃地积水。苗木生长期间，要及时中耕除草和防治病虫害。

4.1.4.3　嫁接繁殖

(1) 接穗的采集和贮藏

①接穗采集。从落叶到春季萌芽前采集。以芽萌动前 1 个月采集为宜。选择优良品种、树势健壮、无病虫、生长和结果良好的成龄树。接穗应采枝条健壮、节间短、充实饱

满且充分成熟的1年生新梢，剪截长度10~15 cm。

②接穗贮运。枝接接穗采集后，应用湿沙埋藏或立即蜡封，亦可用湿布包好，临时贮存在冰柜或冷库中。存放前将封蜡接穗按品种标记，每50或100根打成一捆，放入冷凉、潮湿的地窖中存放，地窖的地面要铺一层湿沙，接穗放于湿沙之上后用塑料膜覆盖，存放后密封地窖口；或将接穗放入装有湿锯末的塑料袋中，将其放进温度2~5 ℃、空气相对湿度90%的冷库贮藏。

（2）嫁接时间

春季枝接从芽萌发到展叶前为宜。这时气温较高，一般为15~25 ℃，树液开始流动，树皮易剥离，嫁接成活率高，南北方均可进行。

夏季芽接在夏末秋初进行，苗圃地嫁接苗培育时使用，砧木粗度不应小于接穗，采用带木质部芽接，当年不剪砧、不萌发，第2年春季剪除芽接上部砧木，促芽萌发。

（3）嫁接方法

板栗芽接法主要采用带木质部芽接；枝接法主要有切接、插皮接、舌接、劈接等。砧木较粗时多采用劈接和插皮接，砧木与接穗粗度相同时宜采用舌接，用实生苗建园或板栗园品种高接换头多采用插皮接。

为保证嫁接苗健壮生长，嫁接后应加强管理，包括检查成活、除萌蘖、绑支柱、剪砧与解绑、肥水管理、病虫害防治、越冬保护等。

（4）苗木出圃和分级

①苗木出圃。出圃时间一般在落叶后至翌年萌芽前，最好与建园定植时间一致。起苗前应灌1次透水，这样不易伤根。对带有伤口的苗木根系要进行修剪，剪口要平滑。冬季必须出圃而又不能及时定植的苗木应挖沟假植。

②苗木分级。出圃的苗木必须合乎规格、品种纯正、生长健壮，有一定的高度和粗度，芽饱满，根系发达，须根较多，无病虫害和机械损伤，嫁接部位愈合良好。苗木出圃规格及质量等级见表4-1。

表4-1 板栗苗木质量等级

种类	苗龄	级别	地径（cm）	苗高（cm）	侧根数（条）	侧根长（cm）
实生苗	1年生	Ⅰ级	≥0.8	≥70	≥15	≥30
		Ⅱ级	0.70~0.79	50~69	8~14	≥20
嫁接苗	2年生	Ⅰ级	≥1.0	≥100	≥15	≥45
		Ⅱ级	0.8~0.9	80~99	8~14	20~44

注：引自《板栗苗木质量等级》（DB 61/T 536.2—2012）。

4.1.5 建园特点

板栗是多年生、深根性喜光树种，土壤和气候条件对板栗生长发育有很大影响。因此，建园时要坚持适地适树的原则。

4.1.5.1 园址选择

建园前应对当地的气候、土壤、降水、自然灾害等环境因素进行全面调查，根据当地条件选择适宜的栽培品种。一般适宜板栗生长的年平均气温为 8~22 ℃，极端最低气温为 -25 ℃，年降水量 500~1500 mm，栽植地点花期微风且无风害。坡度在 25° 以下为好；坡向以阳坡、半阳坡栽植为宜；土壤类型以花岗岩、片麻岩等风化的砾质土、砂壤土为好，且以保水、透气性良好的壤土和砂壤土为宜，在黏重土上生长结实均较差，适宜在 pH 值 4.6~7.0 微酸性土壤上生长。

4.1.5.2　栽植技术

(1) 栽植方式和密度

目前，我国主要采取以经济生产为主的集中成片栽植方式。立地条件好、肥力高、土层深厚、水分条件好，坡度平缓的栗园栽植密度宜稀，株行距为 (3~5) m×(4~6) m，每亩 27~56 株；立地条件差，干旱、瘠薄，栽植密度宜加大，株行距为 3 m×4 m，每亩 55 株。

(2) 品种选择和配置

品种选择是板栗建园后能否实现优质、丰产的前提。各地应根据当地气候和土壤条件，选择生长健壮、抗逆性强、优质丰产的优良品种。主栽品种要求栗果单粒重大，光泽红亮，抗逆性强。炒食栗要求果肉香甜，总糖含量占干重 20% 以上，糯性强。

板栗是异花授粉树种，自花授粉不结实或结实率极低，建园时要配置授粉树。在选择授粉树时要注意花粉直感现象，防止授粉树搭配不合理，导致坚果大小、色泽及品质因偏向授粉树而质量下降。花粉直感是指林木授粉后，杂交当代果实或种子具有花粉亲本表型性状的现象。

栗树为风媒花，授粉树株距不宜超过 20 m。栗园面积较小时，应确定一个主栽品种，配置 1~2 个授粉品种，比例为 (8~10)∶1；大面积建园时，宜采用 3~5 个主栽品种，互为授粉树。

(3) 栽植时间和方法

①栽植时间。分春季栽植和秋季栽植。春季栽植的时期是从土壤解冻后至发芽前，秋季栽植的时期则是从落叶后至封冻前。秋季定植定干后，树干周围培土 20~30 cm，防止冻害和抽干，尤其是北方地区冬季气温低，应对新植栗树进行培土防寒保湿处理，第 2 年发芽前扒土扶直栗树。

②栽植方法。栽植前挖好定植穴，在穴底放入树叶、杂草及有机肥，然后用表土回填。栽植时选用根系完整的壮苗，剪去受伤的、过长的根系。将苗木栽植于定植穴的中央，使根系舒展，回填至 1/2 时将苗木向上略提，使根系进一步舒展后踩实。定植后立即浇足定根水、定干、覆膜或覆草保墒。

4.1.6　管理技术特点

4.1.6.1　土肥水管理

(1) 土壤管理

土壤深翻扩穴是改良土壤的重要措施之一，通过深翻可以熟化土壤，改良土壤结构，提高保肥保水能力，消灭越冬害虫，达到增强树势、提高产量的目的。深翻可以结合施基肥或压绿肥进行，分层将基肥埋入沟内，其深度一般约为 50 cm。栗园扩穴时可在距树干

1.5 m 处开挖环状沟，沟深、宽均约 50 cm。沟挖好后，将土与杂草、粉碎好的秸秆和腐熟的有机肥料混合后回填，以增加土壤的有机质含量。土壤深翻可结合中耕除草进行，深度为 20~30 cm，夏、秋进行 1~2 次。

(2)施肥

基肥在秋季采果后施入，以有机肥为主。追肥主要有 2 次：第 1 次是新梢快速生长期和雌花继续分化期。此期施肥以氮肥为主，以促进雌花芽分化，增加雌花数量，加快枝叶生长，提高当年结实力。第 2 次是栗苞膨大期(7~8 月)。此期是板栗果实迅速发育以及果肉内干物质积累、果肉重量增加的关键阶段，应施速效氮、磷、钾肥，以促使果粒大、果肉饱满、叶片肥厚、叶色绿。

叶面喷肥在开花期、果实生长发育期进行。可喷 0.3%~0.5%的尿素、过磷酸钙、磷酸钾、硼砂，以补充氮、磷、钾等大量元素和其他微量元素。花期叶面喷硼肥可减少板栗空蓬现象的发生。

(3)灌水和排水

灌水时间、次数和灌水量应根据土壤水分状况和树体发育情况而定。一般北方地区一年需灌水 3~5 次，分别是萌动水、开花水、增重水(果实膨大期灌水)、养树水、封冻水。降水量大的地方应及时排水。栗园要修筑排水沟，做到排灌结合，防止树穴积水，特别是土壤黏重的栗园，更要及时排水。

4.1.6.2　整形修剪

(1)修剪时间

①冬季修剪。在落叶以后至第 2 年春季萌芽前进行，此时为营养贮藏期，营养物质贮藏在树干和根部，枝条中营养物质含量最少，修剪造成的营养物质损失最小，修剪后植株生长旺盛。

②夏季修剪。从萌芽后至落叶前进行的修剪统称夏季修剪。夏季修剪不仅是对上一年冬季修剪的补充，又为当年冬季修剪做准备。

(2)主要树形

生产上常用的树形有疏散分层形、自然开心形、纺锤形 3 种。

板栗幼树整形应根据栽植密度、品种特点及产地条件而定。若品种干性强、株行距大、栽培条件好，可采用疏散分层形；若品种干性较弱、树冠开张、栽培条件差，可采用开心形；密植园可采用纺锤形。

①疏散分层形。具有中心干，主枝 6~7 个，分 3 层分布于主干上，枝下高 1.0~1.2 m，第 1 层主枝 3 个，主枝与中心干夹角 60°；第 2 层主枝 2 个；第 3 层主枝 1~2 个，各层主枝上下错开，插空选留。第 1 层主枝选留 3 个侧枝，第 2 层主枝选留 2 个侧枝，第 3 层主枝选留 1~2 个侧枝。

②自然开心形。不具中心干，成形快，结果早，整形容易。主干高度，干性较强或直立型品种为 0.8~1.2 m，主枝数 3~5 个，每主枝留侧枝 2~3 个。

③纺锤形。干高 0.8~1.0 m，全树主枝 10~12 个，插空螺旋上升分布于主枝，无明显层次，树高 3.0~3.5 m，冠径 1.8~2.0 m。

(3)不同年龄时期的修剪特点

①幼树期。修剪的主要任务是整形及培养树体骨架，使主、侧枝分布合理，形成丰产的树形，有利于实现早产、丰产和稳产。在选留主、侧枝过程中，各主枝的方位要彼此错开，上下不重叠。主枝间距、开张角度、侧枝间距等按该树形树体结果的参数确定。

主侧枝基本形成后，剪除中心干，控制树冠高度。以后综合运用多种修剪方法，回缩主枝延长枝和顶端枝，控制树冠过度扩展，疏除重叠、交叉、并生、过密、细弱枝，改善光照；调节结果母枝的留量，保持稳产高产。

②结果期。采用分散和集中的修剪方法调节栗树水分和营养物质的分配，改善光照条件，解决生长与结果之间的矛盾。

a. 分散修剪法：指在强树、旺枝上多留一些结果枝、发育枝、徒长枝和预备枝，分散其营养，缓和树势和枝条生长势，达到培养结果母枝的目的。若强树、旺枝顶端只留1个结果母枝，应在其下方再留1~2个预备枝并加强培养，使其分散树体营养，缓和树势和枝势，逐步形成结果母枝，增加产量。

树冠内多年生隐芽受刺激而萌发的1年生徒长枝可以控制利用。选留方法：老树结果树留，幼树不留；弱树留，旺树不留；有空间留，无空间不留；在侧枝中上部留，基部不留。

b. 集中修剪法：在弱树弱枝上，通过疏剪和回缩可使养分集中在保留的枝条上，促使其由弱变强，形成较强壮的结果母枝。

疏剪：为增强先端结果母枝的生长势，对下部的细弱枝适当疏剪，使养分集中复壮；相反，若树强枝旺，除保留顶部结果母枝外，还可在其下方选留1~2个结果母枝，以分散养分、缓和枝势，有利结果。

回缩：多年生结果枝组结果多年后，结果部位外移，基部光秃，生长变弱，很少结果。从较好的分枝处缩剪，复壮结果枝组或培养新的结果枝组，抽生出健壮的结果母枝。

③衰老期。修剪的主要任务是复壮树势，更新骨干枝和结果枝组，延长树体寿命。主枝更新是在其适当部位回缩，促发新枝，将其重新培养成主枝、侧枝和结果枝组。侧枝更新是在一级侧枝的适当部位重回缩，促发二级侧枝，再培养成结果枝组。

树势极弱的老树其更新宜分年进行。第1年先更新1~2个大枝，第2年再更新1~2个大枝，可以边复壮、边结果。处理大枝时要留4~6 cm的木桩。木桩断口要用刀削平，以防止因不愈合而造成树心腐朽。利用主枝基部生长势不过强的徒长枝培养成新的骨干枝。

4.1.6.3 花果管理

(1)人工疏雄

板栗雄花量大，适当疏除过多的雄花序可节省养分和水分，提高坐果率。疏除雄花序的适宜时间为雄花芽开始膨大时。疏除雄花序所占比例为全树的90%~95%。初结果幼树，雄花序少，可不疏除。

(2)合理疏果

特别是易成雌花的一些品种，如'金丰''中果红油栗'等，如果结果过多，导致负荷过重，会因营养不足而造成板栗空蓬现象，栗实大小不均，形成大小年，因此要疏果。疏果的最佳时间在柱头干缩后，一般是 7 月上旬。留果量依品种、枝势、结果母枝数量以及肥水管理水平而定。一般强果枝留 3~4 蓬，中庸果枝留 2~3 蓬，弱果枝留 1~2 蓬。

（3）人工授粉

待雌花柱头反卷呈 30°~45°时（授粉最佳时机），在上午 8:00~11:00 用毛笔点授或喷雾授粉，隔日再授粉 1 次。一般雌花授粉持续时间为 10~15 d。

4.1.6.4 果实采收和采后处理

（1）采收

①采收时期。板栗的采收时期因品种而异，一般早熟品种 9 月上旬采收，当栗苞由绿色变成黄褐色并有 30%~40% 的栗苞顶端已开始出现十字开裂时采收。耐贮藏的中晚熟品种，9 月下旬至 10 月下旬采收。阴雨天气及雨后初晴和晨雾升平的时候不要采收。

②采收方法。有自然落果采收法和打落法 2 种。一般用自然落果采收法，即栗子成熟后，总苞开裂，果实可自然落下，每日早晨拾取。这样采收，果肉充实饱满，可提高产量，贮藏时间长，但采收期长。打落法，即总苞大部分变为黄褐色，有部分总苞开裂时，用木杆轻轻打落，可一次完成采收。采收后，将总苞堆积覆盖，干燥时洒水，数日后总苞全部开裂，取出果实。

（2）采后处理

①脱苞。采收后栗苞温度高，水分含量高，呼吸强度大，不可大量集中堆放。可选阴凉通风场所，将栗苞摊成 50~70 cm 厚的薄层，堆上盖少许杂草等物，约隔 5 m 插一竹竿，以利通风降温和散失水分。堆放 7 d 后将坚果从栗苞中取出，剔除病虫果及等外果，将脱好的坚果于室内阴凉处摊晾，3~5 d 后便可进行贮藏。

②贮藏。板栗的特点是怕热、怕干、怕水，贮运条件不当会引起失重、发芽、虫蛀、腐烂变质。通常最适贮藏温度为 1~14 ℃，不能低于 -3 ℃。温度过高会生霉变质，过低则会造成冷害。贮藏环境要求湿润，但不可过湿，一般空气相对湿度为 90%~95%。气体成分以 10% 的二氧化碳和 3% 的氧气为宜。

农户贮藏可以沟藏、窖藏或各类容器将坚果混沙后贮藏或带刺（壳）贮藏。企业经营常用冷库贮藏和气调库贮藏。贮藏前要做好板栗防虫和消毒工作。

小　结

板栗是我国重要的木本粮食类树种，被称为"铁杆庄稼"，具有很高的经济价值和保健功能，在我国栽培历史悠久，分布广泛，对山区经济发展、农民增收起到重要作用。本属植物在世界上约有十几个种，原产我国的有板栗、锥栗和茅栗 3 种。世界上用作经济栽培的食用栗共 4 种：板栗、日本栗、欧洲栗、美洲栗。板栗是深根性树种。板栗芽按性质分为花芽（混合芽）、叶芽和隐芽（潜伏芽）3 种。枝条分为发育枝、结果母枝、结果枝和雄花枝 4 种。板栗花单性，雌雄同株；板栗一般异花授粉比自花授粉结实率高，故栽植时需要配置授粉树。果实生长发育分为果实速长期、干物质大量积累期和成熟期 3 个阶段。板栗喜光照、水分，宜在酸性、微酸土壤中生长。苗木繁殖以实生苗和嫁接为主，嫁接成活的关键是把握好嫁接时间及接后管理。选择良种、适地适树是板栗建园成败及建园后优质高效的前提。土肥水管理、整形修剪和花果管理是其优质丰产的保障。板栗施基肥在果实采收后进行,施追肥在新梢快速生长期和雌花芽继续分化期、栗苞膨大期进行。板栗修剪在休眠期和生长季节均可进行。板栗成熟后应适时采收,并及时进行采后处理,做好坚果贮藏工作,否则会影响坚果的品质和商品价值。总之,选择良种建园、加强树体综合管理、合理采收、科学贮藏是板栗栽培的重要技术措施。

思考题

1. 我国板栗栽培区域如何划分?各有哪些主要优良品种?
2. 简述板栗的生长结果及生态学特性。
3. 板栗嫁接的主要方法有哪些?嫁接成活的关键是什么?
4. 简述板栗施肥的方法、时期及其作用。
5. 板栗采收及贮藏的关键技术有哪些?

4.2　柿栽培

4.2.1　概述

柿为我国传统特色果种,具有悠久的栽培历史和重要的经济价值。柿果可溶性糖含量为 15%~22%,每 100 g 鲜果中含蛋白质 0.7 g、碳水化合物 11 g、脂肪 0.1 g、钙 10 mg、磷 19 mg、铁 0.2 mg,以及维生素 A 0.16 mg、维生素 B_1 0.01 mg、维生素 B_2 0.02 mg。除供鲜食外,柿果还可加工成柿饼、柿干、柿糖、柿涩饮料、柿冰激凌、柿酒、柿醋、柿叶茶等;提取的果胶和柿漆可作工业原料;柿果味甘性寒,含有大量多酚类物质,可抗氧化、润肠肺、解蛇毒、治喉痛等,具有较高的医用价值;柿树夏荫秋果,可作观赏树种;柿木质细而坚硬,可制优质器具;柿文化底蕴深厚,柿树象征长寿,柿蒂有吉祥之意。

栽培柿原产我国。据《尔雅》记述,柿属植物在我国已有 3000 多年的栽培历史。北魏贾思勰的《齐民要术》中已有柿嫁接技术和简单加工方法的记载,此时柿已由庭园观赏栽培转向大面积生产。唐朝时,人们对柿的优点有了进一步认识,随着栽植面积不断扩大,嫁接技术的普及,已把选择的优良单株发展成为品种。自此,各地著名的优良品种相继出现。

柿树主要栽培于东亚地区,近年来,该树种在西班牙、阿塞拜疆、巴西、意大利等国家的栽培也迅速发展(表 4-2)。我国除黑龙江、吉林、内蒙古、宁夏、青海和新疆外都有分布,其中广西、河南、河北、陕西、山西产量较高(图 4-1)(罗正荣等,2019)。

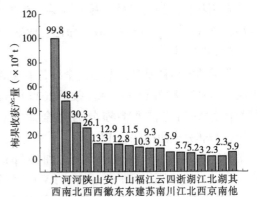

图 4-1　2018 年我国各地区柿果收获产量
(中华人民共和国农业农村部,2020)

表 4-2　2018 年柿果世界主产国收获面积统计

统计值	中国	韩国	日本	西班牙	阿塞拜疆	巴西	乌兹别克斯坦	意大利	其他
收获面积 （hm²）	857 672	27 203	19 100	18 601	10 474	8133	4262	2468	3411
占比（%）	90.16	2.86	2.01	1.96	1.10	0.85	0.45	0.26	0.36

注：引自联合国粮食及农业组织，2020。

4.2.2　主要种类和优良品种

（1）主要种类

柿为柿树科（Ebenaceae）柿属（*Diospyros*）植物。柿属植物全世界约有 400 种，多分布于热带和亚热带，少量分布于温带。我国有 60 个种及 4 个变种，大部分分布于热带和亚热带的云南、海南和广西等省份（唐冬兰，2014），其中生产上供栽培及砧木用的主要有：

①柿（*D. kaki* Thunb.）。主要栽培种，落叶乔木，小枝有褐色柔毛；叶椭圆状卵形，背面常有褐色柔毛，花有雌花、雄花和两性花之分。栽培种大多为雌花，少数为雌雄同株异花，花黄白色，萼 4 裂，花冠钟形，4 裂；浆果卵形或扁球形，直径 3.5～7.0 cm 或更大，成熟时橙红色或鲜黄色。

②君迁子（*D. lotus* L.）。在我国山东、河北、陕西分布较多，现南方也有引种。其特征和柿相似，但枝与叶背面有灰白色柔毛或光滑，果实小，直径约 1.5 cm，成熟时暗橙色，软化后黑褐色，可食用；抗寒耐旱，为我国北方柿的优良砧木。

③油柿（*D. oleifera* Cheng）。在我国江苏、江西、浙江等地栽培较多。落叶乔木，树冠圆形，主干光滑，灰白色，树皮呈片状剥落；幼枝密被棕色柔毛。果实大小、色泽虽与柿的一些品种近似，但果面疏生软毛，并有黏胶渗出，种子大而扁、淡棕色；果实可食用，但多用于提取柿漆；耐湿热，常作为南方柿的砧木。

④乌柿（*D. cathayensis* Steward）。又名山柿子、金弹子，在我国四川、重庆、湖北、云南、贵州等地多有分布。常绿或半常绿灌木或小乔木，干皮深褐色至黑褐色。嫩枝有小柔毛，有刺状枝。雌雄异株。雄花 3 朵，生聚伞花序，少单生，萼片三角形；果实球形或扁球形，直径 1.5～3.0 cm，嫩时绿色，成熟时橘红色。具有观赏价值，多用于盆景。

（2）优良品种

我国柿的品种繁多，据不完全统计有 1000 个以上。目前国家柿种质资源圃保存柿属植物种质 800 多份（截至 2020 年 12 月）。根据果实能否自然脱涩及其遗传性状特点，可将柿分为完全甜柿（pollination-constant nonastringent，PCNA）和非完全甜柿（non-PCNA），前者包括中国完全甜柿（JPCNA）和日本完全甜柿（CPCNA），后者包括不完全甜柿（pollination-variant nonastringent，PVNA）、不完全涩柿（pollination-variant astringent，PVA）和完全涩柿（pollination-constant astringent，PCA）（图 4-2）。中国完全甜柿、日本完全甜柿和不完全甜柿均可在树上自然脱涩，不完全涩柿和完全涩柿不能自然脱涩，需人工脱涩。因此，一般生产上常根据果实能否自然脱涩而分为甜柿（甘柿）和涩柿 2 大类。

柿的主要栽培品种

①甜柿(甘柿)类。主要品种有'罗田甜柿''阳丰''太秋''早秋''富有''次郎''西村早生'等。

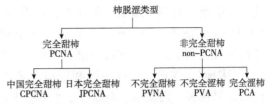

图 4-2　不同脱涩类型柿品种分类

'罗田甜柿'：完全甜柿，原产我国，分布于湖北大别山区，其中湖北罗田百年以上古树较多。树势强，树冠圆头形，枝条粗壮，新梢棕红色。平均果重 69 g，扁圆形，橙色至橙红色，果顶十字沟浅，果顶广圆，着色后不需人工脱涩便可脆食。肉质致密，味甜，糖度达 20%，核较多，鲜食或加工。10月成熟，品质中上，高产稳产，抗旱耐湿热。适宜在鄂、豫、皖交界的大别山区栽培。

'阳丰'：完全甜柿，原产日本，1991 年引入我国。平均果重 190 g，最大果重 250 g，扁圆形，橙红色，果顶十字沟浅，果顶广平微凹。味甜，糖度 17%，汁液少，品质中上。耐贮运，10 月中上旬成熟。单性结实能力强，无须配植授粉树，极丰产，是目前甜柿中综合性状最好的品种。适宜黄河流域及长江流域柿主产区(如陕西、山西、河南、山东、河北、湖北、江苏、福建、云南、广西等地)栽培。

'太秋'：又名'大秋'，完全甜柿，原产日本，1996 年引入我国。平均果重 230 g，最大果重 368 g，橙色或橙黄色，果顶十字沟浅，果顶广平深凹，果面易生锈斑。肉质酥脆，口感甜爽，汁多味浓，糖度达 20%，品质极佳，是目前甜柿中果肉品质最好的品种。与我国习用砧木君迁子不亲和，常选用本砧。适宜北方及南方柿主产区栽培。

'早秋'：完全甜柿，原产日本，2001 年引入我国。平均果重 194 g，最大果重 324 g，扁方形，橙红色，果面有光泽但不平整，肉质脆而细腻，味甜，多汁，品质优。9 月中旬成熟，不耐贮存。为完全甜柿中成熟最早的品种，脆食品质佳。适宜北方及南方柿主产区栽培。

'富有'：完全甜柿，原产日本，1920 年前后引入我国。树冠圆头形，树势强健，树形开张，进入结果期后易下垂。平均果重 200 g，橙红色，果实扁圆形，横断面圆形或近椭圆形。果肉黏而致密，褐斑少而细，汁多，甜味中等；10 月下旬成熟，品质优，耐贮藏，适应性强，丰产稳产。与我国习用砧木君迁子不亲和，常选用本砧。适宜云南、陕西、山西等地栽培。

'次郎'：完全甜柿，原产日本，1920 年前后引入我国。枝梢直立、粗大。平均果重 200 g，扁方形，果顶略凹陷，果皮橙红色，果粉多，果肉致密较硬，果汁少，味甜，无须配植授粉树，较丰产，10 月成熟。品质优，不耐贮运，抗风抗旱，在集约管理下能达到早实丰产。适宜云南、河南、山东、山西等地栽培。

'西村早生'：原产日本，不完全甜柿，1988 年引入我国。平均果重 145 g，果实扁圆形，果皮橙色，无核果有涩味，4 粒种子以上的果可自然脱涩。种子周围果肉为褐色，果肉松软，汁少，味甜，品质较优。陕西 9 月下旬至 10 月上旬成熟。适宜陕西、河南、山西、山东等地栽培。

②涩柿类。主要品种有'磨盘柿''尖柿''火晶柿''七月糙(早)''橘蜜柿''镜面柿''托柿''牛心柿'

'磨盘柿'：又名盖柿、盒柿、腰带柿，是华北地区的主要栽培品种，树冠较高大，层性明显，半开张，圆锥形。果实极大，平均果重 250 g，最大可达 500 g，为柿中之冠。果实形如磨盘，有明显缢痕，果皮厚，橙黄色，果肉淡黄色，软后水质，汁多味甜，无核。10月中下旬成熟。该品种适应性强，抗旱抗寒，喜肥沃土壤，寿命长，产量中等，大小年结果现象明显。全国均可栽培，适宜京、津、冀地区栽培。

'尖柿'：主产于陕西渭南和铜川。果实中等偏大，圆锥形，平均果重150 g，蒂大，柄粗，果顶尖，肉质细，纤维少，汁多，味浓甜，核少。10月下旬成熟，最宜制饼，制成后2个相对排放，故名"合儿饼"，为陕西特产。品质优，大小年不明显（杨勇等，2018）。陕西渭南为优生区。

'火晶柿'：产于陕西关中地区，尤以临潼分布最为集中，树势强健，树冠自然圆头形，萌芽力强，枝条细而稠密。果实小，平均果重70 g，扁圆形，横断面略方。果面橙红色，软化后朱红色，艳丽，无纵沟，果顶十字沟浅。蒂小，方形，有十字纹。皮细而光滑。果肉致密，纤维少，汁中等，味浓甜，无核。稍耐挤压，最宜以软柿供应市场。10月中旬成熟，品质上，耐贮藏，丰产稳产。对土壤适应性强，黏土或砂砾土均能栽培，较耐旱（杨勇等，2018）。适宜关中地区栽培，以陕西临潼种植的品质最优。

'七月糙（早）'：产于河南洛阳和山西垣曲。树势中庸，叶色浓绿，平均单果重180 g，扁心形，橙红色，果顶凸尖，皮薄，味甜，多汁，纤维少。宜鲜食，不耐贮藏。8月下旬成熟，品质优。适宜秦岭和伏牛山的北麓栽培。

'橘蜜柿'：又名旱柿、八月红、小柿、梨儿柿、水沙红，产于山西西南部及陕西关中地区东部。树势中庸，圆头形。果小，平均果重75 g，扁圆形，果面橘红色，有黑色斑点，果粉中多，果顶丰满，十字沟较明显，基部圆而平滑，少有托盘，萼片中大，大部贴附。果肉橙红，松脆味甜，鲜食，制饼皆可。10月上旬成熟，品质好，寿命长，丰产稳产，抗逆性强。适宜关中地区和华北平原栽培。

'镜面柿'：产于山东菏泽。树冠圆头形，树姿开张。果实中等偏大，平均120~150 g，扁圆形，横断面略方，果皮光滑，橙红色艳丽。肉质松脆，汁多味甜，无核。喜在深厚肥沃土中生长，耐涝抗旱，丰产稳产，但对病虫抗性较差，不耐寒。适宜鲁西一带栽培。

'托柿'：产于山东、河北。树冠圆头形，开张。果实中大，平均重149 g，短圆柱形略方，果顶平，果面具十字形沟纹，缢痕较浅，果基平滑，梗洼广而中深，萼片平，果面橙黄色到橘红色，果形美观，果肉橙红色，味甜。丰产，寿命长，抗风力强。适宜黄河以北黄土高原栽培。

'牛心柿'：又名水柿、帽盔柿，产于陕西眉县、周至、武功和彬县一带，树冠圆头形，树健枝疏。果大，方心形，橙红色，果顶十字浅沟，皮薄易破，肉质细软，纤维少，汁多味甜，无核。宜生食，亦可制饼；味极佳。10月中下旬成熟，是目前我国北方栽培最多的著名良种之一。丰产，适应性广，抗风耐涝，病虫少。适宜陕西关中地区栽培。

'水柿'：又名月神柿、月柿，主产广西恭城、平乐、阳朔一带。果实扁圆形，平均果重110 g，果顶广平深凹，萼片上竖，肉质细，汁多，纤维少，无核。10月中下旬成熟，宜二氧化碳脱涩后脆食，亦可制饼。为广西恭城名优特产。适宜广西桂林东北部栽培。

'鸡心黄'：主产陕西三原。果实心脏形，平均果重100 g，尖顶，橙黄色，肉质细，汁多，味甜无核。10月中下旬成熟，耐贮运，宜制饼或软食，品质优（杨勇等，2018）。极抗炭疽病。适宜关中、华北地区栽培。

4.2.3　生物学和生态学特性

4.2.3.1　生物学特性

(1)根系

根系由主根、侧根和须根组成。柿根系分布因砧木不同而异，以君迁子作砧时，根分布浅，但分枝力强，细根纵横交错，密布如网，耐瘠薄土壤，为我国栽培柿习用砧木。柿(本砧)根呈合轴式分杈生长，主根发达，细根较少，分布较深，移栽时主根易受伤，成活率不及君迁子砧，常用作甜柿的

柿的生物
学特性

砧木。此外，本砧抗寒性较弱，因此在移植和运输过程中要防止伤根，并注意保湿和防寒。

新梢基本停长之后根系才开始活动，在我国北方地区一年中有 3 次生长高峰，5 月中旬为根系的第 1 次生长高峰期，5 月下旬至 6 月上旬为第 2 次生长高峰期；7 月中旬至 8 月上旬，又形成第 3 次生长高峰，9 月下旬之后，停止生长进入休眠。

(2)芽

柿的芽从枝条顶端到基部逐渐变小，有花芽、叶芽、潜伏芽、副芽 4 种。

①花芽。又称混合芽，着生在结果母枝顶部，肥大饱满，萌发成结果枝或雄花枝。粗壮结果母枝上的花芽形成结果枝；少数品种细弱的结果母枝上花芽只能形成雄花枝。

②叶芽。着生在结果母枝的中部或结果枝的顶部，较花芽瘦小，萌发成发育枝。

③潜伏芽。着生在枝条的下部，形如粟粒，芽片平滑，是花期芽接的理想接芽。平时不萌发，枝条修剪受伤后也能萌发，寿命长，可维持 10 余年之久。

④副芽。位于枝条基部的鳞片下，平时不萌发，当正芽受伤或枝条重截后也能萌发。

(3)枝条

柿的枝条一般可分为结果母枝、结果枝、发育枝(生长枝)和徒长枝。

①结果母枝。为抽生结果枝的枝，一般长 10~25 cm，生长势中等。顶端着生 1~5 个混合花芽，其下还有叶芽可抽生发育枝。

②结果枝。着生在 1 年生枝条的先端由混合芽产生。全枝可分 3 段，基部 2~4 节为隐芽，中部数节着生花，不再产生腋芽，顶部 3~5 节为叶芽，在生长强健的树上，也能形成花芽。

③发育枝。又称生长枝，不开花结果，由 1 年生枝上的叶芽或多年生枝受刺激后的潜伏芽、副芽萌发而成。长的可达 40 cm，短的只有 3~5 cm。强发育枝顶部数芽可转化为混合芽，形成结果母枝。细弱生长枝会空耗营养，互相遮阴，修剪时应疏除。

④徒长枝。为潜伏芽或副芽萌发出的直立向上的枝条，俗称"水条"。徒长枝是树冠更新的主要枝条，合理利用可培养成较好的结果枝组。

柿萌芽一般须在平均气温 12 ℃以上。萌芽展叶后，枝条生长迅速。基部芽萌发的枝条通常一年只有 1 次生长，幼树和旺树有的枝条一年可生长 2~3 次，自第一叶展开至最上部叶子枯死("自枯"现象)历时 15~20 d，这一时间内生长最快。新梢伸长期很短，历时约 40 d。

根据柿枝条生长的开张角度，将树体姿态分为 3 种：直立、半开张、开张(图 4-3)。

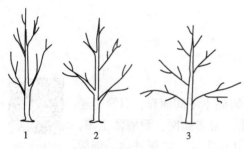

1. 直立；2. 半开张；3. 开张。

图 4-3 树体姿态

（杨勇等，2006）

（4）花芽分化

柿的花芽为混合芽，通常由 1 个主芽和 2 个副芽组成。主芽基部由 2 片黑褐色的鳞片紧抱，在鳞片腋部各有 1 个副芽。部分品种副芽膨出鳞片之外。主芽内有 7~15 片雏叶，雏叶的腋部有被挤成的扁平状小突起，基部为叶芽原基，中部为花原始体，顶部为子芽原始体。花芽形态分化大致可分为：花原始体出现期、托叶期、萼片期、花瓣期、雄蕊期和雌蕊期。

花芽分化的速率因品种、母枝类型、着生节位情况不同而有差异。粗壮的结果母枝上的芽比细弱的分化快。同一结果母枝，顶部的芽较下部的芽开始分化时期早，但速率慢，往往中途停止生长，分化不完全；中节位的花芽开始分化时间推迟，但分化速率快；位于高节位的花芽分化迟。花芽分化时期因地区和品种不同而存在差别。一般 6 月中下旬开始花芽分化，直至翌年 4 月雌蕊分化完成。

（5）开花

柿为多花性果树，花性 2 种，即单性花(雌花和雄花)和两性花。

①雌花。单生，一般着生在粗壮结果枝的叶腋处，雄蕊退化，无受精能力。仅生雌花的植株称为雌株，常单性结实，我国柿树大部分属此类型。

②雄花。雌蕊退化，簇生，多 3 朵为一簇，偶见 4 或 5 朵簇生。因柿单性结实能力强，无须配置授粉树，经人为筛选淘汰，雄株在生产上极为少见。目前，大别山区存在部分野生雄株。大多数雌株只开雌花，但受自身及外界环境刺激后偶开雄花；少数雌株每年可着生雄花(即雌雄同株)。

③两性花。为完全花，所结果实仅有雌花所结果实的 1/3。两性花柿属植物较为少见，常出现在雄株上，生产上应避免两性花结实。

柿展叶后 30~40 d 开花，开花持续时间 3~12 d，大多数品种为 6 d。柿雌花颜色多为淡黄色。

（6）坐果

枝条开花前生长迅速，枝条上部叶腋间的花蕾有脱落现象，柿落蕾率一般约为 30%，主要原因是花芽发育不完全。

柿落果现象较为常见，第 1 次生理落果发生在花谢后 2~4 周，较为严重；第 2 次发生在花谢后 8~10 周。落果主要由树体营养不足、土壤干旱或营养生长过旺引起。一些单性结实力低的品种(如'富有'等)，如若缺少授粉树或花期低温多雨使授粉不良，也可引起落果。

（7）果实生长发育

柿嫁接后 2~3 年即可结果，5~8 年后进入盛果期；实生树结果较晚，6~7 年开始结果。

柿落花后果实开始膨大，直到采收前果实仍在继续增大，果实全年发育期 130~150 d。其全生长过程分为 3 个阶段：第 1 阶段是坐果后至 7 月中下旬，果实迅速膨大，主要为细胞分裂阶段；第 2 阶段是 7 月中旬至 9 月上旬，果实增长缓慢；第 3 阶段是 9 月中旬至采收，即着色以后至采收，生长又稍加快，此期主要为细胞的膨大及果内养分的转化。

在同一结果枝上，先开花的果实大，后开花的果实小，尤其是结果量大、坐果率高的品种更明显，这为疏花疏果提供了依据。

4.2.3.2　生态学特性

(1)温度

柿属亚热带经济林树种，喜温暖，不耐寒。在年平均气温 10~22 ℃ 地区都能生长，但在 13~19 ℃ 地区生长最为适宜，一般冬季在 -16 ℃ 以上时不会产生冻害，而且能耐短时间 -20 ℃ 低温，但春季发芽之后，抗寒力下降，特别不耐"倒春寒"。甜柿类比涩柿更喜温暖。年平均气温 10 ℃ 以下和绝对最低气温 -20 ℃ 以下的地方不易栽培。

(2)光照

柿为喜光树种，若光照充足，有机养分积累容易，碳氮比高，易形成花芽，发生的结果枝较多，坐果率也较高，并且果实发育良好，风味浓；若光照不足，枝条不充实，花芽分化差，花期与幼果期阴雨过多，生理落果严重。

栽植于阳坡的柿树，光照好，气温高，树冠开张，果实着色早而鲜艳，皮薄、果肉细嫩、味甜，但不耐贮藏；栽植于阴坡或山谷中的柿树，光照不足，气温偏低，树冠高大直立，枝条细弱，易徒长，果实着色迟而色暗，皮厚、肉粗、味淡，但耐贮藏。

(3)水分

柿的根系具有分布深广、分叉多、分布均匀、根毛耐久、吸附力强等特点，因此柿抗旱、耐瘠薄能力强。在年降水量 450 mm 以上的地方，一般不需要灌溉；又由于根的细胞渗透压较低，生理上并不抗旱，一般可栽培在年降水量 400~1500 mm 的地区，其中以年降水量 500~700 mm、日照充足地区为宜。在南方各地降水量 1500 mm 的地区，无徒长现象出现，生长结果正常。

(4)土壤

柿对土壤要求不严，山地、平原、沙滩、庭院均可栽培。为了获得高产稳产和优质果品，维持较长时期的经济效益，宜选在土层深厚、排水良好、持水力强的壤土或黏壤土中栽培；在沙土、黏土及土层过于贫瘠或干旱的地方，柿生长不良、产量低、寿命短。适宜柿生长的土壤 pH 值为 6.0~7.5。

(5)其他条件

强风、冰雹对柿而言都是灾害性天气，但是微风能加强树体的光合作用和蒸腾作用，对柿饼加工也非常有利。

4.2.4　育苗特点

(1)砧木的种类和特性

我国柿树的繁殖历来使用嫁接法。作为嫁接用的砧木都是柿属植物，常用的砧木有君迁子、实生柿、油柿等(王仁梓，1995；杨勇等，2018)。

①君迁子。我国北方及西南地区多用。抗旱、抗寒、耐瘠薄。播种后发

柿树砧木
种类

芽率高，生长快。若加强肥水管理，很快能达到嫁接用粗度，而且嫁接亲和性好，成活率高。但不耐湿热，与甜柿的大部分品种亲和性差。石建城等（2020）从国家柿种质资源圃君迁子实生株系中选出了2种君迁子类型：824和848，与甜柿品种'富有'嫁接，亲和性较好（表4-3）。

②实生柿。为我国南方柿的主要砧木。一般选用果实小、种子多的栽培柿或野生柿。主根发达，耐旱、耐涝，适宜在温暖多雨地区生长。播种后发芽率低，发芽后生长缓慢，达到嫁接粗度所需时间长。亦可用作甜柿品种'富有'系的砧木（杨勇等，2005）。

③油柿。苏杭地区作砧木较多，根系分布浅，细根多。对柿具矮化作用，能提早结果。但此砧柿树寿命较短。

表 4-3　君迁子砧木上嫁接'富有'甜柿成活率与保存率

柿种	种质名称	嫁接株数（株）	2013.06		2014.06		2015.06	
			成活株数（株）	成活率（%）	成活株数（株）	保存率（%）	成活株数（株）	保存率（%）
君迁子	君迁子 822	151	105	69.54Ccd	67	63.81Bbc	53	50.48BCc
	君迁子 824	140	110	78.57BbCc	93	84.52Aa	83	74.45Aa
	君迁子 846	200	150	75.00BCcd	101	67.33Bbc	73	48.67CcD
	君迁子 847	128	117	91.41AaBb	72	61.54Bc	34	29.06Ee
	君迁子 848	144	120	83.33Bbc	97	80.83AaBb	90	75.00Aa
	君迁子 849	134	106	79.10BbCc	75	70.75Bb	52	49.06Cc
	君迁子 852	171	145	84.80ABb	112	77.24AaBb	56	38.62DdEe
	君迁子 66	169	146	86.39ABb	101	69.18Bbc	73	50.00Cc
	君迁子 67	130	127	97.69Aa	83	65.35Bbc	76	59.84Bb
	西昌君迁子 1012	95	65	68.42Ccd	28	43.08Cd	22	33.85DdEe

注：同列不同大写字母表示在0.01水平差异极显著，不同小写字母表示在0.05水平差异显著；资料引自石建城等，2020。

(2) 砧木培育

用君迁子及野柿作砧木，应采集充分成熟的果实堆积软化，搓去果肉，取出种子，用水洗净后便可播种；还可将种子阴干，用湿沙层积或将阴干的种子放在通风冷凉处干藏，播种前用水浸泡1~2 d，待种子裂口破壳便可播种。春播（3月下旬至4月上旬）、秋播（土壤封冻前）均可。适宜选择疏松土壤，按行距30~50 cm条播，覆土厚度2~3 cm。幼苗生出2~3片真叶时，按株距10~15 cm间苗或补栽。注意肥水管理，除草防虫病。苗高30 cm时摘心，使苗加粗；秋季部分壮苗可芽接，其余第2年枝接。

(3) 嫁接和管理

①接穗采集和贮藏。春季嫁接用的接穗在落叶后至萌芽前都可采集。选择品种纯正、生长健壮的发育枝或结果母枝作接穗，按50~100枝/捆整理标记。接穗沙藏或蜡封后冷藏。

②嫁接特点和要求。柿富含单宁，遇空气易氧化形成隔离膜，因此要工具锋利，操作迅速。芽接、枝接时需用塑料薄膜封扎，以增大嫁接口湿度，提高成活率。芽接或枝接应选粗壮，皮部厚而富含养分的新鲜接穗。枝接砧穗的削面、芽接时削出的芽片要稍大些，以有利于成活。注意基部的皮层必须紧贴在砧木上，接口绑缚要紧，否则芽的四周皮层成活而芽枯死。

③嫁接时间和方法。枝接应在砧木树液流动、芽已萌动或萌芽、接穗处于休眠状态时进行较为适宜，不宜过早，北方多在 4 月中上旬。枝接主要有皮下接、劈接、靠接等方法。芽接全年可进行，但以在砧木和接穗都充分离皮、形成层活动旺盛、细胞分裂最快且取芽方便时进行较为适宜。一般北方在立夏前后(4 月下旬至 5 月上旬)，7 月下旬以后嫁接发生的新梢易受冻害。芽接有方块、单开门、双开门、环状、套芽接等多种方法，其中嵌芽接和方块芽接较常用。

4.2.5　建园特点

4.2.5.1　园址选择

柿树建园应根据当地的气候、土壤、交通、水源、自然灾害等条件，结合不同柿品种的生长特性，选择阳光充足、土层深厚、水源充足、远离污染源，有持续生产能力的良好区域。柿树生长的气候条件以年平均气温 10~20 ℃为宜，极端最低气温不低于-20 ℃(短暂低温-20 ℃时仍能安全过冬)，年平均降水量以 400~1500 mm 为宜。建园地形不宜选择山谷、低洼和风口处，应选择背风向阳的平地、梯田埝边及山丘缓坡，山地建园坡度应选择 5°~15°的浅山缓坡。土壤条件应以保水、透气性良好的壤土和砂壤土为宜，土层厚度在 1.0 m 以上，pH 值 6.0~7.5。

4.2.5.2　栽植技术

(1)栽植方式

①丰产园。丰产园是现代建园普遍采用的一种方式。以收获柿果为主要目的。丰产园选择平地或缓坡地建园，要求集约化管理。

②柿粮间作。是我国的一项传统作业方式，现代建园较少采用。该方式的特点是占地少，保护田埂，以耕代抚，能充分利用光能，果实品质好，产量高，病虫害少。

③坡地栽植。选择土层深厚的阳坡、半阴坡进行坡地栽植，有条件的可整成鱼鳞坑或梯田栽植。

④"四旁"栽植。利用房前屋后、路旁、渠旁栽植，既能增加收入，又能美化环境。

(2)栽植时间

主要在秋季落叶后及春季发芽前进行。我国南方和华北地区采用秋栽较为理想，秋栽有利于根系伤口愈合，翌年萌芽早，生长较快。北方干燥、寒冷地区宜春栽，栽后应埋土防寒。

(3)栽植密度

密度须按品种特性、土壤理化性质和经营管理水平等因素而定，平地及肥沃土壤可采用株距 5~6 m，行距 7~8 m；山地采用株距 3~5 m，行距 5~7 m。柿粮间作采用株距 5~7 m；

行距根据立地而定，一般在 8 m 以上。梯田、台地埂栽植，沿梯田或台田埂各栽 1 行，株距 4~6 m；如果栽 2 行田面不够宽，栽 1 行土地利用不经济时，可按三角形栽植。

现代建园可采用计划密植，即柿树定植期间在株间、行间加密，待柿树成年后或树冠相接后逐步间伐或缩伐，此方式可提高果园前期产量。

（4）品种选择和授粉树配置

根据不同品种特性及其对环境条件的要求，选择适宜的优良品种。深山运输不便的地方宜栽植耐贮品种，山顶风大处宜栽植抗风强的品种。大型果园还要考虑鲜食与加工，早、中、晚品种搭配，以适应工期安排，调节市场，延长供应期。

大多数柿品种不经授粉即可单性结实，若配置授粉树后，果实生产种子，则会降低商品价值，影响加工。少数品种授粉后未受精能结无核果，即刺激性单性结实；或受精后种子中途退化而成无籽果实，即伪单性结实。以上 2 种情况均需配置授粉树，以提高产量。

涩柿品种一般不需配置授粉树。少数完全甜柿（如'富有''伊豆'和'松本早生'）需配置授粉树，以减少落果并提高果实品质。除雄性种质（如大别山区的'雄株 1 号'和江西的'千年雄株'）外，雌雄同株（如'五花柿''台湾正柿''禅寺丸'和'赤柿'）的柿种质也可用作授粉树。授粉品种需花粉量大、活性强，并与主栽品种花期重叠。栽植时，授粉树至少应占 1/8。

4.2.6　管理技术特点

4.2.6.1　土肥水管理

（1）土壤管理

柿是深根性树种，喜深厚而疏松的土壤。树下覆膜可提高地温，减少水分蒸发；夏季压绿肥、秋冬结合施基肥对全园进行深耕，可为根系创造良好的生长环境。深耕时应注意避免误伤大根。入冬前深耕可冻死越冬害虫，春季深耕可蓄水保摘，有利于根系生长（龚榜初，2008；王仁梓，2009）。

柿园要适度中耕除草，消灭杂草；疏松土壤，防止板结。山坡、田边栽植的柿树，可结合中耕除草修成外高内低的树盘，达到保土、保水、保肥的目的。

（2）施肥

①基肥。果实采收前后（10~12 月）施入基肥，促进养分积累。基肥以有机肥为主，注意氮磷钾配合。施肥方式有穴施、条沟施、环状沟施和放射状沟施。

②追肥。一般一年进行 2 次。第 1 次在枝条枯顶期至开花前进行，及时供给氮肥，合理配合施入磷钾肥和微量元素，以利有机营养物质积累。第 2 次在 7 月中上旬生理落果后进行。这 2 个时期追肥不仅可避免刺激枝叶过分生长而引起落花落果，也可提高坐果率，促进果实生长和花芽分化，并能增加下一年花量，为下一年丰产打下基础。

在 5 月下旬或 6 月上旬，落果期前开始到 8 月中旬果实迅速膨大期每隔 15 d 喷施 0.5% 尿素 1 次，可减少落果，促进内膛小枝花芽分化，增加产量。

（3）灌水

土壤水分不足易引起减产。因此，在柿树需水的 3 个关键时期应注意灌水。萌芽前浇水可促进枝叶生长及花器官的发育；开花前后灌水有利坐果，防止落花落果；果实膨大期浇水有利于果实生长发育，增加产量。施肥后要灌水，以促进养分被及时吸收利用。有条件的可配置水肥一体化设施。

4.2.6.2　整形修剪

(1)整形

柿为高大乔木，可根据品种生长习性不同修剪为以下 3 种树形：

①主干疏层形。对于干性较强，顶端优势明显，分枝少，树势直立的品种多用此树形，如'磨盘柿''牛心柿'等。其结构特点是：干高约 1 m，主枝在中心干上成层分布，共 3 层，第 1 层主枝 3 个，第 2 层主枝 2 个，第 3 层主枝 1~2 个；树高 4~6 m，主枝层内间距 30~40 cm，层间距约 100 cm；树冠呈圆锥形或半椭圆形。

②自然开心形。主干高度 40~60 cm，无中心干，3 个主枝，主枝间夹角 120°，错落着生。主枝间距 20~30 cm，主枝上培养侧枝 2~3 个，第 1 侧枝距基部 50 cm 以上，第 2 侧枝距第 1 侧枝 30 cm 以上。主、侧枝上培养结果枝组。

③自然圆头形。顶端优势不明显，分枝多，树姿较开张的品种(如'八月黄''小面糊柿'等)可整成此树形。干高 60~80 cm，选留 3 个大主枝约呈 40°向上斜伸，各主枝再分生 2~3 个侧枝，在侧枝外侧分生小侧枝或着生结果母枝和结果枝组。

(2)不同年龄时期的修剪特点

①幼树期。修剪原则为培养骨架，开张角度，整好树形。定干高 120 cm，按树形选好主枝，注意骨干枝角度，保持枝间均衡。要少疏多截，增加枝量。要冬夏结合，对旺枝生长到 20~30 cm 时摘心，促生二次枝，增加枝的级次。尽量轻剪，注意培养枝组，为提早结果做准备。

②结果期。结果树随树龄增加和枝条增多，内膛通风透光条件逐渐变差，结果部位外移，大枝先端连年下垂。结果树的修剪原则：稳定树势，通风透光，加强结果枝的更新，防止结果部位外移，延长盛果期年限。

调整骨干枝角度：对大型辅养枝和结果枝组利用剪口留芽和枝条，有抬有压，或缩或拉，使树冠外围呈波浪状，引光入膛，促使内膛小枝健壮生长。对大枝原头及时回缩，抬高主枝角度，培养大枝后部着生部位高的新枝逐渐代替原头向前生长，恢复主枝生长势。

培养内膛结果枝组：结果树大枝的下部易秃，应及时回缩更新，使营养相对集中，促使下部发生健壮的新生枝条，以防结果部位外移。对有发展空间、生长充实的新生枝条，应及时短截压低枝位，巩固回缩效果。对其余新生枝，病虫枝从基部疏除。柿树丰产的关键是培养和保持一定数量的健壮结果母枝。

柿树结果枝组以中、小型为好，盛果期必须有计划地培养骨干枝两侧的结果枝组。结果枝组的距离要根据品种和所处的位置而定，枝组宽度一般为 15~40 cm，高度 60~80 cm。柿树结果枝组的寿命长，能形成大量的健壮结果母枝，应对结果枝组进行更新修剪。具体方法常用的有双枝更新修剪法和单枝更新修剪法。

③衰老期。衰老树生长缓慢，树势衰弱，无明显延长枝，树冠开始枯顶、下垂等。衰老树修剪原则：恢复树势，挖掘潜力。主要通过回缩重剪，促进隐芽萌发，更新枝条，延长结果年限。

4.2.6.3 花果管理

(1) 疏花疏果

疏花疏果主要为了减少营养消耗，调节树势，达到丰产稳产的目的。柿树的花蕾发育及幼果生长需要大量的营养物质，花果过多会导致树体营养消耗过度，树势弱小，果小质差，隔年结果现象严重。

当结果枝上第1朵花即将开放或刚开放时是疏蕾的最适期。疏蕾过早花蕾太小不便操作，过迟花梗变硬需用剪刀。疏蕾时保留结果枝基部向上第2~3朵花(第1朵花距基部太近，果实生长受限，应疏除)，其余花蕾全部疏去。对于刚开始结果的幼树，应将主、侧枝上的所有花蕾全部疏掉，以使树体充分生长。

疏果宜于生理落果即将结束时的7月中上旬进行。疏果时应注意叶果比，一般以(20~25)∶1最合适，并应关注所留果的质量。将发育不良的小果、向上着生的果、萼片受伤果、畸形果、病虫果等疏去。

(2) 保花保果

落花落果是造成柿树低产、隔年结果的重要原因之一。柿树落花落果主要由树体营养不足，以及病、虫、果实损伤等原因导致。保花保果的主要措施有增强树势、喷施生长调节剂、配置授粉树、环剥等。

①增强树势。加强土肥水管理，提高树体营养水平；合理整形修剪，保持树冠通风透光；病虫害及时防治，保证叶片光合作用效率。以上措施是保证柿树正常生长发育、增加营养积累、防治落花落果的根本途径。

②喷施生长调节剂。盛花期喷施赤霉素或硼砂可明显提高坐果率。赤霉素在20~200 mg/L范围内，浓度越高，坐果率越高；硼砂使用浓度一般为0.3%。此外，也可以在幼果期喷施钼酸铵、硝酸钴等微量元素，也可减少落果。

③配置授粉树。目前我国主栽品种均具有较强的单性结实能力，不需配置授粉树。但一些甜柿品种(如'富有''伊豆'等)单性结实能力相对较弱，可以通过配置授粉树，提高坐果率。盛花期在健壮柿树主干、主枝上环剥，能显著提高坐果率，对初果期柿树效果最明显。

树势弱和大小年结果现象严重的品种不宜环剥。环剥会削弱整体树势，现代柿园不提倡环剥或环割。

4.2.6.4 果实采收和脱涩处理

(1) 采收

柿果采收早晚对果实品质和贮藏性影响较大。涩柿软食品种可在果实变红时进行采收，采后自然放软或用乙烯利处理；涩柿鲜食品种在果实由绿变黄但尚未变红时采收，经温水或二氧化碳脱涩处理，柿果保持一定硬度，货架期较长。制饼柿果在果皮由黄色转至橘红色时采为宜，'尖柿'一般在霜降前后采收。早采含糖量低，饼质不佳，柿霜少；过晚则果肉变软，不易去皮。甜柿品种应在果皮由黄变红、果肉尚未软化时采收。

采收以人工采收为主，包括折枝法和摘果法。折枝法是将柿果和结果枝一并折下，再把枝条剪去。此方法多用于采收制作吊饼的柿果，可将果柄处的枝条剪短，方便挂起晾晒。折枝过长会影响树体生长和翌年产量，若应用得当则能促进新枝萌发，起到更新结果母枝的作用。摘果法是用手或者采果工具采收，此法不伤果枝，较折枝法好。

（2）脱涩处理

完全甜柿和不完全甜柿均可在树上自然脱涩，不需要人工脱涩处理。完全涩柿和不完全涩柿，主要利用二氧化碳、乙烯利、温水、酒精等进行人工脱涩处理。

二氧化碳脱涩可以保持柿果的硬度，是涩柿规模化、商业化脱涩处理的主要方法。我国广西恭城的'月神柿'、欧洲的'红光辉'等品种均已实现二氧化碳的规模化脱涩处理。乙烯利涂抹柿果果柄，可快速诱导柿果软化脱涩，是涩柿软食的主要处理方法。'火晶''火葫芦'等品种多采用此方法。柿果人工刻伤处理可诱导伤乙烯产生，进而引起果实软化脱涩。温水脱涩是传统的柿果脱涩方法，通常将柿果置于约 40 ℃的温水中，24 h 内即可完成脱涩。冷水或石灰水浸泡处理也能诱导柿果脱涩。与酒精一起密封放置，柿果也能完成脱涩。

小　结

柿原产我国，为我国传统特色果用经济林树种，具有悠久的栽培历史和重要的经济价值。柿主根发达，为深根性树种。柿树多用嫁接繁殖，常用砧木为君迁子和野柿。在新梢基本停长后根系才开始活动，一年中有 3 次生长高峰，9 月下旬之后停止生长进入休眠。柿的芽有花芽、叶芽、潜伏芽、副芽 4 种。柿枝条分为结果母枝、结果枝、发育枝（生长枝）和徒长枝。花芽为混合芽，单性结实能力强，一般不需要配置授粉树。花有单性花（雄花和雌花）和两性花 2 种，生产上应避免两性花结实。柿树第 1 次生理落果发生在花后 2～4 周，较为严重；第 2 次发生在花后 8～10 周。柿树落花后果实开始膨大，果实在发育后期（着色至采收）生长又稍加快，果实全年发育期 130～150 d。果实采收前后（10～12 月）施入基肥，并注意氮磷钾配合；枝条枯顶期至开花前、7 月中上旬生理落果后追肥。萌芽前、开花前后、果实膨大期、施肥后均要及时灌水。柿树修剪以冬季修剪为主，夏季修剪为辅。重视花果管理，以增强树势，减少隔年结果现象。应依据柿果加工目的合理安排采收期。二氧化碳和乙烯利脱涩分别是涩柿脆食和软食的主要处理方法。加强土肥水综合管理，提高树势，是柿园优质丰产的保证。

思考题

1. 我国主栽的涩柿和甜柿类优良品种有哪些？
2. 简述柿生长结果及生态学特性。
3. 柿嫁接的主要方法有哪些？如何提高柿嫁接成活率？
4. 简述栽培柿的主要砧木种类及特性。
5. 简述柿幼树和结果树的修剪特点。
6. 简述减少柿树落果的主要方法。
7. 涩柿的脱涩方法主要有哪几类？试比较其优缺点。
8. 试述我国甜柿产业的未来发展前景及面临的主要问题。

4.3 枣栽培

4.3.1 概述

枣(*Ziziphus jujuba* Mill.)是原产我国的特有经济林树种，也称中国枣、红枣、大枣，是枣属植物中栽培面积最大、品种与类别最多、栽培历史最长的一个种，迄今已有 7000 多年的利用历史和 3000 多年的栽培历史。枣果味美，营养丰富，富含维生素(如维生素 C、B 族维生素、维生素 E、维生素 P)，鲜果含糖量为 20%~36%，干枣含糖量为 55%~72%，鲜果中含蛋白质 1.29%~3.30%，脂肪 0.3%，还含有钙、铁、铜、镁、锰、锌等多种矿质元素。枣果实含有三萜酸、皂苷、枣多糖、类黄酮、酚类、胡萝卜素、环磷酸腺苷等功能成分，具有补血养气，镇静、抗疲劳，护肝及保护肠胃、抗氧化等功能。每 100 g 鲜枣果肉含维生素 C 300~600 mg，比猕猴桃高出 1~2 倍，是柑橘的 7~10 倍、苹果的 70~100 倍。枣果还可加工成枣片、蜜枣、酒枣、枣汁、枣泥、枣香精等多种制品。

历史上我国的枣产区主要集中分布在黄河中下游流域及海河下游流域，南方多为鲜食枣和蜜枣原料产区。2000 年后，随着枣产区向西北地区转移，目前我国枣的主产区主要包括以新疆为代表的西北沙漠沙地枣产区、黄土高原和太行山地枣产区、华北平原及黄河下游枣产区，五大主产省份为新疆、陕西、山西、河北和山东。其中，新疆是我国制干枣的主产区，黄河中下游地区则是鲜食枣的主产区，如陕西大荔、山东滨州沾化。截至 2020 年，全国枣栽培面积约 126.67×10⁴ hm²，其中制干枣占 80% 以上，鲜食枣约占 15%。全国年产干枣(折合)540×10⁴~620×10⁴ t(2016—2018 年)，年总产值约 1000 亿元，在经济林干果类中，其年产量和年产值最高。

4.3.2 主要种类和优良品种

(1)主要种类

枣属植物世界共约 170 种，我国有 14 种，作为经济栽培的我国有 2 种 1 变种：枣、酸枣和毛叶枣。

①枣。落叶乔木，原产我国，主要栽培于中国、印度、韩国、澳大利亚，以及中亚地区等。其花期长，芳香多蜜，为良好的蜜源植物。

②酸枣[*Z. jujuba* Mill. var. (Bange) *spinosa* Hu ex H. F. Chow]。原产我国，古称"棘"，也称"野枣"，为变种。落叶灌木，少有乔木。我国南北方都有，以北方为多，适应性强，为枣的原生类型。

③毛叶枣(*Z. Mauritiana* Lamarck)。正名滇刺枣，俗名印度枣、台湾青枣，在东南亚、非洲及我国广西、云南等地有野生分布。主要栽培于印度、巴基斯坦等热带、亚热带国家，我国云南、四川、广西、台湾等地有栽培。野生毛叶枣果实酸涩，经驯化选育的毛叶枣果大、营养丰富、清香爽口。

(2)品种类型

按用途可分为制干枣、鲜食枣、蜜枣和兼用枣 4 个类型。

①制干枣品种。果肉致密，适宜制干。枣果干物质和糖分含量高，完熟期制干率 45%

以上，干枣含糖量 60% 以上。该类型在我国栽培面积和产量最大，约为全国总产量的 80%。集中栽培于我国北方枣产区，如新疆枣产区、黄河中下游枣产区等。

②鲜食枣品种。鲜食枣品种果肉脆甜可口、风味独特、营养丰富，含糖量 20% 以上，富含维生素 C（300～600 mg/g）。该类型品种最多，代表品种有冬枣、临猗梨枣、灵武长枣等。目前全国栽培面积约 20×10⁴ hm²，北方、南方枣产区都有栽培。

③蜜枣品种。蜜枣品种果肉较疏松，易于取核、划痕浸糖。南枣、乌枣、紫晶枣在脆熟期全红时采收。该类品种在南方、北方枣产区都有栽培，以南方品种最多。栽培面积较小，目前全国栽培面积不足 6.67×10⁴ hm²。

④兼用枣品种。分 2 种，一种是既可制干、又可鲜食的枣品种，如'晋枣'（陕西）、'板枣'（山西）等；另一种是既可制干、又可作为蜜枣原料的品种，如'大荔水枣'（陕西）、'赞皇大枣'（河北）等。

（3）优良品种

①制干枣品种。主要品种有'骏枣''灰枣''金丝小枣''中阳木枣''板枣''赞皇大枣'等。

枣的部分优良品种

'骏枣'：原产山西交城，现为新疆枣产区制干枣主栽品种。树势强健，果实大，长倒卵形，单果重 22.9 g。果面光滑、深红色；果肉厚，汁液中等，干枣含糖量 56.8%，品质上等。适土性强，耐旱、耐盐碱，适宜高光热的西北枣产区。在'骏枣'群体中，根据自然变异顺序先后选育审定了'骏枣 1 号''交城骏枣''金谷大枣''金昌 1 号''抗疯 1 号'等品种。

'灰枣'：原产河南新郑，为新疆枣产区制干枣主栽品种。树冠自然圆头形，结实能力强，果实较小，卵圆形，单果重 10 g。果紫红色，果肉厚、致密，汁液中多，干枣含糖量 65%，品质极佳。适土性强，抗逆性强。在该品种群体中先后选育审定了'新丰 1 号''新郑灰枣''新郑早红''新郑红'系列等品种。

'金丝小枣'：原产渤海湾地区，以山东乐陵、河北沧县的金丝小枣最具代表性。树姿较开张，树冠圆头形，果实小，长圆形，单果重 6.5 g，果肉厚，质地致密、细脆，味甘甜微酸，汁液中多，适宜制干和鲜食，干枣品质上等。较丰产稳产，易裂果。在本品种群体中，选育审定了'沧金 1 号''金丝'系列、'鲁枣'系列、'乐金'系列等 20 多个品种。

'中阳木枣'：原产陕西、山西黄河（峡谷）及其支流一带，为栽培枣的原生类型。果实中等，圆柱形，侧面略扁，单果重 14.2 g。果皮较厚，赭红色，果肉厚，质地硬，味酸甜，鲜枣维生素 C 含量 461.7 mg/100 g。适宜制干和加工紫晶枣，可作深加工原料。在该品种群体中，先后选育审定了'临黄 1 号''佳县油枣''木枣 1 号''陕北长枣''佳县长枣''保德油枣'等品种。

'板枣'：原产山西稷山，为当地主栽品种。树冠自然圆头形，果扁柱形，单果重 9.7 g，大小整齐，果面光滑。果皮中厚，紫红色，果肉厚、饱满有弹性，肉质致密，汁液较少，果皮富含黄酮（23.27 mg/g）。鲜食、制干、加工蜜枣兼用，以制干为主，品质优。干枣美观，味甘甜，含糖量 74.5%。适宜当地和新疆枣区栽培。在该品种群体中选育审定了'板枣 1 号'。

'赞皇大枣'：原产河北赞皇，自然三倍体枣品种。果实长圆形或倒卵形，单果重

17.3 g，大小整齐。果皮深红色，果肉致密质细，汁液中多，味甜略酸，鲜枣可溶性固形物 30.5%。适宜制干，主要用于加工蜜枣。适宜河北赞皇和新疆枣产区栽培，在新疆从该群体中选育出'赞新大枣'。

'灵宝大枣'：主产于河南西部和山西西南部的黄河沿岸。果实大，扁圆形，单果重 22.3 g，大小均匀。成熟果实深红色，果肉厚，质地致密，汁液少，味甜略酸，干枣含糖量 70.2%，适宜制干和加工蜜枣，品种上等。抗逆性强，适合北方枣产区栽培。

'圆铃枣'：也称紫铃枣、紫枣，是山东枣产区重要的制干枣品种。果实较大，近圆形，单果重 19.8 g，成熟果实紫红色。果肉厚，肉质较粗，味甜，汁液少，适宜干制、蒸食和加工乌枣，品质上等，适宜北方枣产区发展。在本品种群体中，先后选育审定了'圆铃'1~2号'中秋红'（宜蒸食）、'荏圆金枣'等品种。

②鲜食枣品种。主要品种有'冬枣''金丝4号''七月鲜''临猗梨枣''灵武长枣''湖南鸡蛋枣'等。

'冬枣'：原产河北黄骅、山东滨州和天津静海等渤海湾地区。果实近圆形，果面光洁，平均果重 11.9 g，赭红色，甜脆细嫩；鲜枣可溶性固形物 37.8%，维生素 C 含量 292.6 mg/100 g，品质极佳。原产地采取矮密栽培，陕西大荔采取设施栽培，为我国栽培面积最大的鲜食枣品种。在该品种群体中，先后审定了'沾化冬枣''黄骅冬枣''沾冬2号'等品种。

'金丝4号'：由山东省果树研究所选育。果实长筒形，单果重 12 g，最大 14.8 g。果面平滑，光亮艳丽，果皮薄、富韧性。果肉白色，质地致密脆嫩，汁液较多，味甜微酸，品质上等。可溶性固形物含量 42%，维生素 C 含量 453 mg/100 g，干枣丰满富弹性，干鲜兼用。适宜在山东、河北、云南、湖南、新疆等枣产区栽培。

'七月鲜'：由西北农林科技大学选育，果实长圆形，单果重 29.8 g，果皮薄，深红色，鲜枣可溶性固形物含量 28.9%，味甜，肉质细，在陕北适宜鲜食。在新疆枣产区，干枣单果重 14.3 g，含糖量 65.4%，肉质细腻，香味浓郁，商品性好。耐寒、耐盐碱，适宜陕北和新疆枣产区栽培。

'临猗梨枣'：原产山西临猗。树冠自然圆头形，果实大，倒卵形或梨形，单果重 31.6 g，最大可达 100 g。果皮薄，浅红色，果面有隆起。果肉厚，肉质松脆。丰产稳产，果实生长发育期约 100 d，为我国矮化密植、规模化栽培的第一代鲜食枣品种。适宜栽培范围广。

'蜂蜜罐'：原产陕西大荔。树姿半开张，易坐果，丰产稳产。果较小，近圆形，单果重 9.2 g，最大 13 g。果皮薄，鲜红色，果肉致密，细脆、味甜，汁液较多；含糖量 26.9%，维生素 C 含量 359 mg/100 g；品质极佳，适宜鲜食。因果较小、采前落果和不耐贮藏，多为搭配品种。在'蜂蜜罐'品种群体中，选育出'蜜罐新1号'。

'灵武长枣'：原产宁夏灵武。树姿开张，结果较晚。果个大，圆锥形，单果重 19.9 g，大小整齐；果皮中厚，紫红色，肉质酥脆，汁液多，味甜，品种上等，宜鲜食。鲜枣含糖量 22%，维生素 C 含量 379 mg/100 g，适宜宁夏灵武及陕北枣产区栽培。

'鸡蛋枣'：主产湖南溆浦、麻阳、衡山、祁东等地。果实大，近圆形，单果重 19.4 g，果皮薄，黄红色。果肉质地酥松较脆，汁液较少，味甜，鲜枣含糖量 11.3%，维生素 C 含量

333.5 mg/100 g，适宜鲜食和加工蜜枣。为我国南方优良鲜食和加工枣品种。

4.3.3　生物学和生态学特性

4.3.3.1　生物学特性

(1)根系

枣的根系根据来源不同分为实生根系、根蘖根系和茎源根系。其中，茎源根系包括扦插和组织培养繁殖的枣树根系。

枣树实生根系的主根(垂直根)和侧根(水平根)均很发达，而前者更发达一些，如酸枣砧木嫁接形成的枣园。茎源根系的水平根较垂直根发达，向四周延伸能力更强。枣园根蘖苗形成的水平根，其分布往往超过树冠 1 倍以上。因此，水平根又称"行根"或"串走根"。水平根的垂直分布与品种、树龄、土壤、施肥及管理有关，一般在地表下 15~30 cm 范围内分布较多。幼树期水平根生长迅速，进入盛果期后生长渐趋缓慢。

根蘖是枣树根系的一个显著特点，多发生在水平根上。根蘖出土后，地上部生长较快，而根系发育相对较慢，近母树的一面很少发根。根蘖的发生与品种、水平根直径、繁殖方法及生长势有关，机械损伤可刺激发生根蘖。枣树根系先于地上部生长，开始时间因品种、地区和年份而异，一般在 3~4 月，生长高峰出现在 6~8 月，落叶后进入休眠，生长期 190 d 以上。由于利用根蘖苗建园越来越少，酸枣砧木嫁接品种枣园规模日益扩大。

(2)芽

枣的芽有 2 种，即主芽(正芽或冬芽)和副芽(夏芽)，着生在同一节位，上下排列，为复芽。主芽着生于枣头和枣股的顶端或侧生于枣头一次枝和二次枝的叶腋间。主芽形成后一般不萌发，为晚熟性芽。主芽萌发后，生长量大的形成枣头，生长量小的形成枣股。副芽位于主芽侧方，为早熟性芽，边形成边萌发。着生于枣头的侧生副芽，在下部的可萌发成枣吊，在中上部的可萌发成永久性二次枝。着生于枣股的副芽，一般萌发为枣吊，开花结果(图4-4)。枣树休眠芽寿命很长，受刺激则易于萌发，有利于树体更新复壮。

(3)枝条

枣树枝条按性质分为 3 种，即枣头(发育枝或营养枝)、枣股(结果母枝)和枣吊(脱落性结果枝)，枣头上有二次枝，其上着生枣股。

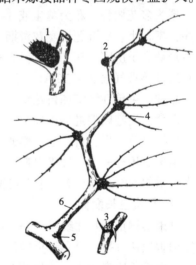

1.老年枣股；2.2~3年生枣股；3.1年生枣股；
4.枣吊；5.枝腋间主芽；6.二次枝。

图 4-4　枣树的芽和枝

①枣头。由主芽萌发形成，是形成树冠骨架和结果基枝的基础。同一枣头或多年连续单轴延长生长的枣头，其上主副芽的方位不变；而从一次枝上的侧芽抽生的枣头，其上副芽的方位与母枝相反，即原副芽着生在主芽的左上方，则变位在右上方，反之亦然。二次枝上的副芽位置每节互换，如第一节在左上方，第二节则在右上方。枣头有多年连续延长生长的特性，其一次枝和二次枝的节部均有 2 个由托叶变态形成的托刺，也称针刺，但二

者形态不同。枣头一次枝直立生长，生长期 50~90 d；二次枝呈"之"字形生长，生长期 15~20 d，是形成枣股的基础，故又称为结果基枝。

②枣股。由主芽萌发形成的短缩枝，亦称结果母枝，着生在 2 年生以上的二次枝上，可多年连续生长结果，年生长量仅 1~2 mm。1 个枣股可抽生枣吊 2~7 个或更多，枣吊在枣股上呈螺旋状排列。枣股结实能力与枝条的种类、部位、枝龄、品种及栽培管理有关，以 3~8 年生枣股结实能力最强，其寿命在 15 年以上。

③枣吊。又称脱落性结果枝。每年从枣股上萌发，随枣吊生长叶片增多，每吊 10~18 节(叶)，在叶腋间形成花芽，开花结果。枣树的枝条、叶片生长和开花结果同时进行。同一枣吊上，以第 4~8 节的叶片最大，第 3~7 节结果最多。

(4) 花芽分化

枣花芽分化具有当年分化、边生长边分化、单花分化短、分化速率快、分化持续时间长的特点。单花分化需 6~11 d，分为 6 个时期，即未分化期、分化初期、萼片分化期、花瓣分化期、雄蕊分化期和雌蕊分化期；单花序分化需 6~20 d，枣吊分化约需 30 d，单株花芽分化约需 90 d。枣树从完成花芽分化至开花需 42~54 d。枣吊幼芽长 1 cm 时，最早分化的花芽已完成形态分化。在一个花序中，先中心花分化，再一级花、二级花、多级花分化；枣吊上的花芽从基部开始向上部分化，开花也按此顺序进行。

(5) 开花坐果

枣为多花树种，花为单生或 3~10 朵以上组成紧密的二歧聚伞花序或不完全二歧聚伞花序，枣花小。枣开花历经花蕾期、蕾裂期、萼片平展期、花瓣平展期、雄蕊平展期、花丝萎蔫期和子房膨大期 7 个阶段。根据开花时间分为日开型和夜开型 2 种，为虫媒花，枣花粉发芽要求气温 23~26 ℃、空气相对湿度约为 60%，否则影响授粉或出现高温焦花。有些品种虽可单性结实和自花结实，但异花授粉可明显提高坐果率。生产上也采用花期喷施赤霉素的措施以促进枣单性结实。

枣树百花一果，自然坐果率通常只约占开花总数的 1%。枣花在形成过程中有落蕾现象，坐果后还有一个生理落果期，所以落花落果严重。落果期在幼果快速生长初期，落果量占总量的 50% 以上，7 月中下旬生理落果基本结束。

(6) 果实生长发育

枣果实鲜重增长曲线呈双"S"形。枣果实生长期分为 3 个阶段：前期，花后 0~30 d，果实细胞快速分裂，果实鲜重增长最快，为快速生长期；中期，花后 30~80 d，相较于前期，鲜重生长速率变缓，为缓慢生长期；后期，花后 80~110 d，鲜重增长缓慢，主要是营养物质的积累、转化和成熟，为熟前增长期。枣果成熟前果皮退绿，开始着色，糖分增加，色泽、风味和果形显现，果实达到充分成熟。

枣果实成熟期又分为白熟期、脆熟期和完熟期 3 个阶段。白熟期：果皮绿色减退，呈绿白色或白色。果实肉质松软，果汁少，含糖量低。用于蜜枣加工的应在白熟期采收。脆熟期：从梗洼、果肩变红到果实全红，质地变脆，汁液增多，含糖量增加。用于鲜食和醉枣加工的应在此期采收。完熟期：果皮红色变深，微皱，果肉由绿白色转白色，近核处呈黄褐色，质地变软，含糖量继续增大。此期果实已充分成熟，制干品种在此期采收，出干率高，色泽浓，果肉肥厚，富有弹性，品质好。

4.3.3.2　生态学特性

枣为喜温树种，其生长发育要求较高的温热条件。优质枣产区年平均气温在 11~14 ℃，春季日平均气温 13~14 ℃开始萌芽，18~19 ℃抽条和花芽分化，20 ℃以上开花，花期适温 23~26 ℃、空气相对湿度约为 60%，果实生长发育温度 24~27 ℃或更高，秋季气温降至 15 ℃以下开始落叶。

枣对降水适应范围较广。南方枣产区年降水量 1000 mm 以上，北方枣产区年降水量多在 400~600 mm。我国新疆南部沙漠、戈壁枣产区年降水量不足 100 mm，现已成为我国优质红枣(制干枣)的主产区(以雪水灌溉)。花期阴雨会影响授粉和坐果，脆熟期阴雨会造成裂果。设施栽培可有效降低鲜枣裂果率和病果率，提高商品率和品质。

枣喜光，栽植过密或树冠郁闭不利于发枝、花芽形成和开花结果。多雨、光照不足、日温差小的南方枣区，很难生产优质的干枣，所产鲜食枣糖度也较低。

枣对土壤适应性强，在砂土、砂壤土、壤土、黏壤土、黏土、酸性土、碱性土上均能生长。高光热资源、砂质土壤和适度盐碱有利于提高枣果可溶性糖含量，降低有机酸含量，提高果实品质。如种植大荔冬枣、新疆红枣的河滩沙地或沙漠绿洲，土壤盐碱，pH 值 7.5~8.9，皆是我国优质枣产区。

4.3.4　育苗特点

4.3.4.1　建立良种采穗圃

我国的枣品种多是从实生变异中选育并长期保存下来的。国家枣种质资源圃及各产区品种收集圃，特别是枣良种采穗圃为嫁接穗条的来源地，即良种基地。良种采穗圃通常选择建在灌溉条件良好、防护林体系健全、交通运输方便的产区，选用国家或省级审定的良种，或传统栽培品种，以品种苗或无性繁殖方式进行营建。新疆等枣产区由于采用直播酸枣嫁接良种建园，因此必须营建规模化采穗基地，以提供大量良种穗条。也可前期为良种采穗基地，待良种基地建设完成后，将规模化采穗基地改造成良种枣园。

4.3.4.2　良种育苗

枣树良种苗木的繁殖方法有根蘖繁殖、嫁接繁殖、扦插繁殖和组织培养。枣树容易产生根蘖苗，根蘖繁殖曾是我国枣树良种繁殖的主要形式，但目前主要采用嫁接繁殖。

(1)培育砧木

嫁接育苗的砧木多为酸枣苗，少有嫩枝扦插苗和组培苗。培育酸枣砧木，要选择良好种源区、成熟度好的酸枣，脱壳后酸枣种仁饱满、鲜亮有光泽、种仁小、千粒重小(如河北邢台酸枣仁)。春季播种前催芽，20 cm 地温稳定在约 20 ℃即可播种，多采用条播，行距 50~60 cm；或宽窄行，(70~80) cm×30 cm，间苗株距 20 cm。加强苗期管理，当年可长到 50 cm 以上，地径 4~6 mm。

根蘖苗培育采用断根培育的根蘖苗，第 2 年归圃后进行二次培育，当年可长到 60~100 cm。

（2）嫁接繁殖

常用的枝接方法有插皮接、劈接、切接、腹接。芽接方法有"T"形芽接、嵌芽接（也叫带本质芽接）。

在枣良种采穗圃优良母株上结合冬季或春季修剪采集穗条，选择1年生枣头枝或健壮二次枝，每个接穗上要有1个饱满主芽；芽接选用枣头中上部带主芽的半木质化部分作接穗。枝接在第2年砧木萌芽至展叶期进行，提前蜡封良种接穗。嫁接后正常管理，当年苗高可达1m。为了避免嫁接后砧木萌蘖和风折，多在砧木的地表下3~5cm处嫁接。芽接于7~8月进行，嫁接成活后于第2年春发芽前在接芽以上2.0~2.5cm处剪断砧木，并去掉塑料条，以免影响接芽成活、萌发新梢。

枣苗繁育也可以采用扦插和组培方法繁殖。扦插苗繁育采用全光照喷雾嫩枝扦插，组培苗主要用于科研。良种组培苗已用于商业化生产。

4.3.5 建园特点

4.3.5.1 园址选择

枣树喜光、喜温。高光热资源、砂质土壤和适度盐碱有利于提高枣果实含糖量，降低有机酸含量和提高果实品质。建园地宜选择在年平均气温11~14℃，年降水量400~600mm（北方），盐碱轻，地下水位低，灌、排渠配套，水源、交通方便，土壤肥沃的砂壤土。

4.3.5.2 园地规划

规模化（如百亩、千亩或万亩）枣园应根据实际实施园地规划，如新疆枣产区需规划设置完善的道路系统、防护林系统和水网系统。道路设置要便于栽培管理、果实采收和运输。完善枣园灌溉系统、排水系统，便于实施水肥一体化管理。鲜食枣的产地交易市场、制干枣的晾晒场，都是现代枣园建设所需。

一般在规划的种植行上，提前一年采用机械开沟，沟深50cm、宽50cm。根据土壤肥力，沟底施腐熟农家肥3~6 m³/亩，然后覆土，待第2年栽植。

4.3.5.3 直播酸枣嫁接良种建园

在我国新疆等西北旱区沙漠、戈壁的绿洲，多采用直播酸枣嫁接良种建园，因土壤肥力不足、有机质含量低（0.3%~0.5%），播种酸枣（仁）前，在种植行上机械开沟，沟深40~60cm、宽50cm，沟底施腐熟农家肥6~8 m³/亩，然后回填、灌水，春季直播酸枣仁。酸枣出苗后，行间设立防风固沙带，以减少生长季风沙对幼苗的损伤。第2年酸枣萌芽至展叶期枝接，嫁接后中耕除草，及时抹除砧木萌芽。为便于机械化作业，多采用宽行密株栽植，前期株行距（0.5~0.6）m×4.0 m；盛果期间伐移栽后，株行距为（1.2~1.5）m×4.0 m。

4.3.5.4 不同品种类型建园

（1）制干枣品种建园

①配套设施。应从建园、中耕锄草、整形修剪、灾害防控等方面设置配套的机械设施。如酸枣直播机、地膜覆盖机、中耕锄草机、喷雾机械、水肥一体微灌设备，无人机

(用于病虫监测与防治),以便为枣园机械化管理提供条件。

②建园模式与开沟施肥。应根据品种特性和栽培区域条件,充分利用光热资源,施足基肥。目前,主要有2种建园模式:一种是宽行密植或宽行稀植模式,株行距(1.5~3.0)m×4.0 m;另一种是间作模式,株行距(3.0~4.0)m×(6.0~12.0)m。山地、丘陵多采用这2种模式的改型,株行距(3.0~4.0)m×(4.0~5.0)m。

③建园后管理。栽后浇水、施肥、松土、锄草和防治病虫。北方春季少雨,蒸发量大,浇水和松土保墒尤为重要。栽后应1~2周浇水1次,直至进入雨季。如配备有水肥一体的微灌设施、地膜或地布覆盖,也要加强管理,促进枣苗发芽生长。

(2) 鲜食枣品种建园

鲜食枣建园也有2种栽培模式:一种是露地栽培模式,多为矮化密植栽培,株行距2.0 m×(3.0~4.0)m,采用开心形或主干分层形树形;另一种是设施栽培模式,又分为温棚(日光温室)和冷棚(塑料大棚)栽培2种。

①温棚栽培。提前一年做好后墙、山墙和温棚区(10.0~12.0)m×(100.0~120.0)m。每亩施腐熟农家肥5~6 m³,第2年栽植大苗,株行距1.0 m×2.0 m,采用主干形或纺锤形树形。一般成熟期在5月上旬至6月中旬。

温棚冬枣棚型
结构和树形

②冷棚栽培。株行距2.0 m×3.0 m,采用开心形树形,棚体又分为棉被冷棚、双模冷棚和普通冷棚,棚体(8.0~12.0)m×(80.0~120.0)m,其成熟期分别开始于7月上旬、8月上旬和9月上旬。

4.3.6　管理技术特点

4.3.6.1　土肥水管理

(1) 土壤管理

良好的土壤环境是促进枣根系生长发育,保证优质丰产的基础。枣园土壤管理包括土壤翻耕、中耕除草、枣园覆盖和生草。在北方枣产区,降雨集中在7~9月,雨季过后,降水稀少,蓄水保墒可以达到"季水年用"的效果,促进根系生长,改善树体营养状况。

(2) 施肥

枣园施肥包括基肥和追肥2种。基肥以农家肥为主,一般在秋季采果后至落叶前施肥效果最好。追肥时要氮磷钾配合,分3个时期施入,即萌芽期、盛花初期和果实膨大期。

春季及初夏应及时中耕除草、松土保墒;雨季应翻耕压草。枣园间作或覆盖可以改善土壤结构、提高地力、减小地表径流、蓄水保墒。有条件的枣园可实施水肥一体化供给,改善枣园土壤条件和强化肥水精准管理。地表覆盖可以减少杂草,提高枣园水分利用率,提高枣园土壤肥力。

(3) 灌水

在北方枣产区,生长前期常遭遇春季干旱,灌溉是枣园管理的重要一环。充足的土壤水分有利于根系、枝叶生长和果实发育。全年需在5个关键时期进行灌水。

①催芽水。萌芽前枣的根系开始活动,地上部分即将萌芽,此期结合施肥进行灌水,以促进枣树各器官的发育。

②花前水。此时气温高、蒸发量大，结合施肥适时灌水，可使花器正常开放，提高坐果率。

③坐果水。坐果后，幼果对水分十分敏感，而此时气温高，是枣树又一个需水关键时期。此时若缺水，落果严重。所以也叫保果水。

④变色水。此期为果实膨大期，结合施肥灌水，可加速果实膨大，提高果实品质。如果缺水，会直接影响果实大小和产量。俗语称"天大旱、枣成串"，枣果成熟时期要求晴朗少雨的天气，多雨会引起裂果、烂果。容易积水的低洼地，雨季要注意排水。

⑤封冻水。在封冻前灌水不但可以促进根系吸收养分，增加树体养分积累，还可以提高枣树的抗寒性。

新疆枣产区年降水量多在 100 mm 以内，枣园必须灌溉。如果是微灌滴灌系统，一年需灌水 8~10 次，年用水量 600~800 m^3/亩。

4.3.6.2 整形修剪

整形修剪的目的是培养健壮的树体骨架，合理配置枝系，改善光照；调节生殖生长与营养生长的关系；更新复壮，保持优质、丰产和稳产。

(1) 枣树树形

枣树喜光，丰产树形应具备骨干枝较少、层次分明、冠内通风透光条件好等特点。枣树整形修剪主要采用以下 3 种树形。

①主干疏层形。适宜于干性强、层次分明的品种，主枝分层排列，光照好，易丰产。温棚栽培的枣常采用主干形或纺锤形树形。

②开心形。开心形树冠，树体较小，主干着生 3~5 个向外伸展的主枝，每个主枝侧下方着生 1~2 个侧枝，其上均匀分布结果枝组。

③自由纺锤形。干高 70~90 cm，主枝 5~8 个着生在主干上，不分层，主枝间距 20~40 cm。主枝上不培养侧枝，直接着生结果枝组。树高控制在 2.5 m 以下。该树形树冠小，适于密植栽培。

(2) 修剪时间和方法

①冬季修剪。一般在落叶以后至萌芽前进行。主要有短截、疏枝、刻伤等方法。

短截：对枣头延长枝短截，以刺激主芽萌发形成新枣头，扩大树冠。短截枣头时，剪口下第 1 个二次枝必须疏除，否则主芽不萌发。

疏枝：疏去过密枝、交叉枝、重叠枝、病虫枝、干枯枝以改善通风透光条件，增强树势。

回缩：对多年生的细弱枝、冗长枝、下垂枝回缩，抬高枝条角度，增强生长势。

刻伤或环割：为刺激主芽萌发，可在预萌发枝条的芽上方 1~2 cm 处刻伤或环割，促进其萌发，有利于树冠形成，提高产量。

②夏季修剪。也称生长期修剪，一般在小满至夏至进行。修剪方法主要有摘心、疏枝等。

摘心(打枣头)：枣头萌发后，生长很快，可在枣头长度的 1/3 处短截，以集中营养，提高坐果率。

疏枝：春夏季枣股上萌发的新枣头或枣头基部及树冠内萌发的新枣头，均应及时疏除，以减少营养消耗，改善通风透光条件，提高果实品质。

4.3.6.3　花果管理

枣树花量大，花期营养消耗多，落果严重，坐果率一般只有 5%～6%，但成果率仅有 1%～2%。因此，加强花期和幼果期管理，提高坐果率和成果率，是枣生产亟待解决的关键问题。提高坐果率的栽培技术措施主要有以下几个方面。

(1)环割和开甲

采用此措施可抑制营养生长，明显改善果实品质，有利增产。环割一般在盛花初期的晴天进行，在主干上环形切割韧皮部(深达木质部，勿伤木质部)，可进行 2～3 次。每次割 2～3 环，间隔 7 d。开甲即环剥，先刮老皮，露白后用开甲刀或切接刀环剥一周，深达木质部，宽 0.3～0.4 cm，初开甲应在距地面 20～30 cm 处开第 1 刀，以后逐年相隔 3～5 cm 向上开甲，开至主枝分叉处后再从上向下开"回甲"。开甲后，应及时涂抹甲口，杀虫杀菌，促进伤口愈合。一般幼树、旱区或山地枣园不进行环割或开甲。

(2)花期喷水

天气干旱或旱区盛花初期空气相对湿度低于 60%，花粉发芽率大大降低，从而影响授粉受精和坐果。可于上午 10:00 前或下午 17:00 后向树冠喷水，也可喷施 0.3% 尿素溶液、0.3% 磷酸二氢钾溶液、10 mg/kg 赤霉素或硼砂，能提高坐果率。

(3)枣园放蜂

枣树为虫媒花，花期在园内放蜂可增加授粉机会，增产效果显著。

(4)打枣头

在花期和幼果期，枣头萌发后生长很快，养分消耗多，应及时除萌和摘心，增施肥料，可提高坐果率。

4.3.6.4　果实采收和采后处理

根据枣果不同用途选择适宜的采收时期、采收方式和采后处理方法。

(1)蜜枣采收

用于加工蜜枣的品种宜在白熟期采收。因白熟期采收的鲜枣在冷库中贮藏时间较长(3 个月以上)，可延长加工期，如陕西大荔水枣、河北赞皇大枣和安徽宣城尖枣。而用于加工的乌枣、焦枣、紫枣或紫晶枣品种，可在全红脆熟期采收，适当冷藏以延长加工期。

(2)鲜食枣采收

鲜食枣果在脆熟期采收，因品种不同可选择初红、半红和全红脆熟期采收。采取成熟一批采收一批的方式，采收期可持续 30～40 d，如大荔冬枣在初红期采收，陕北七月鲜在半红期采收，宁夏灵武长枣在全红期采收。采收后及时进行枣果分级和包装。为了延长市场供应期，也可采用冷库短期贮藏，但设施栽培的鲜食枣不宜贮藏。

(3)制干枣采收

制干枣(红枣)在完熟期采收，枣果含水量显著降低，一般在含水量 35%～45% 时采收，采收后要进行自然晾晒或人工烘烤。制干枣品种主要用于加工干枣及作为深加工原料，枣果一般在含水量 25%～28% 时采收；若不及时采收，易引起病害蔓延，果实含水量会降低。若在含水量低于 20% 时采收，会影响果实品质。采后应及时分拣、晾晒和烘烤，促进品质提升。

（4）酸枣采收

酸枣有人工栽培和野生 2 种类型。用于鲜食的大果型酸枣在全红脆熟期采收；用于加工酸枣汁、酸枣粉以及药用和播种用酸枣仁的酸枣均在完熟期采收。

小 结

枣是原产我国的特有经济林树种，我国主要在北方栽培。枣果按用途分制干、鲜食、兼用和蜜枣 4 个类型。其中制干枣（即红枣）是我国枣的主体，新疆南部是其主产区；鲜食枣风味独特，因成熟期易因阴雨导致裂果，设施栽培成为其栽培的特点。枣树喜光，对土壤适应性强，干旱和高光热资源、砂质土壤和适度盐碱有利于提高枣果品质。枣的根系按来源分为实生根系、根蘖根系和茎源根系。实生根系的主根和侧根发达，根蘖是枣根系的显著特点。枣有主芽和副芽之分，副芽具早熟性；枝有枣头、枣股和枣吊 3 种。花芽具有当年分化、当年开花结果的特性。二歧聚伞花序，花期长。枣树形有主干形、主干疏层形、开心形、自由纺锤形等。冬季修剪方法有短截、疏枝、刻伤等；夏季修剪有抹芽、摘心、疏枝等方法。根据用途，加工枣在白熟期采收，加工紫晶枣则在全红脆熟期采收；鲜食枣在脆熟期采收；制干枣（红枣）在完熟期采收，后经自然晾晒或人工干制成干枣。

思 考 题

1. 我国枣的品种类型有哪些？其特性是什么？

2. 新疆的哪些环境特征使其成为我国枣的主产区？该产区枣品种的主要类型及其特征有哪些？

3. 简述枣的枝、芽特性。

4. 简述枣树花芽分化与开花的特点。

5. 枣树有哪些树形？其整形修剪有哪些措施？

第5章

工业原料类树种栽培

5.1 漆树栽培

5.1.1 概述

(1)经济价值

漆树(*Toxicodendron verniciflumm*)是我国重要的特用经济林树种,由漆树采割获取的漆液称为生漆(又称国漆、大漆),是许多工业生产的重要原料,也是我国传统的出口物资。

生漆有"涂料之王"之称,由生漆涂刷形成的漆膜坚硬而富有光泽,具有独特的耐久性、耐磨性、耐热性、耐油性、耐水性、耐溶剂性以及绝缘性,性能优良。几千年来,生漆被广泛用于各种木器家具、棺椁、工艺器物以及地下地上建筑的涂髹和装饰。另外,漆木、漆树果实和漆籽油也具有重要用途。

(2)栽培历史和现状

漆树原产中国,远在4200多年前的虞夏时代,《韩非子·十过篇》和《说苑》就有把漆器作为食器、祭器的记载了。《史记·货殖列传》《山海经》《本草纲目》《农政全书》等著作中也有对漆树详细论述。在春秋战国及秦汉时期,生漆生产及加工工艺极其兴盛,历经唐、宋、元几个朝代,漆工艺不断进步,制作方法不断创新,并在栽培技术、采割方法及加工、检验上积累了很多经验。在汉、唐、宋时期,中国的漆器和髹漆技术流传到亚洲及欧洲各国。

漆树主要分布于亚洲的温暖湿润地区,在我国东经97°~126°、北纬19°~42°的广大区域都有分布,在秦岭、大巴山、武当山、巫山、武陵山、大娄山、乌蒙山一带分布最为集中,是我国漆树的中心产区。

目前,我国约有漆树5亿株,其中大部分为野生林,广泛分布于温带落叶林和亚热带针叶阔叶混交林中。近年来,随着化学合成涂料的出现和发展,加之劳动力成本提高,严重阻碍了生漆产业的发展,产量骤降。因此,因地制宜建立漆树种植园,实行集约化经营管理,是生漆产业未来的发展方向。

5.1.2　主要种类和优良品种

(1)主要种类

漆树属漆树科(Anacardiaceae)漆树属(*Toxicodendron*)，约有 20 种。我国有 16 种，其中 6 种是特有种。在生产中，通常将漆树分为大木漆树和小木漆树两大类型。

大木漆树通常指野生山漆树，多分布在较高的高山、中山地区，其繁殖主要靠风力或鸟类传播漆籽，但也有人工籽育、根育繁殖的；一般寿命较长，树体高大，成年树高 10～15 m，树干较粗，树皮较厚，生命力强，耐旱耐寒。小木漆树多分布在低山丘陵地区，是长期人工培育的，其繁殖主要采用根育；一般寿命较短，树体较矮，成年树高 5～12 m，生命力弱。

大木漆树和小木漆树之间有过渡类型，在形态特征上不易区分，但一般来说各有其特点。大木漆树分枝多水平伸展，节间长，当年生小枝较光滑，叶色较浅、质薄，叶背脉上疏生绒毛，花多为黄白色或淡黄色，漆籽较饱满，果形小，长宽近相等。小木漆树的分枝一般较上倾，节间较短，当年生小枝密生绒毛，叶色较深、质厚而较柔软，叶背脉上密被绒毛，花多为黄绿色或黄色，漆籽多皱纹，果形大，而且多数宽大于长。

大木漆树和小木漆树的经济性状也不同。大木漆树开割期晚，割漆周期长，年产漆量较低，但生漆燥性好，漆树结籽多，籽粒饱满，出蜡率较高，一般约为 20%。小木漆树开割期早，割漆周期短，年产漆量较高，一般单株年产漆量 0.15～0.25 kg，个别达 0.5 kg，但生漆燥性差，结籽较少，漆籽出蜡率低，为 11%～18%。

(2)优良品种

我国漆树栽培历史悠久，由于长期以来采取异花授粉，加上自然条件复杂多样，经过长期的自然选择和人工选择，形成了许多漆树优良品种。目前，我国漆树地方品种达 40 多个，著名的有'大红袍''贵州红''红皮高八尺''阳高大木''阳高小木''灯台小木''竹叶小木''白皮小木''火罐子''天水大叶'等。这些漆树优良品种各有其特点，因此，在漆树育苗造林中，应因地制宜，选用适宜本地区的优良品种予以推广。

'大红袍'：树高约 10 m，树冠伞形，树皮灰褐色，6 年生以上树皮呈纵向开裂，裂纹紫红色，树龄越大，红色裂纹也越多，"大红袍"由此得名。'大红袍'是自然 3 倍体植物，不结实或结实量极少。树皮厚，流漆快，产漆多，开割早，7～8 年生即可割漆，可割 15 年左右，漆液色艳质好。分布于海拔 1000 m 以下的山麓、田边和路旁。

'高八尺'：树形高大，树冠尖塔形，主干分枝点高 3～4 m。树皮灰白色，具纵裂纹浅。漆籽暗黄色，结实量大。高八尺漆树寿命长，耐割漆，一般 10～15 年生可开割，可割 20～30 年。树皮薄而较硬，产漆量不及'大红袍''贵州红'等品种，但树干端直，可兼作用材树种，大多生长于海拔 1500 m 以下地区。

'贵州红'：又名红毛贵州。树形高大，树冠宽阔，主干分枝点高约 2.5 m。皮具浅裂纹，裂口土红色或杏黄色。漆籽暗绿色。树皮较厚而松软，产漆多，质量较好，树龄约 10 年即可开割。寿命较长，可割 25 年左右。该品种多分布于海拔 1200 m 以下山地。

'火罐子'：树形矮小，最高达 6 m，最大胸径约 10 cm，主干分枝点高 0.5～0.7 m。树皮麻灰色，裂纹显红色。树皮会自然裂开、流漆，使树体呈铁黑色，故又称"铁壳头"。

其年产漆量和质量比其他农家品种高，一般树龄 5~6 年即可割漆，但寿命短，不足 10 年。结籽极少或不结籽。

'毛坝大木'：又称阳高大木，树高约 12 m，树冠大而开阔。8 年左右开割，可割 20 年以上，漆质良好。适宜种植在海拔 800~1200 m 的次高山和高山地区，在湖北利川、咸丰、建始、恩施等地海拔 1200 m 以下的地区广有栽培。

'毛坝小木'：又称阳高小木。树高约 7 m，枝下高 1.0~1.4 m。小枝灰褐色，枝多。毛坝大木和毛坝小木主要分布在湖北利川毛坝镇，所产生漆被称为"坝漆"，质量特优。

'天水大叶'：树高约 17 m，树干通直似箭杆杨。一般不分大枝，约 10 m 高处分小枝。耐寒性强，产漆量大。主要分布于甘肃天水一带海拔 1500~2000 m 的山区。

'灯台大木'：单轴分枝，主干通直、高大，冠近塔形。枝轮生，近水平状或斜展。树皮纵裂，裂纹锈色；果序较短，约为叶长的一半。果实圆形，种子扁圆形、较小。萌芽和落叶皆较一般品种晚约 15 d。生长迅速，平均年胸径生长 2 cm 以上。7~8 年生可投产。单株年产漆量较高，愈合能力强，采割年限可达 40 年。无性繁殖效果良好。

'肤盐皮'：主干明显通直，侧枝轮生。新梢紫红色，无毛。树皮灰褐色，裂纹浅而少，内皮黄褐色，有锈色斑点或条纹，枝干皮孔圆形，较少。叶呈卵状椭圆形，较大，尾尖，纸质。叶背主侧脉密被灰黄毛，网脉被同色毛。复叶柄和叶轴上面红色，下面黄绿色，略被白粉，无条纹，无毛。主要分布于盆地边缘海拔 1400~2000 m 的山地。

'毛叶漆树'：为高大落叶乔木，树高可达 20 m。树冠伞形或阔钟形，枝叶苍茂。枝轮生，新梢灰绿色，被灰黄色茸毛。树干通直，树皮灰褐色，随树龄增大，树皮粗糙而呈不规则纵裂，裂口呈土红色或棕红色。叶肥厚，表面暗绿色，背面青灰白色。割漆年限 20~30 年。主要分布在伏牛山区东部，多种植和散生在山坡、梯田和沟槽中。

5.1.3　生物学和生态学特性

5.1.3.1　生物学特性

(1)漆树生长发育特性

漆树是落叶乔木，一般高 5~15 m，胸径 12~40 cm，其体内各部分几乎都含有白色漆液。奇数羽状复叶。一般雌雄异株，个别为雌雄同株。花 5~6 月开放，圆锥花序腋生，花期 5~6 月。果实 9~10 月成熟。漆树主根不明显，侧根发达；萌芽力较强，树木衰老后易更新。5~8 年生漆树，一般胸径达 15 cm，即可采割漆液。约 40 年后生长逐渐衰退，一般寿命在七八十年以上，少数超过百年。

漆树的生物学特性

(2)漆汁道的结构和发育

漆汁道是漆树体内的一种分泌道，是由 1 层上皮细胞和 2~3 层薄壁细胞组成的鞘包围着中央的腔道组成。生漆是由上皮细胞产生，并贮存于腔道之中。漆汁道在漆树各器官中均有分布。在幼茎中，漆汁道分布在初生韧皮中，直径一般较大，在中央的髓部薄壁组织中也有较小的漆汁道分布；在树干中，漆汁道只分布在次生韧皮部中，直径约 170 μm；在根内，漆汁道分布在初生韧皮部和次生韧皮部中；在叶内，漆汁道分布在各级叶脉维管束的韧皮部中；在叶柄内，漆汁道主要分布在叶柄的维管束韧皮部。

在生长季节，维管形成层的纺锤状原始细胞不断进行细胞分裂，新细胞在进一步发育分化中，有些细胞间的中层(细胞间隙)溶解、消失，通过裂生方式而形成的由上皮细胞所包围的细胞间道，即漆汁道。漆汁道最初是缝隙状的，以后由于上皮细胞的分裂和生长，间隙逐渐扩大并变成圆形。在此过程中，漆液也大量产生，并逐渐充满漆汁道。

5.1.3.2 生态学特性

(1)温度

漆树喜温而耐寒。国内漆树主产区年平均气温为 8～16 ℃；≤10 ℃活动积温 2400～5000 ℃；无霜期约 250 d；极端最高气温 43 ℃和极端最低气温−25 ℃为安全栽培界限；垂直分布范围为海拔 300～2400 m。

(2)水分

漆树喜湿而怕渍。漆树根系强大，吸收能力强，但分布浅。国内漆树主产区年降水量560～1500 mm，年平均空气相对湿度为 65%～85%。

(3)光照

漆树喜光，为阳性树种。年日照时数 1400～2500 h、日照百分率在 30%～50%、年太阳总辐射量在 376.6～523 kJ/cm² 时，漆树均可正常生长，但以向阳、避风的山坡、山谷生长为好。

(4)土壤

漆树对土壤质地适应性强，在灰岩、板岩、砂岩及千枚岩上发育的山地黄壤、山地黄棕壤、山地棕壤上均可生长，对土壤酸碱度要求不高。

5.1.4 育苗特点

漆树苗木繁殖的主要方式是有性繁殖和无性繁殖。

(1)有性繁殖

这种方法的优点是采籽容易、育苗省工、出圃较快，且能保持寿命长、漆质好、结籽多的原有特性。

漆籽可在 9～10 月待种皮呈黄色时采收，除去外中果皮、留下硬核(内果皮)。由于内果皮紧密坚硬并含有蜡质，种子须进行脱蜡、脱脂处理，才能进行播种。脱蜡脱脂的方法为沸水浸种退蜡，碱水(或洗衣粉)脱脂和拌沙揉搓退蜡等。脱蜡后的种子需催芽方能播种。催芽有冷水浸种、温水浸种、淋水催芽、堆肥催芽法等，一般以手指甲能掐破种皮或有 5%的种子裂开露白时即可播种。

播种应选择土层深厚肥沃，微酸性砂质土壤。由于漆苗在幼芽时期喜湿怕晒，至开始木质化后又喜光喜雨，因此，应注意在种子播下后，除适时浇水外，还必须用树木枝叶或草帘覆盖。待幼苗出土后，用短木权撑草帘 20 cm，让幼苗通风。待幼苗木质化后，可选择阴雨天揭开草帘，使幼苗受光受雨，以保证漆苗正常生长发育。

(2)无性繁殖

漆树的无性繁殖是用漆树的根、茎进行育苗，主要用于繁殖不结籽或结籽少的漆树品种。方法主要有成年树根育苗和苗根育苗 2 种。

①成年树根育苗。选择生长健壮、无病虫害、皮层厚而软、产漆量多、漆皮好的中龄

母树，在"雨水"前后、树液未流动之前挖根。挖根时选择树干和树冠发育较好的方位，在离树干 1 m 处挖开表土，沿侧根延伸方向挖沟，使根系露出，用锋利的刀或修枝剪剪下侧根和主根上粗 0.5~1.0 cm 的根系，移至室内或阴凉处，剪成 20 cm 长的短节，按大小头顺序整理，不能暴晒，稍晾干后放至温暖处埋土催芽。然后整床开沟，将催芽后的根段在沟内排列，排根时要随取随排，勿使根芽暴晒。排根前最好用泥粪浸根，以保证成活率和根苗的健壮生长。萌苗约 30 d 出齐后要及早定芽。

②苗根育苗。将出圃的漆苗根剪下一部分，重新排列在苗床上进行育苗。这种方法不仅节省劳力，而且苗根量大，出苗率高，出苗快，苗齐苗壮。整床开沟及剪截、排列方法与成年树根育苗方法相同。

此外，嫁接是繁育漆树、培育良种的另一种方法。一般采为"T"字形芽接法。但由于埋根育苗方法简单实用，也可保持母体的优良特性，因而生产中很少用嫁接育苗。

5.1.5　建园特点

(1)园址选择

选择背风向阳、土层肥沃、湿润、排水性和透水性良好的酸性、微酸性或中性的砂质土或砂质壤土地带建园，并要求气温较高，湿度较大。对大木漆树，宜选择海拔 1500~2000 m 的中高山地；小木漆树宜选择海拔 700~1200 m 的地带。

(2)栽植建园

对立地条件较差的地区，栽前需细致整地，将造林地提前进行全垦、整成水平梯田或挖鱼鳞坑。栽植季节一般在早春或晚秋。密度可以依立地条件、品种、经营管理措施而定。一般大木漆树栽植密度为 1200 株/hm²，小木漆树为 1800 株/hm²。栽植苗木要求基径粗 1 cm 以上，高度 1 m 以上。栽植后要定期进行中耕除草、补苗、整枝及防治病虫害。

5.1.6　管理技术特点

(1)土肥水管理

由于漆树在我国主要分布于亚热带气候带，该区域雨量充沛，林内常常荆棘杂草丛生，漆树生长不良。对这些处于衰弱状态的天然漆林，应有计划地进行砍灌、扩盘，也可以根据具体情况进行施肥、覆盖保墒、间作等，以保证漆树生长的营养需求，改善生长环境。

人工种植的漆林可以采用集约化模式进行地下管理。对地面进行间作套种或生草、覆盖，抑制地面杂草和杂灌生长。必要时对漆林进行施肥。

(2)整形修剪

天然漆林一般很难进行整形修剪，树形均为自然圆头形。对于人工漆林，可培养成自然圆头形或多主枝丛状形。

漆树修剪一般以培养粗壮主干或主枝为主，主要采用更新修剪，剪去干枯枝、病虫枝、细弱枝、过密交叉枝，回缩主干或主枝，以恢复树势，促进营养生长。

对于衰老或因其他因素的影响而濒于死亡的漆树，应及时更新。更新方法有 2 种：一种是伐桩萌芽更新，即砍倒主干后使伐桩萌发根萌苗；另一种是根部萌芽更新，即挖掉伐桩保留侧根在地下，使侧根萌发根萌苗。这两种办法比较简单易行，可使树势衰退的漆林很快得到更新。

(3)病虫害防治

漆树苗木害虫有小地老虎、蛴螬，食叶害虫有漆树叶甲、樟蚕、漆毛虫，蛀干害虫有四点象天牛等，枝梢害虫有漆树蚜虫等。病害有炭疽病、褐斑病、叶霉病、毛毡病和漆苗根腐病等。在天然漆林内，病虫害往往不会形成很大危害，但人工林因组成单一，若控制不严可能会发生大面积危害，因此，对漆树病虫害也应坚持"预防为主，积极消灭"的原则，实行综合防治，结合抚育管理，提高漆树抗病虫害能力。

5.1.7　割漆和漆液处理

(1)割漆

①割漆季节与树龄。割漆季节因各地的气候不同而存在差异。气温高的地方采割季节早且割期长，气温低的地方采割季节晚且割期短。具体采割期应依叶的生长情况而定，始期应在树叶长成以后，终期应在落叶以前，即"芒种以前准备完，叶子长成就挂篮(割漆工具篮)，三伏时节割漆欢，落叶收刀漆下山"。

割漆树龄依地区和品种的不同而不同，如"火罐子"4~5年即可开割，'红皮高八尺'8~10年、'天水大叶'10~12年才能开刀。因立地和管理条件不同，同一品种的成熟期也不尽相同，一般当大木漆树胸高直径在17 cm以上、小木漆在13 cm以上('火罐子'7 cm以上)，树干普遍呈现较深裂纹时，即可采割。

②采割时间。理想的采割时间是日出之前，这时树冠的蒸腾作用弱，空气湿度大，漆液分泌快，割口干涸慢，漆液分泌时间较长。高温阴雾天是割漆的最好时间。

③割漆方法。广大漆农在漫长的割漆实践中积累了极其丰富的经验，创造了许多割漆口形，这些口形按刀法可分为直线切割和曲线切割2大类。直线切割类有牛鼻形、倒"八"字形、剪刀形、"一"字形等；曲线切割类有柳叶形、画眉形等(图5-1)。

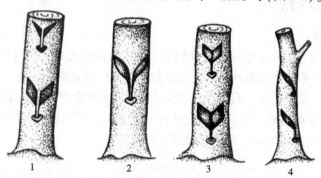

1.牛鼻形；2.倒"八"字形；3.剪刀形；4.柳叶形。

图5-1　割漆口形

割皮采漆时要注意先割割口的上边缘，后割割口的下边缘，同时要求下刀准快，提刀利落，刀起皮掉，口齐无茬，不能补刀。割口深度以透过韧皮部为宜，割去的树皮越窄越好，上切口起坡，下切口起槽。

漆口割好后，应迅速在割口下方7 cm处用漆刀割一缝插入蚌壳，使漆液慢慢流入蚌壳。收漆时自下而上，将漆液收到漆桶内。

近年来，有人士试验了类似橡胶树割胶的"形成层保护法"，即割口深度要透过韧皮部，但不破坏形成层，这样有利于割漆口的快速愈合。同时，开始研制电动和智能割漆工具，为生漆的采割提供了便利条件。

（2）割漆方式

①歇年割漆。对于采割过的漆树，应当停割 1~4 年，当割口愈合或基本愈合、树冠葱绿、枝叶茂盛时，即可再次采割。

②连年割漆。对立地条件好、生长快、流漆量大的漆树，可进行连年采割。但割后须加强土肥水管理和病虫害防治。

③强化割漆。对于不能再开新口、病虫害严重、衰老枯萎失去发育能力以及因其他原因必须砍伐的漆树，可以多开口、开大口进行强化采割后伐除更新。

（3）漆液处理

贮存生漆应选择避风、阴凉、无阳光直射和雨水浸入的地方，气温 0~30 ℃。最好贮存在冬暖夏凉的地下室或地窖内。天气闷热时，要通风透气，以免变质，不要与酸、碱、盐及其他化学药品混放。

生漆含有天然生物酶，不能贮存过久，以不超过半年为宜。若需久存，可加入 0.10%~0.15% 的甲醛以增强防腐能力。如果存放较久，生漆已开始变质，可再加入 0.15%~25% 的甲酸，搅拌均匀后，漆色能好转，燥性也有所提高。

小　结

漆树是我国重要的特用经济林树种，生漆有"涂料之王"之称。漆树是落叶乔木，体内各部分几乎都含有漆汁道，分泌白色漆液。通常 5~8 年生漆树胸径达 15 cm 时即可采割漆液。漆树喜光喜温且耐寒，喜湿但怕渍。根系分布浅，喜生长在质地松软、通气性良好的砂质土壤。漆树有大木漆树和小木漆树 2 大类型：大木漆树开割期晚，割漆周期长，年产漆量较低，但生漆燥性好，结籽多；小木漆树开割期早，割漆周期短，年产漆量较高，但生漆燥性差，结籽较少。漆树育苗的主要方法有播种育苗和苗根（茎）育苗。漆树建园以植苗造林为主，也可对天然漆林改造成林。地下管理以抚育为主，地上管理主要是培养粗壮通直的主干。割漆口形有"牛鼻"形、倒"八"字形、柳叶形、剪刀形等。割口深度要透过韧皮部，但不破坏形成层。割漆方式有歇年割漆、连年割漆、强化割漆。割漆后应及时对漆液进行处理。

思考题

1. 生漆有什么特性？
2. 我国漆树有哪些类型？
3. 简述漆树育苗的主要方法。
4. 割漆有哪些口形？

5.2 栓皮栎栽培

5.2.1 概述

(1)经济价值

栓皮栎(*Quercus variabilis* Bl.)是壳斗科(Fagaceae)栎属(*Quercus*)的乔木树种，是具有软木、栲胶、淀粉、木材等多种重要用途的经济林树种。其树皮的周皮部分也叫软木，具有特殊细胞结构，具有密度小、弹性好、浮力大、不透水、耐酸碱、绝缘保温、隔音防震、耐摩擦、耐腐蚀等特点，经过加工可制成软木砖、软木纸、软木塞等多种制品，可用于医药、食品、建筑、机电设备等方面，是工业不可缺少的重要原料。我国年产软木原料 $5×10^4$ t，有"软黄金"的美誉。栓皮栎的主产区在秦岭山区，陕西产量占全国产量50%(白超等，2014)。栓皮栎的树皮、枝条、果壳(橡碗)可提取栲胶，用于鞣质皮革、制作染料、净化水管，以及作为医药、工业原料；果实含淀粉，可酿酒、作饲料；树叶还可用于饲养柞蚕。它的木材致密紧实、强度大、纹理通直，为建筑、船舶良材，属于珍贵用材；小径材适于作矿柱、地板，枝梢粉碎后可用于培养木耳、香菇。栓皮栎根系特别发达，适应性强，能改良土壤；树皮不易燃，是重要的防火树，也是营造水源涵养林和防护林的优良树种(张文辉等，2014)。

(2)地理分布

栓皮栎主产我国，在日本、朝鲜有少量分布。我国22个省份有分布，其分布范围从辽宁南部向西，经燕山南坡、山西吕梁山、陕西黄龙山、甘肃小陇山，至川西北再向南直达云南文山、西双版纳，后再向东，至广西、广东，是我国温带落叶阔叶林、针阔混交林、亚热带阔叶林区的主要树种。栓皮栎人工林不多，仅存在小面积的点播林(罗伟祥等，2009)。

5.2.2 生物学和生态学特性

5.2.2.1 生物学特性

栓皮栎的
生物学特性

栓皮栎为落叶乔木，树皮深灰色，深纵裂，周皮层厚。单叶互生，叶长圆形，先端渐尖，基部广楔形，叶背面被灰色短绒毛，叶缘具刚毛状锯齿。雄花为柔荑花序，雄蕊5枚；雌花单生、短穗状，子房3室；花期4月上旬，果熟期翌年9~10月，果实为坚果、长卵形，生于壳斗内。

栓皮栎生长情况因树龄和立地条件不同而有很大差别。一般1~2年生幼树地上部分生长很慢，每年高生长仅30~40 cm，基径0.2~0.3 cm，但根系生长较快，通常2年生主根长度可达40 cm。4~5年以后，地上生长加快，每年高生长0.5~1.0 m，胸径生长0.5~1.0 cm，水肥条件好生长更快。10~30年为树高速生期，20~60年为直径生长盛期。成年树根系发达，主根明显，细根少。伐桩萌芽力强，易形成萌生林，但连续平茬3次后萌芽力会明显降低。

栓皮栎周皮形成层终生不断产生周皮(软木)，树木直径达20 cm时可以采割。栓皮栎韧皮部外侧有一层薄壁细胞，称为周皮形成层，它不断向外产生周皮层（软木）。

5.2.2.2　生态学特性

栓皮栎喜光、耐旱，但幼苗耐阴。对各类土壤适应性强，酸性、中性、钙质土、pH值在 4.0~8.0 范围内均能生长，以肥沃、排水良好的阳坡壤土和砂壤土生长最为适宜（吴敏等，2013），所产的栓皮厚而软，容易采剥。但在 30° 以上陡坡，所产的栓皮薄而硬，较难采剥。

栓皮栎还具有抗旱、抗火、抗风的特性。栓皮栎林能较好净化环境，对大气中二氧化碳含量增加有反馈调节作用。发达的根系可有效减轻降水对地面的侵蚀，拦截泥沙，缓冲径流，稳定表土，在水土保持中发挥着重要作用。

5.2.3　苗木繁育

目前栓皮栎主要以有性繁殖方式繁殖苗木，有苗床育苗和容器育苗 2 种方式。

5.2.3.1　苗床育苗

（1）整地做床

育苗前通过翻耕、耙糖、平整、镇压，清除草根、树根和石块等杂质，做到深耕细整，使土壤疏松，土地平整。整地时东西向做床，以充分利用光能。倾斜地面应与斜坡呈直角床。苗床高度视当地降水、灌溉、排水条件而定：雨水充沛地区以高床（高于地面 10 cm）为主；雨水较少地区，以低床（低于地面 10 cm）为主。床面宽 1.0~1.2 m，长度依地形和育苗量确定，一般 3~4 m 为宜。苗床间隔作土垄，宽 40 cm，高 20 cm。利用栓皮栎林地 0~5 cm 地表土，除去直径>0.5 cm 的石块、杂质，以及树根草根等铺床底，铺垫厚度 30 cm，育苗效果好。播种前要用黑矾对土壤进行消毒处理，一般每亩用量 25~50 kg，并施足底肥。

（2）温水催芽

干藏种子育苗前经过温水催芽，出苗快，出苗整齐。温水催芽方法：种子在育苗前 7 d，气温达 15 ℃时，以初温 40 ℃干净温水在大盆内浸种 10 min，然后捞出，装入筐篓置于阴湿生境，用干净湿润棉织物覆盖，每天用 38 ℃干净温水冲洗种子 1 次，等种子萌芽露白后便可播种育苗。

沙藏种子会随着地温升高自动萌芽。为保证出苗迅速，出苗整齐，沙藏种子也可以温水催芽，方法与干藏种子一致。

（3）播种时间

秋季播种可以在采种后不经贮藏，经温水催芽后直接播种。播种时间一般不要迟于 11 月中旬。春季播种在 3 月上旬当气温日均稳定在 12 ℃以上时播种。秋季播种比春季播种效果好，不仅避免了种子贮藏，成苗率也高。但鼠兔害严重地区不宜秋播。

（4）播种方法

播种前约 5 d 对圃地灌水，待圃地土壤不黏时播种。采用点播方法，可开沟和挖穴播种，行距 30 cm，深度 4~6 cm，种子距离 10 cm，横放 1 粒种子，覆土厚度 3 cm，压实。播种后，用秸秆或地膜覆盖床面，保持床面湿润。在 1~2 年时，幼苗需遮光 50%，可为苗床搭建遮阳网，2 年后逐步去掉遮阳网。

(5)幼苗管理

幼苗管理包括间苗、定苗、水肥管理、断根和病虫害防治。当幼苗高20 cm时，可进行第1次间苗、定苗，在每穴只保留1株最健壮个体。间苗宜在雨天过后或灌水后3~5 d、苗床土壤不粘工具时进行。第1次间苗后，待相邻苗木冠幅相接时再进行第2次间苗，间苗强度为50%。间出的幼苗尽量保护根系，另设苗床按照原苗床的株行距移栽、管理。移栽后苗床应及时灌透水1次。

肥水管理是在育苗当年5月初至9月上旬进行，应根据需要及时松土除草、灌水施肥。5月每亩施尿素10 kg；8月上旬以磷、钾肥为主，每亩可施硫酸钾、过磷酸钙30~40 kg；9月中下旬停止追肥、灌水，促进苗木木质化，以增强抗逆性。

在苗木生长的第2年或苗高40~50 cm时进行断根。在距离幼苗18~20 cm处，用锋利铁铲相较地面倾斜45°插入土壤，于18~20 cm处切断主根，促使幼苗侧须根发育。

5.2.3.2 容器育苗

(1)容器规格

营养钵材质为无纺布可降解材料，内容积高25 cm，直径6~8 cm。

(2)配制营养土

配制营养土应就地取材，用80%栓皮栎林地表土(0~5 cm)+10%腐熟厩肥或栓皮栎林地表土中加入5%的饼肥及过磷酸钙充分搅拌后+10%蛭石。营养土要过筛，除去石块、树根和杂草。

(3)播种

每个营养钵装营养土至容器3/4高处，每个容器内横向放置饱满种子1粒，再覆盖营养土3 cm，压实。营养钵在苗床内整齐排放，4×20个营养钵为一组，各组间距15 cm。在营养钵上覆盖薄膜。

(4)管理与移植培养

保持苗床和容器内土壤湿润。控制棚内温度变化，温度不超过35 ℃。30~40 d苗木出齐后，揭去薄膜。及时浇水、松土除草、防治各类危害。6月下旬至7月底要加强水肥管理，促进苗木生长。在圃地或苗床架设遮阳网小拱棚或大棚，以遮阴50%为宜。

(5)容器苗或苗床苗后续培养

容器苗或播种苗后续培养措施要根据苗木生长速率而定。当苗木冠幅相接时，进行再次间苗(移植)，强度约为50%。连续多次移栽间苗，一直达到可以出圃造林的标准为止。容器苗在一年后都应移植于大田，扩大空间继续培养，株行距为20 cm×30 cm。继续培养幼苗，新栽植的苗圃生境条件与初次选择苗圃地的标准一致，管理措施也相同。按照需要及时除草、灌水，促进苗木生长和形成良好树冠。

5.2.3.3 苗木分级

无论苗床苗还是容器苗，栓皮栎造林用苗木应苗干通直，充分木质化，顶芽、侧芽饱满、无冻害、风干和机械损伤，无病虫感染。其苗木质量指标可参考表5-1。

表 5-1　栓皮栎苗木质量等级

指标	Ⅰ级	Ⅱ级	Ⅲ级
地径(cm)	≥2.0	1.3~2.0	1.0~1.3
苗高(cm)	≥200	150~200	100~150
冠幅(cm)	≥70	50~70	30~50
主根长度(cm)	≥50	≥40	≥30
长度≥10cm 侧根数量(条)	≥8	≥6	1.3~2.0
须根	各级主侧根须根丰富	各级主侧根须根较少	各级主侧根须根稀少

5.2.4　造林技术

(1)造林地选择

在栓皮栎天然分布区，营造以生产软木、橡子、橡碗相结合为目的的人工林，应选择交通方便、阳坡或半阴坡、土层深厚肥沃的壤土或砂壤土生境造林。营造水源涵养林、防火林等，对立地条件要求不高，薄土层、山脊、石质山地以及山口迎风处均可造林。

(2)苗木选择

栓皮栎造林应选用合格苗木。退耕地、撂荒地、采伐迹地、疏林地，尽量采用Ⅰ、Ⅱ级苗，生境条件优越可以采用Ⅲ级苗。栓皮栎造林可以营造纯林，也可以营造混交林。

(3)栽植密度

栓皮栎植苗造林的株行距既要考虑苗木大小，也要考虑栓皮栎初期生长慢和林地不易郁闭的生物学特性。植苗造林有以下几种株行距可供选择：2.0 m×1.5 m，2.0 m×2.0 m，2.0 m×3.0 m。苗木小，可以选择密度较小的株行距；苗木大，可以选择密度大的株行距；立地条件好、土壤水肥条件优越，可选择密度较大的株行距，否则选择密度较小的株行距。造林后，随着苗木生长，当林地郁闭度达 0.8 以上时，可通过透光间伐淘汰形质较差的个体，减小密度(罗伟祥，2009)。

(4)造林方法

①植苗造林。植苗造林适合于栓皮栎苗木造林的各类立地条件(退耕地、撂荒地、采伐迹地、疏林地)。栽植前，将苗木根系主、侧根先端剪去一部分(0.2~0.5 cm)，用生根粉泥浆蘸根，以促进根系发育；也可剪除苗干上部分枝条，以减少蒸发失水，提高成活率。

栽植时，苗木放在栽植穴中间，尽量纵横行对直，先填入 0~10 cm 的表土，二次核对位置，并使其根系舒展、分布均匀；填土至栽植穴 2/3 处时，用手轻提苗木，再填土，分层踏实。苗木栽植深度为根颈上方 1~2 cm(张文辉等，2014)。

②点播造林。栓皮栎种子大，营养丰富，可采用点播造林。点播造林适宜在立地条件较好的退耕地、疏林地、林窗和林间空地，且鼠害危害较轻的地方。点播造林时间可以选在采种后 10~11 月造林，也可在翌年 3 月至 4 月上旬造林。点播造林密度比植苗造林密度大，株行距 0.5 m×1.0 m。点播穴直径 30~50 cm，深度 10 cm，每穴 3 个点，每点放种子2 粒，种子覆土 2~3 cm，覆土后踏实，形成一个低于周围地面点播穴位，以利于集水。点

播也可以用尖头木棍在株行距位置上呈"品"字形插出 3 个小孔，每孔点播 2 粒种子，覆土后踏实。

5.2.5 不同生长发育阶段的管理

(1) 幼苗期管理

造林后的抚育管理是指造林 3 年以内，幼苗初植阶段的管理，目的是为苗木生长营造适宜的生境条件，保证苗木成活。

①浇水施肥。植苗造林、点播造林后均应浇水，第 1 次浇水要充分。点播出苗期和栽植苗缓苗期要进行第 2 次浇水。此后可以不浇水。施用化肥时，将含有一定比例氮磷钾养分的混合肥料，按 1∶(200~300)的浓度配成水溶液进行喷施，或者配合浇水施肥。不可干施化肥。

②中耕除草。林后从第 1 年开始，每年进行 1~2 次中耕除草，并与扶苗培土结合，直到林地郁闭度达 0.6。栓皮栎苗木所在穴坑内外影响林木生长草本、灌木要及时清除，使地面疏松无杂草。松土除草应做到里浅外深，不伤害苗木根系，深度为 5~10 cm。带状、块状整地的，随着幼树生长逐年加宽，每年向外扩展 15~20 cm。鱼鳞坑整地的，结合松土除草修复鱼鳞坑，加固外沿。

③间苗。对栓皮栎直播造林，每一坑穴内超过 2 个幼苗的林地，苗期结束，需要间苗。间苗时间大体在第 3 个生长期结束后进行，除去弱小者，保留强壮者。立地条件差，一坑内难以判断 2 个苗木优劣时，可等到容易区分时再间苗一次。

(2) 不同年龄阶段的管理

栓皮栎幼苗期(约 3 年)之后，进入正常的栓皮栎林经营阶段。栓皮栎林的营林周期划分为幼龄期、中龄期、近熟期、成熟期、过熟期 5 个阶段，每个培养阶段 20~25 年，整个周期为 100~125 年。

①幼龄林管理。在幼龄期前期，栓皮栎树冠没有相接之前，除草、施肥、灌水、间苗等管护措施主要是为了改善林地生境条件，促进幼苗定植成功。在幼龄期的末期，树冠交错，当林地郁闭度达 0.85 以上时，应进行抚育间伐，第 1 次为透光伐(张文辉等，2014)。

②中龄林及以后阶段的管理。进入中龄林后，随着林木生长，要适时进行抚育间伐。选择生长旺盛、通直圆满的个体作为目标树培养；增加乡土乔木树种，促进混交林形成；对影响目标树生长的林木(包括劣质木、病虫木)进行间伐；清除影响幼苗、幼树生长的藤本和大型灌草植物，促进林分异龄化发育。抚育间伐的目的是保持林分适当密度，改善林地光照，调整个体间竞争关系，促进林木生长；提高软木、橡子、橡碗产量和生态文化功能。

抚育间伐频次根据立地条件和林木生长状况确定，重点是林分郁闭度，达 0.85 以上时，就应该进行抚育间伐，否则会导致林木生长速率减缓，枯死率上升，林地经济生态功能降低。合理的抚育间伐不仅能够促进林木生长，增加林分立木蓄积量，并且每次抚育间伐都会有林产品产出。在从幼龄林到成熟林阶段，每 10 年左右采割软木 1 次，每年收获 1 次橡子、橡碗。根据经验，在一般生境条件下，每次抚育间伐保持林分郁闭度约为 0.7，每隔 10 年进行一次抚育间伐(张文辉等，2014)。

5.2.6　软木的采剥和处理

(1) 软木采剥树龄和轮剥期

栓皮栎周皮形成层终生活动,不断加厚。当软木达到一定厚度后,需要进行采剥,如不及时采割会自然分解销蚀。栓皮栋第 1 次采剥时的年龄称为初剥年龄。直径在 20 cm 时进行第 1 次采剥,然后隔 10 年可进行再次采剥,依次类推,一生可以多次采剥,相邻 2 次采剥的间隔时间称为轮剥期。

(2) 采剥时间

每年 4~9 月,周皮形成层活动期间都可以剥皮。此期气温为 15~25 ℃,树液流动,周皮形成层活动旺盛,周皮易剥离。具体采剥时间:秦岭以南采剥时间早,秦岭以北采剥时间晚;低山区(800 m)采剥时间早,高山区(1400 m)采剥时间晚;立地条件好,采剥时间早,立地条件差,采剥时间晚(白超等,2013)。

(3) 采剥方法

采剥时,从主干基部离地面 5 cm 起,向上 1.5 m 为 1 个分段,在分段上下端处(即离地面 5 cm 和 1.55 m 处),环绕树干围在周皮层横切一个刀口,切口深度达周皮形成层即可(较栓皮纵裂痕底部再深约 3 mm);在上下横切口之间,沿树干向上、向下用刀锯竖割一条长口,用刀尖插入,向左右撬开周皮层,用手揭开,即可取下呈环筒状的周皮片。由于有周皮形成层存在,栓皮剥离比较容易,剥皮后的树干呈淡黄色,光滑、洁净。如果剥皮不慎误伤内皮(韧皮部),应立即在伤口上涂抹干性油,以防感染。

软木采剥

剥离树干基部第 1 段周皮后,沿树干向上,再剥第 2 段、第 3 段、第 4 段……当树干直径不足 15 cm 时,周皮较薄,可等到下次再采剥。

(4) 软木原料初步加工处理

软木利用主要是指采剥后的周皮经过去杂、除砂加工成各类制品,供人们消费利用的过程。采剥的软木包含各类杂质,也含有夹砂(硬核),除去杂质相对容易,除去夹砂需要膨化处理,技术要求较高。

小　结

栓皮栎是高大乔木,其分布面积大。树皮作为软木具有很高的经济价值;栓皮栎木材也是生产食用菌、药材的原料;栓皮栎坚果是淀粉原料,可以食用或作为能源原料;坚果的壳斗是橡碗、烤胶原料。栓皮栎是典型的一树多用树种,在我国栽培广泛,对乡村振兴、农村经济发展具有重要作用。

栓皮栎存在大面积天然林,可以通过种子育苗培育人工林。栓皮栎可在山坡或退耕地造林。栓皮栎林木或孤立木均可以作为软木、烤胶、淀粉、木材资源树种培育。栓皮栎早期生长缓慢,中后期生长较快。一般直径在 20 cm 以上时,就可以采割栓皮;栓皮栎的周皮可以再生,可以多次采剥。栓皮栎采剥的软木需要初步加工,除杂、去砂后方可进一步加工成软木制品。

思考题

1. 栓皮栎在我国分布在哪些区域？软木的主产区有哪些？
2. 栓皮栎有哪些主要的生物学和生态学特性？
3. 栓皮栎的经济用途主要有哪些？
4. 软木是利用的栓皮栎哪个部位？树木直径多大时可以采剥？可否再生并多次采剥？
5. 简述栓皮栎软木采剥的时间和方法。

第6章

木本调料、菜用类树种栽培

6.1 花椒栽培

花椒为芸香科(Rutaceae)花椒属(Zanthoxylum)植物，其果皮富含川椒素、酰胺和植物甾醇等物质，具有浓郁的麻香味，是人们喜食的调味品和副食品加工的重要佐料。

6.1.1 概述

(1)经济价值

花椒是具有香料、调料、油料及医药等多用途的经济林树种，经济价值高、分布广泛。花椒的主要经济利用部分是外果皮，为我国传统的"八大调味品"之一。种子含油量为25%～30%，可食用或工业用，也可作为加工肥皂和生物柴油的原材料，油渣可作饲料和肥料。嫩枝幼叶可腌食或炒食，是生产芽菜酱的优良原材料。此外，花椒整株均可入药，具有温中行气、逐寒、止痛、杀虫等功效。

花椒生态适应性强，根系发达，能保持水土，同时具有生长快、结果早、收益大、用途广、栽培管理简便等优点。目前，我国花椒产业年产值约350亿元，已成为花椒产区经济发展的支柱产业，市场发展前景广阔。

(2)栽培历史和现状

花椒原产我国，约有3000多年栽培历史。日本、韩国、朝鲜、印度等国家也有引种栽培。随着花椒产品消费需求量和出口贸易量的增加，其栽培面积日益扩大，至2019年，我国花椒栽培面积约$167×10^4$ hm^2，年产干花椒约$41×10^4$ t，其主产区在陕西韩城、凤县，甘肃武都、秦安、舟曲，四川汉源、茂县、西昌，贵州水城、关岭，以及河北涉县、重庆江津、山西芮城等地。

6.1.2 主要种类和优良品种

(1)主要种类

花椒属植物约250种，广布于亚洲、非洲、大洋洲、北美洲的热带和亚热带地区，温带较少。我国约有50余种，从辽东半岛至海南岛，台湾至西藏东南部均有分布。主要种有：

①花椒（*Zanthoxylum bungeanum* Maxim.）。又称秦椒、蜀椒等。有皮刺，基部宽扁，是我国栽培最广泛且经济价值最大的种。小叶常 5~9 片，果实为蓇葖果，球形，表面密生疣状腺点，成熟后浅红色至紫红色。花期 4~5 月，果期 6~10 月。分布遍及全国各地。

②川陕花椒（*Zanthoxylum piasezkii* Maxim.）。俗称麻花椒。皮刺直伸，有小叶 11~17 片，花期 4~5 月，果期 6~8 月。分布于甘肃、陕西两省南部及四川北部。

③竹叶花椒（*Zanthoxylum armatum* DC.）。又称竹叶椒、万花针、白总管等。常绿或半常绿，皮刺基部宽扁而先端略弯。用途与花椒相近，果皮麻味较浓而香味稍差。蓇葖果，表面具明显的疣状腺点，果粒小，成熟后呈红色至紫红色。小叶 3~5 片，花期 4~6 月，果期 7~9 月。主要分布于西南、华东、华中及华北地区，山地有少量栽培，可作为花椒砧木。

④野花椒（*Zanthoxylum simulans* Hance）。又称刺椒、黄椒、大花椒等，本种也是产椒皮的主要种之一，用途与花椒相同，但品味稍差。多为野生，少见栽培。小叶常 5~9 片，叶轴边缘有狭翅和长短不等的皮刺。花期 3~5 月，果期 6~8 月。主要分布于长江以南地区及华北地区山地。

⑤青花椒（*Zanthoxylum schinifolium* Sieb. et Zucc.）。俗称青椒、崖椒、野椒、香椒子等。皮刺针状，用途与花椒相同。椒油浓香，可食用。成熟早，易早衰。蓇葖果先端具短喙尖，表面腺点突起不明显，成熟后多为灰绿色至棕绿色。花期 6~8 月，果期 9~11 月。分布于我国黄河南北多数省份。

（2）优良品种

花椒在我国栽培历史悠久、分布广泛、变异复杂、生态类型多样，经长期自然选择和人工选育已形成 60 余个栽培品种。花椒品种依果实大小分为大椒和小椒；依果实颜色分为红椒、白椒和油椒等；根据果实成熟期分为伏椒和秋椒，伏椒 7~8 月成熟，秋椒 9~10 月成熟，椒皮品质优于秋椒。我国花椒虽栽培品种丰富，但良种选育进度却相对滞后。近年来经过科研工作者的潜心研究，已选育出'秦安 1 号''狮子头''南强 1 号''茂县花椒''凤选 1 号''凤椒''西农无刺花椒'等优良品种，各品种特性如下：

'秦安 1 号'：甘肃省天水市秦安县林业局等单位选育，1994 年通过审定。果穗粒数 121~172 粒，鲜果千粒重约 88 g。成熟的果实浓红色，表面有明显疣状腺点，成熟期为 7 月下旬至 8 月上旬。

'狮子头'：陕西省林业技术推广总站等单位选育，2004 年通过审定。枝条粗壮，1 年生树皮紫绿色，多年生灰褐色；小叶 7~13 片，叶片肥厚，钝尖圆形，两侧向上翘；栽植 3 年后挂果，第 5 年达盛果期；果穗紧凑，鲜果黄红色，干制后大红色；成熟期为 9 月中旬。

'南强 1 号'：陕西省林业技术推广总站等单位选育，2004 年通过审定。枝条粗壮，树皮 1 年生棕褐色，多年生灰褐色；叶片小，叶片深绿，卵状圆形，叶片不平整向上翘，栽植 3 年后挂果，成熟期为 8 月中下旬。

'茂县花椒'：四川省茂县综合林场等单位选育，2015 年通过审定。树高 2.0~5.0 m，冠幅 2.0~5.0 m，树皮灰白色，具皮刺，皮孔较小且不太突出。花期 3 月下旬至 4 月上旬，果期 6~9 月。果实成熟时果皮鲜红色，干后暗红色。干果皮千粒重约 12.44 g，挥发油含量为 7.43%。定植 2~3 年后挂果，6~7 年后达盛果期。

'凤选 1 号'：西北农林科技大学选育，2016 年通过审定。1 年生枝褐绿色，多年生枝灰绿色。皮刺基座较窄，皮刺较稀疏。花期 4 月中旬。6 月中旬果实开始着色，7 月中旬成熟，成熟果实深红色。平均果穗粒数 52 粒，干果皮千粒重 21.84 g，出皮率 25.60%。

'凤椒'：西北农林科技大学选育，2017 年通过审定。新生枝条的皮及皮刺棕红色，刺宽大、较密。多年生枝棕褐色，具白色、大而稀的皮孔，不平整。果粒大，形具"双耳"。成熟的果实艳红色，易开裂，果肉厚，一般 4~5 kg 鲜果可晒制 1 kg 干椒皮。成熟期为 8 月中旬。

'西农无刺花椒'：西北农林科技大学选育，2019 年通过审定。树体皮刺稀少、近无刺。1 年生枝褐绿色，多年生枝灰绿色。花期 4 月下旬，成熟期为 8 月下旬至 9 月上旬，成熟果实鲜红色。平均果穗粒数 50 粒，干果皮千粒重 21.43 g，出皮率 25.33%。

6.1.3　生物学和生态学特性

6.1.3.1　生物学特性

(1)根系

花椒为浅根性树种，根系垂直分布较浅，水平分布较广。花椒主根不发达，一般根长仅 20~40 cm，而侧根十分强大，由 3~5 条比较粗大而呈水平延伸的一级侧根及各级小侧根构成根系的基本骨架。小侧根上多次分生细长的须根，再从须根上生出大量细短的吸收根，是吸收水肥的主要器官。

花椒根系生长随土壤温度和树体营养的变化而变化。一年中，根系分别在萌芽前后、6 月中旬至 7 月中旬的新梢生长减缓期、果实采收后出现 3 个生长高峰。

(2)芽

在发育正常的 1 年生或当年生枝条上，根据芽的发育性质分为混合芽和叶芽 2 种。

①混合芽(花芽)。内含花器和新梢的原始体，芽体近圆形，饱满肥大，常单生于 1 年生枝条的中、上部叶腋，萌发后抽生结果枝。

②叶芽。芽内只包含枝、叶的原始体，萌发后抽生营养枝。按其生理活动状态又可分为活动性叶芽(正常叶芽或营养芽)和休眠性叶芽(潜伏芽或隐芽)。

(3)枝条

成年椒树当年萌发的枝条，根据其来源和生长发育特性分为营养枝、结果枝和徒长枝 3 种。

①营养枝。一般由 1 年生枝条上的叶芽萌发而成，只发枝叶不开花结果。包括由活动性叶芽萌发形成的营养枝和由潜伏芽转化为活动芽后所抽生的徒长枝。保持一定数量的结果枝是花椒树体旺盛生长、连续丰产和结果枝不断更新的必要保证。

②结果枝。直接在先端开花结果的枝条，由结果母枝上的混合芽萌发而来。可分为长结果枝(>5 cm)、中结果枝(2~5 cm)、短结果枝(<2 cm)3 类，其中长果枝、中果枝坐果率高于细弱的短果枝，且果序较大。结果初期，树冠内结果枝较少；进入盛果期后，树冠内大多数新梢均为结果枝；结果以后，先端芽及其以下 1~2 个芽仍可形成混合芽，转化为第二年的结果母枝。

③徒长枝。是比较特殊的营养枝，由多年生枝上的潜伏芽萌发产生，一般长势旺盛，比较粗壮，直立生长，长度为 50~100 cm。

（4）叶

花椒多为奇数羽状复叶，复叶上对生小叶 3~11 片；但也有约 1/15 的为偶数羽状复叶，对生小叶 4~12 片。对生叶片的数量与树龄有关，幼龄树每一复叶多着生 7~11 片小叶，结果期多着生 5~9 片小叶，衰老期多着生 5~7 片小叶。

（5）花芽分化

花椒的花芽为混合芽，花序着生于新梢先端。花芽分化大致开始于第 1 次新梢生长高峰之后，花序轴分化在 6 月中旬至 7 月上旬，经过 10~15 d 完成花蕾分化（6 月下旬至 7 月中旬），花萼分化在 6 月下旬至 8 月上旬。此后，花器分化以停顿状态度过冬季，于翌年 3 月下旬至 4 月上旬进行雌蕊分化，同时，花芽开始萌动。此外，结果初期的花椒树要比盛果期的花椒树花芽分化迟。

（6）开花坐果

花椒为雌雄异株树种。发育良好的花序长 3~5 cm，具 50~150 朵小花，多者可达 200 朵以上。当结果新梢第 1 片复叶展开后，花序逐渐显露，并随新梢生长而伸展，花序伸展结果后 1~2 d，小花开始开放。花椒一般在 5 月中旬左右开花，从花房显露到初花期历时 10~12 d，初花期到末花期需 14~18 d。

花椒具有无融合生殖现象，即不经传粉而由珠心细胞直接产生胚，因此栽植时常只有雌株，不需要配置授粉树。花椒约有 15% 的种子可达成熟。成熟种子中一般有 1~3 个胚，个别种子中的胚超过 3 个。

（7）果实生长发育

花椒果实由 1~5 粒小蓇葖果聚生而成，以 1~2 粒最为常见。在柱头枯落后的 15~20 d 内，果实体积生长达全年总生长量的 90% 以上，此后主要是果实重量的继续增长，果皮增厚，种仁逐渐充实。外观上，幼果由绿变黄至浅红，当呈现红色或紫红色、发出光泽并出现少数裂果时，椒果基本成熟。

6.1.3.2 生态学特性

（1）温度

花椒属喜温树种，耐寒性较差，气温过高或过低都会抑制其正常生长发育，甚至导致死亡。花椒在我国年均气温 8~16 ℃ 的地区均有栽培，以 10~15 ℃ 的地方最集中，产量较稳定；低于 10 ℃ 的地区偶有栽植，但常遭冻害。积温对椒果品质影响较大，椒果发育的适宜温度为 20~25 ℃。

（2）光照

花椒为强阳性喜光树种，一般要求年日照时数 1800~2000 h。开花期的光照条件对花椒的坐果影响很大，因此可借助合理密植和适时修剪改善光照条件，提高坐果率。

（3）土壤

花椒对土壤适应性强，喜生于土层深厚、水肥条件良好、质地疏松的土壤，其中以砂壤土和中壤土最适宜。花椒对土壤酸碱度的适应范围大致在 pH 值 6.5~8.4，但 pH 值

7.0~7.5 是花椒正常生长结果的最适土壤酸碱度范围。花椒比较喜钙，在石灰岩山地也能正常生长。

(4) 水分

花椒抗旱性较强，年降水量 500 mm 以上，且分布均匀时均能正常生长，但不耐严重干旱。其根系耐水性很弱，不宜栽植在土壤含水量过大和排水不良处。水分条件是否适宜，对椒果品质影响较大。

(5) 地形地势

花椒适宜在平地，背风向阳、土层深厚的缓坡地种植。

6.1.4　育苗特点

花椒以种子繁殖为主，近年来也采用嫁接育苗。嫁接能保持木本的优良性状，利用砧木的特性可以增强品种的抗逆性，扩大其栽植范围，是花椒苗木繁育的发展方向。

6.1.4.1　实生苗培育

(1) 种子采集和贮藏

采种应选择采摘向阳枝梢上着色良好、颗粒饱满的大果穗。果实采收后要放在通风良好、干燥的室内或在阴凉通风处晾干，使果皮与种子自行分离，不能直接暴晒。干燥的花椒种子贮藏期不宜超过 3 年。播种用种子可采取湿沙贮藏、泥饼贮藏和室内干藏等方法。

(2) 种子处理和播种

花椒种子种皮坚硬，外表有一层油质和蜡质，透气透水性差，因此播种前需要对种子进行处理。常用的花椒种子处理方法有以下几种。

①碱水浸泡法。100 kg 种子加碳酸钠 1.5~4.2 kg 与适量温水混合，浸泡 3~4 h 后反复揉搓，去净油皮，种子表面现出麻点后用清水洗净碱液，拌入砂土或草木灰即可播种。碱水处理后的干净种子也可与与 3~4 倍种子体积的湿河沙混合，放于木质容器内进行低温处理 20 d 后播种。

碱水处理后的干净种子还可使用 250 mg/L GA_3 浸种 24 h 后播种。

②浓酸浸泡法。采用浓硫酸浸种 5 min+500 mg/L GA_3 浸种催芽或浓硫酸浸种 10 min+250 mg/L GA_3 浸种催芽(浸种时间 24 h)，均有利于花椒种子萌发成苗。

③开水烫种催芽法。将种子与沸水按 1∶2 体积比混合，搅拌 2~3 min 后捞出，倒入40~50 ℃的温水中浸泡 2~3 d，每天换水，3~4 d 后如有少数种子开裂、白芽露出，即可播种。

④湿沙混合催芽法。将种子与 3 倍体积的湿沙混合，置于阴凉背风、排水良好的坑内，10~15 d 翻 1 次。播种前 15 d 移至向阳温暖处堆放，堆高 30~40 cm，覆盖塑料薄膜或草席等物，洒水保湿，每 1~2 d 倒翻 1 次，待种芽萌动时即可播种。

(3) 播种时间

花椒播种可在春季或秋季进行。春季在早春土壤解冻后(3月中旬至4月上旬)进行；秋季播种又可分为早秋播种和晚秋播种。早秋播种适于冬季温暖湿润的地区，选用早熟品种，于 8 月中旬随采随播，就地育苗；晚秋播种适于冬季寒冷干燥的地区，应在 10 月中旬至 11 月上旬进行，以免种子发芽出土。

（4）播后管理

播种后常用塑料薄膜、细砂、秸秆等物进行覆盖，以防土壤板结，保持土壤水分供应，抑制杂草生长，提高种子发芽率。在苗木出圃前，需及时进行灌水、排水、松土、除草、间苗、定苗、补苗，以及追肥、摘心、抹芽和副梢处理等工作，确保苗木健壮生长和出圃。

6.1.4.2　嫁接育苗

（1）砧木的选择和处理

应选择生长健壮、无病害、基径 0.6 cm 以上的实生苗作为砧木。在嫁接前 20 d 至 1 个月将砧木苗距地面 12~14 cm 内的皮刺、叶片和萌枝除去，以利于嫁接操作。

（2）接穗的选择、采集和贮藏

选择品种优良、生长健壮、优质丰产、无病虫害植株上向阳面的 1 年生枝条作接穗。接穗要求芽体充实、直径 0.4~0.6 cm。接穗最好是随采随接；暂时不用的接穗，先剔除皮刺，装入塑料袋内或用湿麻袋包裹，挂上品种标签，置于低温、避光的地方贮存备用。

（3）嫁接方法

嫁接分为枝接和芽接。枝接有切接、劈接、插皮接等方法，芽接有方块芽接和"T"字形芽接。在大多数花椒种植区，以方块芽接应用较多。

（4）嫁接时间

花椒嫁接应根据当地的物候期选择适宜的时期。在我国黄河流域一带，3 月下旬至 4 月中下旬花椒树液开始流动，生理活动旺盛，有利于愈伤组织形成，此时枝接最容易成活；在 7 月上旬至 8 月下旬，可进行芽接。

（5）接后苗木管理

嫁接后应防止禽畜和人为践踏，及时检查成活情况并补接，适时解膜、剪砧、除萌、支撑、摘心、防治病虫害，加强田间管理及越冬保护等措施。

6.1.4.3　苗木出圃和分级

（1）苗木出圃

起苗时间应尽量与花椒建园栽植时间相衔接。秋季栽植应在落叶后起苗，春季栽植应在萌芽前起苗。起苗前 7~10 d 应灌足水，起苗深度需达 20 cm。

（2）苗木分级

北方地区主要栽植红花椒。花椒起苗后，根据《花椒栽培技术规程》（LY/T 2914—2017）中的《苗木质量等级标准》进行苗木分级。

①实生苗（苗龄 1 年）。Ⅰ级苗苗高≥70 cm，基径≥0.7 cm，根系保留长度≥20 cm，>5 cm 侧根数≥6 条；Ⅱ级苗苗高 50~70 cm，基径 0.5~0.7 cm，根系保留长度 15~20 cm，>5 cm 须根数 3~6 条。

②嫁接苗（砧木苗龄 2 年）。Ⅰ级苗苗高≥100 cm，基径≥1.0 cm，根系保留长度≥20 cm，>5 cm 侧根数≥7 条；Ⅱ级苗苗高 80~100 cm，基径 0.7~1.0 cm，根系保留长度 15~20 cm，>5 cm 须根数 4~7 条。

6.1.5　建园特点

6.1.5.1　园址选择

花椒喜光、耐旱、怕涝，花期常遭晚霜危害。因此，花椒建园应综合考虑海拔、地形地势、土壤、周边环境等因素。具体要求如下：

①太行山、吕梁山、山东半岛一带，园址海拔应低于 800 m；秦岭以南，应低于 1500 m；秦岭以北，应低于 1300 m。

②山地丘陵区应选择坡度 25°以下的阳坡或半阳坡的中、下部建园；避免在风大的山顶或风口以及冷空气易于积聚形成辐射霜冻的低洼、沟谷建园。

③土壤厚度应在 80 cm 以上，土壤酸碱度以 pH 值 7.0~7.5 为宜。土壤质地一般为砂土、轻壤土、轻黏土，避免在重黏土、红色酸土、砂质过多处上建园。

④地下水位一般不应高于 1 m。

⑤花椒园址选择要远离有空气污染、土壤污染、水质污染的区域。大气环境质量需按《环境空气质量标准》（GB 3095—2012）中的二类标准规定执行；土壤环境质量需按《土壤环境质量 农用地土壤污染风险管控标准（试行）》（GB 15618—2018）中的二类标准规定执行；灌溉水质需按《农田灌溉水质标准》（GB 5084—2021）中的二类标准规定执行。

6.1.5.2　栽植技术

（1）栽植时间

栽植一般在春季进行，尤其在冬季寒冷、干旱的地方更应春季栽植。冬季较温暖湿润的地方，春秋两季均可栽植。秋季栽植以落叶后至封冻前为宜，栽后注意平茬覆土。春季栽植在芽萌动时随起苗随栽植。干旱地区也可选在雨季栽植。

（2）栽植密度

因花椒根系需要较大的营养面积，应适当稀植。纯椒林株行距多采用 2 m×4 m、3 m×4 m 或 3 m×5 m。在土层较薄、水肥条件差的地方集中连片建园时，树体一般较矮小，栽植密度可采用 3 m×3 m 的株行距。

（3）品种选择

选择经省（自治区、直辖市）级及以上林业主管部门审（认）定的品种，如'西农无刺花椒''凤椒''凤选 1 号''秦安 1 号'等。建立大型椒园时可进行早、中、晚熟品种的搭配，以延长椒园采收期。此外，品种选配还应综合考虑品种的适应性，如是否耐寒、耐旱及耐水等。

（4）栽植方法

宜采用 1~2 年生小苗，大穴浅栽，施足基肥，加施磷肥。干旱地区应至少在穴底浇适量水，以利成活。把苗木放在穴中央，使苗木根系舒展后填土，使根颈与地面平齐，踩实，做树盘灌足水，水渗后再覆 1 层细土保墒。

6.1.6　管理技术特点

6.1.6.1　树体防寒

花椒幼树抗寒性差，根颈极易受冻，在北方寒冷地区幼树要埋土越冬，采取主干涂白或涂刷防冻剂以防冻害。结果初期一般也要每年培土，即入冬前在树干基部培土堆，高约 20 cm，解冻前及时去除土堆。

6.1.6.2 土肥水管理

(1)土壤管理

从秋季开始至土壤解冻前可结合施基肥进行深翻(深度 30~50 cm)，以促进花椒根系生长。在树冠投影以内浅挖，避免伤根；在树冠投影外深翻，改善土壤渗透性。在生长季，及时中耕除草，每年至少 2~4 次。在雨水较多或在雨季中耕时，也须在树干基部培土，以防止根茎积水过多。

(2)养分管理

花椒比较喜肥，生长发育过程中的土壤养分消耗量随树龄和年生长周期有所变化。因此，在施足基肥的基础上，适时适量追肥有利于树体正常生长。一般在萌芽前追施氮肥，开花后追施氮、磷、钾。花后追肥正值根系速生期和果实膨大期，对当年果实产量影响较大。果实采收后，可追施钾肥(草木灰)，以促进枝条成熟，防止冬季枝梢受冻。追肥多采用穴施法，也可采用放射沟法和环状沟法。

(3)水分管理

一年中花椒灌水的关键时期是：萌芽前、幼果膨大期、生长中期和入冬前 4 个时期。在气温较高、土壤比较干旱的夏季，需视土壤墒情及时补充水分。

花椒怕积水，积水过多可引起窒息死亡或根腐死亡。因此，灌水量以渗透浸润 40 cm 土层为宜。为防止花椒树根部积水，应在树干基部周围培直径 40~50 cm、高 30 cm 的土堆，栽培区也需修建排水沟。

6.1.6.3 整形修剪

(1)修剪时间和方法

花椒整形修剪在休眠期和生长期均可进行。

①休眠期修剪。在落叶后至翌年萌芽前进行；常用方法有短截、疏剪、缩剪和甩放。

②夏季修剪。在萌芽后至落叶前进行；常用方法有摘心和开张角度等。

(2)主要树形

生产上常用的树形有丛状形、自然开心形、疏散分层形。

①丛状形。无中心主干，从树基部向不同方向伸出 3 个分布均匀的一级主枝，前端着生 2 个长势相近的位置相错二级主枝，在二级主枝上着生 1~2 个侧枝，各主枝、侧枝上配备交错排列的大、中、小型枝组。该树形适合在立地条件较好的地域栽培。

②自然开心形。主干高 30~40 cm，主干上均衡着生 3 个主枝，每个主枝着生 2~3 个侧枝，侧枝和主枝上着生结果枝和结果枝组。该树形适合在丘陵山区及水肥条件差的地域栽培。

③疏散分层形。定干高度 40~50 cm，主干第一层上均匀着生 3 个主枝，第二层留 2 个主枝，然后去头开心；每个主枝上着生 2~3 个侧枝，侧枝和主枝上着生结果枝和结果枝组。该树形适合土壤瘠薄干旱的缓坡地栽培。

（3）不同年龄时期的修剪特点

①幼树期。栽后 1~3 年为幼树期，修剪目的的主要是整形，培养树体骨架。修剪方法：各骨干枝延长枝剪留 30~40 cm，保持延长枝头约 45°，除骨干枝外，其余枝条压低角度，培养成辅养枝或结果枝组。修剪宜轻，以增加枝叶量。

②初果期。栽后 3~6 年为结果初期。修剪目的是继续培养骨干枝和结果枝组，开张主枝角度。修剪方法：疏除多余辅养枝，培养中小型结果枝组。

③盛果期。栽后 6~7 年进入盛果期。修剪目的是调节营养生长与生殖生长的平衡，维持树体健壮，延长结果年限。修剪方法：对骨干枝抑强扶弱，维持良好的树体结构；疏除多余的临时性辅养枝，有空间的可回缩改造成大型结果枝组；永久性辅养枝要适度回缩和适当疏枝；结果枝以疏剪为主，疏剪与回缩相结合；调整大、中、小结果枝组比例，一般保持在 1∶3∶10。

④衰老期。花椒树生长 15~20 年后，树皮变厚、树势减弱，开始衰老。修剪目的是改善光照条件、恢复树势。修剪方法：首先分期分批对衰老树的主、侧枝进行回缩更新，促发新枝，恢复树势，再去弱留壮，培养成新的主、侧枝和结果枝组。

6.1.6.4　花果管理

花椒树在盛果期中、后期，绝大多数新梢顶端着生花序、开花结果。为了不影响新梢生长、增强树势、防止落花落果和果实颗粒变小，需进行疏花疏果。疏花疏果在花序刚分离时进行，疏花序的量要根据树势以及树冠内各主、侧枝和枝组间的长势来确定。一般 5 cm 以上的结果枝占 50% 以上时，间隔摘去 1/5~1/4 的花序；若 5 cm 以上的结果枝占 50% 以下时，则应摘去 1/4~1/3 的花序，以保证植株有足够的营养。

6.1.6.5　果实采收和采后处理

（1）采收时间

一般根据花椒外部形态来确定适宜的采收时间。即当花椒外果皮呈现紫红色或淡红色、外果皮缝合线突起并有少量外果皮开裂、种子光亮呈黑色，椒果散发浓郁的麻香味时，表明花椒已经成熟，应立刻采收。有些品种（如小椒子）果实成熟后果皮容易崩裂，导致种子散失，故应在果实成熟后 1 周内采收完毕，以免造成损失。由于花椒不同品种的成熟期不同，应合理安排椒果采收时间。

（2）采收方法

花椒采收有人工采收和机械采收 2 种方法。

在大果穗下第 1 个叶腋间常有 1 个饱满芽，即翌年萌发开花结果的芽，因此摘椒时要防止将果穗连枝叶一起摘下，避免结果芽损害，影响翌年产量。此外，不能用手捏椒粒采收，以防手指压破油泡，造成花椒干后果皮变暗，降低品质。

（3）采后处理

花椒采后应及时脱水干燥，干燥方法有自然晾晒法和机械烘干法。自然晾晒法是把采收的鲜花椒先摊放在干燥、通风的阴凉处 0.5~1.0 d，使部分水分蒸发，再移到阳光下晒干。晾晒期间，需轻轻翻动 4~5 次，待 85% 以上的果皮开口后，将果皮和种子分开，除去杂质，按品种、级别分装贮存于干燥通风的室内。机械烘干法是利用空气能烘干机按设置好的程序进行烘干。

<h1 style="text-align:center">小　结</h1>

花椒原产于我国。目前我国栽培的花椒优良品种有'秦安 1 号''南强 1 号''茂县花椒''凤选 1 号'等。花椒为强阳性喜光树种，喜肥，耐干旱，不耐涝。花椒主根不发达，为浅根性树种；一年中根系有 3 个生长高峰：萌芽前后、新梢生长减缓期和果实采收后。芽可分为混合芽和叶芽。枝条分为营养枝、结果枝和徒长枝 3 种。花芽分化开始于新梢第 1 次生长高峰后。花椒雌雄异株，具有无融合生殖特性，因此建园时只栽植雌株，无须配置授粉树。果实速生期主要在柱头枯萎后 15~20 d，果实体积生长占全年总生长量的 90% 以上，此后主要是果实重量增长。花椒主要采用种子繁殖苗木，也采用嫁接繁殖。播种育苗的种子需用碱水、浓酸等浸泡方法处理。花椒在北方冬季寒冷、干旱地区于春季栽植，冬季较温暖湿润地区则春、秋两季均可栽植。花椒建园时，应根据其对环境条件的要求，综合考虑海拔、地形地势、土壤等生态环境因素选择园址。建园后，要注意防冻、土肥水管理和整形修剪。椒果成熟后应及时采收、干燥，采收时要保护好结果芽，不要压破果皮上的油泡，以免影响来年产量和干椒品质。

<h1 style="text-align:center">思考题</h1>

1. 我国目前栽植的花椒属植物主要包括哪几个种？
2. 简述花椒的生态学特性。
3. 花椒种子在播种前为什么要用碱水、浓酸浸泡？
4. 花椒为雌雄异株，建园时为什么只栽植雌株？
5. 花椒采收应注意哪些问题？

6.2　香椿栽培

6.2.1　概述

(1) 经济价值

香椿[Toona sinensis (A. Juss.) Roem.]为楝科(Meliaceae)香椿属(Toona)落叶乔木，是我国特有的经济林树种。香椿嫩芽质脆、香味浓郁、营养丰富，是珍贵的木本蔬菜。据测定，每 100 g 鲜香椿芽中含蛋白质 9.8 g，脂肪 0.86 g，碳水化合物 7.0 g，粗纤维 2.78 g，钙 110 mg，钾 584 mg，镁 32.1 mg，铁 3.4 mg，还含有丰富的 B 族维生素、维生素 C 和胡萝卜素，具有较高的营养价值。香椿种子含油率达 38.5%，油味香，无色，可食用，也可用于制作肥皂、油漆，有较高的利用价值。香椿树皮、根皮可入药，中医称"椿白皮"，可治疗肺、胃等疾病。香椿花散发浓郁的芳香气味，是优良的蜜源植物。香椿树冠高大，枝叶繁茂，茎干通直，具有很高的观赏价值，是庭院、四旁隙地、行道两侧绿化的优良树种。

(2)栽培历史及现状

香椿原产于我国，迄今约有 2000 多年的栽培历史。香椿适应性较强，在我国，东起辽宁南部，西至甘肃，北自内蒙古南部，南到广东、广西、云南均有栽培，其中以山东、河南、河北、安徽以及江苏北部栽培最多。香椿天然林垂直分布海拔范围为 800~1400 m。在 20 世纪七八十年代，山东、河南、湖南、安徽和湖北等地开始利用香椿营造用材林、防护林和菜用林，特别是山东沂蒙山区，率先探索出菜用香椿矮化密植生产技术和保护地生产技术后，实现了香椿栽培模式由传统粗放式经营向集约化经营的转变。随后河南、河北、安徽、湖南等地也相继发展了菜用香椿的生产。目前，香椿在集约化栽培、椿芽加工、椿芽保鲜贮藏等技术方面都有了长足的发展，部分地区已将香椿芽生产作为发展农村经济、增加群众收益的重要途径。

6.2.2　主要种类和优良品种

(1)主要种类

香椿属[*Toona*（Endl.）M. Roem.]约 15 种，分布于亚洲和大洋洲。我国有 4 种、6 变种。其中香椿及其变种(即油香椿、毛香椿)的嫩芽可作为蔬菜栽培。

①香椿。落叶乔木，偶数羽状复叶，复叶长 30~50 cm；小叶 8~14 对，对生或互生，纸质，边有疏离的小锯齿。小叶除下面脉腋有簇生毛外，两面无毛。圆锥花序与叶等长或更长。雄蕊 10 枚，其中 5 枚退化；子房及花盘无毛。蒴果狭椭圆状，深褐色，具苍白色小皮孔。种子褐色，上端有长的膜质翅。分布于我国西南部、中部至东部及华北地区，幼芽嫩叶具香味、可食。

②油香椿。为香椿一变种，与香椿的主要区别是：嫩枝、幼叶及幼叶柄无毛，幼叶紫红色，表面密被油质状光泽，香味特浓。生长慢。木材细致、坚实，红褐色，具光泽。河南各地有栽培。

③毛香椿。为香椿一变种，又名毛椿。与香椿的主要区别是：小叶两面及花序被柔毛，小叶背面脉上柔毛尤密。河南西部和西南部有分布，常与香椿混生。适生环境和用途同香椿。

(2)优良品种

根据香椿初出芽苞和幼叶颜色的不同，香椿分为红香椿(也称紫香椿)和绿香椿 2 个品种群。

①红香椿品种群。树冠较开阔，树皮灰褐色，芽苞紫褐色，初出幼芽紫红色，有光泽，香味浓郁，纤维少，含油脂较多，椿芽品质佳。包括'黑油椿''艳红椿''红香椿''褐香椿''赤椿'等品种。

'黑油椿'：安徽太和菜用优良品种。幼树生长旺盛。树冠较开张，生长较慢，萌芽力强，枝条短而粗壮。单芽重约 25 g。一般 8~13 d 就可长成商品芽。嫩芽肥壮、香气浓郁、脆嫩多汁，油脂多，味甘甜，纤维少，无渣，品质优。鲜芽含糖 3.69%、脂肪 9.27%。该品种较早熟，春季萌芽早，喜肥水，产量高，10 年生树一次可采椿芽约 10 kg。适宜在平原地及肥沃的梯田边栽植，也可作为春季农田间作品种。

'褐香椿'：山东沂水、莱芜菜用优良品种。顶芽粗大饱满，侧芽小。芽初生时，芽苞和嫩叶褐红色，鲜亮、肥壮。小叶叶片较大，肥厚，叶面皱缩，被白茸毛。叶轴、叶柄表面深红色。芽苞展开后 5~12 d 长成商品芽。椿芽脆嫩多汁，无渣，香味极浓，但略带苦涩味。生食时须用开水速烫 2~3 s。腌制后品味纯正。该品种喜肥水，萌芽力弱，在干旱瘠薄地上常形成矮化株型。干粗壮、低矮、耐寒性差，保护地栽培须注意肥水供应与保温。

'红香椿'：山东沂蒙山区菜用优良品种。树冠紧凑，树势强健，枝条粗壮、直立。1 年生枝绿色，3~4 年生枝棕褐色。树皮灰褐色，纵裂浅，有平滑感。皮孔稀疏，棕红色，圆形与长圆形混生，向外凸出。幼芽初放时为棕红色，随着芽苔的伸长渐变为绿色。叶轴表面淡棕红色，较长时间不褪色。嫩芽粗壮、鲜亮，渣少、嫩脆多汁，香味浓郁，味甜，无苦涩味。芽苞展开后 6~10 d 长成商品芽，芽棕红色。该品种耐低温、喜肥水，适于保护地栽培。

'艳红椿'：陕西秦巴山区菜用优良品种。树势中等，树冠紧凑，枝条细，芽苞初开呈鲜红色，色泽艳丽。叶轴呈黄褐色，粗壮，被白色茸毛。小叶叶柄极短，小叶对称。该香椿品种芽体肥嫩，香味浓郁，不易老化。口感多汁而细腻，略带苦涩味，品质佳。

'赤椿'：山东菜用优良品种。幼嫩小叶背面紫褐色，有茸毛，叶面水红色，有光泽。小叶瘦小而多，叶绿锯齿形。叶柄纤维较多，易老化。分枝少，宜密植。椿芽成束，色泽鲜艳，香味浓。

②绿香椿品种群。树冠直立，树皮青色或绿褐色，嫩叶淡黄绿色，香味稍淡，纤维多，含油脂少，椿芽食用品质稍差。如'黄罗伞''米尔红''绿香椿'等品种。

'黄罗伞'：产于安徽太和。嫩芽长 7~12 cm，展开呈伞状，芽黄绿色。基部叶淡绿色，叶柄长为叶片的 1/2。单芽重 15~20 g。腌制后质脆，香味较淡，有苦味，含油脂较少，产量较高，采收期晚。

'米尔红'：产于安徽太和。嫩芽长 6~8 cm，叶柄红褐色，叶柄长为叶片的 2/3。单芽重 10~15 g。香味淡，有苦味，含油脂少，品质低于'黄罗伞'。采收期同'黄罗伞'。

'绿香椿'：产于安徽太和，也叫白香椿，各地均有零星栽培。嫩芽及嫩梢顶端嫩叶为绿色，基部叶片鲜绿色，嫩茎绿色，香味稍淡，品质中等，采收期同'红香椿'。

除上述品种外，绿香椿品种还有'青油椿''水椿''苔椿''红芽绿香椿''柴狗子'等。

6.2.3 生物学和生态学特性

6.2.3.1 生物学特性

(1) 根系

香椿根系发达，3 年生植株树根深达 60 cm，通常有粗大的一级侧根 3~7 条，二级侧根更多，常与一级侧根交叉生长扎入土壤，使树体有较强的抗风能力。香椿侧根横向伸展范围为树冠半径的 2~5 倍，甚至可侧向伸长 10 m 以上，但入土较浅，大部分根系集中在距地表深 10~30 cm 的范围内。侧根上着生须根。须根主要分布在 30~60 cm 的土层中。须根很细，粗 1~2 mm，长仅 10~30 cm，但数量多。须根先端着生有大量根毛，根毛是吸收水分和养分的主要器官。

根系生长自 3 月中上旬开始，至 11 月中上旬结束。根系速生期为 6 月上旬至 7 月中上旬，持续 30~40 d。幼龄树根系生长很快，一般 30 年生以上植株的根系生长速率减缓。

(2)芽

香椿的芽密生细绒毛。冬眠芽有鳞片 3~6 片，三角形，覆瓦状排列，背面中央凸起呈 1 条脊线。按着生部位、萌芽能力及性质的不同，芽可分为顶芽、侧芽、叶芽、隐芽、花芽等类型。

①顶芽。着生在 1 年生新枝和当年生苗干顶端的芽。顶芽在第 1 年形成，第 2 年萌发。顶芽具有很强的生长优势，萌发早。顶芽粗壮、肥大，萌发后生长快、品质好，是菜用促成栽培中形成产量、获得高效益的主要部分。在自然生长状态下，香椿的顶芽可以连续生长，形成明显的中心干。顶芽长至 3~5 cm 后，侧芽才开始萌发。

②侧芽。着生在当年生枝或当年生苗木顶芽以下复叶叶轴基部的芽，在脱叶前称为腋芽，脱叶后称为侧芽。一般情况下，除枝条上顶芽以下 3~5 个侧芽可以萌发形成长 3~5 cm 的短枝外，其余侧芽常处于休眠状态。当顶芽被摘除或受损伤时，休眠芽才能萌发。当香椿侧芽萌发的枝被摘心后，其腋芽会萌发形成二级侧枝。

③叶芽。着生在当年生枝或 1 年生苗木复叶叶轴基部叶腋中，萌发后只长茎叶。叶芽当年很少萌发，只有将顶芽摘除后，叶芽才可在当年萌发形成侧枝。

④隐芽。着生于 2 年生、多年生枝条或苗木主干上，在落叶后第 2 年或 2 年以上未萌发，呈潜伏状态。隐芽一般不萌发，只有当枝条或树干受到强烈刺激后，才能萌发。

⑤花芽。着生在香椿成龄树 1 年生枝顶端。香椿成龄后，于 5~6 月由顶芽分化形成花芽，翌年花芽萌发后形成顶生圆锥花序或聚伞花序。

(3)枝条

根据年龄，将枝条分为多年生枝、1 年生枝和当年生嫩枝。多年生枝条多为红褐色或灰绿色，1 年生枝多为暗黄褐色、有光泽。当年生嫩枝呈绿色或灰绿色，披白粉或被柔毛。顶芽萌发生长形成顶梢，侧芽萌发生长形成侧枝。顶梢生长一年有 3 个高峰。第 1 个生长高峰在 4 月上旬至 6 月下旬，约 90 d；在肥水条件好的地方，顶梢第 1 个生长高峰可延至 7 月上旬，约持续 100 d，生长量占高生长总量的 40%~50%，称为春梢。第 2 个生长高峰在 7 月至 8 月上旬，持续 30~40 d，生长量占全年高生长总量的 30%~40%，称为夏梢。第 3 个生长高峰在 8 月中下旬至 9 月上旬，约持续 30 d，生长量占全部高生长的 10%~20%，称为秋梢。顶芽萌发后，长至约 5 cm 时，顶芽下的 3~5 个侧芽开始萌发，形成侧枝。生长旺盛的幼树，侧枝在 8 月封顶不再生长，只有春梢。树龄 2 年以上的香椿树，侧枝有春梢和秋梢之分，春梢的长度约占枝条总长 60% 以上。香椿侧枝一般长到一定长度后不再生长，侧枝下边的芽也难以萌发，形成隐芽。因此，香椿的侧枝在主干上呈层状分布，且层间多无枝条。

(4)叶

香椿叶芽萌动后形成枝叶。香椿为偶数羽状复叶，互生，每复叶上对生 6~10 对小叶，小叶呈长椭圆形。

(5)开花结实和果实发育

香椿实生苗生长约 7 年可开花结实，无性繁殖的香椿 4~5 年可开花结实，14~40 年大量开花结实。花期 5 月下旬至 6 月中下旬，花两性，圆锥或聚伞花序，着生于 1 年生枝的顶端。顶芽采摘后继发的侧芽一般不会开花结果。香椿果实经生长发育，至 10~

1. 花序；2. 花；3. 果实；4. 种子。

图 6-1 香椿形态特征

（王倩，1999）

11 月成熟。果实为蒴果，木质，狭椭圆形或近卵形，长 2.0~3.5 cm，横径 1.0~1.5 cm，成熟时深褐色，有光亮，先端呈五角状开裂，内有种子 5~30 粒。去翅的种子近椭圆形或三角形，扁平，红褐色，长 5~7 mm，一端有矩形膜质长翅，翅长 1.0~1.2 cm（图 6-1）。种子平均千粒重约 15 g。种子生活力弱，发芽率仅为 50%~60%。

6.2.3.2 生态学特性

香椿属温带、亚热带树种，对温度较敏感，1 年生实生苗休眠期在-10 ℃条件下可能受冻，成龄树休眠期在-20 ℃条件下虽能越冬，但顶芽常会受冻。冬季气温-28~-27 ℃时，香椿地上部分会全部冻死。年平均气温 12~16 ℃、极端最低气温-20 ℃以上的地区，是露地香椿的经济栽培区。

香椿喜光不耐阴，在阳光充足，昼夜温差大的地区生长量大，香椿芽色泽艳丽、香味浓郁而甜、品质优良；在光照不足的地方，香椿芽多为绿色、含水多、味淡。

香椿喜湿润，在年降水量 630~1500 mm 的地区生长良好。但香椿怕涝，在土壤水分饱和、地面短期积水的情况下，1~3 d 尚能维持正常生命力，时间过长则会因根系窒息而发生凋萎。

香椿对土壤酸碱度适应性强，在 pH 值 5.5~8.0 的酸性、中性、钙质、微碱性土壤上均可生长。香椿最适宜于在土层深厚、疏松、肥沃、有机质含量高，以及富含磷、钙的土壤中生长；在土壤结构较差、贫瘠的砂土上生长不良，易衰老。

6.2.4 育苗特点

香椿的方法有实生育苗、根蘖育苗、扦插育苗和组织培养育苗等，其中实生育苗、根蘖育苗和扦插育苗在生产中常用。

6.2.4.1 实生育苗

（1）苗圃地选择和整地

香椿实生育苗要选择地势平坦、土层深厚、土壤肥沃、阳光充足、有排灌条件的地块。施腐熟农家肥 45~75 t/hm²、三元复合肥 0.75 t/hm²。翻耕耙平，做畦，畦宽 1~2 m、长 20~30 m。在阴雨少、地下水位低的地方做平畦；在阴雨多、地下水位高的地方做高畦。播种前 6~7 d 浇 1 次透水，浇水后 3~5 d 浅锄保墒，防止土壤板结。

（2）种源选择

实生育苗是大量繁殖香椿苗木最主要的方法。但由于种源不同，香椿种子培育的苗木在生长状况及香椿芽的产量、质量方面都有很大差异。因此，在选择种源时，应尽量选用当地品种或同纬度引种。在黄河、淮河及海河流域，比较优良的种源是河南西南部伏牛山区及熊耳山区、陕西南部秦巴山区的香椿种子。在海拔较高（500 m 以上）的阳坡采种，种子的质量、芽的品质及苗木的抗寒能力均较好。

（3）种子采集

香椿林地林木 7~10 年开花结果，孤立木 5~7 年可开花，15~40 年为大量结种期。采种时，选择生长健壮、无病虫害的 15~30 年生香椿作采种母树，当蒴果颜色由绿色变为褐色时采摘，过迟则蒴果开裂，种子飞散，难以采到。采下蒴果后，应放于通风处晾干，不能暴晒，待果皮干燥、果壳开裂时，抖动果柄，种子即可脱出。除去杂质，装入麻袋中，挂于干燥通风的低温处。不要摘除种子上的膜质翅，否则会严重影响发芽率。当年新采的种子发芽率可达 90%。香椿种子的贮藏寿命较短，在半年贮藏期内，发芽率下降比较缓慢，半年以后，发芽率可下降至 50% 左右，贮藏 1 年后可完全丧失发芽力。因此，生产上应尽量使用新采的种子播种。

（4）种子处理

香椿种子小，种皮坚硬，含油量高，不易吸水。因此，在春季播种前要进行浸种催芽处理。浸种催芽后播种，可使出苗提前 5~10 d，且出苗整齐。

①浸种。在播种前 5~7 d，先将种子摊开，晾晒，簸净。然后将种子用 0.5% 的高锰酸钾溶液浸泡消毒 30 min，用清水反复冲洗将高锰酸钾溶液洗净。将消毒后的种子倒入盛有 30~40 ℃ 温水的容器中，种子与水的比例约为 1∶2。用木棍不断搅拌，使种子受热均匀，待水温降至 25 ℃ 时停止搅拌，将种子搓洗 1 遍，将种子浸至 25 ℃ 的清水 15~20 h。待种子吸足水分后捞出，控去多余的水分，以备催芽。

②催芽。香椿种子的催芽方法有布袋催芽和沙藏催芽。布袋催芽是将经过浸种处理的种子用湿纱布包好或装入干净的湿布袋内，甩干种包内的水分，在 20~25 ℃ 下催芽。催芽期间，每天须把种子包放入约 25 ℃ 的温清水中冲洗 2~3 次，每次冲洗完后甩去种包内多余的水分，直到约有 1/4 的种子露白时即可播种。布袋催芽常在种子量较少时采用。沙藏催芽是将浸泡处理好的种子与 2~3 倍的湿沙混合后装入湿纱布袋中，置于 20~25 ℃、空气相对湿度 75% 的环境中催芽。沙子湿度以手握成团而不滴水为宜。催芽期间适时洒水，保持湿润。沙藏催芽也可选择在背风向阳处挖出长 60~80 cm、宽 30~50 cm 的沟，再将浸泡处理好的种子与 2~3 倍的湿沙混合后放入沟中，其上盖 2~3 cm 厚度的湿沙土，然后用塑料薄膜覆盖，夜间加盖草帘保温。一般经过 7~10 d(1/4 种子露白)即可播种。催芽时间不宜过长，否则，播种时萌芽容易被折断，出苗率降低。

（5）播种

香椿可秋播和春播。秋播用干种子播种，不需浸种催芽处理，适用于较温暖地区。华北地区秋播在 11 月下旬至 12 月上旬进行，南方地区秋播在 10 月中下旬进行。春播一般用催芽后的种子于 3~5 月播种，以早播为好；也可用催芽后的种子于 2 月中下旬在温室或阳畦中播种。采用宽幅条播或撒播。宽幅条播的播幅 10~15 cm，播种时在播幅内按行距 25~30 cm、深 3~5 cm 开沟，沟内浇小水，水下渗后撒种，然后覆土 1.5~2.0 cm。播种量 3~5 kg/亩。为防止冬、春季干旱，可顺播种行培土，使成 15~20 cm 高的土垄。待翌春种子发芽时，再扒开土垄，保持种子上厚约 2 cm 覆土。撒播时，先在苗床内浇水，待水下渗后再均匀撒种。撒完种后在苗床上覆盖 1~2 cm 的细土。春季干旱，可在播种后畦面上覆盖地膜等物以保墒。

（6）播后管理

香椿播种后，在生长期间间苗2~3次。第1次间苗在幼苗生长至真叶顶心时进行。间苗时，去密留稀、去弱留强、去小留大，把丛生苗和双生苗间除成单苗。第2次间苗在小苗具2~3片真叶时进行。第3次间苗在小苗具4~5片真叶时进行，也叫定苗。定苗后，株距保持在10~15 cm，每亩留苗约1.5万株。间苗时，将间出的小苗移栽，移栽后及时浇水、遮阴，以利成活。香椿播种后，当畦表土层干燥时可喷水，但忌漫灌。漫灌使地温降低，易引起烂种。对于覆盖地膜的苗床，当约20%的种子出土时，要及时移走覆盖物放苗。当小苗长有2~3片真叶时，可结合喷水喷洒0.1%~0.2%的尿素。6~7月幼苗高约20 cm时，可结合浇水追施1~2次腐熟农家肥或施尿素0.150~0.375 t/hm²。8~9月增施1~2次磷、钾肥，每次施复合肥约0.225 t/hm²。施肥采用沟施法，沟深5~10 cm，施后盖土，随即浇水，同时要多松土、勤除草。

6.2.4.2 根蘖育苗

在香椿冬季落叶后或春季发芽前，于树冠垂直投影内开宽30~40 cm、深40~50 cm的环形沟，将沟内粗2 cm以下的根切断，并保护好2 cm以上的粗根。沟内施入有机肥，灌水，再把挖出的土回填到沟内。待到春季，根部伤口处可产生根蘖苗。翌年秋末或早春，可挖出根蘖苗定植。仅将树冠下的表土挖开，露出根系但不切断根，露出的根也能产生萌蘖。待根蘖苗长到20~30 cm时，向根部培土，促进生根，可育成大苗。

根蘖育苗方法简单，成本低，可保持亲本的优良性状，但出苗量较低。因萌生根蘖苗的母根粗细及所处位置不同，生长速率差异很大；另外，根蘖苗常呈丛生状，苗木大小不一，许多苗木当年生长量小，难以出圃。所以繁育根蘖苗时，应及时剔除过密、过小的幼苗，保证留苗有足够的生长空间。

6.2.4.3 扦插育苗

香椿扦插育苗分为根插育苗和枝插育苗。

（1）根插育苗

根插育苗是利用香椿根容易萌芽生根的特点，将根剪成小段插埋到土中进行育苗的方法。

①根的采集。秋冬季或早春苗木出圃后，从遗留在圃地里的根系或苗木上剪下过长的主侧根，或从树冠下挖取粗0.5~1.0 cm的根，切成15~20 cm的根段，根段较粗的一端剪成平口，较细的一端剪成斜口，剔除劈裂、损伤、风干及病虫危害的部分。将粗0.5 cm以上的根段，粗端向上，细端向下，每30根或50根捆成1捆，沙藏催芽后再扦插。

②沙藏催芽。选择地势高燥处，挖深80 cm、宽100 cm的沟。沟底铺20 cm厚的湿沙（湿度以手握成团但不滴水为宜），将捆好的根段，在500 μL/L萘乙酸液中浸蘸10 min，然后竖立在湿沙上，填充细沙。一层根一层沙，在沟内摆放至距地面约20 cm时，再覆一层细沙，细沙上用土覆盖并培成土堆，在土堆上覆盖薄膜，以增温保湿。沙藏温度保持不超过18 ℃。温度过低时，夜间应盖草帘防寒。如果根量较大，应在坑内每隔1 m竖立1束玉米秸秆，以利通气。催芽期间定期检查，若发现发霉，则应换沙和通气。根段上形成愈伤组织或长出2~3 cm的新芽时即可扦插。

③整地。上一年 11 月下旬对育苗地进行冬耕翻晒，翌年春季施入腐熟农家肥（7.5 t/hm²），耙平后做平畦或起垄。作平畦时，畦宽 1.2~1.5 m；起垄时，垄高 20~30 cm、底宽 40 cm，垄间距 40~50 cm，垄为东西走向。

④扦插。扦插在 3~4 月进行。若在平畦上扦插，可先在畦内挖宽 30 cm、深 10~20 cm、间距 30~40 cm 的沟，再将根的细端向下、与地面倾斜 30°~40°插入沟内，并使根顶端与地面相平、根间距约 30 cm，覆土 1~2 cm。扦插后，若土壤湿度尚可，可暂不浇水，以防土壤过湿、地温过低，引起烂根；若土壤干燥，应立即浇水，但水量要小，防止冲刷或淤积，影响苗木出土。若在土垄上扦插，将根从土垄向阳面中下部插入。根插好后，覆盖厚约 2 cm 的细土，并在土垄上覆盖地膜。出芽时，及时破膜放苗。

⑤插后管理。幼苗出土后，苗床应遮阴并经常洒水。未盖地膜的，需向根部培土。苗高 10 cm 时，选一壮芽作主干培养，除去其余萌芽。

（2）枝插育苗

枝插育苗可分为绿枝扦插育苗和硬枝扦插育苗。

①绿枝扦插育苗。在 6 月下旬至 7 月初，选择香椿主干上半木质化的嫩枝，剪成长 15~20 cm 的插穗，在插穗上部保留 1~2 片复叶基部的 2 片小叶，其余叶片剪除。插穗下端削成斜口，蘸 500 mg/L 的 NAA 溶液，按照 40 cm×40 cm 的株行距插入肥沃湿润的苗畦土壤中，畦上搭建小拱棚，保持棚内湿度 85%~90%、温度 20~30 ℃，50 d 左右可生根成活。

②硬枝扦插育苗。在落叶后或春季萌芽前，选取生长充实、休眠芽饱满、无病虫害、未失水的香椿 1~2 年生枝，剪取直径 1~2 cm、长 15~20 cm、带 2 个以上芽的枝段作为插穗，插穗上剪口平，剪口离最上端芽 1.5 cm。插穗下端剪成马耳形斜口，使斜口上端距插穗最下部一芽 0.5 cm 以上。

秋季采集的插穗，按每 50 根或 100 根捆成 1 捆，以备催根。催根时，选择背风向阳处挖宽 1 m、深 60~70 cm 的沟，沟底铺 5~10 cm 厚的湿沙，再放入 15~20 cm 厚的马粪、锯末或麦秸，上面再覆盖厚 5 cm 的湿沙。将捆好的插穗竖放在湿沙上，再在插穗上覆盖厚 5~10 cm 湿沙，湿沙上覆土厚 10 cm，土上覆草，以保湿防寒。催根期间，温度保持在 4~7 ℃。翌年 4 月上旬取出插穗，将基部放入 500 μL/L 的萘乙酸液中浸 2~4 h，然后进行扦插。

春季采集的插穗，先将其基部用 500 μL/L 的萘乙酸液浸 2~4 h，取出用清水冲洗净，然后将其倒向插入背风向阳的沙坑中，上盖厚约 2 cm 的湿沙，最后覆盖塑料薄膜。当愈伤组织形成后，可取出扦插。

枝插育苗的扦插及插后管理方法与插根育苗相同。

6.2.4.4　组织培养育苗

利用组织培养方法育苗不仅节省繁殖材料，且繁殖系数高，短期内能获得大量种苗，是很有发展前途的育苗方法。

（1）外植体选取

在生长季节，从性状优良、无病虫害、生长健壮的母株上剪取当年生、半木质化、腋芽饱满的枝条。立即除去叶片并用自来水洗净。剪成长 5~10 cm 的茎段，装入有塞三角瓶中。用75%的酒精处理3~5 s，无菌水冲洗后再用0.1%升汞（$HgCl_2$）或2%次氯酸钠液浸泡消毒17~20 min，然后用无菌水冲洗6~8遍。切成长0.5~1.0 cm、带有1个腋芽或顶芽的茎段。

（2）增殖培养

将切好的茎段接种到MS+0.2 mg/L 6-BA的培养基上诱导腋芽萌发，然后将萌发的腋芽接种到MS+0.2 mg/L 6-BA+2.0 mg/L GA_3培养基上进行继代和增殖培养，获得无根试管苗。

（3）生根诱导

选用高2 cm以上的无根试管苗进行生根诱导。生根诱导时，无根试管苗切除茎基部1~2 mm部分，使露出新组织切面后再转入生根培养基中进行生根培养。生根培养基组成：1/2 MS+1.0 mg/L IBA+15 g/L 蔗糖+0.5%琼脂。培养10~14 d开始生根，30~40 d后，每个苗可生长2~15 cm的根2~5条。

（4）炼苗和移栽

先将生根的壮苗试管置于散射的自然光下7~10 d，然后取出试管苗，洗净基部黏附的培养基，随即栽植于苗床上。苗床培养土用3份砂壤土和1份腐殖质混合配成。移栽后，在苗床上方搭塑料拱棚，棚内温度保持在15~28 ℃、空气相对湿度90%以上，遮阴避免阳光直晒。1周后逐渐揭膜透气，注意保湿防晒。20 d后，幼苗开始抽生新叶。

6.2.5 建园特点

香椿喜光，喜温暖湿润、深厚肥沃、有机质含量高的壤土和砂壤土，但怕涝，对低温反应较敏感，抗污染和有害气体的能力弱。因此，香椿建园时要根据香椿的生态学特性进行科学栽植。

6.2.5.1 园址选择

香椿建园应远离污染。在平原地区，避开地势低洼、土质黏重、容易积水的地块，选择在地势平坦、土层深厚、土质疏松肥沃、地下水位在2 m以下、排水良好的地块上建园；在山地和丘陵区，宜选择背风向阳的山洼、山脚及山坡下部建园。

6.2.5.2 栽植技术

（1）品种选择

菜用香椿栽植主要选用'黑油椿''褐香椿''红香椿''艳红椿''赤椿'等优良红香椿品种。

（2）栽植方式和密度

菜用香椿的栽植方式主要有露地矮化密植和保护地栽植2种。在冬季气温不低于-10℃的地区可采用露地矮化密植方式，株距40~80 cm，行距50~100 cm。香椿保护地栽植包括日光温室栽植、塑料大棚栽植、阳畦栽植等，株行距为4~10 cm。在日光温室栽植的香椿可在春节前后开始采收，上市早；在塑料大棚和阳畦栽植的香椿，上市时间虽晚于日光温室，但早于露地香椿20~30 d。

（3）栽植时间和方法

①栽植时间。露地矮化密植香椿可在春季或秋季进行。春季栽植是在土壤解冻后至香椿萌芽前进行，秋季栽植是在香椿落叶后至土壤封冻前进行。由于香椿根系生长所需的温度低，秋栽后根系于冬初至早春先于地上部分生长。秋季栽植的香椿往往根系发达，植株生长健壮。一般在气候较温暖、冬季风沙小和春旱严重的地区，以秋季栽植为好；在冬季寒冷、风沙较大、无霜期短、秋季栽后枝条容易发生干瘪的地区，宜选择春季栽植。

日光温室栽植香椿一般在 11 月苗木落叶后进行；塑料大棚栽植香椿在 2 月下旬至 3 月进行；中小型塑料棚在 2 月上旬栽植；阳畦栽植时间为 1 月底至 2 月初。

②栽植方法。露地矮化密植香椿在栽植前，施有机肥 7.5~10.0 t/hm²、磷肥 1.0~1.2 t/hm²、翻耕深度 30 cm、整平，修好排灌渠道。然后按定植点挖大小 30 cm×30 cm×40 cm 的穴，每穴施入过磷酸钙 0.5~1.0 kg，选择地径 1.5~2.0 cm 以上的壮苗栽植。栽植时，将苗木伤根、断根剪除后用泥浆蘸根，把表土填入穴内，再把苗木放入，使苗木根系自然舒展，继续向穴中苗木根际填土，轻提苗木使土与根密接，分层踏实，修好树盘，充分灌水，待水渗透后用土封好树盘。栽植深度以埋土下沉至苗木根颈为宜。

保护地香椿在栽植前，应于苗木秋季落叶时提前起苗、假植，以促进休眠，并在保护地内施腐熟有机肥 100~150 t/hm²、过磷酸钙 11.25 t/hm²、辛硫磷颗粒杀虫剂 450~675 kg/hm²，然后对土壤深翻、整平，做南北向平畦，畦宽 1 m，畦间留宽 0.4 m 的埂。栽植时，依南北方向开深 20 cm 的沟，将苗木按照 4~10 cm 的株距排放在沟内埋土，踩实后浇一次透水。

6.2.6　管理技术特点

6.2.6.1　土肥水管理

（1）土肥水壤管理

露地矮化密植香椿栽植后，在每次浇水后或雨后需及时中耕锄草、松土，秋季落叶后翻耕松土。

露地矮化密植香椿，在第 1 次椿芽采收前 3~5 d 追施尿素 370~450 kg/hm² 或追施农家肥 7.5~10.0 t/hm²，新梢生长至长约 30 cm 时喷施 0.2%~0.3% 的尿素溶液，6~7 月香椿芽经大量采摘后追施 300~370 kg/hm² 复合肥 2~3 次，并于秋季施入基肥。幼树分别在定植时和定植后的 20~30 d 各浇一次透水，其他时间每隔 10~15 d 浇水一次，成龄树在萌芽前浇一次透水，以促进萌芽，8 月以后控制浇水，多雨时及时排水防涝，土壤结冻前浇一次封冻水，以利越冬。

保护地香椿在第 2 茬香椿芽长出后追施尿素 250 t/hm²，施肥后浇水一次或叶面喷施 1% 尿素一次。以后每次采收后施肥、浇水一次或叶面喷施 1% 尿素一次，以促侧芽萌发。在苗木栽植后 10~15 d 及每次采收椿芽前 3~5 d，选择晴暖的中午给苗木喷水至叶面滴水为止，保护地内空气干燥时可向空中喷雾以保持 60%~70% 空气相对湿度，湿度过大时可在中午通风降湿。

（2）保护地香椿环境管理

日光温室栽植香椿时，在苗木栽入温室后先不封膜，使苗木继续休眠并散发水分。苗木栽植 3~5 d 后封膜，使温室内的温度逐渐升高，以利提高地温，促进根系活动。11 月下旬至 12 月初，在夜间加盖草帘以保温，使白天温度保持在 18~25 ℃、夜间温度≥12 ℃、地温在 8 ℃以上。经 40~50 d 后，香椿顶芽开始萌动。萌芽后约需 40 d，香椿芽长至 20 cm 时即可采收上市。

塑料大棚及阳畦栽植香椿时，需在苗木移入保护设施前 10~15 d 扣严塑料膜，夜间加盖草帘，以提高设施内的温度。香椿芽的生长速率受温度影响明显，温度低时香椿芽生长慢，温度高时生长较快。当保护设施内温度达 22 ℃时，椿芽着色良好，呈绛红色，外观美，品质较佳。当设施内温度过高时，椿芽复叶生长快，纤维多，不易着色。当保护设施内温度超过 28 ℃时，可在中午掀开塑料膜通风 2~3 h。

保护设施内的光照强度与香椿芽的色泽有关，光照强度在 26 000~30 000 lx 范围内时，香椿芽及复叶均能呈现红褐色，产品外观美，品质好。保护设施盖帘保温期间，需每天上午 9:00 左右卷起草帘增加光照，下午 16:00 左右盖帘保温，并经常清除塑料膜上的灰尘，以增加透光量。每天上午用小棍敲打膜面，使膜面上的水珠下落，以免影响光照。早春中午设施内光照过强时，可间隔放下草帘，以减弱光照。

6.2.6.2　整形修剪

(1)露地矮化密植香椿修剪

露地矮化密植香椿需要矮化整形，以提高产量。常见树形有灌木形、多层形、开心形和丛状形。

①灌木形。在 6~7 月苗木长到 30~40 cm 时，于主干上距离地面 15~20 cm 处剪截。25~30 d 后，在干部抽生的新枝中选留 2~3 个枝条作为一级枝。待一级枝长至 30 cm 以上时，留 5~10 cm 剪截，促使一级枝上发出 1~2 个二级枝。翌年春季采摘椿芽后，把过旺的枝条再从距下部 5~10 cm 处剪截。落叶后，疏去过密的枝条。经过 2 年修剪，可培养出高约 1 m、具有四级侧枝、6~10 个分枝的矮化灌木形树形。

②多层形。当苗高 1 m 时摘心，促发侧枝。然后在距离地面 30 cm 处的不同方向和适宜位置选留第 1 层侧枝，第 1 层侧枝向上再选留第 2、3 层侧枝，层间距保持在 0.4~0.6 m。每层留 3 个骨干枝，并对骨干枝进行摘心，促发二级细枝，最终形成多层树形。这种树形干较高，木质化程度高，产量较高，抗逆性较强。

③开心形。当苗高约 1 m 时摘心，促发侧枝，侧枝生长至 20~30 cm 时再摘心，使其发生侧枝，形成开心树形。这种树形树干较矮，树冠较小。

④丛状形。整形方法与灌木形基本相同。不同的是每年早春在距离根颈 0.2~0.3 m 远处刨开土壤深 0.2~0.3 m，促发萌蘖 3~5 个。经 3~4 年处理，每株可培养成有 15 个以上主干的丛生树形。

(2)保护地香椿修剪

保护地香椿采收结束后，于 3~4 月将苗木移栽到露地，并从高 30 cm 处剪截，以促发新枝，形成壮苗。

6.2.6.3　香椿芽采收和采后处理

一般香椿芽长到 15~20 cm 时，其颜色紫红、肥嫩无渣、清香质脆、风味最佳，可采收上市。香椿芽采收过早，芽体太短，影响产量。采收过晚，芽体瘦长，颜色变绿，粗纤维含量升高、渣多，不仅降低了香椿芽的品质，而且会延迟下次采收时间，降低椿芽总产量。因此，适时采收十分重要。

露地矮化密植的香椿，在定植后第 1~3 年可采收香椿顶芽，全年可采收 2~3 次。3 年以后，树体定形，可每隔 20 d 采收 1 次，每年采收 6~8 次。保护地香椿，每隔 4~5 d 就可采收 1 次。采收时，用剪刀或快刀片剪、削下，不能手掰，以防损伤芽和树体，破坏隐芽的萌发力而降低产量。第 1 次采收时，留下基部 1~2 片复叶，第 2 次采芽时留 2~3 片复叶。采收第 3、4 茬春芽时，须留下一部分侧芽，使其萌发后长成辅养枝，以利恢复树势。采下的香椿芽，每 100~200 g 捆成 1 把，放在食品袋内，封口出售。不能立即出售的椿芽，可放在阴凉的地窖或 0~10℃ 的室内临时存放。

小　结

香椿是我国特有的菜用、材用和药用特色经济林树种，具有很高的经济价值。香椿依据初出芽苞和幼叶颜色不同，分为红香椿和绿香椿 2 个品种群。香椿是浅根性树种，须根主要分布在 30~60 cm 的土层内。香椿的芽按着生部位、萌芽能力和性质不同分为顶芽、侧芽、叶芽、隐芽和花芽。枝条根据树龄不同，分为多年生枝、1 年生枝和当年生嫩枝，根据着生部位不同分为顶梢和侧枝。顶梢一年有 3 个生长高峰。香椿顶端优势强，顶芽萌发长至约 5 cm 时，顶芽下第 3~5 个侧芽才开始萌发形成侧枝，侧枝下部的芽难以萌发形成隐芽。香椿适应温和湿润的气候，喜光、怕涝，在酸性、中性、钙质、微碱性土壤上均能正常生长。香椿的主要育苗方式有实生育苗、根蘖育苗和插条育苗。菜用香椿的栽植方式主要有露地矮化密植和保护地栽植 2 种。露地矮化密植栽植适宜于在冬季气温不低于−10℃ 的地区采用，常用树形有灌木形、多层形、开心形和丛状形。保护地香椿栽植方式包括日光温室栽植、塑料大棚栽植、阳畦栽植等。日光温室香椿一般在 11 月苗木落叶后栽植；塑料大棚香椿在 2 月下旬至 3 月栽植；中小型塑料棚在 2 月上旬栽植；阳畦栽植时间为 1 月底至 2 月初。栽植后需加强管理，待香椿芽长到 15~20 cm 时，可采收上市或贮存。

思考题

1. 香椿有哪些主要种类及优良品种？
2. 简述香椿的生物学和生态学特性。
3. 简述香椿的育苗特点。
4. 简述香椿露地矮化密植育苗方法。
5. 香椿保护地栽植有哪些主要形式？简述香椿保护地栽植及其管理技术特点。

参 考 文 献

安巍，石志刚．枸杞栽培技术[M]．银川：宁夏人民出版社，2009.

安雯，李俞涛，郑玮，等．甜樱桃自交不亲和基因型 AS-PCR 鉴定体系的建立与应用[J]．河南农业科学，2010，(4)：87-90.

敖研．木本能源植物文冠果类型划分、单株选择及相关研究[D]．北京：中国林业科学研究院，2010.

白超，张文辉，雷亚芳．秦岭北坡 2 种类型栓皮栎软木生长及特性[J]．林业科学，2013，49(4)：62-69.

白寿宁．宁夏枸杞研究[M]．银川：宁夏人民出版社，1999.

白彤．文冠果利用与栽培[M]．呼和浩特：内蒙古人民出版社，2009.

白雪，刘占德，李建军，等．猕猴桃花后不同天数授粉效果研究[J]．江苏农业科学，2020(7)：166-168.

蔡海霞，吴福忠，杨万勤．干旱胁迫对高山柳和沙棘幼苗光合生理特征的影响[J]．生态学报，2011，31(9)：86-92.

蔡龙，范宗骥．文冠果栽培及修剪技术探讨[J]．绿色科技，2012(1)：77-78.

蔡宇良，曹修翠，韩明玉．吉美甜樱桃的品种特性及栽培要点[J]．科学种养，2009(2)：49.

蔡宇良，冯瑛，邱蓉，等．樱桃新砧木马哈利'CDR-1'及配套栽培技术[J]．陕西林业科技，2013(2)：22-24.

蔡宇良，冯瑛，张雪，等．樱桃新砧木——马哈利'CDR-1'的选育[J]．果树学报，2013，30(1)：177-178.

蔡宇良，宛甜，梁成林，等．樱桃超细长纺锤形矮化密植栽培技术[J]．落叶果树，2020，52(1)：5-7.

蔡宇良．秦樱 1 号樱桃和樱桃砧木马哈利 CDR-1[J]．西北园艺(果树专刊)，2007(1)：24-25.

蔡宇良．特早熟樱桃新品种——秦樱 1 号[J]．西北园艺，2004(8)：31.

曹均．全国板栗产业调查报告[M]．北京：中国林业出版社，2013.

曹尚银，郭俊英．优质核桃无公害丰产技术[M]．北京：科学技术文献出版社，2005.

曹尚银，侯乐峰．中国果树志·石榴卷[M]．北京：中国林业出版社，2013.

曾斌．新疆野扁桃繁殖生物学特性及种质资源遗传多样性研究[D]．乌鲁木齐：新疆农业大学，2006.

曾黎琼，仇明华，赵庆明，等．甜樱桃的生长发育和果实品质研究[J]．西南农业学报，2018，31(12)：2659-2665.

陈汉鑫，李晓庆，王林，等．山西野生沙棘结实性状和果实营养成分研究[J]．经济林研究，2019，37(3)：153-160.

陈耀锋，高绍棠．优质高产核桃[M]．西安：陕西科学技术出版社，2000.

成仿云，李嘉珏，陈德忠，等．中国紫斑牡丹[M]．北京：中国林业出版社，2005.

崔致学．中国猕猴桃[M]．济南：山东科学技术出版社，1993.

翟衡．中国果树科学与实践·葡萄[M]．西安：陕西科学技术出版社，2015.

杜红岩．中国杜仲图志[M]．北京：中国林业出版社，2014.

樊桂敏．阿月浑子物候期及提高坐果率和品质技术的研究[D]．北京：北京林业大学，2011.

冯占亭．文冠果丰产栽培技术[J]．林业工程学报，2011，25(4)：111-113.

傅淑颖，魏朔南，胡正海．漆树生物学的研究进展[J]．中国野生植物资源，2005，24(5)：12-13.

傅玉瑚，郗荣庭．梨优质高效配套技术图解[M]．北京：中国林业出版社，2001.

高华，赵政阳，王雷存，等．苹果新品种'瑞雪'的选育[J]．果树学报，2016，33(3)：374-377.

高丽，杨劼，刘瑞香．不同土壤水分条件下中国沙棘雌雄株光合作用、蒸腾作用及水分利用效率特征[J]．生态学报，2009，29(11)：6025-6034.

高启明，李疆，罗淑萍．扁桃幼果发育的形态解剖学研究[J]．西北植物学报，2007，27(3)：455-459.

高文海，周爱英，赵建明．鲜食枣设施高效栽培关键技术[M]．北京：金盾出版社，2015.

弓萌萌，张培雁，张瑞禹，等．干旱胁迫及复水处理对'秋福'红树莓苗期生理特性的影响[J]．经济林研究，2019，37(1)：94-99.

龚榜初．图说柿子高效栽培技术[M]．杭州：浙江科学技术出版社，2008.

郭文场，周淑荣，王守本，等．我国阿月浑子的来历、品种、价值、发展现状及建议[J]．特种经济动植物，2008(3)：43-45.

郭学雨，安成立，王逸珺，等．美味猕猴桃同日不同时间授粉效果研究[J]．北方园艺，2016(11)：34-37.

国家林业和草原局．核桃标准综合体：LY/T 3004—2018[S]．北京：中国标准出版社，2018.

韩传明，王翠香，栾森年，等．文冠果特性及丰产栽培技术[J]．中国园艺文摘，2011，27(1)：173-174.

韩明玉，田玉命，张慧梅，等．秦光油桃果实生长曲线和落果波相的观察[J]．西北植物学报，2001，21(6)：1249-1253.

韩淑英．甜樱桃布鲁克斯引种栽培表现[J]．中国园艺文摘，2018，34(4)：213-214.

韩艳红．文冠果修剪时间与坐果率关系的调查[J]．现代农业，2017(12)：71-72.

何方．中国经济林栽培区划[M]．北京：中国林业出版社，2000.

何佳林，吕平会．板栗高产栽培技术[M]．北京：中国科学技术出版社，2017.

何军，焦恩宁，巫鹏举，等．宁夏枸杞硬枝扦插育苗技术[J]．北方园艺，2009(2)：163-164.

何勇．野生山桃改接扁桃综合配套管理技术研究[D]．太原：山西农业大学，2017.

河南省质量技术监督局．元宝枫栽培技术规程：DB41/T 1261—2016[S]．郑州：河南省质量技术监督局，2016.

贺普超．葡萄学[M]．北京：中国农业出版社，1999.

侯曲云，胥华伟，李雪林，等．中华枸杞叶片立体再生技术初探[J]．湖北农业科学，2014，53(12)：2928-2931.

黄宏文，钟彩虹，姜正旺，等．猕猴桃属分类资源驯化栽培[M]．北京：科学出版社，2013.

黄铨，于倬德．沙棘研究[M]．北京：科学出版社，2010.

黄贞光，刘聪利，李明，等．近20年国内外甜樱桃产业发展动态及对未来的预测[J]．果树学报，2014，31(S1)：1-6.

江锡兵，龚榜初，刘庆忠．中国板栗地方品种重要农艺性状的表型多样性[J]．园艺学报，2014，41(4)：641-652.

姜林，邵永春，王正欣，等．"先锋"甜樱桃的引种及早熟丰产栽培技术[J]．北方园艺，2007(4)：111-112.

蒋锦标，李莉，张世清，等．樱桃高效栽培与病虫害防治[M]．北京：中国农业出版社，2019.

李芳东，乌云塔娜，朱浦．仁用杏实用栽培技术[M]．北京：中国林业出版社，2019.

李慧，乌云塔娜，宋猜，等．外源激素对仁用杏花期调控的影响[J]．经济林研究，2018，36(1)：9-15，48.

李慧，乌云塔娜，刘慧敏，等. 仁用杏花果期有效抵御晚霜的方法研究[J]. 经济林研究，2017，35(2)：10-17.

李嘉珏，张西方，赵孝庆. 中国牡丹[M]. 北京：中国大百科全书出版社，2011.

李建中. 核桃栽培新技术[M]. 郑州：河南科学技术出版社，2009.

李疆，高疆生. 干旱区果树栽培技术[M]. 乌鲁木齐：新疆科技卫生出版社，2003.

李疆，廖康. 环塔里木盆地特色果树生产技术[M]. 乌鲁木齐：新疆科学技术出版社，2009.

李疆. 中国果树科学与实践阿月浑子、扁桃[M]. 西安：陕西科学技术出版社，2015.

李林光. 美国扁桃的主要栽培品种及砧木[J]. 落叶果树，2000，32(3)：59-60.

李绍华. 桃树学[M]. 北京：中国农业出版社，2013.

李绍华. 桃优质稳产高效栽培[M]. 北京：高等教育出版社，1997.

李淑平，玄秀兰，张福兴，等. 甜樱桃自交不亲和研究进展[J]. 烟台果树，2007(4)：14-15.

李伍建，杨途熙. 花椒[M]. 西安：三秦出版社，2013.

李晓花，孔令学，刘洪章. 沙棘有效成分研究进展[J]. 吉林农业大学学报，2007，29(2)：162-167.

李新岗. 中国枣产业[M]. 北京：中国林业出版社，2015.

李迎超，许传森，冯慧，等. 红树莓轻基质网袋容器组培育苗技术[J]. 育苗技术，2015(8)：42-43.

李优，韩强，秦波. 花椒栽培与病虫害防治技术[M]. 北京：中国农业科学技术出版社，2018.

李玉生，程和禾，陈龙，等. 中国樱桃与甜樱桃种质资源在我国的分布[J]. 河北果树，2019(2)：3-4，7.

李育才，祖元刚，张延龙. 中国油用牡丹研究[M]. 北京：中国林业出版社，2019.

李振江，李小平，曹贵寿. 山西华仁杏高产栽培技术[J]. 农业工程技术，2018，38(5)：62-63.

梁臣，张兴. 核桃高效栽培技术[M]. 北京：金盾出版社，2014.

梁金霞. 日光温室香椿栽培技术[J]. 现代农业科技，2013(14)：93.

梁维坚，董德芬. 大果榛子育种与栽培[M]. 北京：中国林业出版社，2002.

梁维坚，王贵禧. 大果榛子栽培实用技术[M]. 北京：中国林业出版社，2019.

梁维坚. 中国果树科学与实践[M]. 西安：陕西科技出版社，2015.

廖康. 新疆特色果树栽培实用技术[M]. 乌鲁木齐：新疆科学技术出版社，2011.

刘春静. 榛子栽培实用技术[M]. 北京：化学工业出版社，2012.

刘杜玲，张博勇，彭少兵，等. 早实核桃物候期观察与避晚霜品种筛选[J]. 北方园艺，2011(24)：14-17.

刘桂林，王逢寿，梁贵举，等. 樱桃新品种——红灯[J]. 中国果树，1988(1)：1-4.

刘国彬，兰彦平，曹均. 中国板栗生殖生物学研究进展[J]. 果树学报，2011，28(6)：1063-1070.

刘丽，张洋，方金豹. 不同机械授粉方式对猕猴桃坐果率和果实品质的影响[J]. 河南农业科学，2017，46(7)：97-100，114.

刘庆忠，王甲威，张道辉，等. 3个甜樱桃矮化砧木硬枝扦插技术研究[J]. 中国果树，2011(1)：24-26，78.

刘淑芳. 扁桃优质高效生产技术[M]. 北京：金盾出版社，2013.

刘天英，桑景光，郎咸高. 香椿·草莓·芦笋[M]. 济南：黄河出版社，2001.

刘晓玲，李超，冯毅，等. 元宝枫果实发育动态及品质形成规律[J]. 西北农林科技大学学报，2020，48(5)：1-12.

刘旭峰. 猕猴桃栽培新技术[M]. 咸阳：西北农林科技大学出版社，2005.

刘玉英. 中原牡丹品种生物学及形态特性研究[D]. 北京：北京林业大学，2010.

刘占德，姚春潮，李建军. 猕猴桃[M]. 西安：三秦出版社，2013.

刘志，李喜森，伊凯，等．苹果矮化砧木'辽砧2号'选育[J]．果树学报，2004，24(5)：501-502.

龙兴桂．现代中国果树栽培·落叶果树卷[M]．北京：中国林业出版社，2000.

陆婷，李疆，谭敦炎，等．扁桃花芽形态分化的时间及细胞学特征观察[J]．新疆农业大学学报，2003，26(3)：60-63.

陆婷，罗淑萍，李疆．扁桃开花及传粉生物学特性研究[J]．新疆农业科学，2013，50(3)：447-452.

路丙社，刘忠华，董源．阿月浑子引种研究[M]．北京：中国林业出版社，2006.

罗伟祥，张文辉，黄一钊，等．中国栓皮栎[M]．北京：中国林业出版社，2009.

罗正荣，张青林，徐莉清，等．新中国果树科学研究70年——柿[J]．果树学报，2019，36(10)：1382-1388.

吕平会，季志平，何佳林．山地板栗新品种'镇安1号'[J]．园艺学报，2006，33(6)：1405.

马宝焜，徐继忠．苹果精细管理十二个月[M]．北京：中国农业出版社，2010.

马德滋，刘慧兰，胡福秀．宁夏植物志[M]．银川：宁夏人民出版社，2007.

马建军．辽西地区文冠果丰产栽培技术[J]．现代农业科技，2019(8)：119.

马启慧．能源树种文冠果的研究现状与发展前景[J]．北方园艺，2007(8)：77-78.

马文哲．绿色果品生产技术·北方本[M]．北京：中国环境科学出版，2006.

孟宪武，梅秀艳，李彬彬，等．文冠果主要丰产栽培技术[J]．防护林科技，2009(5)：117-118.

南雄雄，王锦秀，刘思洋，等．叶用枸杞新品种'宁杞9号'[J]．园艺学报，2015，42(4)：811-812.

聂佩显，薛晓敏，陈浪波，等．威海金苹果化学疏花效果试验[J]．落叶果树，2019，51(5)：12-13.

牛辉陵，张洪武，边媛，等．枣花分化发育过程及其内源激素动态研究[J]．园艺学报，2015，42(4)：655-664.

欧欢，王振磊，王新建，等．不同品种扁桃花蕾抗寒性评价[J]．干旱区资源与环境，2018，32(9)：169-173.

欧欢．不同品种扁桃抗寒性研究[D]．阿拉尔：塔里木大学，2019.

潘凤荣，关海春，郝瑞敏．晚熟樱桃新品种——雷尼引种栽培初报[J]．北方果树，2002(5)：38.

彭方仁．经济林栽培与利用[M]．北京：中国林业出版社，2007.

齐秀娟．猕猴桃高产栽培整形与修剪图解[M]．北京：化学工业出版社，2017.

秦垦，戴国礼，曹有龙，等．制干用枸杞新品种'宁杞7号'[J]．园艺学报，2012，40(11)：2331-2332.

秦垦，戴国礼，刘元恒，等．鲜干两用枸杞新品种'宁杞5号'[J]．园艺学报，2012，39(10)：2099-2100.

秦垦，杨经波，刘俭，等．宁夏枸杞白粉病有机防治初探[J]．北方园艺，2016(16)：110-112.

曲泽洲，王永蕙．中国果树志·枣卷[M]．北京：中国林业出版社，1993.

仁钦．五角枫栽培技术及病虫害防治[J]．绿色科技，2013(8)：165-166.

沙广利，郝玉金，宫象晖，等．苹果无融合生殖砧木'青砧1号'[J]．园艺学报，2013，40(7)：1407-1408.

申晓辉．园林树木学[M]．重庆：重庆大学出版社，2013.

沈玉英，李斌，贾惠娟．不同纸质果袋对湖景蜜露桃果实品质的影响[J]．果树学报，2006，23(2)：182-185.

石建城，魏平，王孟珂，等．'富有'甜柿砧木种质早期亲和性研究[J]．中国果树，2020，62(2)：53-57.

史彦江，朱京琳，宋锋惠．阿月浑子栽培[M]．北京：中国林业出版社，2008.

史幼珠，刘以仁，张家兴．桃树根系分布研究[J]．果树学报，1989，6(4)：232-235.

孙海波，曲增晔，赖迎会．元宝枫育苗技术[J]．内蒙古林业调查设计，2014，37(2)：81-82.

孙鸿有，丰炳才，江刘其，等．香椿芽从休眠到萌发的有效积温研究[J]．林业科技通讯，1997（1）：
　　30-37．

孙玉刚，王绛辉，秦志华，等．甜樱桃授粉不结实的原因及授粉品种的配置[J]．落叶果树，2007（6）：
　　15-19．

谭晓风．经济林栽培学[M]．3版．北京：中国林业出版社，2013．

唐冬兰．柿属植物DNA条形码筛选及金枣柿分类学地位探讨[D]．武汉：华中农业大学，2014．

田建保．中国扁桃[M]．北京：中国农业出版社，2008．

宛兆和．中国果树科学与实践·石榴[M]．西安：陕西科学技术出版社，2015．

万超．核桃伤流发生规律及其与主要生态因子的关系研究[D]．咸阳：西北农林科技大学，2019．

万群芳，何景峰，张文辉．文冠果地理分布和生物生态学特性[J]．西北农业学报，2010，19（9）：
　　179-185．

汪祖华．中国果树志·桃卷[M]．北京：中国林业出版社，2001．

王红，刘军辉，弓萌萌，等．修剪对秋果型红树莓'海尔特兹'生长发育的影响[J]．经济林研究，2019，
　　37（4）：137-143．

王安柱，韩明玉，丁勤，等．不同类型果袋对秦王桃品质的影响[J]．西北林学院学报，2007，22（1）：
　　78-80．

王秉放．文冠果生物质能源林培育技术[J]．科技信息，2013（34）：268-269．

王成民，徐静文．漆树无性繁殖育苗技术[J]．中国生漆，2014（1）：33-34．

王官，韩有志，吕丽丽，等．不同品种大果沙棘在山西引种栽培试验[J]．山西农业科学，2013，41（8）：
　　797-799，876．

王贵禧．中国榛属植物资源培育与利用研究（Ⅰ）——榛种质资源研究[J]．林业科学研究，2018，31（1）：
　　105-112．

王贵禧．中国榛属植物资源培育与利用研究（Ⅱ）——形态发育、生理和分子生物学研究[J]．林业科学研
　　究，2018，31（1）：113-121．

王贵禧．中国榛属植物资源培育与利用研究（Ⅲ）——育种、育苗与栽培[J]．林业科学研究，2018，31
　　（1）：122-129．

王贵禧．中国榛属植物资源培育与利用研究（Ⅳ）——榛仁营养、综合利用与榛产业发展现状[J]．林业科
　　学研究，2018，31（1）：130-136．

王华田，张春梅．花椒良种丰产栽培技术[M]．北京：中国农业出版社，2020．

王建，同延安，高义民．秦岭北麓地区猕猴桃根系分布与生长动态研究[J]．安徽农业科学，2010，38
　　（15）：8085-8087．

王江柱，张建光，许建锋．梨高效栽培与病虫害看图防治[M]．北京：化学工业出版社，2011．

王力荣，朱更瑞，方伟超，等．中国桃遗传资源[M]．北京：中国农业出版社，2012．

王倩．香椿栽培技术[M]．北京：农业出版社，1999．

王仁才．猕猴桃优质高效标准化栽培技术[M]．长沙：湖南科学技术出版社，2016．

王仁梓．甜柿优质丰产栽培技术[M]．西安：世界图书出版社，1995．

王仁梓．图说柿高效栽培关键技术[M]．北京：金盾出版社，2009．

王少敏．北方名特创汇果品优质丰产栽培技术[M]．北京：中国农业出版社，2000．

王性炎．中国元宝枫生物学特性与栽培技术[M]．北京：中国林业出版社，2019．

王秀荣，吕丽霞，王伟军，等．细纺锤树形在仁用杏上的应用[J]．中国果树，2016（1）：81-83．

魏安智，薛志德．花椒产业持续经营技术[M]．咸阳：西北农林科技大学出版社，2017．

魏安智，杨途熙，周雷．花椒安全生产技术指南[M]．北京：中国农业出版社，2012．

魏安智，杨途熙．仁用杏无公害高产优质栽培技术[M]．北京：中国农业出版社，2002.

魏猛，诸葛玉平，娄燕宏，等．施肥对文冠果生长及土壤酶活性的影响[J]．水土保持学报，2010，24 (2)：237-240.

吴秉钧，刘德先，余志敏．实用香椿栽培新法[M]．北京：农业出版社，1993.

吴根荣，邢有华．经济林丰产栽培[M]．合肥：安徽科学技术出版社，1993.

吴国良．经济林优质高效栽培[M]．北京：中国林业出版社，1999.

吴敏，张文辉，周建云，等．干旱胁迫对栓皮栎幼苗细根的生长与生理生化指标的影响[J]．生态学报，2014，34(15)：4223-4233.

武彩萍，张军．仁用杏栽培管理与利用[J]．现代园艺，2015(2)：37-39.

郗荣庭．中国鸭梨[M]．北京：中国林业出版社，1999.

郗荣庭，刘孟军．中国干果[M]．北京：中国林业出版社，2005.

郗荣庭，张毅萍．中国果树志·核桃卷[M]．北京：中国林业出版社，1996.

郗荣庭，张毅萍．中国核桃[M]．北京：中国林业出版社，1992.

郗荣庭．果树栽培学总论[M]．北京：中国农业出版社，2000.

夏廉法，陈丛梅，柴冬梅，等．香椿四季高效栽培[M]．郑州：河南科学技术出版社，2003.

肖明林，胡书贵．漆树的生漆采割技术[J]．特种经济动植物，2010，13(4)：37-38.

徐东翔，于华忠，乌志颜，等．文冠果生物学[M]．北京：科学出版社，2010.

徐国力，魏玉艳．元宝枫苗木繁育及高效栽培技术研究[J]．农业技术与装备，2020(6)：117-118.

徐继忠．苹果矮化砧木选育与栽培技术研究[M]．北京：中国农业出版社，2016.

徐世彦，曹秋芬．优良大樱桃砧木吉塞拉5号组培快繁体系构建[J]．陕西农业科学，2016，62(9)：18-22.

徐英宝，郑永光．广东省经济林主要树种栽培技术[M]．广州：广东科技出版社，2007.

许建锋，王龙．梨生产配套技术手册[M]．北京：中国农业出版社，2012.

许明宪．石榴高产栽培[M]．北京：金盾出版社，2008.

薛晓敏，王金政，王贵平，等．苹果化学疏花疏果应用技术规范(试行)[J]．落叶果树，2016，48(6)：57-58.

杨锋，刘志，伊凯，等．苹果无融合生殖半矮化砧木'辽砧106'的选育[J]．果树学报，2017，34(3)：379-382.

杨建民，黄万荣．经济林栽培学[M]．北京：中国林业出版社，2004.

杨途熙，魏安智．花椒优质丰产配套技术[M]．北京：中国农业出版社，2018.

杨为燕．香椿的栽培及经济价值[J]．经济林研究，2002，20(4)：55-56.

杨勇，阮小凤，王仁梓，等．柿种质资源及育种研究进展[J]．西北林学院学报，2005，20(2)：133-137.

杨勇，王仁梓，井赵斌，等．陕西柿品种资源图说[M]．北京：中国农业出版社，2018.

杨勇，王仁梓，李高潮，等．柿种质资源描述规范和数据标准[M]．北京：中国农业出版社，2006.

杨越，孟宪武，梅秀艳．外源激素与配比施肥对文冠果坐果率的影响[J]．浙江林业科技，2016，36(6)：47-52.

杨占国，于景华．仁用扁桃栽培与加工利用技术[M]．北京：科学技术文献出版社，2010.

杨忠义，姚延梼．仁用杏[M]．北京：中国农业科学技术出版社，2014.

姚春潮，张立功，张有平．新编无公害猕猴桃优质高效栽培与加工利用及营销技巧[M]．西安：陕西科学技术出版社，2007.

尹雪华，王凤娜，徐玉勤，等．香椿的营养保健功能及其产品的开发进展[J]．食品工业科技，2019，38(19)：342-351.

俞德浚. 中国果树分类学[M]. 北京：中国农业出版社，1979.

张彩虹. 沙棘优树落花落果调查[J]. 山西林业科技，2006(4)：42-43.

张春，张晓文，李建设，等. 早中熟欧洲甜樱桃新品种'晓文一号'的选育[J]. 果树学报，2014，31(S1)：207-209.

张大海. 扁桃种质资源描述规范和数据标准[M]. 北京：中国农业科学技术出版社，2009.

张殿高，冯志申，曹震，等. 优质抗寒甜樱桃新品种'含香'试栽初报[J]. 北方果树，2009(1)：52-53.

张殿高，王刚. 俄罗斯 8 号樱桃品种特性与栽培技术要点[J]. 烟台果树，2018(1)：20-21.

张飞龙，张华. 中国古代生漆采割与治漆技术[J]. 中国生漆，2011，30(2)：32-37.

张福兴，孙庆田，姜学玲，等. 甜樱桃优良品种'萨米脱'[J]. 北方果树，2007(1)：49.

张和义，李宏斌，郭勇，等. 香椿优质高效生产新技术[M]. 北京：金盾出版社，2002.

张和义. 花椒优质丰产栽培[M]. 北京：中国科学技术出版社，2018.

张洁. 猕猴桃栽培与利用[M]. 北京：金盾出版社，2016.

张开春，闫国华，张晓明，等. 中国甜樱桃的栽培历史、生产现状及发展建议[J]. 落叶果树，2017，49(6)：1-5.

张康健，张亮成. 经济林栽培学·北方本[M]. 北京：中国林业出版社，1997.

张清华，王彦辉，郭浩，2013. 树莓栽培实用技术[M]. 北京：中国林业出版社.

张绍铃. 梨学[M]. 北京：中国农业出版社，2013.

张水寒，谢景. 杜仲生产加工适宜技术[M]. 北京：中国医药科技出版社，2018.

张文辉，周建云，何景峰，等. 栓皮栎种群生态与森林定向培育[M]. 北京：中国林业出版社，2014.

张燕青. 阿月浑子授粉生物学特性研究[D]. 保定：河北农业大学，2007.

张宇和. 中国果树志·板栗榛子卷[M]. 北京：中国林业出版社，2005.

张玉星. 果树栽培学各论·北方本[M]. 3 版. 北京：中国林业出版社，2015.

张玉星. 果树栽培学总论[M]. 4 版. 北京：中国农业出版社，2011.

赵泾峰，冯德君，雷亚芳，等. 栓皮栎软木的加沙和夹杂构造特征与化学组分分析[J]. 西北农林科技大学学报，2013，41(7)：1-7.

赵琴，潘静，曹兵，等. 气温升高与干旱胁迫对宁夏枸杞光合作用的影响[J]. 生态学报，2015，35(18)：6016-6022.

赵习平. 杏实用栽培技术[M]. 北京：中国科学技术出版社，2017.

郑国琦，胡正海. 宁夏枸杞的生物学和化学成分的研究进展[J]. 中草药，2008，39(5)：796-800.

郑先波，栗燕. 开心果(阿月浑子)优质高效栽培[M]. 北京：金盾出版社，2004.

中国科学院中国植物志编辑委员会. 中国植物志[M]. 北京：科学出版社，2006.

钟鉎元. 枸杞高产栽培技术[M]. 北京：金盾出版社，2002.

周君，王红清. 铺设反光膜对桃树不同冠层叶片最大光合能力和果实品质的影响[J]. 中国农业大学学报，2009，14(4)：59-64.

APOSTOL J. New sweet cherry varieties and selections in Hungary[J]. Acta Horticulturae, 2005, 667：59-64.

GÜCLÜ S F. Identification of polyphenols inhomogenetic and heterogenetic combination of cherry graftings[J]. Pakistan Journal of Botany, 2019, 51(6)：2067-2072.

LANG G A. Precocious, dwarfing and productive：How will new cherry rootstocks impact the sweet cherry industry? [J]. Horttechnology, 2000, 10(4)：719-725.

QUERO-GARCIA J, IEZZONI A, PULAWSKA J, et al. Cherries：botany, production and uses[M]. Wallingford：CAB International, 2017.

WOZNICKIT L, HEIDE O M, REMBERG S F, et al. Effects of controlled nutrient feeding and different tempera-

tures during floral initiation on yield, berry size and drupelet numbers in red raspberry(*Rubus idaeus* L.)[J].
Scientia Horticulturae, 2016, 212: 148-154.

VIKTOR G, MARJAN K, TOSHO A. Evaluation of some cherry varieties grafted on Gisela 5 rootstock[J].
Turkish Journal of Agriculture & Forestry, 2016, 40(5): 737-745.